第一版编审人员

主　　编　丁　威

副 主 编　王素梅　马国辅

编　　者（以姓氏笔画为序）

　　　　　丁　威　马国辅　王素梅　刘玉峰

　　　　　吴井生　杨康林　汪善锋　周　俊

　　　　　樊月钢

审　　稿　李　武

高等职业农业农村部"十三五"规划教材

"十三五"江苏省高等学校重点教材（教材编号：2016-1-128）

动物遗传繁育

DONGWU YICHUAN FANYU

第二版

丁 威 主编

中国农业出版社

北京

内容简介

　　本教材共含十六个项目，四十六个任务，主要包括遗传的物质基础、遗传的基本规律、遗传变异的应用、数量性状的遗传、选种选配技术、保种选育技术、品系繁育技术、杂交利用技术、发情鉴定技术、生殖激素的应用、发情控制技术、人工授精技术、妊娠诊断技术、分娩助产技术、繁殖管理技术和繁育新技术等。

　　工作任务设计包括"任务内容""学习条件""相关知识""自测训练"等。各部分均配有大量可通过扫描二维码观看的视频、图片、动画等资源。

　　本教材既可供高职畜牧兽医等专业的教学使用，也可作为畜牧兽医行业企业人员和基层一线生产与技术服务人员的参考书。

第二版编审人员

主　　编　丁　威

副 主 编　王素梅　王　健

编　　者（以姓氏笔画为序）

丁　威　王　健　王春强　王素梅

刘汉玉　杨剑波　宋春雷　张书汁

审　　稿　李　武

行业指导　王慧利　刘玉峰

第二版前言 FOREWORD

《动物遗传繁育》自 2010 年 6 月出版以来，深受广大读者喜爱，得到了许多专家和老师的一致好评。为了适应新形势下的高等职业教育，以及现代畜牧业发展的需要，在中国农业出版社的组织下，我们依托江苏省重点教材和农业农村部"十三五"规划教材建设项目，对第一版教材进行了修订。

第二版教材以《关于深化职业教育教学改革全面提高人才培养质量的若干意见》为指导，以《高等职业学校专业教学标准》为依据，采纳了近年来动物遗传育种与繁殖领域的研究新成果、新技术，以及行业发展的新理念和新模式，吸收了近年教育教学改革方面的新成果，根据"工学结合、理实一体、学做合一"的理念，对畜禽繁育生产的工作流程进行了梳理与分析，对传统教学内容进行了整合与重构。

根据信息化教学改革发展要求，对教材的立体化信息化资源进行了补充建设。对实践操作内容的微视频、图片、动画等资源进行了补充，适当删减了部分理论内容，增加了一个任务。

本教材编写分工：张书汁（河南农业职业学院）编写项目 1～4；王健（江苏农牧科技职业学院）编写项目 5～8；刘汉玉（黑龙江职业学院）编写项目 9；王春强（锦州医科大学）编写项目 10、11；王素梅（黑龙江职业学院）编写项目 12、15；丁威（江苏农林职业技术学院）编写项目 13；杨剑波（江苏农林职业技术学院）编写项目 14；宋春雷（江苏农林职业技术学院）编写项目 16。全书由丁威统稿，由李武（东北农业大学）审稿。此外，王慧利（江苏省农业科学院）、刘玉峰（黑龙江省农业科学院）等为本教材电子资源的制作提供了许多素材资源，丰富了教材内容，并为本书的编写提供了指导，在此一并表示致谢。本教材在编写过程中学习参考了国内外同行及专家的文献资料，谨此一并向原作者及相关单位表示诚挚的敬意！

由于编者水平有限，书中难免有疏漏之处，恳请广大读者批评指正。

编　者

2018 年 1 月

第一版前言 FOREWORD

　　本教材是依据教育部《关于加强高职高专教育人才培养工作的意见》《关于加强高职高专教育教材建设的若干意见》和高职高专畜牧兽医专业《动物遗传繁育》课程教学大纲编写的，适用于 2~3 年学制的高职高专畜牧兽医专业。

　　本教材的编写充分体现了高职高专特点，严格遵循应用性、实用性、综合性和先进性的原则。基础理论以必需、够用为度；重点突出先进实用的动物繁育技术，并广泛吸收和借鉴国内外先进成熟的技术和经验，力求做到各项技能新颖、系统和可操作性强。

　　在畜禽生产的专业基础方向，我们对原计划中的家畜育种学、家畜繁殖学的开设合理性进行了分析：从行业上讲，畜禽育种技术的工作岗位相对较少，即使是普通高等教育的本科生，毕业后在本行业也主要从事畜禽饲养生产技术和兽医临床技术等相关工作，作为高职高专教育的毕业生更是如此。从教学效果上看，高职学生一般文化基础稍差，学生在学习动物遗传学、动物育种学、动物繁殖学时效果不好。经过分析后，我们将三门课程合并，开设相关的实用技术，使学生掌握一些最基本的动物繁育知识，并通过实训实习掌握常见畜禽的繁育生产技术。

　　本教材的编写注重理论联系实际，职业特色鲜明。具有结构紧凑、图文并茂、题材新颖、内容翔实、技术实用的特点。在内容编写上既考虑到全国不同地域动物繁育生产的现状和特点，又体现了先进性和前瞻性。

　　本教材编写分工：马国辅（江苏农林职业技术学院）编写项目 1 和项目 4；周俊（江苏畜牧兽医职业技术学院）编写项目 2；杨康林（西藏职业技术学院）编写项目 3；吴井生（江苏农林职业技术学院）编写项目 5 和项目 6；樊月钢（江苏农林职业技术学院）编写项目 7 和项目 8；丁威（江苏农林职业技术学院）编写项目 9、项目 11、项目 13 和项目 14；汪善锋（江苏农林职业技术学院）编写项目 10，并参与项目 9 和项目 12 部分内容的编写；王素梅（黑龙江畜牧兽医职业技术学院）编写项目 12 和项目 16；刘玉峰（黑龙江省农业科学院）编写项目 15。全书由丁威统稿，由李武（东北农业大学）审稿。

　　《动物遗传繁育》高职高专教材的编写和出版，得到了中国农业出版社的大力支持和各参编单位的热心帮助,江苏农林职业技术学院高利华、邢军、陈军、刘国芳、王丽群等老师也对本书提出了许多宝贵意见和帮助,在此一并表示感谢。

尽管我们已尽力将本教材编写成为强化技能操作、推进教学改革的优秀教材,但因水平有限,错漏之处在所难免,恳请广大师生和读者批评指正。

编　者

2010 年 4 月

目 录 CONTENTS

项目1 遗传的物质基础

【能力目标】
◆ 掌握细胞有丝分裂、减数分裂标本切片的制备方法。
◆ 能熟练使用显微镜。
◆ 能区分有丝分裂与减数分裂。
◆ 了解遗传信息的传递过程。

【知识目标】
◆ 理解细胞的结构与遗传的关系。
◆ 掌握细胞分裂的特点。
◆ 了解遗传物质应具备的条件。
◆ 理解中心法则的内容。
◆ 了解基因的基本知识。

在生命活动过程中，繁殖后代是生物得以世代延续的一个必要环节。通过繁殖后代，生物表现出遗传和变异、适应和进化等生命现象。任何繁殖过程都与细胞的功能分不开。不同生物的繁殖方式不同，不论是无性繁殖，还是有性繁殖，都是以细胞为基础，通过一系列复制、分裂而完成的。总之，细胞对于生物体来说，肩负着结构、代谢和遗传三重责任。为了研究生物遗传和变异的规律及其原理，必须首先了解细胞的结构和功能、细胞增殖的方式及其与遗传的关系。

任务1-1 细胞结构与细胞分裂

【任务内容】
● 掌握染色体切片的制作和观察方法。
● 熟练掌握显微镜的使用与保养。
● 掌握染色体的形态特征。
● 掌握有丝分裂和减数分裂的区别。

【学习条件】
● 雄性成年小鼠。
● 离心机、显微镜、刻度离心管、注射器、载玻片、烧杯、量筒、试管架、镊子、剪刀、解剖刀、吸管、各种绘画用具等。

● 多媒体教室、细胞结构与细胞分裂教学课件、教材、参考图书等。

动物细胞分裂标本的制备与观察

1. 小鼠细胞分裂标本的制备

（1）处死前 3～4h，小鼠经腹腔注入秋水仙素（按每克体重 4μg）。

（2）用损伤脊髓法处死小鼠，放在解剖板上，固定四肢。

①制备骨髓细胞悬液。剔除小鼠后腿皮肤和肌肉，取胫骨和股骨，剪掉骨的端部，露出骨髓腔，用带 5 号针头的注射器吸取 2‰柠檬酸钠溶液，由骨的一端注入骨髓腔，将骨髓细胞液冲入 10mL 离心管中，反复冲洗 3～4 次。

②制备生殖细胞悬液。剖开小鼠下腹部皮肤取睾丸，放入盛有 2‰柠檬酸钠溶液的小培养皿中。剪开包在睾丸最外层的腹膜和白膜，用尖头小镊子挑出细线状的曲精细管。更换柠檬酸钠溶液将曲精细管冲洗一次，再加 5～6mL 的柠檬酸钠溶液，一起吸入 10mL 离心管中。待曲精细管沉入离心管后，用吸管头将曲精细管研碎（所选用的吸管要管头平齐）。经反复研磨和吹打（可使处于减数分裂过程中的各期细胞脱落在溶液中），然后吸掉肉眼所见的膜状物，制成细胞悬液。

（3）将两管细胞悬液经 1 000r/min 离心 10min，去上清液，就得到了处于有丝分裂各期的骨髓细胞和除少部分精子外处于减数分裂过程中的各期细胞。

（4）将两管细胞沉淀分别加入 0.4‰KCl 溶液至 8～10mL，随即将离心管置于 37℃水浴中低渗 20min。

（5）以 1 000r/min 离心 10min。轻轻地弃去上清液，沿离心管壁缓慢加入新配制的甲醇∶冰醋酸（3∶1）固定液 5mL，立即用吸管将细胞轻轻吹打均匀，静置固定 20min。

（6）重复步骤 5，固定 2～3 次，每次 20min。

（7）固定的细胞经离心后，吸去上层固定液，视管底的细胞多少加入少量新配制的固定液，将细胞团块轻轻吸打成悬液。

（8）在干净、湿、冷的载玻片上滴 2～3 滴上层细胞悬液，在酒精灯上温火烘干或在空气干燥的地方晾干。

（9）将玻片标本平放于支架上，细胞面朝上，每片滴加 1∶10 吉姆萨（Giemsa）磷酸盐缓冲液 3～4mL，染色 10min。

（10）在自来水管下细流冲洗数秒，去掉吉姆萨磷酸缓冲液，蒸馏水冲洗 1 次，用小块纱布擦干玻片底面及四周，或者自然空气干燥。

2. 显微镜观察　用低倍镜寻找良好分裂象，然后用高倍镜和油镜观察，注意观察有丝分裂和减数分裂各个时期的特征。

（1）观察有丝分裂细胞片时，注意不同时期的细胞核和染色体的形态特征，注意观察处于中期分裂象的细胞，小鼠的 40 条染色体均为端着丝点染色体，形态均为 V 形。

（2）寻找和观察处于减数第一次分裂时期的分裂象，表现出 20 对同源染色体相互配对的现象。20 对同源染色体中有 19 对染色体呈环状连接，只有 XY 染色体表现出特殊的一个末端和两个末端相接。而且 Y 染色体又出现一定程度的深染现象。

（3）寻找和观察第二次减数分裂过程中的中期染色体，观察处在染色单体分离前的 20 个姊妹染色单体形态。

3. 绘图

（1）绘制在显微镜下看到的有丝分裂过程中各个不同时期的分裂象，并用文字说明其主要特征。

（2）绘制在显微镜下看到的染色体在减数分裂过程中各个不同时期的分裂象，并用文字说明其主要特征。

4. 试剂配制

（1）2％柠檬酸钠溶液。称取 2g 柠檬酸钠（柠檬酸三钠，AR）溶解于 100mL 蒸馏水中。

（2）100μg/mL 秋水仙素溶液。

（3）吉姆萨原液（pH6.8）。吉姆萨染粉 1g，甘油（丙三醇，AR）31mL，甲醇（AR）45mL。将染粉倾入研钵，加几滴甘油，在研钵内研磨直至无颗粒为止，此时再将全部剩余甘油倒入，放入 60～65℃保温箱中保温 2h 后，加入甲醇搅拌均匀，保存于棕色瓶中备用。

（4）0.067mol/L 磷酸盐缓冲液（pH6.8）。$Na_2HPO_4 \cdot 12H_2O$ 11.81g（或 $Na_2HPO_4 \cdot 2H_2O$ 5.92g），KH_2PO_4 4.5g，溶解于蒸馏水中至 1 000mL。

（5）1∶10 吉姆萨磷酸缓冲液染液（pH6.8）。

（6）甲醇（AR）。

（7）冰醋酸（AR）。

（8）0.4％氯化钾（AR）溶液。

➡ **【相关知识】**

一、细胞的结构与遗传

地球上的生物，除了最低等的病毒和立克次体外，都是由细胞构成的。细胞是生物体结构和功能的基本单位。根据是否有核膜包被的细胞核，可把细胞分为两大类，一类是真核细胞，这类细胞具有核膜包被的细胞核，细胞结构完整；另一类是原核细胞，没有真正的细胞核，只有拟核区，细胞结构不完整。组成高等动物的细胞是真核细胞，其结构由细胞膜、细胞质和细胞核三部分组成（图 1 - 1 - 1）。

（一）细胞膜

细胞膜主要由磷脂双分子层和蛋白分子组成，选择性透过某些物质，而大分子物质则通过膜的微孔进出细胞。其主要功能是保护细胞，控制细胞内外的物质交换，以及感受和传递外部刺激等。

（二）细胞质

细胞质是细胞膜以内、细胞核以外所有物质的统称，包括细胞器、基质和内含物。基质呈胶质状态，各种细胞器［包括线粒体、内质网（粗面内质网、滑面内质网）、核糖体、高尔基体、中心粒、溶酶体等］有序地分布于其中。内含物是细胞内贮存的物质，如脂肪细胞内的脂肪。

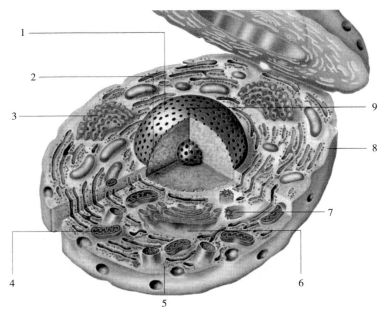

图 1-1-1　动物细胞结构模式

1. 核：可综合细胞内其他各个结构的运行，通过核孔运输物质　2. 染色质：分裂时，可浓缩成染色体
3. 高尔基体：动植物都有它，与储存、分泌、排泄有关　4. 线粒体：进行呼吸的场所，也是制造
三磷酸腺苷的工厂，氧气和食物分子发生反应，产生三磷酸腺苷　5. 核糖体：分布在核周围和内质网上，
是蛋白质的合成场所　6. 内质网：由膜围成的袋状或管状系统，其一端与外膜连着，起物质输送作用
7. 中心粒：在动物细胞分裂中起固定中心的作用　8. 细胞膜：维护细胞环境相对稳定
9. 核仁：含有蛋白质和核酸

1. 线粒体　线粒体是由双层膜所围成的囊状结构，外形呈线状或颗粒状。其内含有很多酶系，是细胞进行生物氧化的场所，释放的能量供细胞利用，是细胞的"动力站"。

2. 内质网与核糖体　内质网包括粗面内质网和滑面内质网，其中粗面内质网上附着有许多核糖体，滑面内质网上没有核糖体，比较光滑。它们像网一样分布在细胞的基质中，对细胞起支持作用，同时与基质进行物质交换，运送细胞合成的物质。核糖体由核糖核酸（RNA）和蛋白质组成，它是蛋白质合成的主要场所。

3. 中心粒　中心粒位于细胞的中心近核处，是一类由微管组成的细胞器，通常一个细胞有两个细胞器，彼此呈垂直排列。在细胞有丝分裂中，中心粒与染色体的分离有着密切关系。

此外，高尔基体由单层膜围成的扁平囊组成，它与细胞内物质的聚集、转运和分泌有关，是细胞分泌物最后的加工和包装场所。溶酶体是由一层单位膜包围成的球形个体，含有大量的消化酶，其功能是起自溶和消化作用。

（三）细胞核

细胞核一般为球形或卵圆形，通常是一个细胞一个核，少数细胞有多核或无核。其功能是保存和传递遗传物质，另外指导 RNA 的合成。其结构由核膜、核仁、核液和染色质（或者染色体）四部分组成。

1. 核膜　核膜是双层膜，在细胞核与细胞质之间起重要的分隔作用，其上有核孔。

2. 核液 充满核内的液体状物质称为核液，也称为核浆或核内基质，主要成分为蛋白质、RNA、酶等，核仁和染色质存在于核液中。

3. 核仁 核仁为无膜包裹的、形态不规则的、一半致密而坚实、另一半呈海绵状的小体，主要由蛋白质和RNA组成，还可能存在少量的类脂和DNA。

4. 染色质和染色体 细胞分裂间期核内，对碱性染料着色均匀的物质称为染色质。染色体是细胞分裂期，核内染色质高度螺旋化，折叠盘曲而成的杆状小体，其形态结构相对稳定。染色质和染色体是同一物质在细胞周期的不同时期不同的形态表现。

（四）染色体的形态、结构与数目

构成染色体的主要成分是脱氧核糖核酸（DNA）和蛋白质，而DNA是遗传的基本物质。在普通光学显微镜下观察染色体，需要对染色体进行染色。通常采用对染色体易着色、对细胞质着色少的碱性染料、酸性染料或孚尔根试剂染色。

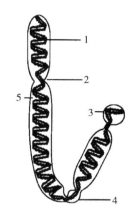

图1-1-2 染色体结构
1. 染色丝 2. 次缢痕 3. 随体
4. 着丝粒 5. 染色体基质

1. 染色体的形态与结构 识别染色体的形态特征的最佳时期是细胞有丝分裂中期和早后期。染色体一般呈棒形、V形或L形，它含有两条染色单体，并在着丝粒处相连结。每一条染色单体是由一条完整的DNA大分子与组蛋白相结合的纤丝组成。在电子显微镜下观察，染色体呈圆柱形，外有表膜内有基质，两条高度螺旋折叠的染色丝纵贯整个染色体（图1-1-2）。

2. 染色体的数目与组型 人类和各畜禽物种染色体都具有特定的数目，如人有46条，猪有38条，鸡有78条。在生物的世代延续中，染色体的数目一般保持不变（表1-1-1）。虽然有时两种动物会有相同的染色体数目，如鸡和犬的染色体数都是78条，但是它们染色体的形态、大小、着丝粒的位置以及基因结构和功能上却存在着很大差异。

表1-1-1 常见畜禽体细胞染色体数

种类	染色体数（2n）	种类	染色体数（2n）	种类	染色体数（2n）
牛	60	水牛	48	牦牛	60
马	64	驴	62	猪	38
绵羊	54	山羊	60	犬	78
猫	38	兔	44	豚鼠	64
大家鼠	42	小家鼠	40	鸡	78
鸭	80	鹅	82	火鸡	82

大多数高等动物都是二倍体（2n），即其体细胞内含有两套同样的染色体组，这两套染色体组分别来自两个亲本的配子。体细胞内的染色体可分为常染色体和性染色体，性染色体与动物的性别有关，只有一对，其余的都是常染色体。每对常染色体在

长度、直径、形态、着丝粒的位置和染色粒的排列都相同，这样成对的染色体称为同源染色体，不成对的染色体互称为异源染色体。

性染色体随性别不同而不同，在哺乳动物中雌性的两条性染色体的形态、大小、着丝粒的位置都相同，称为 X 染色体，即雌性含有两个 X 染色体，用 XX 表示；雄性的性染色体其中一条是 X 染色体，另一条在形态大小上与 X 染色体存在着很大差异，称为 Y 染色体，即雄性的性染色体用 XY 表示。家禽的性染色体与家畜正好相反，即雄性的一对性染色体形状大小相同，用 ZZ 表示，雌性的一对性染色体形状大小不同，用 ZW 表示。

将处于有丝分裂中期细胞中的全部染色体按各对同源染色体的长度、着丝粒位置以及随体的有无等，依次排列并编号（性染色体列于最后），称为染色体组型或核型。用染色体分带技术，对某个体的染色体组型进行检查，观察各对染色体是否有异常现象，用来诊断是否患有染色体造成的遗传性疾病，称为染色体组型分析。

二、细胞分裂

畜禽的生长发育和繁殖都离不开细胞分裂，细胞分裂的方式有三种，即无丝分裂、有丝分裂和减数分裂。无丝分裂也称直接分裂，多见于原核生物，畜禽的某些组织和细胞也采取这种分裂方式，如肿瘤细胞和愈伤组织。有丝分裂是畜禽体细胞繁殖的基本形式，通过有丝分裂实现细胞的分化和组织的发生，从而完成个体发育的全过程。减数分裂是畜禽性细胞的成熟过程，也即是精子和卵子的形成过程。

（一）细胞周期和有丝分裂

细胞周期是指连续分裂的细胞从一次细胞分裂结束到下一次细胞分裂结束所经历的整个过程，可分为间期和有丝分裂期，其中有丝分裂期又可分为前期、中期、后期和末期。

有丝分裂

1. 间期　这是两次分裂的中间时期。间期细胞核内见不到染色体结构，细胞在进行 DNA 的复制和蛋白质的合成，为细胞分裂做准备。可分为以下几个时期。

（1）DNA 合成前期（G_1 期）。细胞分裂后形成的两个子细胞是否进行下次有丝分裂是在 G_1 期决定的，有的继续分裂，有的则进入分化过程。

（2）DNA 合成期（S 期）。DNA 进行复制，当复制结束时染色体中 DNA 分子的数目增加一倍。

（3）DNA 合成后期（G_2 期）。细胞体积增大，RNA 和蛋白质合成活跃，高能化合物大量积累，为细胞分裂奠定了物质和能量基础。

2. 前期　前期细胞核内的主要变化是染色质丝逐渐浓缩变成染色体。每一条染色体都包含着两根平行的染色质丝，称为染色单体。它是在染色体复制时纵裂而形成的。两条染色单体在着丝粒处相连结，它们互称为姊妹染色单体。同时中心粒一分为二，分别移向核的两极，并发射出纺锤丝。核仁逐渐消失，核膜逐渐解体。

3. 中期　纺锤丝与着丝粒相连接，牵引着染色体在赤道面上整齐排列，形成纺锤体。此期染色体具有最典型的形状，是进行核型分析的最佳时期。

4. 后期　每条染色体的着丝粒分裂为二，使每个染色单体都具有着丝粒成为一条独立的染色体。而此时细胞并没有分裂成两个细胞，染色体数目暂时加倍。在纺锤丝的牵引下，染色体向细胞的两极移动。当移到细胞的两极时，此期结束。

5. 末期　末期是细胞分裂将近完成，染色体到达两极后解开螺旋重新变成染色质。核膜、核仁重新出现并重建成两个子核。接着细胞中央出现分裂沟，细胞质分裂成两部分，最后形成两个子细胞。子细胞和母细胞在染色体数目、形态结构方面完全相同。

细胞有丝分裂见图 1-1-3。

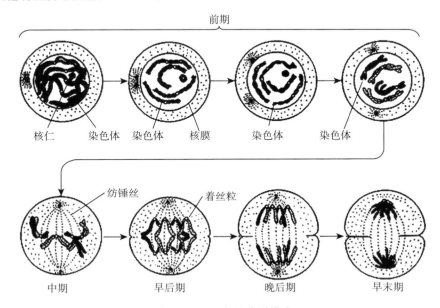

图 1-1-3　有丝分裂模式
（欧阳叙向，2001. 家畜遗传育种）

（二）细胞的减数分裂

减数分裂又称成熟分裂，是精子和卵子形成过程中的一种特殊的分裂方式。其特点是在分裂之前染色体复制一次，而细胞连续分裂两次，每一个子细胞所含的染色体数是母细胞染色体数的一半。减数分裂的整个过程，也包括间期和分裂期。间期同有丝分裂，主要是进行染色体复制，但是在 S 期只复制 99.7% 的 DNA 分子。分裂期包括减数第一次分裂（Ⅰ）和减数第二次分裂（Ⅱ）。减数第一次分裂包括前期Ⅰ、中期Ⅰ、后期Ⅰ和末期Ⅰ；减数第二次分裂包括前期Ⅱ、中期Ⅱ、后期Ⅱ和末期Ⅱ。一般情况下，第一次分裂和第二次分裂之间还会有一个很短暂的停顿期，称为中间期。

1. 减数第一次分裂

（1）前期Ⅰ。减数第一次分裂的前期经历的时间长，染色体变化复杂，它包括同源染色体的联会、配对、交换与分离过程。根据染色体变化特点又将其分为五个阶段。

①细线期。染色质浓缩成细而长的细线，可见到每条染色体是由两条染色单体组成。

②偶线期。此期同源染色体开始配对，这个过程称为联会。每对同源染色体的对应部位相互靠拢，纵向联结在一起形成联会复合体，这样联会的一对同源染色体，称为二价体。$2n$ 条染色体可形成 n 个二价体。

③粗线期。同源染色体配对之后，染色体缩得更短更粗。二价体中非姊妹染色单体之间发生 DNA 片段的交换，其结果导致基因重组。此期还合成剩下 0.3% 的 DNA。

④双线期。此期二价体继续收缩变粗，发生交换之后的非姊妹染色单体开始相互排斥而分离。但仍有一两个交叉点联结在一起。

⑤终变期。染色体变得更为浓缩和短粗，各个二价体分散在整个核内，同源染色体间仍有交叉联系。核仁、核膜开始消失，中心体分离出现纺锤丝。

（2）中期 I。核膜消失，核仁解体，二价体排列在赤道面上，纺锤丝与着丝粒相联结，形成纺锤体。

（3）后期 I。在纺锤丝的牵引下，各个二价体中的两条同源染色体开始分开，分别被拉向细胞的两极。每一极只能得到同源染色体中的一个，即每一极得到 n 条染色体，实现了染色体数目的减半。

（4）末期 I。染色体到达两极后，核仁、核膜重新形成，接着进行细胞质分裂，形成两个子细胞。在雄性，是形成两个次级精母细胞；在雌性，形成一个次级卵母细胞和一个极体（第一极体）。极体只含有染色体不含有细胞质（图 1-1-4）。

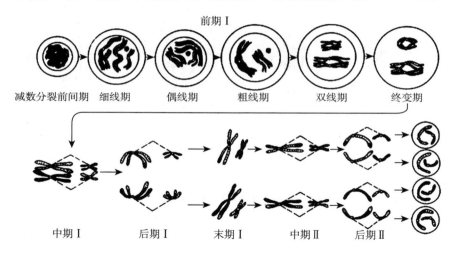

图 1-1-4 减数分裂模式

（欧阳叙向，2001. 家畜遗传育种）

2. 减数第二次分裂　减数第二次分裂与有丝分裂基本相同。在此次分裂中，每条染色体的着丝粒分裂，两条染色单体形成两个独立的染色体，并向两极移动。染色体到达两极后，形成两个新的细胞核，随后细胞质分开形成两个子细胞。在雄性，每个次级精母细胞分裂为两个精子；在雌性，每个次级卵母细胞分裂为一个卵子和一个极体（第二极体），同时第一极体也分裂成两个第二极体。

至此，整个减数分裂过程完成。每个初级精母细胞（$2n$）经过减数分裂，生成四个精子（n），每个初级卵母细胞（$2n$）经过减数分裂生成一个卵子（n）和三个极体（n），极体最后自行消失（图 1-1-5）。

（三）减数分裂的意义

减数分裂的意义体现在两个方面，首先，减数分裂使含有 $2n$ 条染色体的性母细

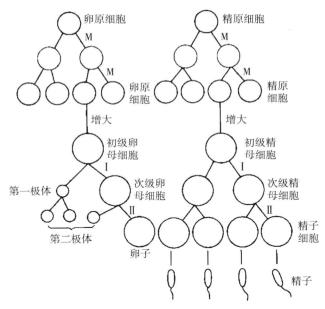

图 1-1-5　高等动物雌雄配子形成的过程

胞分裂产生含有 n 条染色体的性细胞，两个 n 条染色体的雌、雄性细胞经过受精作用形成的合子染色体数又回复到 $2n$，从而保证了物种在世代交替的系统发育过程中亲代和子代染色体数目的恒定性和物种相对的稳定性。

其次，减数分裂时，非同源染色体的自由组合和非姊妹染色单体的片段交换，是实现基因重组的重要方式，这使得生物能在一定的遗传背景即一定的染色体组型基础上发生变异；另外，含有重组基因的雌、雄性细胞在受精时又随机结合，使其合子的变异类型进一步丰富。这就保证了生物的变异，有利于生物的进化，为自然选择和人工选择提供了丰富材料。

➔【自测训练】

1. 理论知识训练
（1）简述细胞结构的组成及功能。
（2）简述减数分裂与有丝分裂的区别。
2. 操作技能训练
（1）分小组制作动物染色体切片。
（2）观察并绘制分裂中期染色体的形态和结构图。

任务 1-2　遗传信息的传递

【任务内容】
● 掌握遗传信息的本质。
● 掌握遗传物质应具备的条件。
● 掌握中心法则。

【学习条件】

● 多媒体教室、遗传信息的传递教学课件、视频材料、教材、参考图书等。

一、核酸是遗传物质的验证

染色体是遗传物质的载体。化学分析显示，生物的染色体是核酸和蛋白质的复合物。这两者究竟谁是遗传物质呢？

20 世纪 50 年代以来，随着分子遗传学的发展，人们已拥有大量直接和间接的证据来说明 DNA 是主要的遗传物质，而在缺乏 DNA 的某些病毒中，RNA 就是遗传物质。

（一）核酸是遗传物质的直接证据

1. 肺炎链球菌的转化试验　肺炎链球菌是一种病原菌，可以分为两种类型，S 型和 R 型。1928 年，英国医生格里菲斯以 R 型和 S 型菌株作为实验材料进行遗传物质的试验，具体操作见图 1-2-1。

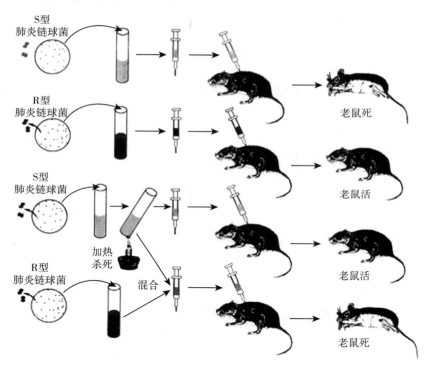

图 1-2-1　核酸是遗传物质的验证试验

格里菲斯称这一现象为转化作用。试验证明，在高温杀死的 S 型菌滤液中，存在着转变 R 型菌特性的物质。后来经过对滤液中的蛋白质、糖和 DNA 进行分离纯化，并分别进行转化试验。结果证明：转化因素是 DNA 而不是蛋白质和糖，DNA 是遗传物质。

2. 噬菌体感染试验　1952 年，赫尔歇等用噬菌体感染试验验证了 DNA 是遗传物质的本质。在噬菌体中，磷主要存在于 DNA 中，而硫只存在于蛋白质中。利用放射性同位素 ^{35}S 和 ^{32}P 分别标记 T_2 噬菌体的蛋白质和 DNA。接着，用分别被 ^{35}S，或 ^{32}P 标记的噬菌体去感染没有被放射性同位素标记的宿主菌，然后测定宿主菌细胞带有的同位素。大多数^{35}S出现在宿主菌细胞的外面，也就是说，^{35}S标记的噬菌体蛋白质外壳在感染宿主菌细胞后，并未进入宿主菌细胞内部而是留在细胞外面。被^{32}P标记的噬菌体感染宿主菌细胞后，测定宿主菌的同位素，发现^{32}P主要集中在宿主菌细胞内。

3. 烟草花叶病毒的感染试验　烟草花叶病毒是一种RNA病毒，不含DNA，它有一个圆筒状的蛋白质外壳，内有一条RNA分子。1956年辛格尔等用化学方法将烟草花叶病毒的RNA和蛋白质分离开，然后用RNA和蛋白质分别去感染烟草。接种RNA的烟草植株上形成新的病毒；单纯接种蛋白质的烟草植株上不能形成病毒。由此说明，烟草花叶病毒的遗传物质是RNA，决定了后代的病毒类型，与蛋白质无关。即在少数只有RNA而无DNA的病毒中，遗传物质的角色由RNA来担当。

（二）DNA是遗传物质的间接证据

1. DNA含量恒定　每个物种不同组织的细胞不论其大小和功能如何，它们的DNA含量是恒定的，而且性细胞中的DNA含量正好是体细胞的一半；而细胞内的RNA和蛋白质量在不同细胞间变化很大。另外，多倍体物种细胞中DNA的含量随染色体倍数的增加，也呈现倍数性的递增。而蛋白质和RNA的变化无此规律。

2. DNA在代谢上比较稳定　细胞内蛋白质和RNA分子与DNA分子不同，它们在迅速形成的同时又不断分解。利用示踪原子技术发现，原子一旦被DNA分子所摄取，则在细胞保持健全生长的情况下，保持稳定，不会离开DNA。

3. DNA能准确地自我复制　在生物体新陈代谢过程中，细胞内的物质不断地进行分解和合成。但糖、脂肪和蛋白质等物质都不能产生类似自己的物质，它们只能由别的物质来合成。唯独DNA分子，能够利用周围物质由一个分子变为两个分子，即进行复制。这个独特的特性使DNA能够成为遗传物质，担负起生命延续的任务。

4. 用不同波长的紫外线诱发各种生物突变时，其最有效的波长均为260nm　这与DNA所吸收的紫外线光谱是一致的。这证明基因突变是与DNA分子的变异密切相联系的。

二、遗传信息传递和表达的过程

生物的性状多种多样，都与蛋白质有关。不同的蛋白质分子，在细胞内执行不同的功能，引起一系列错综复杂的代谢变化，表现出不同的形态特征和生理性状。而蛋白质的生物合成是在DNA控制下进行的，即以DNA为模板在细胞核内合成RNA，然后转移到细胞质中，在核糖体上控制蛋白质的合成。也就是DNA先把遗传信息转录给RNA，再翻译为蛋白质。具体步骤如下。

（1）DNA的复制。遗传信息从亲代传递给子代是通过DNA的复制完成的。首先DNA双链解开，然后以其中每一条单链为模板，根据碱基互补配对的原则，合成两条完全一样的DNA链。

（2）遗传信息的转录。遗传信息从DNA转移到RNA的过程称为转录。转录是遗传信息表达的第一步。转录时，DNA先解开双链，然后以其中的一条链为模板，在RNA聚合酶的作用下，通过碱基配对合成一条与DNA互补的RNA短链。这样，

DNA复制
（动画）

蛋白质合成
（动画）

就把 DNA 中的遗传信息转移到 RNA 上。mRNA（信使 RNA）、tRNA（转运 RNA）和 rRNA（核糖体 RNA）都是通过转录合成的，它们在蛋白质的翻译过程中表现出不同的功能。

（3）遗传信息的翻译。按 mRNA 的遗传密码，在核糖体上将不同的氨基酸合成蛋白质的过程称为翻译。当 mRNA 单链合成后，经核孔进入细胞质，它是蛋白质翻译的模板。mRNA 链上每三个相邻的核苷酸，对应一个氨基酸，这三种核苷酸的排列组合，称为"三联体密码"。它和 tRNA 上的反密码子通过碱基配对相互识别，即把 tRNA 所携带的氨基酸在核糖体上连接成多肽链。核糖体是由 rRNA 和蛋白质结合而成，它有大、小两个亚基，是蛋白质合成的场所。

➡【相关知识】

（一）遗传物质应具备的条件

1. 高度的稳定性与可变性 高度稳定性是指遗传物质在细胞中的含量、存在的位置以及其化学组成是恒定的，不会轻易受内外环境条件的影响而发生变化。

可变性是指遗传物质在一定程度上具有可以变化的潜力。否则，生物就会因遗传物质的僵化而被自然选择所淘汰。可以说生物进化的历史就是遗传物质突变的历史。

2. 贮存遗传信息的潜力 地球上的物种繁多，每种生物又有许许多多的性状，而每个性状的表现都是有遗传基础的。

3. 自我复制的能力 遗传物质必须有自我复制的能力，只有这样才能把遗传信息传递给子代，使子代具有与亲代相似的遗传性状。同时，遗传物质还必须具有以自己为模板控制其他物质新陈代谢的能力。

（二）遗传信息与遗传密码

1. 遗传信息 在 DNA 和 RNA 分子中，一种碱基对的排列顺序就是一种遗传信息。DNA 分子的碱基有四种，即 A（腺嘌呤）、T（胸腺嘧啶）、C（胞嘧啶）、G（鸟嘌呤）。其中 A 和 T 配对，G 和 C 配对。一个 DNA 分子的核苷酸数量一般有上万对。假设某一段 DNA 分子链含有 1 000 对核苷酸，则该段就可以有 $4^{1\,000}$ 种不同的排列组合方式，可反映 $4^{1\,000}$ 种遗传信息。这是一个庞大的数字。DNA 分子的这种特殊结构完全可以蕴藏地球上所有生物的遗传物质。RNA 的碱基是 A 和 U 配对，C 和 G 配对，U 是尿嘧啶。

2. 遗传密码 遗传密码是核酸的碱基序列和蛋白质的氨基酸序列的对应关系。DNA 分子中碱基对的排列顺序，决定 mRNA 碱基的排列顺序，进而决定蛋白质氨基酸的序列。在 mRNA 上每三个按顺序排列的碱基组成一个密码子，称为三联体密码。4 种碱基可以组合成 $4^3 = 64$ 种密码子，而体内有遗传密码为其编码的氨基酸只有 20 种，故存在多个密码子代表一种氨基酸的情况。除甲硫氨酸和色氨酸外；其他的氨基酸均有两种以上的密码子。这种多个密码子编码同一种氨基酸的现象称为密码子的简并性，代表一种氨基酸的多种密码子称为同义密码子。AUG 既是甲硫氨酸的密码子又是起始密码，少数物种体内 GUG 也是起始密码。UAA、UAG、UGA 不为任何氨基酸编码，是终止密码。具体见表 1-2-1。密码的解读是具有连续性和方向性的，往往第一、二个碱基比较重要，第三个碱基具有摆动性。地球上所有的生物都共用一套遗传密码，即密码具有通用性。

表 1 - 2 - 1　20 种氨基酸的遗传密码表

第一位置碱基	密码子的第二位								第三位置碱基
		U		C		A		G	
U	UUU	苯丙氨酸	UCU	丝氨酸	UAU	酪氨酸	UGU	半胱氨酸	U
	UUC		UCC	丝氨酸	UAC	酪氨酸	UGC	半胱氨酸	C
	UUA	亮氨酸	UCA	丝氨酸	UAA	终止密码	UGA	终止密码	A
	UUG	亮氨酸	UCG	丝氨酸	UAG	终止密码	UGG	色氨酸	G
C	CUU	亮氨酸	CCU	脯氨酸	CAU	组氨酸	CGU	精氨酸	U
	CUC	亮氨酸	CCC	脯氨酸	CAC	组氨酸	CGC	精氨酸	C
	CUA	亮氨酸	CCA	脯氨酸	CAA	谷氨酸	CGA	精氨酸	A
	CUG	亮氨酸	CCG	脯氨酸	CAG	谷氨酸	CGG	精氨酸	G
A	AUU	异亮氨酸	ACU	苏氨酸	AAU	天冬氨酸	AGU	丝氨酸	U
	AUC	异亮氨酸	ACC	苏氨酸	AAC	天冬氨酸	AGC	丝氨酸	C
	AUA	异亮氨酸	ACA	苏氨酸	AAA	赖氨酸	AGA	精氨酸	A
	AUG	甲硫氨酸（起始密码）	ACG	苏氨酸	AAG	赖氨酸	AGG	精氨酸	G
G	GUU	缬氨酸	GCU	丙氨酸	GAU	天冬氨酸	GGU	甘氨酸	U
	GUC	缬氨酸	GCC	丙氨酸	GAC	天冬氨酸	GGC	甘氨酸	C
	GUA	缬氨酸	GCA	丙氨酸	GAA	谷氨酸	GGA	甘氨酸	A
	GUG	缬氨酸（起始密码）	GCG	丙氨酸	GAG	谷氨酸	GGG	甘氨酸	G

（三）中心法则

整个生物界遗传信息传递和表达所遵循的原则称为中心法则，其内容概括为以下几点。

（1）DNA 链上的碱基序列就是遗传信息，是产生具有特异性蛋白质的模板。

（2）DNA 双股链打开，以每条单链为模板，按照碱基配对原则，合成新的互补链，这称为 DNA 的复制，DNA 借助复制把遗传信息从亲代传递给子代。

（3）以 DNA 双链中的一条链为模板，转录成 mRNA。然后在核糖体上将 mRNA 上的遗传密码翻译成蛋白质。

这三点说明，遗传信息由 DNA 传向 DNA，或由 DNA 传向 RNA，最终决定蛋白质的特异性；蛋白质是遗传信息的受体，遗传信息不能由蛋白质传向蛋白质，或由蛋白质传向 DNA 或 RNA。也即，遗传信息从 DNA 传给 DNA 的复制过程，以及遗传信息从 DNA 传递给 RNA，再由 RNA 通过转录和翻译确定蛋白质特异性的过程，这是分子生物学的中心法则。

中心法则自 1958 年提出以后，科学家又陆续发现。那些只含有 RNA 不含 DNA 的病毒，在感染宿主细胞后，RNA 与宿主的核糖体结合，形成一种 RNA 复制酶，在这种酶的催化作用下，以 RNA 为模板复制出 RNA。也就是说，RNA 的遗传信息可以传向 RNA。

近年来，又发现 RNA 病毒复制的另一种形式。鸡的劳斯肉瘤病是 RNA 病毒，存在反转录酶，侵染鸡的细胞后，它能以 RNA 为模板合成 DNA，并结合到宿主染色体的一定位置上，成为 DNA 前病毒。前病毒可与宿主染色体同样复制，并通过细胞有丝分裂，传递给子细胞，并成为肿瘤细胞。某些肿瘤细胞以前病毒 DNA 为模板，合成前病毒 RNA，并进入细胞质中合成病毒外壳蛋白质，最后病毒体释放出来，进行第二次侵染。

以上研究说明，不含 DNA 只含 RNA 的病毒，RNA 是其遗传物质，RNA 也可以自我复制，也能以 RNA 为模板来合成 DNA，这称为反转录。至此中心法则得到了补充和发展（图 1-2-2）。

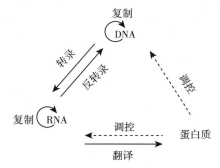

图 1-2-2 中心法则的发展与丰富

➡️【拓展知识】

（一）基因概述

基因这一概念的提出和完善经历了一个发展过程。早在 1865 年，孟德尔通过 8 年的豌豆杂交实验，就提出了遗传因子假说，认为生物的性状是受遗传因子控制的，遗传因子在世代传递中遵循分离规律和自由组合规律。1909 年丹麦遗传学家约翰逊将遗传因子更名为基因，并一直沿用至今。1910 年摩尔根和他的学生们用果蝇做遗传学试验，提出了基因位于染色体上呈线性排列的"念珠模型"，并提出了第三大遗传规律——连锁互换规律。他在 1926 年发表的《基因论》中指出，基因是携带生物体遗传信息的结构单位，具有控制特定性状、突变和发生交换的功能。

1941 年，比德尔等通过对链孢菌营养缺陷型的研究，提出了"一个基因一种酶"的假说，认为每一个基因都控制一种特定的酶，从而影响生物体的代谢。把基因与产物联系起来，后来修正为"一个基因一条多肽链"。基因的产物不仅是可翻译成多肽链的 mRNA，还可以是 tRNA 和 rRNA。

肺炎链球菌转化试验和 T_2 噬菌侵染实验等都充分证明了 DNA 就是遗传物质，基因的化学本质就是 DNA。

对基因内部精细结构的研究始于本泽尔于 1957 年开展的噬菌体突变型顺反测验，并提出了顺反子学说。在经典遗传学的"三位一体"基因概念中，基因既是一个功能单位，又是一个突变单位和重组单位。基因的内部是不可分的，一个基因与另一个基因重组而并不涉及基因的内部变化。顺反子学说打破了"三位一体"基因概念，首次把基因具体化为 DNA 分子上一个决定一条多肽链的完整功能单位，基因内部是可分割的，包含多个突变和重组单位。

1977 年美国的 Sharp 和 Roberts 发现了断裂基因，人们才逐渐认识到绝大多数的真核基因的编码序列是不连续的，它们被一些非编码的 DNA 序列间隔开，形成一种断裂结构，这些非编码的 DNA 序列在转录后的 RNA 加工过程中被剪切掉。1978 年，Tonagana 把断裂基因中的编码序列称为外显子，把非编码的间隔序列称为内含子。就在同一年，英国科学家 Sanger 通过对 ΦX174 噬菌体 DNA 全序列测定，发现了重叠基因，即两个或两个以上的基因共有一段 DNA 序列，打破了原有的"基因的编码序列是有序地排列在 DNA 链上，每个基因按次序阅读下去"的传统观点。

综上所述，可以这样理解，基因是有功能的 DNA 片段，它含有合成有功能的蛋白质多肽链或 RNA 所必需的全部核苷酸序列。基因具有以下四个方面的特点。

（1）基因是一个突变单位，突变的本质是基因的改变，最终导致生物遗传性的改变。

（2）基因是一个功能单位，以遗传密码的方式携带遗传信息，发出指令产生各种生物表型。

（3）基因是一个重组单位，由于重组促进了生物的进化和生物的多样性。

（4）基因是一个调控的和可调控的单位，受反式调控元件和顺式调控元件等多个因素调控，因此，基因既是一个调控单位，也是一个可调控单位。

（二）DNA 指纹技术

世界上除同卵双生外，几乎没有指纹一模一样的两个人，所以指纹可以用来鉴别身份。那么什么是 DNA 指纹技术呢？研究表明，每个人的 DNA 都不完全相同，因此，DNA 也可以像指纹一样用来识别身份，这种方法就是 DNA 指纹技术。

应用 DNA 指纹技术，首先需要用合适的酶将待检测的样品 DNA 切成片段，然后用电泳的方法将这些片段按大小分开，再经过一系列步骤，最后形成 DNA 指纹图。因为每个人的 DNA 指纹图是独一无二的，所以我们可以根据分析指纹图的吻合程度来帮助确认身份。

在现代刑侦领域中，DNA 指纹技术正在发挥着越来越重要的作用。刑侦人员只需要一滴血、精液或是一根头发等样品，就可以进行 DNA 指纹鉴定。此外，DNA 指纹鉴定技术还用于亲子鉴定、死者遗骸的鉴定等。

➡【自测训练】

1. 理论知识训练

（1）遗传物质应该具备哪些条件？

（2）简述中心法则的具体内容。

（3）什么是遗传密码？其特点有哪些？

2. 操作技能训练　查阅相关生产记录及资料，针对小梅山猪高繁殖力主效基因功效进行剖析。

项目 2 遗传的基本规律

【能力目标】
◆ 能够利用遗传三大规律解释遗传现象。
◆ 能够根据性状的表现型，确定该性状的基因型。
【知识目标】
◆ 理解遗传三大规律的内容。
◆ 掌握遗传三大规律的要点。
◆ 会解释和验证遗传三大规律。

生物性状在世代中的传递表现出遗传性和变异性。双亲的性状在子代中并不融合在一起，性状差异在子代中的表现也各有规律。1865 年，奥地利遗传学家孟德尔利用 8 年的豌杂交试验，揭示了一对性状遗传的分离规律和两对性状同时遗传的自由组合规律，合称孟德尔定律。1910 年美国生物学家摩尔根，以果蝇为试验材料，经过深入研究，得出连锁交换规律。

任务 2-1 分离规律

【任务内容】
● 利用分离规律解释畜禽生产中相关遗传现象。
● 明确分离规律的原理和内容。
● 确定相关基因控制性状的显隐性关系。
【学习条件】
● 地方种猪场、种鸡场的原种猪和种鸡及其杂交后代。
● 教材、相关教学课件、相关视频、参考图书等。

图 2-1-1 是畜牧生产中几种常见的性状分离现象。

根据孟德尔的分离规律，可以对图 2-1-1 中的现象做出如下解释。个体是由两个亲本的配子经过受精作用发育而成的，因此个体性状的表现必定与配子有关。假设在配子中每一个性状都由一个相应的基因所支配，如白毛猪中的"白毛基因"用 R 代表（显性基因），黑毛猪的"黑毛基因"用 r 代表（隐性基因）。在体细胞中基因是

图 2-1-1　畜牧生产中的性状分离现象

P 表示亲本，×表示杂交，F_1 表示杂交第一代，⊗表示自群繁殖，F_2 表示杂交第二代

成对存在的（基因型分别为 RR 和 rr），而在配子形成时，成对基因彼此分离，即白毛猪的配子中只有一个 R，黑毛猪的配子中只有一个 r。当这两个体杂交时，F_1 成为含有 R 和 r 体细胞的个体（基因型 Rr）。由于 R 对 r 的显性作用，故 F_1 只表现白毛性状，但 r 基因并没有消失。当 F_1 形成配子时，Rr 彼此分离，各自进入不同的配子中。因此，可产生两种类型的配子，一种带 R，另一种带 r，两种配子数目相等，呈 1∶1 的比例。F_1 所形成的雌、雄配子在受精时，由于每种雄性配子与每种雌性配子结合的机会均等，因此，在 F_2 中有 3 种基因的组合——RR、Rr、rr，比数为 1∶2∶1。又因为 R 对 r 为显性，因此，按性状的表现来说，只表现白毛和黑毛两种，性状分离比数为 3∶1（图 2-1-2）。

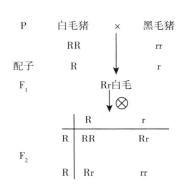

图 2-1-2　家猪的毛色遗传示分离规律的解释

➔【相关知识】

（一）相关概念

1. 性状　生物所表现出来的形态特征和生理特性统称。

2. 单位性状　生物某一具体性状，如毛色、体长等。

3. 相对性状　同一单位性状在不同个体间的不同表现，如白毛和黑毛就是一对相对性状。

4. 显性性状和隐性性状　有相对性状的两个纯合亲本杂交，在子一代中表现出来的性状称为显性性状；在子一代中没有表现出来的性状称为隐性性状。

5. 纯合体　相同的基因组成的基因型，如 RR、rr。

6. 杂合体　不相同的基因组成的基因型，如 Rr。

7. 杂交　指具有不同遗传性状的个体之间的交配，所得到的后代称为杂种。

8. 等位基因　一对同源染色体上，同一位点成对的两个基因。

9. 表现型　在基因型的基础上表现出来的性状，如红花、白花等。

10. 基因型　一个个体所有等位基因的基因座上的组合。

11. 分离现象　子二代中既出现显性性状，又出现隐性性状的现象。

（二）分离规律的要点

（1）相对的性状由相应的等位基因所控制。等位基因在体细胞中成对存在，一个来自父本,一个来自母本。

（2）体细胞内成对等位基因虽同在一起,但并不融合,各自保持其独立性。在形成配子时成对基因彼此分离,每个配子只能得到其中之一。

（3）F₁产生不同配子的数目相等,即 1∶1。由于各种雌雄配子结合是随机的,所以 F₂ 中等位基因组合比数是 1RR∶2Rr∶1rr,即基因型之比为 1∶2∶1。显、隐性的个体比例是 3∶1,即表现型比例是 3∶1。

（三）分离规律的验证

分离规律成立的关键是杂种体内是否真正有显性基因和基因同时存在,以及在形成配子时成对的基因是否彼此分离。孟德尔首创了测交法来检验他的假说。

F₁ 与其父母本中的任一亲本类型交配称为回交,其中 F₁ 与隐性亲本的回交称为测验杂交,简称测交。具体方法是把 F₁ 和隐性亲体交配。理论分析认为,如果 F₁ 是杂合体（Rr）,则可以形成 R 和 r 两种配子,且数目相等;隐性纯合体的黑毛猪（rr）只产生一种配子 r,那么,F₁ 和隐性性状的黑毛猪交配,后代群体应该得到 1/2 白毛猪和 1/2 的黑毛猪;如果和纯合显性的白毛猪交配,后代都应是白毛猪。回交的实际结果与理论分析的结果相符合,说明分离假说是正确的（图 2-1-3）。

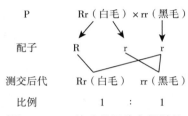

图 2-1-3　检验基因分离假说的测交试验

（四）分离规律在畜禽育种实践中的意义

学习分离规律,对于正确认识各种遗传变异现象和指导畜禽育种工作具有重要意义,也为学习其他遗传规律奠定了基础。

1. 明确相对性状间的显隐性关系　在家畜育种工作中,必须搞清楚相对性状间的显隐性关系,以便我们采取适当的杂交育种措施,预见杂交后代各种类型的比例,从而为确定选育的性状、群体大小提供依据。

2. 判断家畜某种性状是纯合体还是杂合体　由于培育优良纯种的需要,首先要选择出在某些性状上是纯合体的种公畜（禽）。以判断无角公羊究竟是纯合体还是杂合体为例,把待检定的无角公羊与有角母羊进行测交。后代如全是无角,则此公羊是纯合体;否则,是杂合体。

3. 淘汰带有遗传缺陷性状的种畜　遗传缺陷性状大多数是受隐性基因控制的,在杂合体中不表现,成为携带者,在畜群中扩散隐性基因。尤其是种公畜禽,将带来不可估量的损失。

⊕ **【拓展知识】**

分离比的实现需要以下条件。

（1）用来杂交的亲本必须是纯合体。

（2）显性基因对隐性基因的作用是完全的。

（3）F₁ 形成的两种配子数目相等,配子的生活力相同,两种配子结合是随机的。

（4）F₂ 中三种基因型个体存活率相等。

（5）二倍体,群体足够大。

从理论上讲，如果这些条件得到满足，性状分离比数应是 3∶1。但在实践中，杂交个体形成的雌雄配子数量很大，参加受精的是极少数，所以不同配子受精的机会不可能完全相等；合子的发育也受到体内外复杂环境条件的影响，因而其比数一般是接近于 3∶1。如果上述条件得不到满足，就可能出现比例不符的情况。

➡ 【自测训练】

1. 理论知识训练

（1）下列性状中属于相对性状的是（　　）。

　　A. 人的身高与体重　　　　　　　　B. 兔的长毛与短毛

　　C. 猫的白毛与蓝眼　　　　　　　　D. 绵羊的毛密与毛长

（2）人头顶发旋的旋向，右旋是显性，左旋是隐性。一个左旋的男人和一个右旋的女人（这个女人的母亲是左旋）结婚，这对夫妇生下左旋女孩的可能性是（　　）。

　　A. 1/2　　　　　B. 1/4　　　　　C. 1/8　　　　　D. 1/6

（3）基因分离规律的实质是（　　）。

　　A. 子二代出现性状分离

　　B. 子二代性状分离比为 3∶1

　　C. 等位基因随着同源染色体的分离而分开

　　D. 测交后代性状分离比为 1∶1

（4）思考与讨论

某农场养了一群马，马的毛色有栗色和白色两种。已知栗色和白色分别由基因 B 和 b 控制。育种人员从中选出一匹健壮的栗色公马，拟设计配种方案鉴定它是纯合子还是杂合子（就毛色而言）。

①在正常情况下，一匹母马一次只能生一匹小马。为了在一个配种季节里完成这项鉴定，应该怎样配种？

②杂交后代可能出现哪些结果？如何根据结果判断栗色马是纯合子还是杂合子？

2. 操作技能训练　根据猪场生产记录提供的信息，有针对性地进行检查或比对与配公猪、母猪和仔猪的毛色遗传现象，并作出数学记载。

任务 2-2　自由组合规律

【任务内容】

● 能够利用自由组合规律解释畜禽生产中相关遗传现象。

● 明确自由组合规律的原理和内容。

【学习条件】

● 猪、牛、羊、犬等纯种及杂交后代。

● 教材、相关教学课件、相关视频、参考图书等。

孟德尔在完成了豌豆一对相对性状的杂交试验，提出因子分离规律之后，没有满足已经取得的成绩，而是进行两对或多对相对性状的杂交试验，从而发现了第二大遗传规律——自由组合规律。

一、两对相对性状的遗传试验

孟德尔在做两对相对性状的杂交试验时，选用纯种黄色子叶、圆形豌豆和纯种绿色子叶、皱形豌豆作亲本进行杂交。无论正交还是反交，F_1 结出的种子都是黄色圆形的。这一结果表明，子叶的黄色对绿色是显性，圆形对皱形也是显性。再让 F_1 植株进行自交，F_2 发生性状分离，出现了四种性状组合类型，即黄色圆形、绿色皱形、绿色圆形和黄色皱形，其比例是 9：3：3：1（图 2-2-1）。

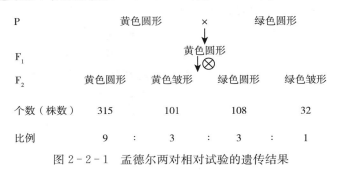

图 2-2-1 孟德尔两对相对试验的遗传结果

从试验结果可以看出：

（1）在 F_2 代的四种表现类型中，有两种和原来的亲本一样，即黄色圆形和绿色皱形，称为亲本型；另外两种是与亲本不同的新类型，即绿色圆形和黄色皱形，称为重组型。这说明，通过杂交和 F_1 自交，可以在 F_2 中产生新的性状组合类型，也就是说 F_2 代是选种的世代。

（2）如果对每一对相对性状进行单独分析，就可看出：

种子形状：圆形种子　　　315＋108＝423

皱形种子　　　101＋32＝133

二者之比约为 3：1

子叶颜色：黄色种子　　　315＋101＝416

绿色种子　　　108＋32＝140

二者之比约为 3：1

由以上分析可见，各对性状的分离比都接近 3：1，这说明一对相对性状的分离与另一对性状的分离互不影响。同时，两对性状还能重新组合产生新的性状组合类型。

在家畜中也发现有不少类似的现象。例如牛的黑毛与红毛是一对相对性状；有角与无角是另一对相对性状。从杂交实验得知，黑毛对红毛是显性，无角对有角是显性。让纯种的黑毛无角安格斯牛与纯种的红毛有角海福特牛杂交，不论正交反交，F_1 全是黑毛无角牛。F_1 群内公母牛交配产生的 F_2，也同样分离出四种类型：即黑毛无角、黑毛有角、红毛无角、红毛有角，而且四种类型的分离比也符合 9：3：3：1。

二、自由组合现象的解释

通过分离规律的学习，我们知道相对的性状由相对的基因控制，以 Y 和 y 分别代表控制子叶黄色和绿色的基因，以 R 和 r 分别代表决定种子圆形和皱形的基因。已知 Y 对 y 为显性，R 对 r 为显性，这样黄色圆形种子的亲本基因型应为 YYRR，绿色皱形种子的亲本基因型则应为 yyrr。根据分离规律，在亲本形成配子的减数分裂过程中，同源染色体上等位基因分离，即配子只能含有每对基因中的一个。基因型为 YYRR 的亲本产生的配子的基因型是 YR，同样，基因型为 yyrr 的亲本产生的配子的基因型为 yr。杂交后，YR 和 yr 结合形成基因型为 YyRr 的 F_1，表现型是黄色圆形；杂合型的 F_1 代自交，在产生配子的时候，按照分离规律，同源染色体上的等位基因要分离，各自独立分配到配子中去，而此时两对同源染色体上的非等位基因可以机会均等的自由组合。

F_1 可能形成四种类型的配子——YR、yR、Yr、yr，而且这四种类型配子的数目相等。由于雌、雄配子各有 4 种不同的类型，而且这 4 种类型的雌、雄配子结合是随机的，那么在 F_2 就应有 16 种组合（图 2-2-2）。

P	黄色圆形YYRR	×	绿色皱形yyrr
配子	YR		yr

F_1　　　　　　黄色圆形YyRr

F_2　　　　　　$\downarrow \otimes$

♂ ♀	YR	Yr	yR	yr
YR	YYRR 黄圆	YYRr 黄圆	YyRR 黄圆	YyRr 黄圆
Yr	YYRr 黄圆	YYrr 黄皱	YyRr 黄圆	Yyrr 黄皱
yR	YyRR 黄圆	YyRr 黄圆	yyRR 绿圆	yyRr 绿圆
yr	YyRr 黄圆	Yyrr 黄皱	yyRr 绿圆	yyrr 绿皱

图 2-2-2　豌豆的两对相对性状自由组合示意图

从图 2-2-2 可看出 F_2 表现型有四种，即黄色圆形、绿色圆形、黄色皱形和绿色皱形，而且比例为 9：3：3：1，由此看来，孟德尔的实验结果完全相符这个比数。

孟德尔自由组合规律的论点主要有两点：①在形成配子时，一对基因与另一对基因在分离时各自独立、互不影响；不同对基因之间的组合是完全自由的、随机的；②雌、雄配子在结合时也是自由组合的、随机的。

三、自由组合理论的验证

自由组合理论能否成立？孟德尔同样采用测交来进行检验，方法是用 F_1 与纯合体隐性亲本回交。以两对相对性状而言，如果 F_1 代的基因型是 YyRr，就应该产生四种类型的配子，即 YR、yR、Yr、yr，隐性纯合体亲本的基因型是 yyrr，它只产生一种具有隐性基因的配子 yr。因此测交后代应该有四种表现型而且数目相等，其比例为 1：1：1：1。测交的结果与预期的完全相符。说明自由组合理论是正确的。下面是孟德尔的测交实验图解（图 2-2-3）。四种表型的个体数经 X^2 检验是符合 1：1：1：1 比例的。

yr	P 绿皱 yyrr × F₁ 黄圆 YyRr			
	YR	Yr	yR	yr
	YyRr 黄圆	Yyrr 黄皱	yyRr 绿圆	Yyrr 绿皱
F₁ 为父本时后代的植株数	31	27	26	26
F₁ 为母本时后代的植株数	24	22	25	26

图 2-2-3 豌豆两对基因的测交示意图

上面讲的是两对相对性状的杂交情况，那么多对相对性状杂交会产生怎样的结果呢？根据实验结果及其分析得知，多对相对性状杂交比较复杂，但也不是没有规律可循，只要各对基因都属于独立遗传的方式，如果有 n 对基因有差别，子一代产生性细胞的种类为 2^n，显性完全时子二代的表型种类为 2^n，子二代的表型比例为 $(3:1)^n$。

四、自由组合规律在畜禽育种实践中的意义

在畜禽育种工作中，选择具有不同优良性状的品种或品系进行杂交。根据自由组合规律，杂交亲本的性状可以重新组合。那些符合人们要求的优良性状组合在一起，我们可以把它选择出来，逐步使之纯化，可培育成一个优良的新品种。例如，有两个品种的绵羊，甲品种羊毛长但是毛稀疏，乙品种羊毛短但是毛比较稠密，用这两个品种羊杂交，希望在 F₂ 选出毛又长又密的重组新类型，再进一步选育成新品种。

➔ 【自测训练】

1. 理论知识训练

(1) 具有两对相对性状的植株杂交，按自由组合规律遗传，F₁ 只有一种表现型，那么 F₂ 代出现重组类型中能稳定遗传的个体占总数的（   ）。

    A. 1/16   B. 2/16   C. 3/16   D. 4/16

(2) 做两对相对性状的遗传实验时不必考虑的是（   ）。

    A. 亲本的双方都必须纯合子   B. 每对相对性状各自要有显隐性关系

    C. 控制相对性状的基因独立分配   D. 显性亲本作父本，隐性亲本作母本

(3) 已知一玉米植株的基因型为 AABB，周围虽生长有其他基因型的玉米植株，但其子代不可能出现的基因型是（   ）。

    A. AABB   B. AABb   C. aaBb   D. AaBb

2. 操作技能训练　根据犬的毛色遗传现象，分析在犬中，基因型 A_B_ 为黑色，aaB_ 为赤褐色，A_bb 为红色，aabb 为柠檬色。一只黑犬与柠檬色犬交配生一柠檬色犬。如果这个黑犬与另一只基因型相同的犬交配，预期子代的表现型及比例如何？

任务 2-3 连锁交换规律

【任务内容】
● 能够利用连锁交换规律解释畜禽生产中相关遗传现象。
● 掌握伴性遗传的生产应用及特点。
● 明确连锁交换规律的原理和内容。

【学习条件】
● 家鸡。
● 教材、相关教学课件、相关视频、相关案例、参考图书等。

　　自由组合规律揭示的是位于不同对同源染色体上的，两对或多对基因独立遗传规律。现在知道，染色体是基因的载体，一条染色体上必然承载着许多基因。当两对或多对等位基因共同存在于一对染色体上时，它们必然作为一个共同的行动单位而传递，从而表现了另一种遗传现象，即连锁遗传。美国的生物学家摩尔根用果蝇作实验材料，揭示了这一重要的遗传现象。

一、连锁和交换的遗传现象

　　1. 完全连锁　完全连锁是指同一个染色体上的基因构成一个连锁群，它们在遗传过程中不能独立分配，而是随着染色体作为一个整体共同传递到子代中去。在生物界中完全连锁的情况不多见，典型的例子是雄果蝇和雌蚕的连锁遗传，现以果蝇为例说明。

　　果蝇的灰身（B）对黑身（b）是显性，长翅（V）对残翅（v）是显性。用纯合体的灰身长翅果蝇（BBVV）与纯合体的黑身残翅果蝇（bbvv）杂交，F_1全部是灰身长翅（BbVv）。用F_1与双隐性亲本进行测交，按照自由组合规律，测交后代应该出现灰身长翅、黑身残翅、灰身残翅、黑身长翅四种类型，而且是$1:1:1:1$的比例。但是实验的结果与理论分离比数不一致，后代只有灰身长翅和黑身残翅两种亲本型果蝇，其比例是$1:1$，并没有出现灰身残翅和黑身长翅的果蝇。这表明F_1形成的配子类型可能只有 BV 和 bv 两种，也就是说，这里基因没有重新组合（图2-3-1）。

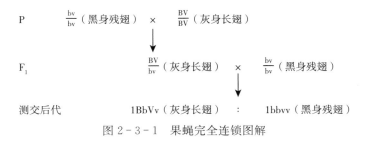

图 2-3-1　果蝇完全连锁图解

　　设 B 和 V 这两个基因连锁在一条染色体上，用$\underline{BV}$表示；b 和 v 连锁在另一条对应的同源染色体上，用$\underline{bv}$表示。由于F_1能产生两种配子（$\underline{BV}$和$\underline{bv}$），亲体只产生一种配子（$\underline{bv}$），所以测交后代只有灰身长翅和黑身残翅两种类型，比例是$1:1$，这就是完全连锁的遗传特点。

2. 不完全连锁（交换） 不完全连锁是指连锁的非等位基因，在配子形成过程中发生了交换。例如，在家鸡中，鸡羽毛的白色（I）对有色（i）为显性，卷羽（F）对常羽（f）为显性。纯合体白色卷羽鸡（IIFF）与纯合体有色常羽鸡（iiff）杂交，F_1 全部是白色卷羽鸡。F_1 代母鸡与双隐性亲本公鸡进行测交，获得了四种类型的后代，其比例不是 1∶1∶1∶1，而是亲本型偏多，而重组型偏少。

现在的问题是，子一代所产生的四种类型的性细胞的数目为什么不相等？为什么亲本型性细胞总是偏多，而重组型性细胞总是偏少呢？

二、连锁交换遗传的解释

染色体是基因的载体，基因的数量远远多于染色体的数量，所以每一条染色体上必定存在有许多基因。存在于同一条染色体上的非等位基因，在形成配子的减数分裂过程中，如果不发生交换，就会出现完全连锁遗传的现象。例如上述雄果蝇的测交实验。

当两对非等位基因不完全连锁时，F_1 不仅产生亲本型配子，也产生重组型配子。那么重组型配子是怎么产生的呢？其原因是 F_1 在形成配子时，性母细胞在减数分裂的粗线期，非姊妹染色单体之间发生 DNA 片段交换，即基因交换，其结果是产生了新组合类型的配子（图 2-3-2）。

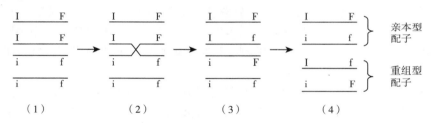

图 2-3-2 基因交换的图解

（1）二价体，含有两条染色体，四条染色单体，染色体已复制，位于其上的基因也随之复制
（2）非姊妹染色单体之间发生交叉 （3）染色体片段交换，其上的基因也随之发生交换（即 f 与 F 交换）
（4）产生四种基因组合不同的染色单体，包括两条亲本型和两条重组型，
减数分裂继续进行就产生四种基因组合不同的配子

由图 2-3-2 可知，只要某一性母细胞在两基因座位之间发生一次交换，形成的配子中必定有一半是亲本组合，一半是重新组合，最后四种配子的比例恰好是 1∶1∶1∶1。实际上，多数情况下并不是全部性母细胞都在某两个基因座位之间发生交换，不发生交换的性母细胞所形成的配子都属于亲本组合。当有 40% 的性母细胞发生交换时，重新组合配子占总配子数的 20%，刚好是发生交换的性母细胞的百分数的一半。由于只有部分性母细胞发生了交换，所以在连锁遗传情况下，F_1 产生的四种配子比数不相等，亲本组合配子多于重新组合配子。

在不完全连锁时，通常用交换率（互换率）来说明重组合的比例。所谓交换率就是重组合数占测交后代总数的百分比。上述鸡的测交实验，交换率等于 18.2%。交换率低的接近于 0，高的可以接近 50%。在一定条件下，连锁基因的交换率是恒定的，这在理论上有很大意义。如果两对基因相距愈近，则交换率愈低；相距愈远，交换率愈高。根据这个原理，可以采用一些方法，确定各种基因在染色体上的位置。

三、性别决定与伴性遗传

性别和其他性状一样，是受染色体及染色体上的基因控制的。前面已提到，在染色体组型中有一对特殊的性染色体，它是动物性别决定的基础。

（一）性染色体类型

动物的性染色体类型常见的有四种，即 XY 型、ZW 型、XO 型和 ZO 型。

1. XY 型　所有的哺乳动物（如牛、马、猪、羊、兔等）等的性染色体属于这种类型。雌性的一对性染色体形态相同，用符号 XX 表示；雄性只有一条 X 染色体，另一条性染色体比 X 小，可以用符号 Y 表示，故雄性是 XY。

2. ZW 型　全部鸟类（如鸡、鸭、鹅等）属于这种类型，其性别决定方式刚好和 XY 型相反，雌性的一对性染色体形状大小不同，用符号 ZW 表示；雄性的性染色体形状大小相同，用符号 ZZ 表示。

3. XO 型和 ZO 型　许多昆虫属于这两种类型。在 XO 型中，雌性是 XX；雄性只有一条 X 染色体，没有 Y 染色体，用 XO 代表。在 ZO 型中，雌性只有一条 Z 染色体，用 ZO 表示；雄性是两条性染色体，用 ZZ 表示。

（二）性别决定

雌雄异体的动物，它们的性别是由性染色体的差异决定的。当减数分裂形成生殖细胞时，一对性染色体与常染色体一样，要各自分离而进入不同的配子中去。若以 A 代表配子中全部的常染色体数，在 XY 型动物中，雄性产生两种配子，一种是（A＋Y）型配子，一种是（A＋X）型配子，两种配子的数目相等；雌性只产生一种（A＋X）配子。受精后，（A＋X）卵子与（A＋X）型精子结合成（AA＋XX）合子，将来发育成雌性；（A＋X）卵子与（A＋Y）型精子结合成（AA＋XY）合子，将来发育成雄性。所以，XY 型动物性别取决于哪一种精子和卵子结合。而两种类型精子与卵子结合的概率是各占 50%，因此，两性动物的后代雌雄比例是 1∶1（图 2-3-3）。

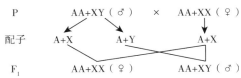

图 2-3-3　家畜性染色体遗传类型

ZW 型与 XY 型相反，雄体产生一种含 Z 染色体的精子，而雌体可产生两种卵子，一种是含有一条 Z 染色体的卵子，一种是含有一条 W 染色体的卵子，两种卵子的数目相等。其性别决定于哪一种卵子和精子结合。

（三）伴性遗传

性染色体是决定性别的主要遗传物质，其上也承载着控制某些性状的基因，这些基因的遗传总是与性染色体的动态连在一起，这种与性别相伴随的遗传叫作性连锁遗传，也称伴性遗传。伴性遗传的特点是：性状分离比数与常染色体上的性状分离比数不同；两性间的分离比数不同；正反交的结果不同。

以芦花鸡的毛色遗传为例。芦花鸡的绒羽为黑色，头上有白色斑点，成羽有黑白相间的横斑。芦花基因（B）和非芦花基因（b）位于 Z 染色体上，W 染色体上没有其等位基因。如用芦花母鸡与非芦花公鸡交配，F₁ 中公鸡都是芦花，母鸡却是非芦花。让 F₁ 自群繁育所得到的 F₂ 中，公鸡和母鸡都是一半是芦花，一半是非芦花（图 2-3-4）。

用非芦花的母鸡和芦花的公鸡杂交，F₁不管是公鸡母鸡都是芦花，让F₁自群繁育所得到的F₂中，公鸡都是芦花，母鸡一半是芦花，一半是非芦花（图2-3-5）。这说明，正交和反交结果是不相同的，两性间的分离比数也是不相同的。

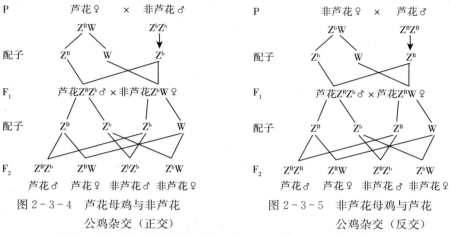

图2-3-4　芦花母鸡与非芦花
公鸡杂交（正交）

图2-3-5　非芦花母鸡与芦花
公鸡杂交（反交）

芦花基因 B 对非芦花基因 b 为显性，位于 Z 染色体上，用 Z^B 和 Z^b 表示

人类的红绿色盲和血友病也是伴性遗传，而且都是 X 染色体连锁隐性遗传。控制色盲的基因是隐性基因 b，位于 X 染色体上，Y 染色体不携带有它的等位基因。如果母亲色盲（X^bX^b），父亲正常（X^BY），所生子女中，男孩必定是色盲（X^bY），女孩正常（X^BX^b），但她是一个色盲基因的携带者。像这种母亲的性状传给儿子，父亲的性状传给女儿的遗传称为交叉遗传。如果母亲正常（X^BX^B），父亲色盲（X^bY），他们所生的子女中，男孩（X^BY）或女孩（X^BX^b）均正常，但女儿是色盲基因的携带者。这两种色盲遗传的情况如图2-3-6所示。

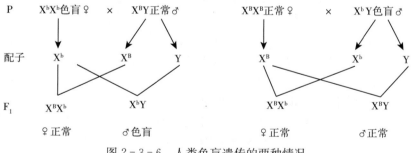

图2-3-6　人类色盲遗传的两种情况

（四）伴性遗传的应用

在养禽业中，幼雏的雌雄鉴别具有重要意义。在商品蛋鸡场，及时淘汰公雏可以节约饲料，节省设备和费用。在肉仔鸡生产场，公、母雏也应分群饲养，以提高群体整齐度。因此尽早鉴定公、母雏并及早分群，对肉鸡和蛋鸡生产都具有重要意义。养蚕业中雌、雄蚕所提供的效益也不同，雄蚕吐丝多，蚕丝重并且丝质量好，所以尽量多养雄蚕。

雏鸡出壳后应尽快鉴别雌雄，根据经验鉴别准确率低，以翻肛观察生殖突起来鉴别雌雄的准确率较高但费时费力，并要求技术人员有较高的熟练程度，同时对雏鸡造成的应激反应大，横向传播肠道疾病风险也较大。用自别雌雄配套模式生产的鸡苗，鉴别雌雄准确、方便、快捷。生产中常用的伴性遗传性状有以下 3 种。

（1）快慢羽组合。鸡的慢羽基因 K、快羽基因 k 位于 Z 染色体上，K 对 k 呈显性。因此用显性慢羽鸡作母本（$Z^K W$），隐性快羽鸡作父本（$Z^k Z^k$）时，杂交子一代公鸡为慢羽（$Z^K Z^k$），其主翼羽与覆主翼羽等长或覆主翼羽长于主翼羽；母鸡为快羽（$Z^k W$），其主翼羽长而覆主翼羽短。观察雏鸡初生后主翼羽和覆主翼羽的相对长度即可区别其性别，快慢羽性状组合多用于现代白羽蛋鸡的雌雄鉴别，在生产中推广很多，如海兰灰、海塞克斯白、尼克珊瑚粉、京白鸡、来航鸡配套系等。

（2）金银色组合。银色羽基因 S 和金色羽基因 s 位于 Z 染色体上，S 对 s 呈显性。银色羽母鸡与金色羽公鸡交配产生的子一代，公雏为银色羽，母雏为金色羽。金银羽色鉴别多用于现代褐壳蛋鸡的雌雄鉴别，如海兰褐、罗曼褐、伊莎褐商品蛋鸡等。

在蛋鸡制种过程中，往往父母代采用一对自别雌雄性状，商品代采用另一对自别雌雄性状，现将其中一种配套模式以图 2-3-7 来说明。

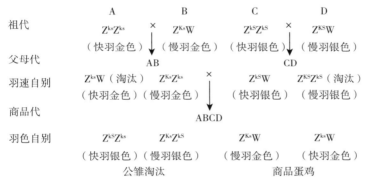

图 2-3-7 蛋鸡自别雌雄四系配套制种模式

（3）正常型、矮小型组合。伴性矮小基因 dw 在现代养鸡业中应用也很广泛，主要用于生产矮小型蛋用母鸡和肉用矮小型种母鸡。矮小型蛋用母鸡的生产过程为：培育矮小型父本品系与正常型母系交配，子代母鸡体形矮小，用作商品蛋鸡，公鸡为外表正常的 dw 基因携带者，一般在雏期淘汰。肉用矮小型种母鸡的利用价值在于降低种蛋生产成本，与正常公鸡交配，可以产生正常的商品肉用仔鸡，在提高经济效益的前提下，又不影响商品肉鸡的生产性能，矮小基因 dw 的利用模式如图 2-3-8 所示。

图 2-3-8 鸡矮小基因的利用模式

➡ 【自测训练】

1. 理论知识训练

(1) 简述连锁交换规律的内容。

(2) 简述伴性遗传的特点。

(3) 简述动物性染色体的种类。

2. 操作技能训练

(1) 位于果蝇常染色体上的长翅基因 V 对残翅基因 v 呈显性，位于性染色体上的红眼基因 W 对白眼基因 w 呈显性。用一纯合白眼长翅雌蝇与纯合红眼残翅雄蝇杂交，试问：

①子一代的表现型及比例如何？

②子一代相互交配产生的子二代不同性别的表现型及相应比例如何？

(2) 男性患病机会多于女性的隐性遗传病，致病基因很可能在（   ）。

    A. 常染色体上　　B. X 染色体上　　　C. Y 染色体上　　　D. 线粒体中

(3) 人类在正常情况下，精子内常染色体和性染色体的数目和类型是（   ）。

①44＋XY　②44＋XX　③22＋Y　④22＋X

    A. 只有①　　　　B. 只有③　　　C.①和②　　　　D.③和④

(4) 人类血友病是一种伴性遗传病，控制这种病的基因是隐性的，位于 X 染色体上，那么患者与性别之间的关系是（   ）。

    A. 男性多于女性 B. 全部是女性　　C. 女性多于男性　 D. 男女一样多

(5) 两对连锁基因之间发生交换的初级精母细胞的比例为 20%，则这两对基因间的交换值为（   ）。

    A. 10%　　　　　B. 20%　　　　C. 40%　　　　　D. 5%

项目 3 遗传变异的应用

【能力目标】
◆ 掌握基因突变在动物生产中的应用。
◆ 了解人工诱发基因突变的处理方法。
◆ 掌握染色体畸变在动物生产中的应用。
◆ 了解染色体畸变的处理方法。
【知识目标】
◆ 掌握变异的类型及原因。
◆ 掌握基因突变的概念。
◆ 掌握基因突变的特性。

任务 3-1 基因突变的应用

【任务内容】
● 诱发基因突变的处理方法。
● 基因突变在动物生产上应用。

【学习条件】
● 教材、相关教学课件、相关视频、相关案例、参考图书等。

一、诱发基因突变的处理办法

1. 电离辐射线处理 如 X 射线、γ 射线、α 射线和 β 射线、中子流等。

2. 非电离射线 包括紫外线、激光及超声波等。

3. 化学方法处理 如烷化剂、乙烯亚胺、硫酸二乙酯、亚硝酸、亚硝基甲基脲、甲醛、秋水仙素等。

二、基因突变的应用

人工诱变可以增加基因突变的频率，从而增加选种的原始材料。因此，在改良生物品种的生产实践中，诱变育种的应用越来越广泛。特别是在微生物和植物育种方面取得了显著成绩。

例如，青霉素菌在经 X 射线和紫外线处理，或者是经芥子气和乙烯亚胺等理化因素反复处理和选择后，不断培育出新品种，仅 10 年时间，青霉素的产量由原来的 250U/mL 提高到 5 000U/mL。

动物的诱变育种比较困难，因为动物的生殖细胞深藏在动物躯体中，被严密而完善地保护着。但动物的诱变育种也取得一些成绩，如蝇中各突变种的产生。又如对家蚕进行人工诱发突变育成限性斑纹、限性黑卵、限性茧色、限性蚁蚕体色系统等，这样解决了蚕种生产中雌雄鉴别的问题，提高了蚕种质量，还可以专门利用雄蚕缫丝，大大提高出丝率和生丝的品质。在哺乳动物的鼠类和毛皮兽中也做了一些试验，如野生水貂只有棕色皮毛，用诱变技术使其毛色基因发生突变，从而育成经济价值很高的天蓝色、灰褐色和纯白色的水貂品种。

➡ 【相关知识】

变异是指不同生物种群之间或者同一生物种群之间的个体差异现象。变异可以表现在生物的形态结构、体质外貌、心理素质及代谢类型等方面。遗传是指亲代和子代相似的现象，遗传是相对的、保守的，而变异是绝对的、发展的。凡是有新生命的出现就会有变异的产生。可以说在生物界没有两个完全相同的个体，即便是同卵双生的个体，其表现型也不是完全相同的，因为任何生物性状的表现都是由遗传和环境相互作用的结果。

一、变异的类型

生物界形形色色的变异大致上可划分为遗传的变异和不遗传的变异。

1. 遗传的变异　遗传的变异是指生物体内遗传物质发生改变，引起性状的变异，这种变异是能真实遗传的，故称遗传的变异。例如猪的毛色差异，牛的有角基因突变为无角基因，果蝇的残翅和常态翅等，都是由于基因型发生改变，等位基因不同，引起的遗传的变异。基因型发生改变的原因有两种，一是由于有性杂交引起的基因重组和互换，产生各种各样的基因型；二是由于突变，包括基因突变和染色体畸变。

2. 不遗传的变异　不遗传的变异是指由于环境条件的改变，引起生物的外表变化。这类变异并没有引起遗传物质的相应改变，因而它是不能遗传的。例如，同一品种的奶牛因饲料营养成分不同，引起泌乳量高低的变异；青藏高原的牦牛，引入太湖流域后，由于环境温度增高而使被毛脱落变得稀疏；犊牛的人工去角和羔羊断尾等，这类变异都属于表型变异。

二、基因突变

1. 基因突变的概念和原因　基因突变是指染色体上某一基因位点内发生了化学结构的变化，使一个基因变为它的等位基因，从而引起表型变化。基因突变在生物界中是很普遍存在的，例如鸡的正常羽突变为卷羽，有角家畜中出现无角个体，野生型细菌变为对链霉素的抗药型细菌等，这些在形态生理和代谢产物等方面表现的差异，都是发生基因突变而形成的。基因突变是产生新基因的一种方式，因而它是生物变异的基础，在生物进化和畜禽育种上有重要意义。

一般认为基因突变是由于内外因素引起基因内部的化学变化或位置变化的结果。基因突变可分为自然突变和诱发突变两种。自然突变是由于自然因素的影响，如温度骤变、宇宙射线或者化学污染等，引起生物体内基因的突变。如在 18 世纪后期，美国一个农场的羊群里出现了一只突变的短腿公羊，由于腿短不能跳过围栏而便于管理，人们就用这个突变体培育成了短腿的安康羊。

由于人工诱变因素而引起的突变称为诱发突变，是指人为地利用物理、化学方法处理生物体，诱导生物发生变异的现象，例如用 X 射线、激光照射菌种使其发生变异，从而提高青霉素的产量。

2. 基因突变的类型

（1）自发突变和诱发突变。根据引起突变的原因不同，突变可分为自发突变和诱发突变。如果突变是在自然状态下发生的，称为自发突变或自然突变，自发突变在生物界是广泛存在的，例如果蝇的白眼就是一例自发突变。如果突变是人们有意识地利用物理或化学因素诱发产生的，则称为诱发突变，诱发突变目前已广泛应用于育种工作。

（2）显性突变和隐性突变。根据突变发生的表型效应情况可分为显性突变和隐性突变。原来为隐性基因变为显性基因的过程称为显性突变，而原来为显性基因变为隐性基因的过程称为隐性突变。在自群繁育的情况下，相对来说，显性突变表现得早而纯合得慢；隐性突变与此相反，表现得晚而纯合得快。前者在第一代就能表现，第二代能够纯合，而检出突变纯合体则在第三代。后者在第二代表现，第二代纯合，检出突变纯合体也在第二代。

（3）正向突变和回复突变。根据突变发生的方向性可分为正向突变和回复突变。正向突变是指由野生型变为突变型，回复突变指由突变型变为野生型。

3. 基因突变的频率和时期

（1）基因突变的频率。突变发生的频率简称突变率，是指在一定时间内突变个体占观察总个体的比例，也就是在一定时间内突变可能发生的次数。基因突变在自然界普遍存在，但在自然条件下，突变发生的频率很低。不同生物或者同种生物的不同基因的突变频率是不同的，一般高等动、植物中的基因突变频率为 $10^{-5} \sim 10^{-8}$，细菌和噬菌体的突变频率为 $10^{-4} \sim 10^{-10}$。基因突变的发生不是随机的，而是受其内在和外界因素的制约。

（2）突变发生的时期。突变可以发生在生物个体发育的任何时期、任何部位，即体细胞和性细胞都可以发生突变。实践证明，性细胞中发生突变的比例、频率比体细胞高，这是因为性细胞对外界环境条件具有较强的敏感性，而且性细胞突变很容易表现出来并传递给后代。体细胞突变是发生在正常机体细胞中的突变，比如发生在皮肤或器官中的突变。这样的突变不会传给后代，一般会随着个体的死亡而消失。但是某些非感染性慢性病或动物的衰老和死亡与体细胞突变有关。肿瘤也是体细胞突变的结果，突变如果发生在与细胞增殖有关的基因，就可能导致细胞摆脱正常的生长控制，表现出肿瘤细胞的表型性状。所以很多诱变因素又称致癌因素。

突变的体细胞，对于植物来说可以通过压条、嫁接等方法保存和繁殖，对于动物可以通过体细胞克隆技术得以保存和繁殖。

基因突变通常是独立发生的，即某一基因位点的等位基因发生突变时，不影响其他等位基因。在体细胞中，如果显性基因发生隐性突变，当代不能表现，只有等到突变基因处于纯合状态时才能表现出来。如果隐性基因发生显性突变，则当代就会表现出来，突变性状与原来性状并存，产生镶嵌现象或称嵌合体。镶嵌范围的大小取决于突变发生时期的早晚。突变发生越早，镶嵌范围越大；发生越晚，镶嵌范围越小。果树早期叶芽发生变异，由此成长的整个枝条就表现突变性状；晚期花芽发生变异，突变性状只局限于个别花朵或果实，甚至仅限于它们的一部分。有时在番茄果肉上看到半边红半边黄的现象，就是这样的嵌合体。

4. 基因突变的特征

（1）基因突变的重演性。相同的基因突变会在不同的时间、不同的地点、同一种生物的不同个体上独立地发生，称为突变的重演性。例如在18世纪美国出现的短腿安康羊突变，在20世纪40年代在挪威重新出现。

（2）基因突变的可逆性。基因突变是可逆的。由显性基因A突变为隐性基因a，称为正突变。相反，由隐性基因a突变为显性基因A，称为反突变或回复突变。自然突变大多为隐性突变，故一般正突变率总是大于反突变率。这是因为一个正常野生型的基因内部许多座位上的分子结构，都可能发生改变而导致基因突变；但是一个突变基因内部却只有那个被改变了的结构恢复原状，才能回复为正常野生型。不过，除了基因内部结构发生缺失而引起基因突变以外，一切突变基因都有可能恢复为原来的基因结构，这也就是基因突变可逆性的原理。突变的可逆性证明了基因突变是基因内部分子结构的改变，而不是遗传物质的丢失，否则将不可能发生回复突变。

（3）基因突变的多方向性。基因突变可以多方向发生。例如，基因A可以突变为a，也可以突变为a_1、a_2、a_3等，a、a_1、a_2、a_3等对A来说都是隐性基因，同时它们的生理功能与性状表现又各不相同。遗传试验表明，这些隐性突变基因彼此之间以及它们与A之间都存在有对性关系，用其中表现型不同的两个纯合体杂交，F_2都呈现等位基因的分离比例3:1或1:2:1。这说明它们都是来源于同一基因座位的突变，所以它们构成了一组复等位基因。复等位基因存在于群体中的不同个体，对于一个具体的二倍体个体或细胞而言，最多可能有其中的两个。复等位基因的出现，增加了生物的多样性和适应性，为育种工作提供了丰富的资源。例如，小鼠中决定毛色的复等位基因有A+（鼠色）、Ar（黄色）、a（黑色）等多个；在家蚕中，决定幼虫皮斑的复等位基因有p（白色）、p+（普通斑）、ps（黑缟）等16个；再如，果蝇红眼（显性）W+可突变为W（白眼）、Wbl（血红眼）、Wc（樱红眼）、Wa（杏红眼）、Wb（浅黄眼）、Wp（珍珠眼）等。

应该指出，基因突变的多方向是相对的，它只能在复等位基因范围内发生任意的突变。这主要是由于突变的方向首先受到构成基因本身的化学物质的制约，一种分子是不可能漫无边际地转化成其他分子的。

（4）基因突变的有害性与有利性。突变的有利性是指基因突变能够创造新的基因，增加生物的多样性，为育种工作提供更多的素材。同时，突变还可以促进物种的进化。

对于生物个体而言，大多数的基因突变不利于生物的生长发育。因为任何一种生物的遗传基础——基因型，都是经历了长期自然选择的结果，所以从外部形态到内部结构，包括生理生化状态及其与环境条件的关系等方面都已达到相对平衡和协调。突变打破了这种协调关系，干扰了内部生理生化的正常状态，因此，大部分突变对生物的生存是不利的，一般表现为生活力和可育性降低以及寿命缩短等，严重的会导致个体死亡。例如，视网膜色素瘤是显性突变引起的，可使患有该病的儿童死亡。这种导致个体死亡的突变，称为致死突变。也有少数突变能促进或加强某些生命活动，对生物生存有利。例如作物的早熟性、抗病性和茎秆矮化坚韧、抗倒伏，以及微生物的抗药性等。突变的有害性是相对的，在一定的条件下突变的效应可以转化，有害可以变为有利。例如，在高秆作物的群体中出现矮秆的突变体，在这种场合矮秆植株因受光不足，发育不良，表现为有害性。但是在多风或高肥地区，矮秆植株因有较强的抗倒伏能力，生长更加茁壮，有害反而变为有利；昆虫、果蝇残翅突变型在躲避天敌时是不利的，但是在多风海岛环境下却有利于生存；鸡的卷毛突变通常是不利的，但在高温下比正常羽毛的鸡更有利于散热。

突变的有害性和有利性对人类需要与生物本身生存发展需要来说，有时是不一致的。有的突变性状对生物本身有利，而对人类则有害，例如，谷类作物的落粒性。相反地，有些突变对生物本身有害而对人类却有利，如羊的正常腿突变为短腿使其逃避天敌的能力下降，但是便于人类放牧管理。再如玉米、高粱等作物的雄性不育，它可作为人类利用杂种优势的一种良好材料，免除人工去雄的繁重劳动。

（5）基因突变的平行性。亲缘关系相近的物种因遗传基础比较近似，往往发生相似的基因突变，这种现象称为突变的平行性。例如，牛、马、兔、猴、狐等哺乳动物中都发现有白化基因；矮化基因在马、牛、猪等动物中都有发生，从而形成矮马、矮牛和小型猪的个体。由于突变平行性的存在，如果在某一个物种或属内发现一些突变，可以预期在亲缘关系相近的其他物种或属内也会出现类似的突变，这对人工诱变有一定的参考意义。

⊙【自测训练】

1. 理论知识训练

（1）判断下列表述是否正确。

①基因突变是广泛存在的，并且对生物自身大多是有害的。（　　　）

②基因突变一定能改变生物的表现型。（　　　）

③基因重组有可能产生新的性状。（　　　）

（2）同无性生殖相比，有性生殖产生的后代具有更大的变异性，其根本原因是（　　　）。

     A. 基因突变频率高

     B. 产生新的基因组合机会多

     C. 产生许多新的基因

     D. 更易受环境影响而发生变异

（3）下列属于可遗传的变异的是（　　　）。

     A. 由于饲料营养充足，小猪生长速度加快

     B. 紫外线照射使人患皮肤癌

     C. 在棕色猕猴的自然群中出现了白色的猕猴

     D. 人由于晒太阳而使皮肤变黑

2. 操作技能训练

（1）分小组讨论基因突变在家蚕育种中的意义。

（2）分析诱发突变的遗传效应和经济价值。

任务 3-2　染色体畸变的应用

【任务内容】

● 染色体数目变异在育种上的应用。

【学习条件】

● 教材、相关教学课件、相关视频、相关案例、参考图书等。

小鼠精原细胞
或精母细胞
染色体畸变
试验（标准）

1. 培育三倍体动物个体　在动物育种方面，人们应用物理学方法、化学方法、生物学方法处理鲑、银鲫、鲤、蛙等动物的受精卵，获得了三倍体个体。

2. 在家蚕育种上，利用染色体结构的变异育成早期鉴别雌雄的家蚕品系　以 X 射线处理蚕蛹，使其第 2 号染色体上载有斑纹基因的片段易位到决定雌性的 W 染色体上，成为限雌遗传。因而该易位品系的雌体与任何白蚕的雄体杂交，后代都是雌蚕有斑纹，雄蚕为白蚕。这样，可以做到早期鉴别雌雄，以便选择饲养，有利于提高蚕丝的产量和质量。

3. 应用于诊断染色体疾病　研究染色体畸变对诊断染色体病有重要意义。据报道，在西门塔尔牛、夏洛来牛、瑞典红白花牛中，已鉴定出 2/4、13/21、1/25、3/4、5/21、27/29、1/29 等易位，其中 1/29 易位个体在瑞典红白花牛群中占 13%～14%，造成牛繁殖力下降 6%～13%。

➡ 【相关知识】

染色体是遗传物质的载体，基因按一定的顺序排列在染色体上。生物正常细胞中染色体数目和结构是相对稳定的，不同染色体均有特定的形态特征。染色体结构和数目保持稳定是生物性状稳定的基础，一旦结构和数目改变将会引起基因数目和连锁关系的改变，会引起各种各样表型的变化。

在细胞分裂过程中，如果染色体的活动发生异常，在染色体的数量和结构上发生改变，称为染色体畸变。染色体畸变可以分为两大类，即染色体结构变异和染色体数目变异。

一、染色体结构的变异

染色体结构变异是指在细胞减数分裂时，由于染色体断裂并以不同的方式重新连接起来，从而改变了基因的数目、位置和顺序。根据变异的特点可分为四种类型，即缺失、重复、倒位和易位。每种类型均有其特定的细胞学特征和遗传学效应（图 3-2-1）。

1. 缺失　指染色体上某一区段丢失，其上带有的基因也一起丢失，从而引起表型的变异。丢失的区段如发生在两臂的内部，称为中间缺失；如果缺失的区段在染色体臂的一端，称为顶端缺失。缺失纯合体是致死的，缺失杂合体联会时会出现弧形拱出。缺失的遗传效应是破坏了正常的连锁群，影响基因间的交换率。如果染色体上显性基因丢失，会使隐性基因决定的性状像显性性状那样表现出来，这种现象称为假显性现象。

2. 重复 指正常染色体上增加了相同的一个区段。重复区段如果按原来顺序相接的称为顺接重复，如果按颠倒顺序相接的称为反接重复。重复同样可破坏正常的基因连锁群，影响交换率。同时还可造成重复基因的"剂量效应"，使性状的表现程度加重。

重复和缺失往往同时发生，一对同源染色体彼此发生非对应的交换，其中一条染色体重复，另一条染色体就发生缺失了。

3. 倒位 倒位是指一个染色体上某区段断裂后，倒转180°又重新连接起来，基因的数目没有增减，但是位置发生改变了。一对同源染色体中，如一条染色体发生倒位，而另一条正常，就形成了倒位杂合体。如果一对同源染色体都发生相同的倒位，就形成了倒位纯合体。根据倒位区段是否包含着丝粒，倒位又可以分为臂内倒位和臂间倒位。一个臂内不含着丝粒的颠倒称为臂内倒位，两个臂间包含着丝粒的颠倒称为臂间倒位。如果倒位区段不长，倒位杂合体联会时在倒位区段内可形成"倒位圈"。倒位改变了基因序列和相邻基因的位置，因而在表现型上产生了某些遗传变异，这种现象称为位置效应。倒位也改变了正常连锁群，影响交换率。

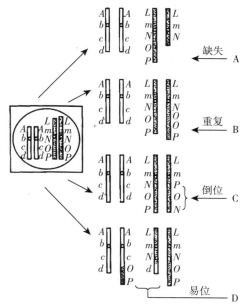

图 3-2-1 染色体结构畸变示意
A. 染色体缺失了一段，上面的基因 O 和 P 也丢失
B. 染色体重复了一小段，基因 O 也随之重复
C. 此段染色体颠倒了，基因的排列顺序也颠倒
D. 短染色体所载的 d 基因和长染色体所载的
O 和 P 基因互换了位置
（李青旺，2001. 畜禽繁殖与改良）

4. 易位 易位是指两对非同源染色体之间发生某个区段的转移。如果这种转移是单方面的，称为单向易位；若是双方互换了某些区段，则称为相互易位。还有一种称为罗伯逊易位，就是由两个非同源的端着丝粒染色体的着丝粒融合，形成一个大的中或亚中着丝粒染色体。罗伯逊易位能够改变染色体数目，但一般不能或很少改变遗传物质的总量。易位的遗传效应是改变了正常的连锁群，使基因的遗传行为改变；改变机体的发育程序，造成发育障碍。相互易位染色体的个体，产生的 2/3 的配子是不育的。罗伯逊易位能够促进物种的进化，研究人员对牛科 50 多个物种的细胞遗传学研究证实，罗伯逊易位是牛科染色体的主要进化方式。

二、染色体数目变异

在减数分裂过程中，每对同源染色体之一同时进入一个配子内，构成了一套染色体，称为一个染色体组。同一个染色体组的各个染色体的形态、结构和连锁基因群都各不相同，但它构成一个完整而协调的体系，携带着控制生物生长发育的全部遗传信息，缺失其中之一即可造成不育或性状的变异。动物正常的体细胞中含有完整的两套染色体组，配子中只含有一套染色体组。

各种生物的染色体数目都是相对恒定的，由于内外环境的影响，物种的染色体组或其中的数目会发生变化，这种变化可分为整倍体的变异、非整倍体的变异和嵌合体三类。

1. 整倍体的变异 含有完整染色体组的细胞或生物称为整倍体，以染色体组为单位增减染色体数的变异，称为整倍体变异。整倍体的类型可分为：一倍体、单倍体、二倍体和多倍体。多倍体又可分为同源多倍体和异源多倍体等。

正常的畜禽体细胞内都含有两个完整的染色体组，即都是二倍体（$2n$）。但也有单倍体生物（n），雄蜂就是由未受精卵发育而成的单倍体生物。体细胞内只含有一个染色体组的生物称为一倍体（x）；含有两个染色体组的生物称为二倍体。生物体细胞内含有多于两个染色体组的称为多倍体。例如，含有三个染色体组的称为三倍体（$3n$），含有四个染色体组的称为四倍体（$4n$），等等。凡含有来源相同并超过两个染色体组的统称为同源多倍体，来源不同并超过两个染色体组的个体称为异源多倍体。如两个不同物种的二倍体生物杂交，它们的杂种再经过染色体加倍，就可能形成异源四倍体。

一倍体只含有一个染色体组，用 x 表示，单倍体指含有本种生物配子染色体组数的个体，用 n 表示，$n \geqslant x$。例如，人是二倍体，$2n = 2x = 46$，$n = x = 23$。普通小麦是六倍体 $2n = 6x = 42$，$n = 3x = 21$，$x = 7$。

2. 非整倍体的变异 非整倍体是指在正常体细胞（$2n$）的基础上发生个别染色体的增减现象。按其变异情况又分为以下几种。

（1）单体。单体是指二倍体染色体组中某对染色体缺少一条的生物，故又称二倍减一（$2n - 1$）。

（2）多体。多体是指对于一个完整的二倍体染色体组，增加了一条或多条染色体的生物。如果二倍体中某一对染色体多一条（$2n + 1$），称为三体。如果二倍体某一对染色体多二条（$2n + 2$），称为四体。如果二倍体中某两对染色体各增加一条（$2n + 1 + 1$），称为双三体。

（3）缺体。缺体是指有一对同源染色体全部缺失（$2n - 2$）的生物。

3. 嵌合体 嵌合体是指含有两种以上染色体数目或类型细胞的个体，如 $2n/2n - 1$、XX/XY、XO/XYY 等。XX/XY 是雌雄两性嵌合体，即该个体含有雌、雄两种类型细胞。在人类，XX/XY 两性嵌合体既具有女性的卵巢，又具有男性的睾丸。这种 XX/XY 嵌合体可能是两个受精卵融合的结果。$2n/2n - 1$ 嵌合体可能是 $2n$ 合子在发育早期的有丝分裂中丢失了一条染色体所致。XO/XYY 嵌合体可能是在 XY 合子发育早期，在有丝分裂中 Y 染色体的两条姐妹染色单体没有分开，同趋一极，而使另一极缺少了 Y 染色体。这样一个子细胞及其后代为 XYY，另一个子细胞及其后代为 XO，这种个体的表型性别取决于身体的某一组织细胞类型是 XYY 还是 XO。

➔【自测训练】

1. 理论知识训练

（1）简述染色体结构变异的类型。

（2）简述染色体数目变异的类型。

（3）简述染色体数目变异在育种上的意义。

2. 操作技能训练

（1）分小组讨论染色体数目变异在家蚕中应用的意义。

（2）分小组讨论染色体数目变异在家蚕中应用的范畴。

（3）分小组讨论三倍体动物不育的理论依据和培育意义。

项目4 数量性状的遗传

【能力目标】
◆ 了解数量性状的资料整理与基本统计参数的估算方法。
◆ 掌握遗传力在育种实践上的应用。
◆ 掌握重复率在育种实践上的应用。
◆ 掌握遗传相关在育种实践上的应用。
【知识目标】
◆ 掌握数量性状的特点。
◆ 理解数量性状的遗传机制。
◆ 了解遗传力、重复率和遗传相关的估算方法。

任务 4-1 遗传力的应用

【任务内容】
● 掌握遗传力的应用。
● 了解数量性状遗传力的估算。

【学习条件】
● 家鸡、猪。
● 教材、相关教学课件、相关生产记录、相关案例、参考图书等。

遗传力的应用

1. 预测选择效果 我们在选留种畜时，总是选表型值高的留种，留种个体超过畜群平均数有一个差数，这个差数称为选择差（S）。但这一部分并不能全部遗传给后代，而是打一个折扣，这个折扣就是遗传力（h^2），表示后代可能提高的部分称为选择反应（R），这样 $R = Sh^2$，由此可以看出，选择差一定时，遗传力越高的性状选择效果越好。

2. 确定选种方法 由于遗传力反映的是性状遗传给后代的能力，因此遗传力高的性状，如屠体长、体高、乳牛乳脂率、猪的脊椎骨数、鸡蛋的重量等，采用个体表型选择就会收到好的效果；对遗传力低的性状，如繁殖性状；则采用家系选择，或结合家系内选择效果较好。家系选择就是以家系为单位，根据其平均值高低进行选择；家系内选择是在每个家系内选择表型值高的个体留种。

3. 确定繁育方法 对遗传力高的性状，采用本品种选育的方法能得到改良和提高，而对遗传力低的性状，采用杂交方法能得到较好的改良效果或能得到较大的杂种优势。

4. 估计种畜的育种值 在育种工作中，根据育种值的高低选留种畜是最有效的，但育种值不能直接度量，需要根据种畜个体或其亲属的表型资料和遗传力来进行估计。遗传力是估计种畜育种值的重要参数。

5. 制定综合选择指数 在选种时，往往同时考虑两对以上数量性状的选择，这时就要把所选性状综合成一个指数，而这个指数的确定需要考虑选种目标、性状的经济重要性和遗传力的大小，因此遗传力也是确定综合选择指数的一项重要参数。

➜【相关知识】

生物的性状可分为两种类型：一类是可以用语言文字来描述的性状，比如羽毛颜色、花色、猪的耳型、牛的角型等，这些相对性状之间大多有显隐性的区别，它们的变异是不连续的，类型间有明显的界限，这样的性状称为质量性状；另一类性状是可以计量的，比如产蛋量、泌乳量、剪毛量、产仔数等，这类性状的变异是连续的，很难把它们区分成几个界限明显的类型，这样的性状称为数量性状。遗传规律里所举的例子都是质量性状，质量性状由少数基因控制，不易受环境条件的影响，遗传遵循简单的孟德尔定律。数量性状由微效多基因系统控制，极易受环境条件的影响，遗传关系复杂。

因此，数量性状遗传研究必须做到以下几点：①统计学思想贯穿数量性状遗传的全部内容；②对性状进行准确的度量；③要以群体为研究对象；④在统计分析的基础上，弄清性状的遗传力和性状间的相互关系。

(一) 数量性状的遗传方式

1. 中间型遗传 两个不同的品种杂交，F_1 代的平均表型值介于两亲本表型值之间。群体足够大时，个体性状的表型值呈正态分布，F_2 代的平均值与 F_1 代平均表型值相近，但变异范围比 F_1 代的增大。中间型遗传是数量性状最常见的遗传方式。

2. 杂种优势 两个遗传组成不同的亲本杂交，F_1 代在产量、繁殖力、抗病力等方面都超过双亲本的均值，甚至比亲本各自的水平高。但 F_2 代的均值向两个亲本的均值回归，杂种优势下降，以后各代杂种优势逐渐趋于消失。例如内江猪和北京黑猪杂交，一代杂种的平均日增重为 628.5g，而双亲的平均日增重是 564.3g。

3. 越亲遗传 两个品种或品系杂交，F_1 表现为中间类型，而在以后世代中，可能会出现超过原始亲本的个体，这种现象称为越亲遗传。例如有一种观赏鸡体格比较小，新汉县鸡体格比较大。让这两个品种鸡杂交，F_1 的体重表现为中间型，介于这两个亲本之间。而 F_2 或 F_3 的变异扩大了，会出现比原始亲本中体格大的还要大的个体，也会出现比原始亲本中体格小的还小的个体。

(二) 数量性状的遗传机制

1. 中间型遗传与多基因假说 为什么数量性状会出现中间型遗传现象呢？1909

年瑞典的尼尔逊·埃尔提出了多基因假说。多基因假说的主要内容如下。

（1）数量性状由许多对微效基因控制。每一对基因对性状表型的表现所产生的效应是微小的。

（2）每个微效基因的效应是相等而且相加的，故又可称多基因为累加基因。

（3）微效基因之间往往缺乏显隐性关系。有时用大写字母表示增效，小写字母表示减效。

（4）微效基因对环境敏感，因而数量性状的表现容易受环境因素的影响而发生变化。微效基因的作用常常被整个基因型和环境的影响所遮盖，难以识别个别基因的作用。

（5）多基因往往有多效性，多基因一方面对于某一个数量性状起微效基因的作用，同时在其他性状上可以作为修饰基因（具有改变其他基因效果的基因）而起作用，使之成为其他基因表现的遗传背景。

（6）多基因的遗传同样遵循三大遗传规律，既有分离和重组，也有连锁和交换。

2. 杂种优势与基因的非加性效应 多基因假说认为控制数量性状的各个基因的效应是累加的。但是，基因除了加性效应外，还有非加性效应。基因的非加性效应是造成杂种优势的原因，它包括显性效应和上位效应。

（1）显性效应。由等位基因之间相互作用产生的效应称为显性效应。例如，决定猪的体长基因中，A 的加性效应为 15cm，a 的加性效应为 8cm，则 $A_1A_1a_2a_2$ 的总长应是 46cm，而 $A_1a_1A_2a_2$ 同样是两个 A 基因和两个 a 基因，其总的效应却可能是 56cm，这多产生的 10cm 效应是由于这两对基因杂合的结果，也就是由于 A_1 与 a_1、A_2 与 a_2 间的相互作用引起的，这就是显性效应。

（2）上位效应。由非等位基因之间相互作用产生的效应，称为上位效应。例如，A_1A_1 的效应是 30cm，a_2a_2 的效应是 16cm，而 $A_1A_1a_2a_2$ 的总效应却可能是 50cm，这多产生的 4cm 是由于这两对基因间的相互作用所引起的，这就是上位效应。

虽然人类很早就知道杂种优势，而且现在已经广泛利用杂种优势，但迄今为止，对于杂种优势尚无比较完善的理论。对杂种优势曾有过各种各样的解释，影响较大的是"显性假说"和"超显性假说"。

3. 越亲遗传现象的解释 越亲遗传主要是基因分离和重组的结果。例如，有两个猪的品种，其体长的基因型是纯合的，等位基因无显隐性关系（图4-1-1），F₂代中就可能出现表型高于亲本的个体和低于亲本的个体。

P $A_1A_1A_2A_2a_3a_3$ × $a_1a_1a_2a_2A_3A_3$

F₁ $A_1a_1A_2a_2A_3a_3$

F₂ $A_1A_1A_2A_2A_3A_3$ $a_1a_1a_2a_2a_3a_3$
体长大于亲本的个体   体长小于亲本的个体

图 4-1-1 越亲遗传现象的解释

（三）数量性状的遗传力

研究数量性状的遗传必须采用统计方法，为说明某种性状的特性以及不同性状之间的表型关系，可以根据表型值计算平均数、标准差、相关系数等，统称表型参数。为了估计个体的育种值和进行育种工作，必须用到的统计量（参数）称为遗传参数。常用的遗传参数有遗传力、重复率和遗传相关。遗传力是最常用、最重要的基本遗传参数。

1. 数量表型值的剖分 杂种后代性状的形成取决于两方面的因素，一是亲本的基因型，二是环境条件的影响。所以某性状的表型值是基因型和环境条件共同作用的结果。某性状表现型的数值，以 P 表示；其中由基因型所决定的数值，称为基因型值，以 G 表示；环境条件引起的变异称为环境偏差，用 E 表示。三者之间的数量关系为：

$$P=G+E$$

如果用$\overline{P}$、$\overline{G}$、$\overline{E}$表示三者的平均数，那么就可以推算出各个方差的关系。

$$\frac{\sum(P-\overline{P})^2}{n}=\frac{\sum(G-\overline{G})^2}{n}+\frac{\sum(E-\overline{E})^2}{n} \qquad (4-1-1)$$

即：
$$V_P=V_G+V_E$$

2. 遗传力的概念　遗传力是遗传方差在总表型方差中所占的比值。它可以作为对杂种后代进行选择的一个指标。式 $4-1-1$ 中 V_P、V_G 和 V_E 分别表示表型方差（即总方差）、基因型方差（或遗传方差）和环境方差。表型方差包括由遗传作用引起的方差和由环境影响引起的方差，其中遗传方差占表型方差（总方差）的比值，称为广义遗传力，通常以百分比表示，即：

$$广义遗传力\ (h_B^2)=\frac{遗传方差}{总方差}\times100\%=\frac{V_G}{V_G+V_E}\times100\%$$

可见遗传方差占总方差的比重愈大，求得的遗传力数值也愈大，说明这个性状传递给子代的传递能力就较强，受环境的影响也就较小。一个性状从亲代传递给子代的能力大时，亲本的性状在子代中将有较多的机会表现出来，而且容易根据表现型辨别其基因型，选择的效果就较大。反之，如果求得的遗传力的数值较小，说明环境条件对该性状的影响较大，也就是该性状从亲代传递给子代的能力较小，对这种性状进行选择的效果较差。所以，遗传力的大小可以作为衡量亲代和子代之间遗传关系的标准。

从基因作用来分析，基因型方差可以进一步分解为三个组成部分：基因加性方差 V_A、显性方差 V_D 和上位性方差 V_I。基因加性方差是指等位基因间和非等位基因间的累加作用引起的变异量。显性方差是指等位基因间相互作用引起的变异量，而上位性方差是指非等位基因间的相互作用引起的变异量，后两部分的变异量又称为非加性的遗传方差。因此，基因型方差可以用下面的公式表示：

$$V_G=V_A+V_D+V_I$$

于是表型方差的公式可进一步写为：

$$V_P=(V_A+V_D+V_I)+V_E$$

基因加性方差是可固定的遗传变异量，它可在上、下代间传递，至于显性方差和上位性方差是不可固定的遗传变异量。因此，基因加性方差占表型总方差的比值，称为狭义遗传力，又称育种值，它表示性状能够遗传给后代的能力。计算狭义遗传力的公式是：

$$狭义遗传力\ (h_N^2)=\frac{V_A}{V_P}\times100\%=\frac{V_A}{V_A+V_D+V_I+V_E}\times100\%$$

由于育种值方差在表型方差中是可遗传并能加以固定的部分，所以狭义遗传力具有重要意义，通常我们所指的遗传力就是狭义遗传力。

遗传力的估计值可用百分数或小数表示。如果遗传力等于 1，说明某性状在后代畜群中的变异完全是遗传造成的；相反如果遗传力等于0，则说明它完全不受遗传的影响。实际上，对于数量性状而言，这两种情况都是不存在的，所以遗传力的估计值总是在0～1。

遗传力的估计值只能说明遗传与环境两类原因对造成后代群体性状变异的相对重要性，并不是该性状能遗传给后代个体的绝对值。若某性状的遗传力是0.6，则表示该性状在后代群体中的变异有60%来自遗传，有40%是由环境差异造成的。根据遗传力的大小，可将遗传力大致分为3类：0.5以上者为高遗传力；0.2～0.5为中等遗传力；0.2以下者为低遗传力。

➡ 【自测训练】

1. 理论知识训练

（1）什么是广义遗传力与狭义遗传力？

（2）数量性状的遗传方式有哪些？

（3）简述遗传力的应用范畴。

2. 操作技能训练

（1）分小组进行小梅山猪高产仔母系体重性状的遗传力估计。

（2）分小组进行鸡早期肉用性状的测定与遗传力估计。

（3）根据遗传力的大小，对体重性状和肉用性状的遗传力进行划分，从而指导育种。

任务 4-2　重复率的应用

【任务内容】

● 掌握重复率的应用。

● 了解重复率的估算方法。

【学习条件】

● 猪的育种资料。

● 教材、相关教学课件、相关案例、相关生产记录、参考图书等。

重复率（r_e）是常用的遗传参数之一，在动物育种生产中的应用主要有以下几方面。

1. 可用于验证遗传力估计的正确性　由重复率估计的原理可以知道，重复率的大小取决于基因型效应和一般环境效应，这两部分之和必然高于基因的加性效应，因而重复率是同一性状遗传力的上限。另外，计算重复率的方法比较简单，而且估计误差比相同性状遗传力的估计误差要小，故估计更为准确。因此，如果遗传力估计值高于同一性状的重复率估计值，则说明遗传力估计有误。

2. 确定性状需要度量的次数　一个性状的重复率，反映该性状多次度量间的相关程度。因此，重复率高的性状，少数几次度量的资料就可作为选种的依据；重复率越低的性状，精确度随度量次数的增加而增加得越快，接近最大精度所需要的度量次数就多。当r_e为0.9时，度量一次即可；r_e为0.7～0.8时，需度量2～3次；r_e为

0.5～0.6 时，需度量 4～5 次；r_e 为 0.25 时，需度量 7～8 次。

3. 估计畜禽个体最大可能生产力 重复率是表示家畜性状作多次测定时，该性状能够重复真正生产水平的程度。因此，可用它估计个体的"可能生产力"，作为选留或淘汰家畜的参考。估计公式为：

$$P_x=(P_n-\overline{P})\frac{nr_e}{1+(n-1)r_e}+\overline{P}$$

式中：P_x 代表个体的最大可能生产力；P_n 为个体 n 次度量的均值；$\overline{P}$ 为全群均数；r_e 是该性状的重复率；n 为度量次数。

4. 应用于评定家畜的育种值 在评定家畜育种值时，重复率是不可缺少的一个参数。

➡【相关知识】

1. 重复率的概念 家畜的某些性状，如绵羊的剪毛量、奶牛的泌乳量、猪的产仔数等，在一生中可以进行多次度量。一般来说，度量的次数越多越能反映个体真实的生产性能，例如，根据奶牛 4～5 个泌乳期记录选种，要比仅根据一个泌乳期的记录更为可靠。但依据多次度量资料来选种，不但延长选种时间，而且可靠程度的提高并不与度量次数成正比。那么究竟度量多少次才算合适？这就需要有一个标准来衡量某个性状各次度量之间的相关程度。这个标准就是同一个体同一性状多次记录（度量值）之间的重复程度，称为重复率或重复力。

2. 重复率的计算 重复率在统计学上的意义就是同一个体同一性状不同次生产记录的组内相关系数，它是以个体间方差为组间方差，以个体内方差为组内方差的组内相关系数。一般记为 r_e，用公式表示：

$$r_e=\frac{\sigma_B^2}{\sigma_B^2+\sigma_W^2}$$

式中：σ_B^2 为组间方差 σ_W^2 为组内方差。

从遗传的角度来看，一个性状多次度量值之间的差异，主要是由环境差异造成，特别是由暂时性环境差异造成，因此重复率的遗传学含义就是表型方差中遗传方差和永久环境方差所占的比例，用公式表示为：

$$r_e=\frac{V_G+V_{E_g}}{V_P}$$

这个公式揭示了重复率的实质，在同一个体的多次度量中永久性的或一般环境效应是一个常量，而暂时环境效应在多次度量中它是一个随机变量，且服从 $N(0,\sigma^2)$ 分布。由此式可以看出，当总的表型方差中暂时环境方差（V_{E_s}）大时，相对的 $V_G+V_{E_g}$ 就小，重复率就低；反之，暂时性环境方差小，总方差中 $V_G+V_{E_g}$ 的部分就大，重复率就高。

重复率的最大值为 1，最小值为 0，通常情况下在 0～1，一般来说 $r_e \geqslant 0.60$ 称为高重复力，$0.30 \leqslant r_e < 0.60$ 称为中等重复力，$r_e < 0.3$ 称为低重复力。

➡【自测训练】

1. 理论知识训练

（1）简述重复率的概念。

（2）简述重复率的估算方法。

（3）简述重复率在育种上的应用。

2. 操作技能训练

（1）小梅山猪仔猪初生个体重和断乳个体重为主要代表性状，因此，只计算这两个性状的重复率。

（2）根据重复率的大小，对初生个体重和断乳个体重的重复率进行划分，从而指导育种。

任务 4 - 3　遗传相关的应用

【任务内容】

● 掌握遗传相关的应用。

● 了解遗传相关的估算方法。

【学习条件】

● 猪。

● 教材、相关教学课件、相关案例、相关生产记录、参考图书等。

遗传相关是常用的遗传参数之一，在动物育种生产中的应用有如下几方面。

1. 进行间接选择，提高选种效果　利用两性状间的遗传相关，通过选择容易度量的性状，实现间接选择不易度量的性状，这种选种方法称为间接选择。间接选择在家畜育种实践中具有很重要的意义。

（1）利用容易度量的性状与不易度量的性状间的遗传相关进行间接选择。例如，利用体长（易度量）与背膘厚（不易在活体度量）的负相关（$r_A = -0.35$），通过选择体长的猪留种，减少后代猪群的背膘厚；又如，利用猪的日增重（易度量）与饲料利用率（不易度量）的强相关，选择日增重大的猪留种，提高后代猪群的饲料利用率。

（2）利用高遗传力性状与低遗传力性状的遗传相关进行间接选择。对遗传力低的性状，直接选择是难以收到遗传效果的，但是，通过选择遗传力较高的性状来改进遗传力较低的性状还是可能的。例如，鸡的 8 周龄体重（遗传力较高）与 450 日龄产蛋量（遗传力较低）呈正相关，因而可通过选择 8 周龄体重大的鸡留种，提高后代鸡群 450 日龄产蛋量。目前重点研究血型、酶型、血清蛋白型等性状，希望通过对这些性状的选择，来间接提高某些重要经济性状的选择效果。

（3）探索并利用幼畜某些性状与成畜主要经济性状的遗传相关，以此作为早期选种的依据。如猪的初生重与断乳后平均日增重呈正相关，在仔猪刚生下来时，即可选择初生重大的个体留种，以期提高后代猪群的断乳后平均日增重。

2. 比较不同环境下的选择结果　遗传相关可用于比较不同环境条件下的选择效果。我们可以把同一性状在不同环境下的表现作为不同的性状看待。这就为解决育种工作中的一个重要实际问题提供了理论依据，即在条件优良的种畜场选育的优良品种，将其推广到条件较差其他生产场时如何保持其优良特性的问题。

3. 可用于制定综合选择指数　在制定一个合理的综合选择指数时，需要研究性状间遗传相关。如果两个性状间呈负的遗传相关，要想通过选择同时提高这两个性状，就较难得到预期效果。

➡【相关知识】

家畜作为一个有机整体，它的各种性状之间必然存在着内在的联系，这种联系的程度称为性状间的相关，用相关系数来表示。造成这一相关的原因很多而且十分复杂。一般可将这些原因区分为遗传原因和环境原因。所以性状间的表型相关同样可剖分为遗传相关和环境相关两部分。群体中各个体两性状间的相关称表型相关〔用 $r_{P(xy)}$ 表示〕，两个性状基因型值（育种值）之间的相关称为遗传相关〔用 $r_{A(xy)}$ 表示〕，两个性状环境效应或剩余值之间的相关称为环境相关〔用 $r_{E(xy)}$ 表示〕。按照数量遗传学的研究，性状的表型相关、遗传相关、环境相关的关系如下式：

$$r_{P(xy)} = h_x h_y r_{A(xy)} + e_x e_y r_{E(xy)}$$

式中：$e_x = \sqrt{1-h_x^2}$，$e_y = \sqrt{1-h_y^2}$。可见，表型相关并不等于两个性状的遗传相关和环境相关之和；如果两性状遗传力低，则表型相关主要取决于环境相关；反之，两性状的遗传力高，则表型相关主要取决于遗传相关。然而实际上造成表型相关的这两种原因间的差异是非常大的，有时甚至一个是正相关，一个是负相关。例如，母鸡体重与产蛋量的关系，Dickerson（1957）估计了 18 周体重与产蛋量的相关，$r_A = -0.16$，$r_E = 0.18$，$r_P = 0.09$。从遗传的角度来看，母鸡体重大则产蛋量少，表现为负相关；反之，从环境的角度看，如饲养管理条件好时，体重大的母鸡产蛋量高，表现为正相关。因此，估计出性状间的遗传相关，可以使我们透过性状表型相关这一表面现象看到实质上的遗传关系，从而可以提高实际育种工作的效率。

从育种角度来看，重要的是遗传相关，因为只有这部分是遗传的。

➡【自测训练】

1. 理论知识训练

（1）简述遗传相关的概念。

（2）简述遗传相关的估算方法。

（3）简述遗传相关在育种上的应用。

2. 操作技能训练

（1）根据生产记录估算猪繁殖性状中产仔数、产活仔数、断乳头数、初生窝重、断乳窝重等性状的遗传相关。

（2）根据遗传相关的大小，探讨基因连锁和基因表达调控时具有相关性，从而指导育种。

项目5 选种选配技术

【能力目标】

◆ 掌握家畜（禽）的鉴定技术，正确评定家畜（禽）的生长发育、体形外貌和生产力水平。

◆ 掌握家畜（禽）种用价值评定的方法，并根据家畜（禽）鉴定结果，灵活运用各种评定方法，选留种畜（禽）。

◆ 掌握家畜（禽）选配的方法，能够制定出合理的选配方案。

【知识目标】

◆ 掌握家畜（禽）体尺测量技术、外貌评定技术和生产力评定技术。

◆ 理解家畜（禽）质量性状和数量性状选择的原理。

◆ 掌握种畜（禽）种用价值评定的方法。

◆ 了解选配的种类、不同选配方式的效果，掌握选配计划的制定方法。

任务5-1 体质外貌鉴定技术

【任务内容】

● 通过畜禽养殖场的调研，了解种畜（禽）鉴定的基本方法。

● 正确认识体质外貌鉴定技术在畜（禽）选留生产实践中的作用和地位。

● 掌握体尺测量技术、外貌评定技术和生产力测定技术。

【学习条件】

● 猪场（牛场、羊场）或种鸡场（鸭场、鹅场）等。

● 多媒体教室、教学课件、教材、参考图书。

● 皮尺、杖尺、卡尺等畜禽常用体尺测量工具和电子秤、磅秤等畜禽体重测定常用器材，种畜禽养殖场的日常记录和历年来的统计资料等。

一、畜禽外形鉴定

畜禽的外貌系指外部形态，古称"相"（在人则称外表、长相、容貌等）。家畜（禽）是有机的整体，是内部机能、外部形态相互协调的有机整体，外形在一定程度上反映家畜的内部机能、健康状况、生产类型，甚至生产力水平。即外形与机能密切相关。通过外貌评定可以鉴别不同品种或个体间的差异，正确判断家畜的健康状态和适应性，判断家畜的主要用途和生产力方向，鉴定家畜的年龄与体形缺陷。

畜禽的外形鉴定方法大致可分为三类。

1. 肉眼鉴定 无统一标准，主要从形态学上得出一个整体评价，带有随机性和主观性。凭经验由鉴定者，用肉眼观察家畜（禽）的外形，并辅以触摸等手段以判断种畜（禽）个体优劣。

（1）鉴定步骤及程序。先概观后细察，先远后近，先整体后局部，先静后动。鉴定时，与家畜（禽）保持一定距离，由前→侧→后→另一侧进行整体结构观察，以了解其体形外貌是否与生产力方向相符、体质是否健康结实、结构是否协调匀称、品种特征是否典型、生长发育和营养状况是否正常、有何优缺点。获得总体认识，再详细审查各重要部位，最后综合分析，定出等级。

（2）肉眼鉴定的特点。不受时间、地点等条件的限制，不需特殊器械，简便易行。鉴定时，家畜（禽）也不十分紧张，可观察全貌，易抓住缺陷和特征。但要求鉴定人员必须有丰富的鉴定经验，并对所鉴定家畜（禽）的品种类型、外形特征了然于心，鉴定结果通常带有一定主观性。

2. 评分鉴定 先根据各种家畜（禽）的理想体形，定制出评分标准，对畜禽的每一部位对照评分表上的标准逐项评分。

优点是把鉴定内容用文字加以说明，初学者容易掌握，存档价值较高。缺点是以各具体部位为单位进行评分，往往总分偏高，且反映整体结构显得不够。

3. 标准模型法 将家畜与理想模型对比得出相对客观的结论。

二、家畜体尺测量

通过学习家畜（禽）的体尺测量，要求能准确掌握家畜各体尺的起止点、测量方法及注意事项。家畜（禽）体尺的种类很多，测量项目的多少可根据具体目的和畜种而定。

1. 家畜体尺

（1）**体高** 用杖尺测量鬐甲最高点至地面的垂直距离。先使主尺垂直竖立在畜体左前肢附近，再将上端横尺放于鬐甲的最高点（横尺与主尺须成直角），即可读出主尺上的高度。

（2）背高。背部最低点到地面的垂直高度。

（3）荐高。荐骨最高点到地面的垂直高度。

（4）体长。对于牛、马，体长是指肩端前缘到臀部后缘的直线距离，用杖尺和卷尺都可测量，前者得数比后者略小一些，故在此体尺后面，应注明所用何种工具；对于猪，体长是指两耳连线的中点至尾根的距离，用皮尺测量时应紧贴体表。

（5）臀端高。坐骨结节上缘至地面的垂直高度。

（6）胸深。由鬐甲至胸骨下缘的直线距离（沿肩胛后角量取）。

（7）胸宽。肩胛后角左右两侧垂直切线间的最大距离。

（8）腰角宽（髋宽）。两侧腰角外缘间的距离。

（9）臀端宽（坐骨结节宽）。两侧坐骨结节外缘间距。

（10）头长。牛：额顶至鼻梁上缘的直线距离。马：额顶至鼻端的直线距离。猪：两耳连线中点至吻突上缘直线距离。

（11）胸围。沿肩胛后角量取的胸部周径。

（12）管围。在左前肢管部上 1/3 最细处量取水平围径。

生产中常测的体尺主要有体高、体长、胸围和管围四项。

2. 家禽体尺

（1）体斜长。用软尺测量肩关节至坐骨结节间的距离。

（2）胸深。用卡尺测量第一胸椎至龙骨前缘的距离。

（3）胸宽。用卡尺测量两肩关节之间的距离。

（4）胸骨长。用软尺测量胸骨前端至后端的距离。

（5）胫长。用卡尺测量跖骨上关节到第三、四趾间的垂直距离。

（6）半潜水长。用软尺测量从喙豆至最后颈椎关节的距离（水禽）。

3. 注意事项

（1）进入养殖场和畜（禽）舍前要注意消毒，并保持安静。

（2）接触家畜时，应从其左前方缓慢接近，并注意有无恶癖，并确保人身安全。

（3）随时注意测量器械的校正和正确使用。

（4）将量具轻轻对准测量点，并注意器具的松紧程度，使其紧贴体表，不能悬空量取。

（5）所测家畜（禽）站立的地（表）面要平坦，自然站立，不能在斜坡或高低不平的地面上测量。

三、体质外形的观察

掌握不同用途家畜（禽）的外形特点，观察不同体质类型家畜（禽）的外部表现，识别不同发育受阻类型家畜（禽）的特点。

1. 不同用途家畜外形特点的观察

（1）乳用家畜外形特点的观察。

（2）肉用家畜（禽）外形特点的观察。

（3）兼用家畜（禽）外形特点的观察。

（4）蛋用家禽外形特点的观察。

2. 不同体质类型的识别　　当识别一头家畜（禽）的体质类型时，可从以下外部表现着眼。

（1）注意头部的大小和形态。

（2）了解头骨和四肢骨的发育情况，因这些部位暴露在外，易于看清、分辨。

（3）判断被毛、皮肤和皮下结缔组织的发育情况。

（4）注意整体结构的匀称性、胸部和背腰部的发育、背腰和四肢的结实度以及神经活动类型等方面的情况。

3. 不同发育受阻类型的判断

（1）胚胎型。由于生前发育受阻，从出生直至成年，仍具有头大体矮、尻部低、四肢短、管骨细、关节粗大等胚胎早期的特征。该类型个体较正常发育者偏小。

（2）幼稚型。由于生后营养不良，使体躯的长度、宽度和深度的发育受阻，成年后仍具有躯短肢长、胸浅背窄、后躯高耸等幼龄时期特征。

（3）综合型。生前生后营养不良，使以上两种类型的部分特征都兼而有之，特点是体躯短小、体重轻、晚熟、生产力低。

➤【相关知识】

根据家畜（禽）的生长发育、体质外貌和生产力等资料来评定家畜（禽）的品质称为鉴定。鉴定是选种的基础，根据鉴定，从畜群中选出一定数量的种畜（禽），以满足育种需要。鉴定要分阶段进行，每次鉴定后，淘汰不合格的个体，加强培育合格的个体。

（一）家畜的生长与发育

1. 生长发育的概念及鉴定意义 生长和发育是两个不同的概念。生长是动物达到体成熟前体重的增加，即细胞数目的增加和组织器官体积的增大，它是以细胞分裂增殖为基础的量变过程。而发育则是动物达到体成熟前体态结构的改变和各种机能的完善，即各种组织器官的分化和形成，它是以细胞分化为基础的质变过程。二者互相联系、互相促进、不可分割。生长是发育的基础，而发育又反过来促进生长，并决定生长的发展方向。生长发育与生产力和体质外形密切相关，进行生长发育测定也较容易，测定结果也较客观。所以生长发育鉴定是家畜（禽）选种的重要依据之一。

2. 生长发育的测定方法 一般用定期称重和测量体尺来判定。最主要的几个测定时间是：初生、断乳、初配和成年。具体时间间隔，可因畜禽种类不同而异。具体测定的次数和项目，应视畜禽种类、用途和年龄的不同而异，对育种群和幼龄畜禽可多测几次，对其他畜禽则可减少测定次数；在科研时根据实验目的可多次测定，在实际生产上则可适当少测，减少产生应激。称重一般安排在早上饲喂前进行；体尺测量应注意畜禽的站立姿势和测量工具的使用方法。称重和测量都要注意测量器械的准确度。称重与测量体尺，是从两个不同的角度来研究分析家畜（禽）的生长发育情况。

（二）家畜的外形、体质和生产力

1. 外形 外形是指畜禽的外表形态，在一定程度上反映生产性能和健康状况。通过外形观察，可以鉴别不同品种或个体间体形的差异，判断家畜的主要用途；正确判断家畜的健康和对生活条件的适应性；还可以鉴定家畜的年龄。不同用途畜禽的外形特点大致如下。

种猪体型外貌
鉴定（视频）

①肉用型。呈圆桶或长方形。头短，颈粗，背宽平，后躯丰满，四肢短，肢间距宽，载肉量大。

②乳用型。前躯发育差，身体呈三角形。头清秀而长，颈长而薄，胸窄长而深，中躯发育好，后躯发达，乳房大而呈四方形，乳静脉粗而弯曲，四肢长且肢间距较窄，全身清瘦，棱角突出，毛细皮薄而有弹性。

③毛用型。体形较窄，四肢较长，皮肤发达。全身被毛长而密，头部绒毛着生至两眼连线，前肢至腕关节，后肢至飞节。公绵羊颈部有1～3个皱褶。

④蛋用型。蛋用禽（鸡、鸭、鹌鹑、鸽子等）的外形特征是：头颈宽长适中，胸宽深而圆，腹部相对发达，体形小而紧凑，毛紧、腿细，身体呈船形。

2. 体质 体质就是人们通常说的身体素质，是机体机能和结构协调性的表现。体质是畜禽作为统一整体所形成的外部的、生理的、结构的、机能的全部综合体现。

外形和体质是紧密联系、不可分割而又有所区别的两个概念。外形是体质的外在表现，它偏重于样子；而体质则偏重于机能。二者都与生产力和健康相关。

体质分类方法很多，通常将家畜体质类型分为以下五种类型。

（1）结实型。身体各部位协调匀称，皮、肉、骨骼和内脏的发育适度。骨坚而不粗，皮紧而有弹性，肌肉发达而不肥胖。外表健壮结实，抗病力强，生产性能良好。结实型是一种理想的体质类型，种畜（禽）应具有这种体质。各种生产方向的种畜（禽）具有不同的结实型标准。

（2）细致紧凑型。骨骼细致而结实，头清秀，角蹄致密有光泽，肌肉结实有力，反应灵活，动作敏捷。乘用马、乳牛、细毛羊多属此种体质。

（3）细致疏松型。结缔和脂肪组织发达，全身丰满，肌肉松软，骨细皮薄，四肢比例小，早熟易肥，反应迟钝。肉畜（禽）多属此种体质。

种猪的选留
（视频）

（4）粗糙紧凑型。家畜骨粗结实，头粗重，四肢粗大，强壮有力，皮肤粗厚，皮下脂肪不多。适应性和抗病力较强，神经敏感程度中等。役畜、粗毛羊多属此种体质。

（5）粗糙疏松型。骨骼粗大，结构疏松，肌肉松软无力，易疲劳，皮厚毛粗，反应迟钝，繁殖力和适应性均差。这是最不理想的一种体质。

3. 生产力 生产力是指畜禽给人类提供产品的能力。在家畜（禽）育种中，是重点选择的性状，是表示畜禽个体品质最现实的指标。饲养家畜（禽）的目的就是要生产更多更好的畜（禽）产品，有更高的饲料报酬和经济效益。生产力的评定，对指导育种工作和进行生产有重要意义。

（1）生产力的种类。

①产肉力。评定产肉力的主要指标包括屠宰活重、日增重、饲料报酬、屠宰率、瘦肉率、膘厚、眼肌面积、肉的品质等。

②泌乳力。评定泌乳力的主要指标包括泌乳量、乳脂率和乳蛋白率等。

③产蛋力。评定项目包括产蛋量、蛋重和蛋品质等。

④产毛皮力。评定产毛皮能力的主要指标包括剪毛量、净毛率、毛的品质（长度、密度、细度）、抓绒量、裘皮和羔皮品质等。

⑤役用能力。评定役用能力的主要指标包括挽力、速度、持久力等。

⑥繁殖力。评定的主要指标有受胎率、繁殖率、成活率、增殖率和净增率等。

（2）评定家畜（禽）生产力应注意的问题。

①全面性。应兼顾产品的数量、质量和生产效率。应将数量放在第一位考虑。在产品数量相近的情况下选择质量好的留种；在产品质量相似的情况下，则选择产量高的留种。

②一致性。应在相同的条件下评比。因生产力受各种内外因素的影响和制约，要做到评定准确和合理，必须使家畜（禽）所处的环境和饲养管理条件一致，而且性别、年龄、胎次尽可能达到一致。只有这样，才能正确评定其优劣。在生产实践中，利用相应的校正系数，将实际生产力校正到相同标准条件下的生产力，以利于评比。

➔ 【自测训练】

1. 理论知识训练

（1）名词解释：外貌鉴定、体高、体长、胸围、管围、体质、生产力。

（2）畜禽生长发育的研究方法有哪些？

（3）简述畜禽体质的类型及主要特点。

（4）简述不同生产用途的畜禽外貌特点。

（5）进行外貌鉴定有何意义？

（6）举例说明如何进行家畜（禽）的外貌鉴定。

2. 操作技能训练

（1）猪的外貌评定和体尺测量。

（2）奶牛的体尺测量和外貌评定。［（1）和（2）二选一，填入表 5-1-1］

（3）家禽的外貌评定和体尺测量（表 5-1-2）。

表 5-1-1　家畜体尺测量和外貌评定记录表

序号	耳号	体高	体长	胸围	管围	外貌描述	总体评价
1							
2							
3							
4							
5							
⋮							

表 5-1-2　家禽体尺测量和外貌评定记录表

序号	脚号（肩号）	体斜长	胸宽	胸骨长	胫骨长	外貌描述	总体评价
1							
2							
3							
4							
5							
⋮							

任务 5-2　选种技术

【任务内容】

● 了解家畜（禽）选种的原理。

● 掌握家畜（禽）选种的方法。

● 掌握不同选种方法在生产实践中的具体应用。

【学习条件】

● 猪场（牛场、羊场）或种鸡场（鸭场、鹅场）等。

● 多媒体教室、教学课件、教材、参考图书。

● 牧场的日常记录和历年来的统计资料。

当今世界上所有优良畜禽品种，都是经过人类长期选择和培育的结果。畜禽的优良性状，是通过人工选择才不断得到巩固和提高。这说明选择是生物进化和发展的一个重要途径，因此，掌握选择的基本原理和方法是做好家畜选种工作的基础。

一、性能测定

性能测定又称成绩测验，是根据个体本身成绩的优劣决定选留与淘汰，所测性状一般为遗传力较高的性状。性能测定，主要应用于肉用家畜（禽）。因为这些家畜（禽）的主要经济性状（如增重、体格大小、饲料报酬等）遗传力较高，而且能够利用活体进行测定，所以根据本身生产性能直接选择的效果好。

性能测定一般分为生产现场测定和测定站测定两种形式。

1. 生产现场测定　生产现场测定就是在家畜（禽）所在的农牧场里作生产性能记录，测定结果只供本场选种时应用。各场的记录由于测定的条件不同，一般不进行互相比较。下面介绍种公猪和种母猪的测定情况。

（1）种公猪生产现场测定的任务。①测定种公猪的体质结实性和有无遗传异常情况。②测定种公猪 20～90kg 体重阶段的生长速度及饲料报酬。③直接或间接测定种公猪的胴体组成、瘦肉率等指标。

（2）种母猪生产现场测定的任务。①测定母猪的产仔数及其窝重（每窝的活产仔数，21、35 或 56 日龄的断乳窝重）。②测定母猪的分娩难易、生殖器官有无异常、乳房乳头的表现和数量及四肢结实程度。

2. 测定站测定　测定站测定是把要测定的畜禽集中到同一地点，在同样的环境条件下记录生产性能。因此即使家畜（禽）来自不同的农牧场，也可以互相进行比较评选出优劣。

测定站测定，目的是为了创造相对一致的、统一的、相对稳定的环境条件和测定方法，使供测种畜（禽）充分发挥其遗传潜力，对其性能做出客观而公正的评价，便于进行个体间比较，从而选出理想的种畜加以繁育，进行扩群。

二、系谱测定

（一）系谱

系谱是系统地记载个体及其祖先情况的一种文件。根据家畜系谱间比较来推断其种质优劣的方法称为系谱测定。系谱通常只记载 3～5 代祖先的资料，因为代数太远的祖先对种畜的影响较小。系谱分为种畜系谱和畜群系谱两类。

1. 种畜系谱的格式　有竖式系谱和横式系谱两种。

（1）竖式系谱。子代在上，亲代在下，公畜在右侧，母畜在左侧（图 5-2-1）。

（2）横式系谱。子代在左，亲代在右，公畜在上，母畜在下（图 5-2-2）。

本身							
母				父			
母母		母父		父母		父父	
（母母）母	（母母）父	（母父）母	（母父）父	（父母）母	（父母）父	（父父）母	（父父）父

图 5-2-1 竖式系谱结构图

图 5-2-2 横式系谱结构

生产性能等也应在系谱中尽量记载。记载可以简写，如体尺资料记载按"体高—体长—胸围—管围"的顺序填写；泌乳性能按"××年—胎次—泌乳量—乳脂率"的顺序登记。

2. 畜群系谱 畜群系谱是一种群体系谱，是为整个畜群统一编制的。编制步骤如下。

（1）编制母系记录表。即根据畜群内所有种畜卡片，查明其出生时间及各自的父母及母系祖先，并按出生先后顺序排列（表 5-2-1）。

表 5-2-1 群体母系记录表

畜号	性别	父亲	母亲	母父	母母	母母父	母母母
12	♀						
35	♂	101	25				
36	♀	101	25				
104	♀	106	12				
51	♀	106	12				
71	♀	106	25				
79	♀	35	104	106	12		
150	♀	35	51	106	12		
109	♀	35	36	101	25		

（2）绘制草图。即根据母系记录表，在雄性个体各列中查出留有后代的雄性个体号，按其利用的先后由下而上写在图的左侧，以□表示，并从每一雄性向右画一横线；再在母系记录表最下一行查出最远的雌性个体写在图的下边，以○表示，并向上引出直线与横线相交，如与某个雄性个体交配生有后代时，就将后代编号写在交叉处；如后代又生子女，继续向上引线，在与交配雄性个体的横线交叉处写出子女编号，以此类推（图 5-2-3）。

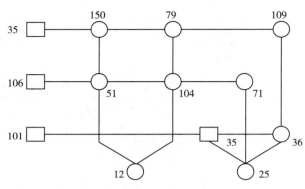

图 5-2-3 畜群系谱结构

（3）绘制正图。即对草图进行调整，查对核实，画出一个精确、清晰、美观的畜群系谱，每个个体在系谱中只能出现一次。本场留作种用的公畜，可以从他所在位置向上引箭头，并在图的左侧引出该个体的横线。

（二）系谱测定

（1）两系谱要进行同代祖先比较，即亲代与亲代、祖代与祖代、父系与母系祖先分别比较。

（2）重点应放在亲代的比较上，然后是祖父母代，血统越远影响越小。据报道，有人曾精确地估计了影响犊公牛遗传进展的 4 个来源：公牛的父亲约占总遗传进展的 39％，公牛的母亲占 32％，这个结果说明犊公牛的父母对遗传进展影响较大，达到 71％，所以在培育种公牛时，对父母的选择非常严格。

（3）在比较时以生产性能为主，同时也应注意有无近交和遗传缺陷等。

以北京市种公牛站的东 30285 和 0147 两头公牛系谱为例（图 5-2-4，图 5-2-5），说明鉴定方法。这两头牛都是 1973 年生。从母方比较，东 30285 的母亲比 0147 的母

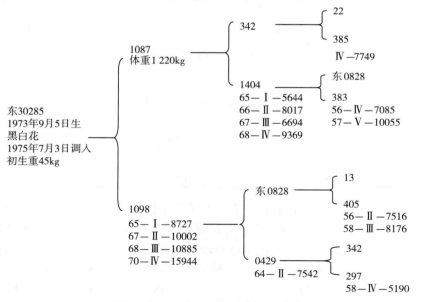

图 5-2-4 东 30285 公牛横式系谱

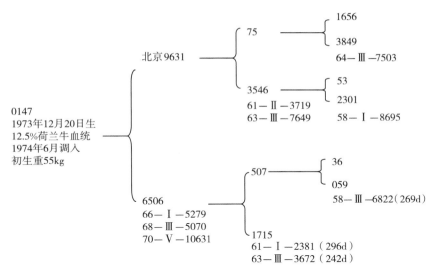

图 5-2-5　0147 公牛横式系谱

亲第一、三胎泌乳量分别高 3 448kg 和 5 815kg，1098 号第 4 胎比 6506 号第 5 胎高 5 313kg。东 30285 的外祖母比 0147 号的外祖母各胎泌乳量也高得多。外祖父的母亲同是第 3 胎泌乳量，405 比 059 号高 1 354kg。东 30285 的母方，不但泌乳量高，而且各代呈上升趋势。从父方比较，东 30285 的祖母比 0147 的祖母二胎泌乳量高 4 298kg，但第 3 胎的产量 0147 的祖母高。东 30285 的祖母的母亲产量不如 0147 的祖母的母亲泌乳量高。东 30285 祖父的母亲泌乳量略高于 0147 祖父的母亲。两系谱中都缺少各代公畜的鉴定资料，母畜缺少乳脂率测定资料。仅就现有资料来看，东 30285 号比 0147 号好。

系谱测定多用于种畜幼年和青年时期本身无产量记录的情况下，是早期选种必不可少的手段，也可用于对种公畜限性性状的选择。但是，单独使用系谱测定，选种准确性比较低，应结合其他方法综合使用。

三、同胞测定

同胞测定是指根据一个个体的兄弟姐妹的平均表型值来确定该个体的种用价值。其主要用于在种畜禽本身难以测定的性状、限性性状和胴体性状的选择。

同胞测定方法有全同胞测定、半同胞测定、全同胞-半同胞混合家系测定等方法。

1. 全同胞测定　利用全同胞（同父同母）的平均表型值作为被评定种畜的选种依据。一般用于禽类和猪等多胎家畜。例如，公猪的育肥和胴体性状，一般在断乳时，每窝选出 4 头（2 公/2 母）同圈饲养到一定体重时屠宰，测定其育肥性能和胴体品质，这同窝 4 头猪的平均成绩作为被测个体的同胞测定依据。

2. 半同胞测定　利用半同胞（同父异母）的平均表型值，作为被评定种畜的选种依据。如公牛泌乳量测定，可以用同父异母的半同胞母牛的平均泌乳量来代表该公牛的泌乳性能。

3. 全同胞-半同胞混合家系测定　利用全同胞和半同胞混合群的表型平均值作为

评定种畜的选种依据。在多胎家畜和禽类选择中应用十分广泛。如鸡的家系选择，有甲、乙两个家系，家系成员包括全同胞、半同胞，每个家系各选择一定数量的全—半同胞进行测定，如果甲家系的测定平均成绩超过乙家系，则选择甲家系的鸡留种。

同胞测定方法在当代可得到评定结果，可以缩短世代间隔，进行早期选种。但可靠程度远不如后裔测定，常被用作青年种畜的选择依据。

四、后裔测定

后裔测定是以种畜的后裔成绩作为选择的依据，它是在相同的条件下，对一些种畜的后裔成绩进行比较，按其各自后裔的平均成绩，确定种畜的选留和淘汰。后裔测定成绩是种畜优秀性状遗传性能的活证据，通过后裔测定才可能证实种用价值。但后裔测定需时间长、耗费多、组织工作复杂，故多用于主要生产性能为限性性状的家畜（禽），如乳用牛和蛋用鸡。

1. 后裔测定的方法　主要有以下几种。

（1）母女对比法。这种鉴定方法多用于公畜。将公畜的女儿成绩和其女儿的母亲成绩相比较，以判断公畜的优劣，凡女儿成绩超过母亲的，则认为公畜是"改良者"；女儿成绩低于母亲的，认为该公畜是"恶化者"；母女成绩相差不大，则认为公畜是"中庸者"。

母女对比常用平分角线图解的方法，以母亲成绩为横坐标，女儿成绩为纵坐标，然后根据相应的母女生产成绩在坐标里找出各点。若大多数母女对比点在平分角线以上，表示女儿成绩高于母亲成绩，即公畜为"改良者"。反之，公畜为"恶化者"。

母女对比法的优点是简单易行，缺点是母女所处年代不同，存在生活条件的差异。如测猪的断乳重，母女双方大多处于不同年代或不同季节。由于所处的饲养管理条件和气候条件不同，对它们的断乳重可能产生不同的影响。

可能还存在1头种公畜在某一畜群中可能表现为"改良者"，而转到另一个畜群，则可能成为"恶化者"。例如，1头种公牛，当它与平均产乳量为6 000kg的母牛群交配时，其所生女儿的产乳量普遍高于母亲，说明它是"改良者"。但当它与年产乳量为9 000kg的母牛群交配时，就未必仍是"改良者"。由此看来，并不存在绝对的"改良者"或"恶化者"。

（2）公牛指数法。由于公牛不产乳，不能度量其产乳量，但公牛在产乳量方面和母牛一样对后代具有遗传影响。为了衡量公牛产乳量的遗传性能，有人提出使用"公牛指数"这个指标。这个指数是按照公牛和母牛对女儿产乳量有同等影响的原则制定的，因此女儿的产乳量等于其父母产乳量的平均数，即 $D = 1/2(F+M)$，该关系式可以转换为公牛指数公式：

$$F = 2D - M$$

式中：D 为女儿的平均产乳量；F 为父亲的产乳量（公牛指数）；M 为母亲的平均产乳量。

这个公式说明，公牛指数等于2倍的女儿平均产乳量减去母亲的平均产乳量。

用这个指数来测定公牛，其缺点与母女对比法基本相同，优点在于公牛的质量有了具体的数量指标，各公牛间可以相互比较。在饲养管理基本稳定的牛群，这种后裔测定的方法不失为一种既简单易行又比较准确的方法。

（3）不同后代间比较。这种方法适用于种母畜的测定。被鉴定的母畜与同一头公畜在同一时期内交配，产下后代，在相同的饲养条件下饲养，根据后代的性能来判定种母畜的优劣。这种方法也可用于测定数头种公畜。将条件类似的母畜分成与雄性个体数目相等的小组，被测公畜在同一时期分别与一个母畜小组交配，所有后代在相同条件下饲养，然后比较后代成绩以判定种公畜的优劣。

（4）同期同龄女儿比较法。该法广泛用于奶牛业中，被测公牛的女儿与其同期（在同一季节内）产犊的其他公牛的女儿进行比较。例如，被测小公牛达 12～14 月龄时开始采精，将其精液在短期内（一个季度）分散到各奶牛场随机配种 200 头母牛。待产生的女儿与同场同期的其他公牛的女儿第一胎平均泌乳量进行比较。此法优点是配种、产仔时间一致，而且同一个场内各公牛后代的饲养管理条件相同，比较时误差较小。

2. 后裔测定的注意事项

（1）各公畜的与配母畜的条件要一致，以减少由母畜引起的差异。通常用随机交配的方法，或组成类似的母畜个体群与不同的公畜交配。对妊娠期短的畜种，还可以采用不同公畜在不同季节与同一群母畜交配，比较其后代品质，但一定要用对照组作季节校正。

（2）后代的年龄、饲养管理条件应尽量达到一致，以减少由环境条件引起的差异。

（3）后裔数目越多，鉴定结果越准确可靠。大家畜（马、牛、骆驼等）至少需要20 头，多胎家畜可适当再多一些。

（4）后裔测定除突出某一项主要成绩外，还应全面分析其体质外形、生长发育、适应性及有无遗传缺陷等。

（5）在资料整理中，无论后代表现优劣，都要统计在内，严禁只选择优良后代进行统计。

五、单性状选择

在单性状选择中，除个体本身的表型值以外，最重要的信息来源就是个体所在家系的遗传基础，即家系平均数。因此，在探讨单性状选择方法时，就是从个体表型值和家系均值出发。经典的动物育种学将单性状的选择方法划分为 4 种，即个体选择、家系选择、家系内选择和合并选择。

数量性状的表型值（P）可剖分为两部分：个体所在家系平均值与群体均值的离差 P_f 和个体表型值与家系均值的离差 P_w。前者称为家系均值偏差，后者称为家系内偏差。用公式表示为：

$$P=P_f+(P-P_f)=P_f+P_w$$

若对上式中的两个组分 P_f 和 P_w 分别给予加权形成一个指数，即：

$$I=b_fP_f+b_wP_w$$

对 P_f 和 P_w 的不同加权就形成了不同的选择方法：

当 $b_f=b_w=1$ 时，即用个体表型值估计育种值时，为个体选择；

当 $b_f=1$，$b_w=0$ 时，即用家系均值估计育种值时，为家系选择；

当 $b_f=0$，$b_w=1$ 时，即用家系内偏差 P_w 估计育种值时，为家系内选择；

当 $b_f \neq 0$，$b_w \neq 1$，即用（$b_f P_f + b_w P_w$）估计育种值时，为合并选择；对 P_f 和 P_w 最合理的加权是分别乘以自己的遗传力（h_f^2 和 h_w^2）。经推导可得合并选择指数公式：

$$I = P + \left[\frac{r_A - r}{1 - r_A} \times \frac{n}{1 + (n-1)r} \right] \times P_f$$

式中：I 是合并选择指数，r_A 是家系成员间的遗传相关（全同胞为 0.5，半同胞为 0.25），r 是家系成员间的表型（组内）相关，n 为家系成员数。

实例：根据表 5-2-2 资料，选出最好的 4 头留种。

表 5-2-2 四窝仔猪 180 日龄体重资料

家系（窝）	个体 180 日龄体重（kg）				家系均值（kg）
1	A 80.0	B 86.0	C 93.5	D 106.5	91.5
2	E 79.0	F 99.5	G 105.0	H 114.5	99.5
3	I 56.5	J 60.0	K 65.0	L 118.5	75.0
4	M 87.0	N 90.0	O 95.5	P 103.5	94.0

若按个体选择，应选留 L、H、D、G，因为它们的表型值最高；若按家系选择，应选留第二窝（E、F、G、H），因为它们的家系均值最高；若按家系内选择，应选留 D、H、L、P，因为它们是每个家系中表型值最高者。在上述三种方法中，H 能确定被留下，而其余 3 头种猪的选留需采用合并选择的方法。

通过方差分析先求出家系内个体间表型相关系数。经计算 $r = 0.09$，$r_A = 0.5$，$n = 4$。代入公式得：

$$I = P + 2.58 P_f$$

将每个个体的资料代入合并选择指数公式，计算出个体合并选择指数，按指数高低确定的选留结果为：G、H、F、P。

六、多性状选择

在育种工作中，多数情况同时兼顾选择几个性状。一般情况下，各种畜禽的育种目标均涉及多个重要的经济性状，如奶牛的泌乳量和乳脂率，猪的日增重、瘦肉率、产仔数和断乳重，蛋鸡的产蛋量和蛋重等。因此，多性状的选择在实际的畜禽育种中是不可避免的。

1. 顺序选择法 这是对所要选择的性状，先选一个性状，当达到预定要求后，再选择另一性状，如此逐个选择下去。这种方法的优点是每次只选一个性状，遗传进展快，选种效果好。缺点是所需时间长，而且对一些负遗传相关的性状，就有可能一个性状的提高，又导致另一个性状下降。

2. 独立淘汰法 独立淘汰法就是对每个所要选择的性状，都制订出一个最低的中选标准。一头家畜必须各性状都达到所规定的最低标准才能留种，如果有某一性状不够标准就必须淘汰。这种方法的优点是标准具体，方法简单，容易掌握。但是，缺点为选中者多是刚够标准的个体（即中庸者），而将那些只是某性状没有达到最低标准、其他方面都优秀的个体淘汰掉。而且同时选择的性状越多，中选的个体就越少。

3. 综合选择指数法 此法是把所要选择的各方面性状，按其遗传特点和经济效益综合成为一个指数，然后按指数高低进行选留。这个指数称为综合选择指数。综合选择指数是综合选择法中一种先进的方法。实践证明，此法在多性状选择中能够获较快的遗传进展，取得最好的经济效益。

（1）原理和公式。家畜育种中，经常需要同时选择两个以上的性状。应用数量遗传的原理，根据性状的遗传特点和经济价值，把所要选择的几个性状综合成一个使各个体间可以互相比较的数值，这个数值就是选择指数。其公式是：

$$I = W_1 h_1^2 \frac{P_1}{\overline{P_1}} + W_2 h_2^2 \frac{P_2}{\overline{P_2}} + \cdots + W_n h_n^2 \frac{P_n}{\overline{P_n}} = \sum_{i=1}^{n} W_i h_i^2 \frac{P_i}{\overline{P_i}}$$

公式表示，所选择的性状在指数中受 3 个因素决定：性状的育种或经济重要性（W_i）、性状的遗传力（h_i^2）、个体表型值与畜群平均数的比值。

一般来说，经济价值高的性状，育种重要性也大。但有时两者并不等同，例如我国目前市场上牛奶的价格，并不根据乳中的脂肪或干物质的多少来分级。如果单纯从牛场经济收益考虑，就完全可置之于不顾。但从提高牛奶质量和增进人民健康考虑，选择指数中应当包括牛奶的质量指标，并给以适当的加权值。

（2）制订简化选择指数的方法。为了更适于选取种的习惯，可以把各性状都处于畜群平均值的个体，其指数定为 100，其他个体都和 100 相比，超过 100 越多的越好。这时指数公式需要做进一步变换：

$$I = a_1 \frac{P_1}{\overline{P_1}} + a_2 \frac{P_2}{\overline{P_2}} + \cdots + a_n \frac{P_n}{\overline{P_n}} = \sum_{i=1}^{n} a_i \frac{P_i}{\overline{P_i}} = \sum_{i=1}^{n} a_i = 100$$

举例：我国南方地区黑白花牛，目前重要的选种指标是：泌乳量、乳脂率、体质外貌评分。现在要制定这三个性状的选择指数。

①计算必要的数据。个体表型值和畜群平均值，可从牧场资料直接计算；性状的遗传力如缺乏本身数据，也可以从有关育种文献中查出；各性状的育种或经济重要性，可通过调查或根据经验确定。现假定下列数据为已知：

泌乳量：$\overline{P_1} = 4\,000\text{kg}$，$h_1^2 = 0.3$，$W_1 = 0.4$。

乳脂率：$\overline{P_2} = 3.4\%$，$h_2^2 = 0.4$，$W_2 = 0.35$。

外貌评分：$\overline{P_3} = 70$ 分，$h_3^2 = 0.3$，$W_3 = 0.25$。

其中：$W_1 : W_2 : W_3 = 0.4 : 0.35 : 0.25$，且 $W_1 + W_2 + W_3 = 1$。

②计算 a 值。把每个性状都处于畜群平均数（即 $P_1 = \overline{P_1}$，$P_2 = \overline{P_2}$，$P_3 = \overline{P_3}$）的个体，其选择指数定为 100，于是：

$$I = a \left(W_1 h_1^2 \frac{\overline{P_2}}{\overline{P_2}} + W_2 h_2^2 \frac{\overline{P_2}}{\overline{P_2}} + W_3 h_3^2 \frac{\overline{P_3}}{\overline{P_3}} \right) = 100$$

$$I = a (W_1 h_1^2 + W_2 h_2^2 + W_3 h_3^2) = 100$$

$$a = \frac{100}{W_1 h_1^2 + W_2 h_2^2 + W_3 h_3^2} = \frac{100}{0.40 \times 0.30 + 0.35 \times 0.40 + 0.25 \times 0.30} = 298.5$$

再把 a 值按比例分配给三个性状，分别求出 a_1、a_2、a_3。

$$a_1 = W_1 h_1^2 \times a = 0.40 \times 0.30 \times 298.5 = 35.8$$

$$a_2 = W_2 h_2^2 \times a = 0.35 \times 0.40 \times 298.5 = 41.8$$

$$a_3 = W_3 h_3^2 \times a = 0.25 \times 0.30 \times 298.5 = 22.4$$

这里，$a_1 + a_2 + a_3 = 100$。

③计算选择指数。由选择指数公式得：

$$I = 35.8 \frac{P_1}{P_1} + 41.8 \frac{P_2}{P_2} + 22.4 \frac{P_3}{P_3}$$

由于各性状的畜群平均值为已知，指数公式还可表示为：

$$I = \frac{35.8}{4\,000} P_1 + \frac{41.8}{3.4} P_2 + \frac{22.4}{70} P_3 = 0.009 P_1 + 12.3 P_2 + 0.32 P_3$$

将各个体表型值代入，可算出各个体的选择指数数值，此时平均数为 100，可取平均数以上的个体留种，或按指数值排队顺序留种。

（3）制订选择指数的注意事项。在制订家畜选择指数时，除了考虑各性状适当的经济加权值外，还应注意下面几点。

①突出主要经济性状。一个选择指数不应当也不可能包括所有的经济性状。同时选择的性状越多，每个性状的改进就越慢。一般来说，包括 2～4 个性状为宜。

②应是容易度量的性状，有利于在生产中推广使用。例如，肉用家畜的增重速度与饲料利用率都是重要的经济性状，但称体重比测定个体家畜的饲料利用率容易做到，而且两者有显著的正相关，因此可考虑用增重速度作为主要的选择指标。

③尽可能是家畜早期的性状。进行早期选种可以缩短世代间隔，提高选种进展的效率。

④对"向下"选择性状用负加权系数。家畜单位产品的饲料消耗量，瘦肉型猪的背膘厚度，蛋鸡的开产日龄等，加权系数要用负值，表示这些性状越低的家畜越好。

⑤性状间有负遗传相关的处理。如果有可能也可合并成一个性状来处理。如奶牛的泌乳量和乳脂率可合并成标准乳量，鸡的产蛋数和蛋重可合并成产蛋总重量等。

七、间接选择

间接选择是利用性状间的相关性，通过对 y 性状的选择，来间接提高 x 性状的一种选种方法。当要改良的某个性状遗传力很低或难以精确度量，或在活体上不能度量，或在某种性别没有表现，都可以考虑采用间接选择法。

用于间接选择的辅助性状主要包括生理生化性状、免疫遗传性状和细胞遗传性状。生理生化标记性状有激素蛋白、酶和血液代谢物的多态性等；免疫学标记性状有红细胞抗原、淋巴细胞抗原等；细胞学标记性状有染色体畸形和带形分析等。

人们已发现，具有高繁性能的绵羊品系，幼龄时血浆中促性腺激素的含量高于低繁性能的品系，因此，可将血液中某些性激素的含量作为选择繁殖性状的标记性状；Petersen（1982）等通过对奶牛血液代谢产物的研究，发现血液中碱性磷酸酶、肌酸酐、尿酸、钾等与泌乳性能有较高的遗传相关，利用这些血液生化指标作为标记性状来选择泌乳母牛的泌乳性状，其选择效果高于直接选择的 80%；在对产肉性能选择时，人们发现薄膘系和厚膘系的皮下脂肪内某些脂肪酶活性差异十分显著，根据对酶的总活性选择，有利于降低肉猪的背膘厚，增加瘦肉量。

在某些方面，对血型的选择也会有益于生产性能的改进。血型与生产性状之间的遗传关系，大体可分为三种方式：第一是基因的多效性，即一个基因同时影响血型和生产性状；第二是控制血型的基因和控制生产性状的基因呈连锁遗传；第三是血型位点为杂合时会提高动物的生活力，从而对生产性状有一种正向影响。

利用 DNA 分子标记可进行标记辅助选择（MAS）。MAS 是以分子遗传学和遗传工程为手段，在连锁分析的基础上，利用与经济性状连锁紧密的标记基因，并结合现代育种原理和方法，实现性状最大限度地遗传改进。MAS 可对单个性状进行辅助选择，亦可对多个性状进行综合选择。MAS 的效果取决于标记基因与 QTL（数量性状位点，即占据一特定染色体区域的微效多基因群）之间的连锁状况，二者的连锁强度愈大，辅助选择的作用就愈大。目前，猪的育种中标记辅助选择主要用于低遗传力性状，如产仔数。随着与数量性状连锁紧密的标记基因不断被发现和定位，这种选择方法将会应用于各种经济性状的改进。

对某一性状进行间接选择时需要考虑下列条件，才能取得较好的选择反应：一是两个性状要有高遗传相关；二是辅助性状 y 要有高的遗传力；三是最好对辅助性状的选择强度能有加大的可能。

八、个体育种值的估计

任何一个数量性状的表型值，都是遗传效应与环境效应共同作用的结果，只有育种值部分可以真实遗传给后代，也只有选择育种值才能收到实效。用育种值选择比用表型值选择更加可靠。但是，育种值不能直接度量，只能根据表型值进行间接估计。

通常个体育种值的估计选种主要依据的记录资料有四种：本身记录、祖先记录、同胞记录和后裔记录。育种值可根据任何一种资料进行估计，也可以根据多种资料进行复合育种值的计算。

1. 估算公式

$$\hat{A} = (P - \overline{P})h^2 + \overline{P}$$

2. 估算方法首先必须获得有关记录资料 如个体性状的均值、群体均值、性状遗传力、性状重复率等。其次，根据利用资料不同，求出不同的加权遗传力系数。常用的有以下几种。

（1）个体本身不同记录次数的遗传力系数。

$$h^2_{(n)} = \frac{nh^2}{1 + (n-1)r_e} \quad （n \text{ 为次数}，r_e \text{ 为重复率}）$$

（2）应用父亲或母亲 n 次记录的遗传力系数。

$$h^2_{p(n)} = \frac{0.5nh^2}{1 + (n-1)r_e} \quad （p \text{ 为父亲或母亲}，n \text{ 为次数}）$$

（3）应用 n 个全同胞记录的遗传力系数。

$$h^2_{(FS)} = \frac{0.5nh^2}{1 + (n-1)0.5h^2} \quad （FS \text{ 为全同胞}）$$

（4）应用 n 个半同胞记录的遗传力系数。

$$h^2_{(HS)} = \frac{0.25nh^2}{1 + (n-1)0.25h^2} \quad （HS \text{ 为半同胞}）$$

（5）应用 n 个半同胞子女记录的遗传力系数。

$$h^2_{(O)} = \frac{0.5nh^2}{1 + (n-1)0.25h^2} \quad （O \text{ 为子女}）$$

将有关数据代入不同资料估计育种值的公式，即可估计出个体该性状的育种值。最后按育种值高低进行排队，选出育种值高的个体留种。

➡️【相关知识】

（一）质量性状的选择

根据动物遗传学的论述，家畜的性状分为两大类：一类由单个或少数几个基因座所决定，性状的表现不受或很少受环境因素的影响，且性状的表型变异为间断分布，即可分成几个界限分明的等级或类型，这类性状称作质量性状。

1. 家畜质量性状的类型 家畜的许多重要性状属于质量性状，在动物生产中，特别是育种中有意义并受到育种工作者重视的质量性状，可归纳为以下 4 类。

（1）表征性状。家畜许多外貌特征，如毛色、角的有无、鸡的冠型等，均是典型的质量性状。这类性状在育种中的作用主要是反映品种（系）的特征。

（2）血型和血浆蛋白的多态性。家畜（禽）的血型包括红细胞的抗原因子和白细胞的抗原因子，这两类血型都具有丰富的遗传多态性。另外，血浆蛋白和酶也具有多态性。应用血型和血浆蛋白的多态性可进行家畜（禽）早期选择和间接选择，为选种提供科学依据。

（3）遗传缺陷。各种家畜（禽）中都存在着许多遗传缺陷。隐性有害基因的纯合个体均表现出明显的征状，有的表现为形态学、解剖学或组织上的缺陷，有的遗传缺陷表现出生理学上的代谢功能障碍，有的生活力低、易感染疾病，等等。遗传缺陷是对动物生产危害很大的一类质量性状。

（4）伴性性状。迄今发现的伴性性状多是质量性状，利用其伴性遗传的特点，可简化一些育种操作过程，简易识别某些性别相关特征。例如，利用伴性性状进行初生雏禽的性别鉴定，可大大提高性别鉴定的准确性。

2. 对隐性基因的选择 对隐性基因的选择就是对显性基因的淘汰。这种选择方法只要将表现显性性状的个体全部淘汰，就使显性基因从群体中清除，迅速改变其基因频率。例如，有一群白猪和黑猪杂交产生的杂种猪群，白猪占 84%，黑猪占 16%。假定这个群体已达到平衡状态，黑色基因频率 $q=0.4$，白色基因频率 $p=1-q=1-0.4=0.6$。如果把 16% 黑猪留种，白猪全淘汰，则下一代这个猪群当然全是黑猪，这时 $q=1$，基因频率迅速变化。

3. 对显性基因的选择 就是对隐性基因的淘汰。常用的方法有两种。

（1）根据表型淘汰隐性个体。这种方法只能淘汰隐性纯合体所含有的隐性基因，不能把杂合体中的隐性基因淘汰掉，所以淘汰的速度是很慢的。例如，在一个随机交配大群中，某一相对性状的基因型为 AA、Aa 和 aa，AA 基因型频率为 $2p_0^2$、Aa 基因型频率 $2p_0q_0$，aa 基因型频率 $2q_0^2$。下一代隐性基因频率为：

$$q_1 = \frac{2p_0q_0}{2p_0^2+4p_0q_0} = \frac{q_0}{1+q_0}$$

同理，下一代继续全部淘汰 aa 个体，基因 a 的频率为：

$$q_2 = \frac{q_1}{1+q_1} = \frac{q_0}{1+2q_0}$$

依此类推，到 n 世代时，基因 a 的频率为：

$$q_n = \frac{q_0}{1+nq_0}$$

根据这个公式，只要知道 0 世代的基因频率，就可以计算出世代数该基因的频率。我们仍以上面的猪群为例，0 世代时黑色基因频率 $q_0=0.4$，把猪群中 16％黑猪淘汰掉，以后每世代均淘汰黑猪，则各代黑色基因频率变化如下：

$$q_1 = \frac{0.4}{1+0.4} = 0.286, \quad q_2 = \frac{0.4}{1+2\times0.4} = 0.222, \quad \cdots, \quad q_{10} = \frac{0.4}{1+10\times0.4} = 0.08$$

选择到第 10 代，黑色基因频率还有 0.08，群中还会有 $R=q^2=0.08^2=0.006\,4$，即 0.64％的个体为黑猪。这说明，单纯依靠表型淘汰隐性个体是很难从群体中清除隐性基因的。

（2）利用测交方法淘汰杂合体。根据表型淘汰隐性纯合体，要想群体中彻底清除隐性基因，最有效的方法就是采用测交的方法，将杂合体淘汰。常用测交方法有 3 种。

①被测公畜与隐性纯合体母畜交配。以牛为例，牛的无角对有角显性，按遗传规律，无角纯合体公牛（PP）与有角母牛（pp）交配，其后代全是无角牛。若是杂合体公牛（Pp）与有角母牛（pp）交配，其后代一半是无角（Pp），一半是有角（pp）。1：1 的比例只是大群统计数字，不能说明每次交配的结果。因为牛是单胎，每次产一仔，后代表现无角或有角的概率为 1/2。如果产出的是有角牛，当然即可确定该公牛为杂合体；但如产下无角后代，则不能判定该公牛是纯合体。下一胎次、再下一胎均生无角小牛，仍不能确定该公牛是纯合体。因为生一头无角牛的概率是 1/2，生两头无角小牛的概率是 $(1/2)^2=1/4$，生 3 头全是无角小牛的概率是 $(1/2)^3=1/8$。那么究竟生多少头小牛是无角牛才能判定该公牛是无角纯合体呢？

在育种实践中，是以 $P\leqslant0.05$ 和 $P\leqslant0.01$ 的显著水准来判定的。因此，设 n 为交配的母牛头数或是产出无角小牛的头数。根据计算可得：$(1/2)^n\leqslant0.05$ 时，$n\geqslant5$；$(1/2)^n\leqslant0.01$ 时，$n\geqslant7$。即，该公牛如果交配 5 头有角母牛全部产出无角小牛，就有 95％以上的把握来判定该公牛是无角纯合体。若是交配 7 头有角母牛全部产出无角小牛，就有 99％以上的把握来判定该公牛是无角纯合体。

②被测公畜与已知杂合体母畜交配。若被测公畜为杂合体，则出现显性后代的概率为 3/4，取 $P\leqslant0.05$ 或 $P\leqslant0.01$，分别解 $(3/4)^n\leqslant0.05$ 和 $(3/4)^n\leqslant0.01$，得 n 为 11 或 16。即须交配 11 或 16 头母畜（单胎家畜）全部产出显性的后代，才能有 95％和 99％的把握判定该公畜为显性纯合体。

对于多胎动物，如猪，只要与 1～2 头杂合体母猪交配，产出 11 或 16 头仔猪全不出现隐性性状，则有 95％和 99％的把握判定该公猪为显性纯合体。

③被测公畜与自己的女儿交配。当从外地引进公畜需要测定其是否带有隐性有害基因，而本地区又无法找到隐性纯合体或杂合体时，则可采用被测公畜与其女儿交配的方法。测交所需交配女儿数可用下式计算：

$$P = \left[D + \left(\frac{3}{4}\right)^K H \right]^n$$

式中：P 为概率（0.05 或 0.01）；D 为女儿中显性纯合体的比例；H 为杂合体的比例；K 为产仔数；N 为女儿数。

无论女儿的母亲的基因型如何，女儿是显性纯合体的比例最多不超过 1/2，女儿是杂合体的比例则不少于 1/2。根据上述公式，可以计算出判定公畜是显性纯合体的概率。

设 $P=0.05$，$D=0.5$，$H=0.5$，$K=1$，则：

$$P=\left[D+\left(\frac{3}{4}\right)^K H\right]^n=\left[0.5+\left(\frac{3}{4}\right)^1\times0.5\right]^n=[0.875]^n$$

若 $P=0.05$，则 $n=23$；若 $P=0.01$，则 $n=35$。

说明如果公畜与 23 个女儿交配，未产生一头隐性后代，就可以有 95% 以上的把握判定该公畜不是隐性基因携带者，而是纯合体。如果公畜与 35 个女儿交配，未产生一头隐性后代，就可有 99% 以上的把握判定该公畜为显性纯合体。对多胎家畜（如猪）测交时，设每胎产仔 8 头，则 $D=0.5$，$H=0.5$，$K=0.8$，上式成为

$$P=[0.5+(0.75)^8\times0.5]^n=(0.55)^n$$

若 $P=0.05$，则 $n=5$；若 $P=0.01$，则 $n=8$。

这说明，如猪每胎产仔 8 头，被测公猪与它自己的未经选择的 5 个女儿交配，未产出一头隐性后代，就可以有 95% 以上的把握判定此公猪不是隐性基因携带者；如果与自己的 8 个女儿交配，未产出一头隐性后代，则可以有 99% 以上的把握判定该公猪是纯合体。

（二）数量性状的选择

1. 遗传力　直接影响选择反应。性状的遗传力越高，表型值中能遗传的部分越大，选择反应也越大，反之，选择反应也就越小。所以，高遗传力性状根据个体表型值直接选择，就能得到较好的效果。对遗传力不同的性状就要采用不同选择方法。遗传力还影响选种的准确性。

遗传力高的性状，表型的优劣大体上可反映基因型的优劣；相反，遗传力低的性状，表型值在很大程度上不能反映基因型值，仅按表型选择，效果就不好。

2. 选择差与留种率　选择差是指留种个体的平均表型值与群体平均表型值的离差。选择差的大小与留种率有关。留种率是指留种数占全群总数的百分率。群体的留种率越小，所选留个体平均表型值越高，选择差就越大。选择差又受选择性状的标准差影响，在相同留种率的情况下，性状的标准差越大，选择差也就越大。而在相同标准差的情况下，留种率越小，选择差就越大。

由于不同性状的单位不同和标准差不同，其选择差之间不能进行比较。为了统一标准，以各自的标准差为单位，换算成选择强度进行比较。选择强度是以性状的标准差为单位的选择差，也称为标准化的选择差。选择反应是通过选择在下一代得到的遗传改进，即 $R=Sh^2$，也就是选留种畜子女的平均表型值与原群体平均表型值之差。选择效果是以选择反应来衡量的。所以，影响选种效果的两个基本因素就是性状的遗传力和选择差。

3. 世代间隔　在家畜育种中，经历一个世代所需的时间，称为世代间隔。世代间隔按每头留种的家畜出生时父母的平均年龄来计算。公式为：

$$G_I=\sum_{i=1}^n N_i\cdot a_i/\sum_{i=1}^n n_i$$

式中：G_I 为平均世代间隔；N_i 为各组留种数；a_i 为父母的平均年龄；n 为组数。

在制订畜禽育种计划时以年为单位，即是某性状每年提高多少。根据选择反应和

世代间隔求出年改进量 ΔG。有 $\Delta G = R/G_1$，即年改进量与选择反应成正比，与世代间隔成反比。世代间隔越长，年改进量越少。在家畜育种工作中，要加快畜群改良速度，必须从加大选择反应和缩短世代间隔两个方面采取措施，其中又以缩短世代间隔是最为可行的办法。

缩短世代间隔的办法有：①改进留种方法，尽可能实行头胎留种；②加快畜群周转，减少老龄家畜在畜群中的比例。

4. 选择性状的数目　在对家畜进行选择时，往往同时选择几个性状，一次选择的性状不能过多，过多容易使力量分散，每个性状取得实际改进量就会降低。一次选择一个性状时的选择反应为 1，同时选择 n 个性状时每个性状的选择反应为 $1/\sqrt{n}$。如果同时选 2 个性状，其中每个性状的进展只有单性状选择的 $1/\sqrt{2} = 0.71$。如果一次选 4 个性状，只有 $1/\sqrt{4} = 0.5$。所以在选择时应突出重点性状，不宜同时选择太多，以 2～4 个为宜。

5. 性状间的相关　在对家畜某性状进行选择时，除该性状得到改进时，还常发现一些未被选择的其他一些性状也发生某些改变。这些改变可能有正向的，也有负向的。这种性状间的相互关联的现象称为性状间相关。性状间相关又分为表型相关和遗传相关。从育种角度看，重要的是遗传相关，只有遗传相关才是可以遗传的。

利用性状间相关可以进行间接选择、早期选种，并且可使育种工作少走弯路。如果两性状间有正相关，选择一个性状，另一个性状也可随之得到适当改进；如果两性状间有负相关，选择一个性状，另一个性状就会有相应降低。

⊙【拓展知识】

个体遗传评定——BLUP 法

BLUP，即最佳线性无偏预测。最佳，即估计误差最小，估计育种值与真实育种值的相关最大；线性，即估计是基于线性模型（估计值与观察值呈线性关系）；无偏，即估计值的数学期望为真值；预测，即预测一个个体将来作为亲本的种用价值（随机遗传效应）。

BLUP 是一种统计方法，畜禽育种中适合应用这一方法预测个体育种值，即遗传评定。应用 BLUP 法进行种畜遗传评定，可以提高选种的准确性，进而加快群体的遗传进展；应用 BLUP 的效果除了取决于方法本身因素外，还受综合育种措施，诸如性能测定、种群结构、选配计划等多项因素的影响。统计学上的意义：将观察值表示成固定效应、随机效应和随机残差的线性组合。遗传学上的意义：将表型值表示成遗传效应、系统环境效应（如畜群、年度、季节、性别等）、随机环境效应（如窝效应、永久环境效应）和剩余效应（包括部分遗传效应和环境效应）的线性组合。

BLUP 能更有效地校正环境效应，能更充分利用所有亲属的信息，能校正由于非随机交配造成的偏差，能对不同群体进行联合遗传评定，所以，其育种值估计的精确性更高。

BLUP 有 3 种基本模型：真实模型，即非常准确地模拟观察值的变异性，模型中不含有未知成分；理想模型，即根据研究者所掌握的专业知识建立的尽可能接近真实模型的模型，但由于受到数据资料的限制或过于复杂而不能用于实际分析；操作模型，即用于实际统计分析的模型，它通常是理想模型的简化形式。

Henderson 从 1949 年就开始潜心研究对于不平衡资料应用混合模型方程组的原理估计固定效应和预测随机效应的问题。20 世纪 50 年代初，在理论和方法上已基本成熟，但是由于计算手段的限制，始终未能付诸实践；60 年代中期，在育种中普遍使用的育种值估计法出现了明显的不足，其原因在于参加评定的种畜并非随机地来自一个同源总体，如对于一个连年取得很大遗传进展的畜群来讲，不同年龄组的家畜就具有不同的遗传水平，这样就必然影响评定的准确性。于是 Henderson 将混合模型应用在育种值估计上，就形成了 BLUP 法；70 年代以来，随着计算机技术的发展和普及，使难于手工计算的多元线性方程组的求解成为现实，从而使这一方法在牛的育种值估计中得到了广泛的应用；80 年代中后期，一些国家开始把这一方法应用于猪的育种值估计，大大提高了猪的遗传改进速度。如在加拿大，自 1985 年开始应用 BLUP 法以来，背膘厚的改良速度提高了 50％，达 90kg 体重日龄的改良速度提高了 100％～200％。目前，在加拿大、丹麦、荷兰、西班牙等国家，BLUP 法已成为猪育种值估计的常规方法，可以预见，在今后几年内，该方法将成为世界各国普遍采用的育种值估计方法。

数量性状的表型值受遗传和环境的共同影响。按照数量遗传学的观点，性状的遗传效应可分为随机遗传效应和固定遗传效应。当所有要估计育种值的动物都来自一个具有单一平均数的正态总体时，我们就把所有的遗传效应看作随机遗传效应。固定遗传效应指来自群体平均数的遗传差异的效应。环境效应也包括随机环境效应和固定环境效应。那些不规则地、短时间地作用于个别动物的环境因素的效应是随机环境效应；而那些长时间作用于动物的环境因素的效应是固定环境效应，如牧场、年度、季节等。

随着育种工作的进行，群体的平均数每年都会有一定变化。这样动物的育种值就应该包括群体的固定遗传效应和动物本身的随机遗传效应。而 BLUP 法之所以优于前面介绍的育种值估计方法，是因为它既能估计固定遗传效应，又能预测随机遗传效应。

BLUP 法的基本原理就是根据数量遗传理论和育种生产实践，将观察值表示为对其有影响的各遗传与环境因子效应之和，该表达式被称为线性模型。由于模型中有些效应是固定效应，有些是随机效应，因此，常被称作线性混合模型。根据线性（估计值是观察值的线性函数）、无偏（估计值的数学期望等于育种值的数学期望）和最佳（估计值的误差方差最小）的原则，对模型中的各个效应进行估计，而建立一个合理的混合模型，是 BLUP 估计值准确与否的关键。

BLUP 法可以利用不同信息来源的资料对各种家畜进行评定，因此 BLUP 混合模型有多种形式。下面介绍利用后裔测定资料来估计公畜育种值使用的模型——公畜模型。

设公牛女儿的观测值可以用下面的模型表示：

$$Y_{ijkl} = h_i + g_j + S_{jk} + e_{ijkl}$$

式中：Y_{ijkl} 为女儿成绩观测值；h_i 为场-年-季效应；g_j 为公牛组效应；S_{jk} 为第 j 公牛组 k 头公牛的随机效应；e_{ijkl} 为对应于观测值的残差效应。

将上述模型写成矩阵形式：

$$Y = x_1 h + x_2 g + Z_s + e$$

式中：Y 为观测值的 n 维向量；x_1 为场一年一季效应的 $n \times p$ 阶结构矩阵；h 为场一年一季效应的 p 维向量；x_2 为公牛组效应的 $n \times q$ 阶结构矩阵；g 为公牛组效应的 q 维向量；z 为公牛效应的 $n \times t$ 阶结构矩阵；s 为公牛效应的 t 维向量；e 为随机残差的 n 维向量。

一般把群体固定遗传效应和公牛随机遗传效应的和称为传递力，记为 $W_{jk} = g_i + S_{jk}$。动物的育种值（BV）等于 2 倍的传递力，表示为：

$$BV = 2W_{jk} = 2(g_i + S_{jk})$$

通过混合模型中 Y 和 g、s 的关系，可以估计出 g、s、h 的无偏预测值 $\hat{g}$、$\hat{s}$、$\hat{h}$。

$$\begin{bmatrix} x_1'x_1 & x_1'x_2 & x_1'z \\ x_2'x_1 & x_2'x_2 & x_2'z \\ z'x_1 & z'x_2 & z'z+kA^+ \end{bmatrix} \begin{bmatrix} \hat{h} \\ \hat{g} \\ \hat{s} \end{bmatrix} = \begin{bmatrix} x_1'y \\ x_2'y \\ x_3'y \end{bmatrix}$$

式中：$k = \dfrac{\sigma_e^2}{\sigma_s^2} = \dfrac{4-h^2}{h^2}$，$A$ 是公牛亲缘系数矩阵。

⊙【自测训练】

1. 理论知识训练

（1）名词解释：系谱测定、性能测定、留种率、选择差、选择反应、世代间隔、年改进量、BLUP 法。

（2）鉴定一个种公畜在某一性状方面是纯合体还是杂合体，用哪种测交方法比较方便？

（3）影响选种效果的因素主要有哪些？在选种中应采取何种措施加快选择进展？

（4）如果要你为某一牧场编制种群系谱，你需要哪些资料并如何编制？

（5）什么是综合选择指数？你认为在多性状选择中，最好的选择方法应具备哪些条件？

（6）分别阐述性能测定、系谱测定、同胞测定和后裔测定的适用条件及在畜禽种用价值评定中的意义。

（7）育种值估计的原理是什么？

2. 操作技能训练

（1）种畜系谱的编制与系谱鉴定。

（2）综合选择指数的制定。

（3）个体育种值的估算。

任务 5-3 选配技术

【任务内容】

● 通过参观畜牧场，了解家畜选配类型。

● 掌握不同选配方式的作用及在生产实践中的应用。

● 掌握近交程度和亲缘程度的计算方法及应用。

【学习条件】

● 猪场、牛场、羊场、禽场等。

● 多媒体教室、教学课件、教材、参考图书。

● 牧场的日常记录和历年来的统计资料。

一、近交系数的计算

1. 个体近交系数 近交系数是表示纯合的相同基因来自共同祖先的概率。其计算公式如下：

$$F_X = \sum \left[\left(\frac{1}{2} \right)^N \cdot (1 + F_A) \right]$$

式中：F_X 为个体 X 的近交系数；N 为通过共同祖先把父、母连接起来的通径链上所有个体数（包括父、母本身在内）；F_A 为共同祖先本身的近交系数。

计算近交系数的方法步骤如下。

（1）把个体系谱改绘成通径图。从个体的系谱中查找出共同祖先。由共同祖先引出箭头指向个体 X 的父亲，同时引出箭头指向个体 X 的母亲。共同祖先通向 X 的父亲和母亲的箭头归结于个体 X 的通径中，所有各代祖先不可省略。通径图中每个祖先只能出现一次，不能重复。

（2）展开通径链，数出 N。

（3）把各条通径链的 N 代入公式，算出 F_X。

以下面的通径关系为例，计算 F_X

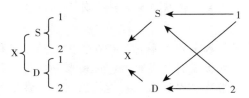

从共同祖先 1 号和 2 号，分别与父亲（S）和母亲（D）连接起来的通路是：

$$S \longleftarrow 1 \longrightarrow D \qquad N = 3$$
$$S \longleftarrow 2 \longrightarrow D \qquad N = 3$$

$$F_X = \left(\frac{1}{2} \right)^3 + \left(\frac{1}{2} \right)^3 = 0.25 = 25\%$$

说明：凡双亲至共同祖先的总代数（$n_1 + n_2$）不超过 6，即通径链上所有个体的总数（N）不超过 7，近交系数大于 0.78% 者，为近交；小于 0.78% 者，为远交或非亲缘交配。

2. 畜群近交程度的估算 需估算一畜群的平均近交程度时，可根据具体情况使用下列方法。

（1）当畜群较小时，可先求出每个个体的近交系数，再计算其平均值。

（2）当畜群很大时，随机抽一定数量的家畜，逐个计算近交系数。然后用样本平均数来代表畜群平均近交系数。

（3）将畜群中的个体按近交程度分类。求出每类的近交系数，再以加权均数来代表。

（4）对于长期不引进种畜的闭锁畜群，平均近交系数可用下面的近似公式来进行估算：

$$\Delta F = \frac{1}{8N_S} + \frac{1}{8N_D}$$

$$F_t = 1 - (1 - \Delta F)^t$$

式中：ΔF 表示畜群平均近交系数每代增量；N_S 表示每代参加配种的公畜数；N_D 表示每代参加配种的母畜数；F_t 表示该群体第 t 世代的近交系数；t 为该群体所经历的世代数。

畜群中母畜的数量一般较大，当母畜数在 12 头以上时，$\frac{1}{8N_D}$ 很小，可略去不计，这样公式可简化为：

$$\Delta F = \frac{1}{8N_S}$$

举例：有一闭锁畜群连续 8 个世代没有引入外来公畜，并且群内公畜始终保持 3 头，而且实行随机留种，试问该畜群的近交系数是多少？

该畜群每个世代近交系数的增量为：

$$\Delta F = \frac{1}{8N_S} = \frac{1}{8 \times 3} = 0.041\,67$$

经过 8 个世代后畜群的近交系数为：

$$F_8 = 1 - (1 - 0.041\,67)^8 = 0.288\,57 = 28.857\%$$

计算结果，该畜群平均近交系数为 28.857%。

二、亲缘系数的计算

亲缘系数是表示两头家畜之间的亲缘相关程度的，也就是表示两个家畜具有相同基因的概率。亲缘关系有两种，一种是直系亲属，即祖先与后代；另一种是旁系亲属，即不是祖先与后代关系的亲属。上述两种亲缘关系的亲缘系数计算公式不同。

1. 直系亲属间亲缘的计算 其计算公式为：

$$R_{XA} = \sum \left(\frac{1}{2}\right)^n \sqrt{\frac{1 + F_A}{1 + F_X}}$$

如果，共同祖先 A 和个体 X 都不是近交所生，即公式可简化为：

$$R_{XA} = \sum \left(\frac{1}{2}\right)^n$$

举例：现有 289 号公羊的横式系谱如下，试计算 289 号与 16 之间的亲缘系数。

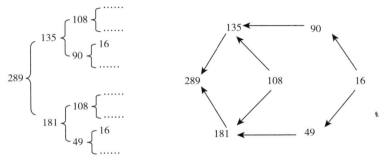

从上面的系谱可看出，289 号与 16 之间的亲缘关系有两条通径路线，每条通径

的代数都是 3，即：

$$289 \longleftarrow 135 \longleftarrow 90 \longleftarrow 16 \qquad n=3$$
$$289 \longleftarrow 181 \longleftarrow 49 \longleftarrow 16 \qquad n=3$$

另外，289 号公羊还是近交后代，其近交系数为：

$$F_{280}=\left(\frac{1}{2}\right)^3+\left(\frac{1}{2}\right)^5=0.156\,3 \qquad F_{16}=0$$

代入公式得：

$$R_{(289)(16)}=\left[\left(\frac{1}{2}\right)^3+\left(\frac{1}{2}\right)^3\right]\sqrt{\frac{1+0}{1+0.156}}=\frac{1}{4}\sqrt{\frac{1}{1.156}}=0.232\,5$$

即 289 号公羊与其祖先 16 号公羊之间的亲缘系数是 23.25%。

2. 旁系亲属间的亲缘系数计算　其计算公式为：

$$R_{SD}=\frac{\sum\left[\left(\frac{1}{2}\right)^n(1+F_A)\right]}{\sqrt{(1+F_S)(1+F_D)}} \qquad (5-3-1)$$

式中：R_{SD} 为个体 S 和 D 之间的亲缘系数；n 为个体 S 和 D 分别到共同祖先的代数之和；F_S 和 F_D 分别为个体 S 和 D 的近交系数；F_A 为共同祖先本身的近交系数。

如果个体 S、D 和祖先 A 都不是近交个体，则上式可简化为：

$$R_{SD}=\sum\left(\frac{1}{2}\right)^n \qquad (5-3-2)$$

计算时，应首先把原系谱改编成结构式系谱；然后找通路，即 S 通过共同祖先 A 到 D 的路径，并确定每条通路上的 n 值；若个体 S、D 和 A 有近交个体，应先把它们的近交系数计算出来，然后代入公式（5-3-1）计算；若它们均不是近交个体，则可用公式（5-3-2）计算。

举例：计算下面系谱中全同胞 S 和 D 间的亲缘系数。

第一步，把原系谱改编为结构式系谱。

第二步，计算个体 S、D 和祖先 A、B 的近交系数。这里它们均非近交个体，故近交系数 F_S、F_D、F_A、F_B 均等于 0。

第三步，计算全同胞 S 和 D 间的亲缘系数。这里 S 和 D 通过共同祖先 A 和 B 的通路各有一条：

$$S \longleftarrow A \longrightarrow D \qquad n=2$$
$$S \longleftarrow B \longrightarrow D \qquad n=2$$

根据公式（5-3-2），个体 S 和 D 间的亲缘系数 R_{SD} 为：

$$R_{SD}=\sum\left(\frac{1}{2}\right)^n=\left(\frac{1}{2}\right)^2+\left(\frac{1}{2}\right)^2=0.5$$

如果从公式上比较近交系数与亲缘系数，就可以看出个体的近交系数（F_X）实际上等于其双亲的亲缘系数（R_{SD}）乘上 $\dfrac{\sqrt{(1+F_S)\,(1+F_D)}}{2}$。若双亲均为非近交个体，即 $F_S = F_D = 0$，则个体的近交系数等于其双亲亲缘系数的 $\frac{1}{2}$，即 $F_X = \frac{1}{2}R_{SD}$ 或 $R_{SD} = 2F_X$。

在育种上，计算个体的近交系数可以了解个体的近交程度，计算个体间的亲缘系数可以了解个体间的亲缘关系和程度，即遗传相关程度。计算个体近交系数和个体间亲缘系数，对畜群的选种、选配、防止近交衰退和品系繁育都有重要的指导意义。

三、选配计划的拟定

1. 选配的原则 选配计划又称选配方案。每个种畜场在繁殖季节到来之前都应事先制定一个选配计划，以保证各项工作有条不紊地进行。为了制定好选配计划并做好选配工作，应遵循以下原则。

（1）要根据育种目标进行综合考虑。育种工作应有明确的目标，各项具体工作应按照目标进行，为了更好地完成育种目标规定的任务，不仅应考虑相配个体的品质和亲缘关系，还必须考虑相配个体所隶属的种群对它们后代的作用和影响。在分析个体和种群特性的基础上，考虑采用什么样的选配方式才能保持其优良品质，并克服其缺点。

（2）尽量组织亲和力好的家畜配种。在对过去交配结果具体分析的基础上，挑选出产生过优良后代的选配组合，一方面继续维持，另一方面还应增选具有相应品质的公母畜交配。特别是经济杂交时，更应该重视配合力问题。种群选配时也同样要分析系、族间亲和力的大小。

（3）公畜质量要高于母畜。在动物育种上，因公畜具有带动和改进整个畜群的作用，而且选留数量少，所以对其等级和质量的要求都应高于母畜。对特、一级公畜应充分使用，二、三级公畜则只能控制使用。公畜的等级最低等于母畜，绝不能使用低于母畜等级的公畜来配种。

（4）相同缺点或相反缺点者不配。选配中绝不能使具有相同缺点（如绵羊毛短与毛短）或相反缺点（如猪凹背与凸背）的公母畜相配，以免加重缺点的发展。

（5）正确使用近交。近交只宜控制在育种群中必要时使用，它是一种短期内局部采用的方法。在一般繁殖群，非近交才是长期而又普遍使用的方法。故同一公畜在一个畜群的使用年限不能过长，应注意做好种畜交换和血缘更新工作。

2. 选配前的准备工作 要制定好选配计划，必须事先了解和搜集一些必要的资料。

首先，应了解整个畜群的基本情况，包括其系谱资料和畜群的现有水平，以及需要改进提高的地方。为此，要对畜群进行普查鉴定。

其次，应分析以往的选配结果，查清每一头母畜与哪些公畜交配曾产生过优良的后代，与哪些公畜交配效果不好。对于已经产生良好效果的交配组合，今后可采用"重复选配"的方法，即重复选定同一公母畜组合配种。对于初配母畜，可以分析其全同胞或半同胞姐妹与什么样的公畜交配已经产生良好效果，就可以用这样的公畜与这些初配母畜试配，当这些母畜产生第一胎仔畜后，就可进行总结，找出较好的配对作为今后选配的依据。

再次，应分析即将参加配种的公母畜的系谱和个体品质（如体重、体尺、外形、体质类型、生产力、选择指数、评定等级和育种值等），对每一头家畜要保持的优点，要克服的缺点，以及要提高改进的特性，做到心中有数。此外，还可分析后裔测定材料，找出最好的交配组合，使制定的选配方案更有把握。

3. 具体选配计划的制定 选配计划没有固定的格式，但其内容一般应包括：互相交配的公母畜的名字或编号及其品质说明，选配目的、选配原则、选配公母畜优缺点，以往选配的效果，需要保留哪些优点和纠正哪些缺点，选配双方有无亲缘关系，选配方法和预期效果等项。为了保证选配计划的实施，在计划中还应安排选配的后补公畜。表5-3-1是肉牛选配计划表的式样，表5-3-2是奶牛场育成母牛计划配种产犊登记表的式样，表5-3-3是猪的选配计划表的式样，供参考。

表5-3-1 肉牛选配计划表

母牛				公牛				亲缘关系	选配目的	备注
牛号	品种	等级	特点	牛号	品种	等级	特点			

表5-3-2 某奶牛场育成母牛计划配种产犊登记表

牛号	出生日期（年、月、日）	月龄	胎次	计划配种日期（年、月、日）	计划产犊日期（年、月、日）	备注

表5-3-3 猪的选配计划表

母猪号	品种	主要特点	计划配种期	与配公猪					选配理由
				前次		本次计划			
						主要的		候补的	
				猪号	品种	猪号	品种	猪号	品种

在制定选配计划时，应千方百计地扩大优良公畜的利用范围，尽量发挥其作用。在选配计划执行中，如发生公畜精液品质变劣或伤残死亡等偶然情况，应及时更换种用公畜并对选配计划作出合理修订。每次的选配计划执行后，应及时总结经验，为下一次的选配计划制定提供有价值的信息。

⊙【相关知识】

选配按其研究的对象不同，可分为个体选配和种群选配。个体选配时，按其交配双方品质的不同，可细分为同质选配和异质选配；按其交配双方亲缘关系的不同，可区分为近交和远交。而在种群选配中，按交配双方所属种群特性的不同，可分为纯种繁育与杂交繁育。

一、品质选配

品质选配，一般是指表型选配。品质，可指一般品质，如体质、体形、生物学特性、生产性能、产品质量等方面的品质；也可指遗传品质，以数量性状而言，如估计育种值的高低。品质选配是按个体的质量性状和数量性状表现，即考虑交配双方的品质对比进行选配。

1. 同质选配 同质选配是用性状相同、生产性能相似，或育种值相似的优秀公母畜交配。同质选配并不改变基因频率。但这需要2个条件：一是公畜群与母畜群的基因频率相同；二是在交配前对于交配类型没有选择，在交配后对下一代的基因型也没有选择。同质选配改变基因型频率，即纯合子的频率增加、杂合子频率减少。纯合子的增幅等于杂合子的降幅，而且各种纯合子的频率增加的幅度相同。遗传同型交配改变基因型频率的程度大于表型同型交配。连续进行同型交配，杂合子的频率不断下降，各种纯合子的频率不断增加。最后，群体将分化为由纯合子组成的亚群。同型选配若与选择相结合，则将既改变群体的基因频率，又改变群体的基因型频率，群体将以更快的速度定向达到纯合。同质选配对于数量性状而言，不改变其育种值，但因杂合子的频率降低而降低群体均值。

因为同质选配具有上述作用，所以育种实践当中主要将其用于下列几种情况：①群体当中一旦出现理想类型，通过同质选配使其纯合固定下来并扩大其在群体中的数量。②通过同质选配使群体分化成各具特点而且纯合的亚群。③同质选配加上选择得到性能优越而又同质的群体。

在运用同质选配时，需要注意下列事项：①表型选配虽与遗传选配作用性质相同，但其程度却有不同。运用遗传同型选配，下一代的基因型可以准确预测，而表型相同的个体基因型未必相同，故下一代的基因型也无法准确预测，因此，实践中尽量准确判断个体的基因型，根据基因型进行同质选配。②同质选配是同等程度地增加各种纯合子频率，因此，若理想的纯合子类型只是一种或几种，那就必须将选配和选择结合起来。只有这样，才能使群体定向地向理想的纯合群体发展。③同质选配将使一个群体分化成几个亚群，亚群之间基因型不同，甚至差异很大，但亚群内的变异却很小。因此，亚群内要想进一步选育提高可能比较困难。④同质选配因减少杂合子频率而使群体均值降低，适用于育种群，而不适合在繁殖群。⑤同质选配选择在适当时机使用，达到目的之后即应停止，同时注意与异质选配相结合，灵活运用。

同质选配所存在的问题：①虽然遗传同型选配较表型选配更加准确、快捷，但判断基因型并非易事。②同质选配只能针对一个或少数几个性状进行，实践中要使两个个体在众多性状上同质是困难的。③在育种实践中，使用同质选配促进基因纯合的同时，有可能提高有害基因同质结合的频率，把双亲的缺点暴露出来，可能使后代适应性和生活力下降，从而降低生产力水平。因此，同质选配时，加强选择，严格淘汰不良和遗传缺陷的个体，并加强饲养管理。

2. 异质选配 选用不同品质的公母畜交配称为异质选配。可分为两种情况。一种是选择具有不同优良性状的公母畜相配，以期将两个性状结合在一起，从而获得兼有双亲不同优点的后代。例如，选毛长的羊与毛密的羊相配；选泌乳量高的牛与乳脂率育种值高的牛相配，就是从这一目的出发的。另一种是选同一性状但优劣程度不同的公母畜相配，即所谓以好改坏、以优改劣、以良好性状纠正不良性状，以期后代能取得较大的改进和提高。例如，在毛肉兼用细毛羊中，二级羊一般毛密但毛长不够理想，可用特级或一级羊毛密且长的公羊与二级羊进行选配，以提高二级羊后代的毛长；再如，用产毛量高的公羊去配产毛量中等的母羊等。实践证明，这是一种可以用来改良许多性状的行之有效的选配方法。

异质选配的主要作用是综合双亲的优良性状，丰富后代的遗传基础，创造新的类型，并提高后代的适应性和生活力。因此，当畜群处于停滞状态，或在品种培育的初期，为了通过性状的重组获得理想型个体时，需要应用异质选配。但如果长期使用异质选配，可能会使种群的整体结构和原有特性遭到一些损害，使个体之间的变异加大，造成群体参差不齐现象；有时由于基因的连锁和性状间的负相关等原因，双亲的优良性状不一定都能很好地结合在一起。为了保证异质选配的良好效果，必须考虑性状的遗传规律和遗传相关等。

在育种实践中，同质选配与异质选配往往是互为条件、结合进行的。长期同质选配能增加群体中遗传性稳定的优良个体，为异质选配提供良好的基础，而异质选配的后代群体，应及时转入同质选配，使新获得的性状得以稳定。在育种的某一阶段，可能同质选配多些，而另一个阶段，可能异质选配多些，一般在育种初期多采用异质选配，当在杂种后代中出现理想类型后可转为同质选配。有时在具体选配时，对某些性状是同质选配，而对另一些性状则是异质选配。例如，有一头产乳量高、乳脂率低的母牛，选一头产乳量和乳脂率育种值都高的公牛与之交配，对产乳量来说是同质的，对乳脂率来说则是异质的；再如，有一头母猪乳头多但腹大背凹，选一头乳头多、背腰平直的公猪与之交配，以获得乳头多、背腰比较平直的后代，这里对乳头多这一性状而言是同质选配，对背腰而言则是异质选配。可见，同质选配与异质选配是不能截然分开的，而且只有将这两种方法密切配合，交替使用，才能不断提高和巩固整个畜群的品质。

采用异质选配时应注意：一是选配的优良性状宜少不宜多，既要考虑性状各自的遗传力，又要注意遗传相关；二是后代群体要适当大些，以利各类性状组合的充分表现，并按需要进行严格的淘汰；三是禁止使用有相反缺点（如凸背与凹背，X 形腿与 O 形腿）的公母畜进行弥补选配，因为这样的交配不仅不能克服缺陷，有时会使后代的缺陷更严重，甚至出现畸形；四是要注意异质选配的相对性，相配家畜之间，可能在某些方面是同质的，而在另一些方面是异质的。

二、亲缘选配

亲缘选配就是考虑交配双方有无亲缘关系。双方有较近的亲缘关系，就称为近亲交配，简称近交；反之，双方无亲缘交配，更确切地称为远亲交配，简称远交。近交能促使群体中等位基因纯合，配合选种可导致群体整齐一致。

1. 近交 近交是指 6 代以内双方具有共同祖先的公母畜交配。在家畜中近交程度最大的是父女、母子和全同胞的交配，其次是半同胞、祖孙、叔侄、姑侄、堂兄妹、表兄妹之间的交配。

一般在商品生产场不宜采用近交，育种场为了某种育种的目的，可采用近交。

分析近交程度则看共同祖先的个数多少和出现代数的远近。共同祖先个数愈多、出现代数愈近，则近交程度愈大；反之则小。

2. 远交 远交分为以下两种情况。

（1）群体内的远交。这种远交是在一个群体之内选择亲缘关系远的个体相互交配。其在群体规模有限时有重大意义，因在小群体中，即使采用随机交配，近交程度也将不断增大。此时，人为采用远交，回避近交，可以有效阻止近交程度的增大，从而避免近交带来的一系列效应。

（2）群体间的远交。这种远交是指两个种群的个体相互交配，而群体内的个体间不交配。因为涉及不同的群体，这种远交又称杂交。而且根据交配群体的类别，又可分为品系间杂交、品种间杂交和种间杂交、属间杂交（简称远缘杂交）等。

➡️ 【拓展知识】

（一）近交的遗传效应

1. 近交使个体基因纯合、群体分化 近交可使后代群体中纯合基因型的频率增加，增加程度与近交程度成正比。根据遗传原理，纯合体在 0 世代所占比例为 0，一世代为 50%，二世代为 75%，三世代为 87.5%，依此类推。在基因纯合的同时，群体被分化成若干各具特点的纯系。1 对基因的情况下，分化成 AA 系与 aa 系；2 对基因情况下，分化成 4 个纯合子系，以此类推，在群体分化的基础上加强选择，通过近交，达到统一与固定某种基因型的目的。如近交系数达到 37.5% 以上时，即成近交系。近交系可作为杂交亲本，产生强大杂交优势，能大幅度提高畜牧业生产水平。但近交建系淘汰率大，成本较高。

2. 近交会降低群体均值 一个数量性状的基因型是由两部分组成（加性效应值和非加性效应值）。非加性效应主要存在于杂合子中，表现为杂种优势。随着群体中杂合子频率的降低，群体均值也就降低。这是近交衰退的主要原因。

3. 近交可暴露有害基因 决定有害性状的基因大多数是隐性基因，近交既能使优良基因纯合，也能使有害基因纯合，从而使隐性有害基因得到暴露。

（二）近交衰退现象及防止措施

近交衰退是指由于近交，家畜（禽）的繁殖性能、生理活动以及与适应性有关的各性状，都较近交前有所削弱。主要表现为繁殖力减退，死胎和畸形增多，生活力下降，适应性变差，体质变弱，生长较慢，生产力降低等。

1. 引起近交衰退的原因 主要有以下两种。

（1）基因学说。在于基因纯合，非加性效应减小，隐性有害基因纯合而表现有害性状。

（2）生理生化学说。由于某种生理上的不足，或由于内分泌系统的激素不平衡，或者是未能产生所需要的酶，或者是产生不正常的蛋白质及其他化合物。

2. 影响近交衰退的因素 近交衰退并不是近交的必然结果，即使引起衰退，其结果也不是完全相同的。影响近交衰退的因素主要有以下几点。

（1）家畜种类。神经类型敏感的家畜（如马）比迟钝的家畜（如绵羊）衰退严重；小家畜、家禽，由于世代较短、繁殖周期快，近交的不良后果积累较快，因此易发生衰退现象。肉用家畜对近交的耐受程度高于乳用和役用家畜。其原因除神经类型外，可能在于肉畜营养消耗较小，在较高的饲养水平下，能缓和近交的不良影响。

（2）群体特性。一般地说，纯合程度较差的群体，近交衰退表现严重；经过长期近交的群体，由于排除了部分有害基因，近交衰退较轻。

（3）体质与饲养条件。体质健康结实的家畜，近交危害较小；饲养条件较好，可在一定程度上缓和近交衰退的危害。

（4）性状种类。遗传力低的性状，在近交时衰退表现比较严重，而在杂交时杂种优势表现也较明显；那些遗传力较高的性状，在近交时衰退表现并不显著。

3. 防止措施 为了防止近交衰退的出现，除了正确运用近交，严格掌握近交程度和时间外，在近交过程中还应注意采取以下措施。

（1）严格淘汰。严格淘汰是近交中公认的一条必须遵循的原则。严格淘汰的实质，是及时将分化出来的不良隐性纯合个体从群体中除掉，将不衰退的优良个体留作种用。只有实行严格淘汰，才可能获得较好效果。

（2）血缘更新。一个畜群自繁一定时期后，难免都有程度不同的亲缘关系，为防止不良影响的过多积累，可考虑从外地引进一些同品种同类型但无亲缘关系的种畜或冷冻精液，来进行血缘更新，但要注意同质性。对商品场和一般繁殖群来说，血缘更新尤为重要，"三年一换种""异地选公，本地选母"，都是强调了这个意思。

（3）加强饲养管理。近交个体，种用价值一般是高的，遗传性也较稳定，但生活力弱，对饲养管理条件要求较高。如加强饲养管理，就可以减轻或不出现退化现象。所以，对近交的后代加强饲养管理，对畜牧生产来说是十分必要的。

（4）做好选配工作。适当多留种公畜和细致做好选配工作，就可避免被迫近交。即使发生近交，也可使近交系数的增量控制在较低水平以下。每代近交系数的增量维持在 $3\%\sim4\%$，即使持续若干代，也不致出现显著有害后果。

（三）应用近交要注意的问题

近交是获得稳定遗传性的一种高效方法，在应用时应注意以下问题。

（1）近交只宜在培育新品种和建立新品系中，当为了固定优良性状和提高种群纯度时应用。在以生产商品为目的的畜群中，应尽力避免近交。

（2）只有体质健壮、品质优异的公畜才可用于近交；必须对种公畜进行严格选择，要确认其不携带隐性有害基因。

（3）长期闭锁繁殖的地方良种，可使用较高程度的近交。在杂交育种的杂交阶段，不宜采用高度近交，当出现理想型后，可用程度较重的同胞或父女交配，以加快畜群的同质化。

（4）近交使用时间的长短，原则是达到目的就应适可而止，及时转为程度较轻的近交或远交，以便保持畜群旺盛的生活力。

➡【自测训练】

1. 理论知识训练

（1）名词解释：品质选配、亲缘选配、近交、近交衰退。

（2）简述品质选配的作用和用途。

（3）什么是共同祖先？如何在系谱中找到共同祖先？

（4）近交衰退主要表现有哪些？如何防止？

（5）怎样在生产实践中灵活运用近交？

2. 操作技能训练

（1）个体近交系数的计算。

（2）群体近交系数的计算。

（3）群体亲缘系数的计算。

（4）群体近交状况的分析报告。

项目6　保种选育技术

任务 6-1　保种技术

【任务内容】

● 了解家畜品种的概念和分类。

● 理解并掌握家畜品种资源的保存原理和方法。

【学习条件】

● 猪场、牛场、羊场、禽场等。

● 多媒体教室、教学课件、教材、参考图书。

一、保种的原理和方法

(一) 原理

保种的任务是使基因库中每一种基因都不丢失。要达到这一要求，首要的条件是要有大的群体，并且实行随机交配，使之不受突变、选择、迁移、漂变等影响。然而，在畜牧业中，作为一个保种群，往往是闭锁的有限群体，这时即使没有突变、选择、迁移等的作用，也可因群体小而存在的抽样误差，造成基因频率的随机漂变，使任何一对等位基因都有可能固定为纯合子，而另一个消失，从而使群体中的纯合子频率增高，杂合子频率降低，近交不但能引起衰退，而且还有能使基因型趋向纯合的作用。近交使基因型纯合（近交系数增长）的速度，与群体规模的大小直接有关。

（二）方法

要妥善地保存现有畜禽品种，必须考虑以下因素。

1. 群体有效含量 群体规模的大小，在生产中多采用群体中的个体总数或有繁殖能力的个体数来表示。但这种表示方法即使在总个数相同的前提下，也可因公母比例的不同，使其在遗传上的影响相差甚大。为了便于相互比较，群体遗传学中则是采用有繁殖能力的有效个体数（N_e）即群体有效含量来表示。它是指实际群体的随机漂变程度和近交速率，相当于理想群体（规模恒定、公母各半、随机交配、小群间无迁移、世代间无交叉等）的成员数。当留种方式和公母比例不同时，群体有效含量的计算方法也不相同。把公母数量不等的群体，按随机交配的近交系数增量，换算成相当于公母各半的群体含量，这种换算后的群体大小，称为群体有效含量（N_e）。

群体 ΔF 增加的快慢，受群体大小和留种方式的影响。群体愈大，ΔF 愈小；相反，群体愈小，ΔF 就愈大。但是，同样数量的群体，由于公母比例不同，ΔF 亦不同。因此，在进行群体比较时，常常以群体有效含量（N_e）来表示群体大小。

同样数量的群体，公畜数量愈多，群体有效含量愈大；相反，公畜数量愈少，有效含量愈小。因此，一个保种群建立的开始就应保留一定数量的家系，在以后世代中也应采取各家系等量留种的方法，特别是每个家系必须留下公畜，以保持更多的血缘来源。

2. 留种方式

（1）随机留种。随机留种是指将群体所有的公畜的后代放在一起，根据表型值的高低来选留后备种畜，选留公畜数一般少于母畜数。采用随机留种方法时，计算群体有效含量的公式是：

$$N_e = \frac{4N_m \cdot N_f}{N_m + N_f}$$

式中：N_e 为群体有效含量；N_m 和 N_f 分别为繁殖公畜数和繁殖母畜数。

此时每一代近交系数的增量为：

$$\Delta F = \frac{1}{2N_e} = \frac{1}{8N_m} + \frac{1}{8N_f}$$

t 世代时的近交系数为：

$$F_t = 1 - (1 - \Delta F)^t$$

例如，有一群体由 5 头公畜和 25 头母畜组成，采取随机留种，每世代都保持 5 头公畜和 25 头母畜，则群体的有效含量为：

$$N_e = \frac{4N_m \cdot N_f}{N_m + N_f} = \frac{4 \times 5 \times 25}{5 + 25} = 16.67$$

群体的近交系数增量为：

$$\Delta F = \frac{1}{2N_e} = \frac{1}{2 \times 16.67} = 0.03$$

以上情况适用于连续世代中繁殖个体相等的情况。若在连续世代中繁殖个体数量不等，即由于种种原因，每代参加繁殖的家畜数不相同时，这时 t 世代的平均群体有效含量为各世代有效数的调和平均数：

$$\frac{1}{N_e} = \frac{1}{t}\left(\frac{1}{N_1} + \frac{1}{N_2} + \cdots + \frac{1}{N_t}\right)$$

式中：t 为世代数；N_t 为各世代的群体有效含量。

由上式可见，平均有效含量更偏向于个体少的世代。如 4 个世代的群体有效含量分别为 20、100、800、5 000 时，可算得其平均群体有效含量为 65。

（2）各家系等量留种。实行这种留种方式，就是在每个世代中，各家系选留的数量相等，同时保持公母比例不变，这时群体的有效含量为：

$$\frac{1}{N_e} = \frac{3}{16N_m} + \frac{1}{16N_f}$$

即：

$$N_e = \frac{16N_m \cdot N_f}{N_m + 3N_f}$$

此时每一代近交系数的增量为：

$$\Delta F = \frac{1}{2N_e} = \frac{3}{32N_m} + \frac{1}{32N_f}$$

例如，同样有 5 头公畜和 25 头母畜组成的群体，每世代都按这个比例各家系等量留种，即每个家系留 1 公 5 母，则

群体的有效含量为： $N_e = \frac{16N_m \cdot N_f}{N_m + 3N_f} = \frac{16 \times 5 \times 25}{5 + 3 \times 25} = 25$

群体近交系数增量为： $\Delta F = \frac{1}{2N_e} = \frac{1}{2 \times 25} = 0.02$

不同的留种方式对群体 N_e 和 ΔF 有明显的影响。家系等量留种比随机留种 ΔF 要小；同样实行家系等量留种，公畜数多，ΔF 相对较小。在畜禽品种的保种过程中，如果因某种原因必须减少群体头数的话，不应公母等量减少，而应尽量多留公畜，才有利于保种。

二、保种群规模的确定

要保持一个优良品种的特性，必须有一个合理的保种群体含量，群体含量越大，对保种越有利。但需要增加相应的饲养管理设施，给保种工作带来更多的投入和困难。保种究竟需要多大的群体，才不致因近交出现衰退现象呢？育种实践告诉我们，保种群体含量的大小与群体的公母比例、留种方式、每世代控制的近交系数增量密切相关。确定基础群最低含量的方式如下。

1. 确定每世代近交系数的增量　基础群在繁殖过程中，必须使其中每一世代的近交系数增量不超过使畜群可能出现衰退现象的危险界限。一般认为，家畜每世代近交系数的增量不应超过 1%；家禽则不应超过 0.5%。否则，就有可能出现不良现象。

2. 确定群体公母比例　群体中公畜数过少，如只留 2～3 头，是难以保证品种不因近交退化的。群体必须有适当的公母比例。根据实际情况，各种家畜的保种的公母比例是：猪、鸡 1∶5；牛、羊 1∶8。

3. 计算最低需要的公母数量　确定了群体的适宜近交系数增量和公母比例后。可按下列公式计算一个基础群所需的最低公畜数量，然后再按比例求母畜数。

在随机留种时，计算需要公畜数的公式是：

$$N_m = \frac{n+1}{8n \times \Delta F}$$

在家系等量留种时，计算公畜数公式是：

$$N_m = \frac{3n+1}{32n \times \Delta F}$$

式中：N_m 为最低需要的公畜数；n 为公母比中的母畜数；ΔF 为每世代适宜的近交系数增量。

例如，某一品种猪群，在保种过程中，确定每世代近交系数增量为 0.005（0.5%），公母比例为 1:5。试问：①实行随机留种，群体需要多大？②实行家系等量留种，群体又应有多大？

将已知 $\Delta F = 0.005$ 和 $n = 5$ 代入

①随机留种计算公式，计算公畜数：

$$N_m = \frac{n+1}{8n \times \Delta F} = \frac{5+1}{8 \times 5 \times 0.005} = 30$$

即： $N_m = 30$ $N_f = 150$

②家系等量留种计算公式，计算公畜数：

$$N_m = \frac{3n+1}{32n \times \Delta F} = \frac{3 \times 5 + 1}{32 \times 5 \times 0.005} = 20$$

即： $N_m = 20$ $N_f = 100$

三、保种的基本措施

根据以上原理，为使品种基因库中的每一种优良基因都不丢失，一般应用以下措施。

1. 划定良种基地　在良种基地中禁止引进其他品种种畜，严防群体混杂。

2. 建立保种群　在良种基地建立足够数量的保种群。在保种群内最好有一定数量的彼此无亲缘关系的公畜，一方面考虑把每代近交增量降低到最小限度，另一方面考虑条件的允许程度。一般来说，如要求保种群在 100 年内近交系数不超过 0.1，那么猪、羊、禽等小家畜的群体有效含量应在 200 头（设 G_I 为 2.5 年），牛、马等大家畜的群体有效含量应在 100 头（设 G_I 为 5 年）。

3. 实行各家系等量留种　在每一世代留种时，实行每一头公畜后代中选留一头公畜，每一头母畜后代中选留数量相同的母畜，并且尽量保持每个世代的群体规模一致，减少保种群出现"瓶颈效应"。

4. 制定合理的配种制度　在保种群内实行避免全同胞、半同胞交配的不完全随机配种制度，或采取非近交的公畜轮回配种制度，可以降低群体近交系数增量。也可以采用划分亚群，并结合亚群间轮回交配方式。

5. 适当延长世代间隔　适当延长世代间隔可以延缓近交系数的增长。

6. 外界环境条件相对稳定　控制污染源，防止基因突变。

7. 在保种群内一般不实行选择　在不得已的情况下，才实行保种与选育相结合的所谓"动态保种"。

四、保种技术

畜禽遗传资源保存主要有活体原位保存、配子或胚胎的超低温保存、DNA 保存等方法，此外体细胞保存也是很有希望的一种方式，这些方法各有利弊，需要共同使用，互相作为一种补充。

活体保存是目前最实用的方法，可以在利用中动态地保存资源，但是其弊端在于一般需要设立专门的保种群体，维持成本很高，同时管理问题以及畜群会受到各种有害因素的侵袭，例如，疾病、近交、有害基因的存在、其他畜群的污染、自然选择带来的群体遗传结构变化等。

目前超低温冷冻方法保种还不能完全替代活畜保种，但作为一种补充方式，仍具有很大的实用价值，特别是对稀有品种或品系，利用这种保存方法可以较长时期地保存大量的基因型，免除畜群对外界环境条件变化的适应性改变。生殖细胞和胚胎的长期冷冻保存技术、费用和可靠性在不同的家畜有所不同，一般情况下，超低温冷冻保存的样本收集和处理费用并不是很高，特别是精液的采集和处理是相对容易和低廉的，而且冷冻保存的样本也便于长途运输。对生产性能低的地方品种而言，这种方式的总费用要低于活体保存。利用这种方式保存遗传资源，必须对供体样本的健康状况进行严格检查，同时做好有关的系谱和生产性能记录。

DNA 基因组文库作为一种新型的遗传资源保存方法，目前基本上处于研究阶段，随着分子生物学和基因工程技术的完善，可以直接在 DNA 分子水平上有目的地保存一些特定的性状，即基因组合，通过对独特性能的基因或基因组定位，进行 DNA 序列分析，利用基因克隆，长期保存 DNA 文库。这是一种最安全、最可靠、维持费用最低的遗传资源保存方法，可以在将来需要时，通过转基因工程，将保存的独特基因组合整合到同种甚至异种动物的基因组中，从而使理想的性能重新回到活体畜群。

体细胞的冷冻保存可能是成本最低廉的一种方式，但是需要克隆技术作为保障。1996 年英国报道的克隆羊"多利"，以及随后在鼠、兔、猴等动物中相继实验成功的体细胞克隆成功事例，至少为畜禽遗传资源保存提供了一条新的途径，即利用体细胞可以长期保存现有动物的全套染色体，并且将来可以利用克隆技术完整地复制出与现有遗传物质完全一致的个体，即使现有的特定类型完全灭绝，将来也可以利用同类甚至非同类动物个体作为"载体"，来重新恢复。然而，到目前为止，这种方式还不能真正用于畜禽遗传资源的保存。

➡【相关知识】

一、品种的概念及具备条件

（一）品种的概念

品种是畜牧学上的分类单位，是人类为了某种经济目的，在一定的自然条件和经济条件下，通过长期选育而形成具有某种经济价值的动物类群。品种是人类劳动产物，是畜牧生产工具，它是一个具有较高经济价值和种用价值，又有一定结构的较大家畜（禽）群体。

（二）品种具备的条件

1. 来源相同 同一品种的家畜在血统来源上应是基本相同的。一般来说，古老的品种往往来源于一个祖先，而培育的新品种则可能来源于多个祖先。由于一个品种内的个体来源相同，所以遗传基础也就非常相似。

2. 区别于其他品种的共同表型特征 同一品种的家畜在体形结构、外貌特征和

畜禽遗传
资源调查
技术规范
（标准）

重要经济性状方面都很相似，容易与其他品种相区别。当然，不同品种在外貌特点的某些方面可能相似，但总的特征必然有区别。

3. 具有一定的经济价值　一个品种所以能存在，必然有某种经济价值。作为一个品种，或是生产水平高，或是产品质量好，或是有特殊的用途，或是对某一地区有良好的适应性，可以满足人们的生活或人类的经济活动。这是各类特色品种从其他畜禽品种中分化出来的原因。

4. 遗传性稳定，种用价值高　家畜品种必须具有稳定的遗传性。才能将其优良的性状传给后代；与其他品种杂交时，能起到改良作用。也就是说，一个品种必须具有一定的育种价值，这是作为一个家畜品种与杂种最根本的区别。当然品种遗传性的稳定只是相对的，随着人工选择作用的加强，还会在生产性能或生产方向方面逐步地得到改变。任一品种，变是绝对的，都有一个形成、发展和消亡的过程。如18世纪的荷兰牛与现在的牛有明显区别，不仅在体形外貌、生产性能有区别，而且在生产方向都有改变，这是属于品种的发展问题了。

5. 具有一定的结构　在具备基本共同特征的前提下，一个品种的个体可以分为若干个各具特点的类群，如品系、品族等。这些类群可以是自然隔离形成的，也可以是育种工作者有意识地培育而成的，它们构成了品种内的遗传异质性，这种异质性为品种的遗传改良提供条件。品种内包括有品系、品族和类型。品系是指共同具有某种突出性状、能稳定遗传、相互有亲缘关系的个体组成的类群。以优秀母畜为共同祖先的类群称为品族。一个品种内具有若干个优良的品系或品族，就能使品种得到更好的保持和提高。另外，品种内还包括地方类型和育种场类型。地方类型是指同一品种由于分布地区条件不同形成了若干互有差异的类群。例如，浙江金华猪有东阳型和金义型等地方类型。育种场类型是指同一品种由于所在牧场的饲养管理条件和选育方法不同所形成的不同类型。例如，中国荷斯坦牛有北京奶牛场、辽宁锦州种畜场和上海奶牛场等不同类型。

6. 足够数量　数量是决定能否维持品种结构、保持品种特性、不断提高品种质量的重要条件，数量不足不能成为一个品种。只有有了足够数量的个体，才能正常地进行选种选配工作，不致被迫近交或与其他品种杂交。那么，究竟拥有多少头数，才符合构成一个品种的要求？一般规定新品种猪至少应有5个以上不同亲缘系统的50头以上生产公猪和1 000头生产母猪。当畜群已基本具备以上条件，只是含量不足时，一般称为"品群"或"准品种"。

7. 被政府或品种协会所承认　作为一个品种必须经过政府或品种协会等权威机构进行审定，确定其是否满足以上条件，并予以命名，只有这样才能正式称为品种。

二、家畜品种的分类

据不完全统计，到目前为止，人类已经驯化或驯养的动物共有40多个物种。在这些驯化的物种中，又有许多经自然和人工选择而形成的数以千计的品种，根据不同的目的，有许多分类方法用于研究这些品种。例如利用动物分类学的方法，有哺乳动物和非哺乳动物、奇蹄动物和偶蹄动物、反刍动物和非反刍动物等。但是，在畜牧业上，比较常用而且实用的分类方法，主要有3种，即根据品种的改良程度、品种的体形外貌、品种的主要用途来分类。

（一）按改良程度分类

1. 原始品种　原始品种是在生产水平较低、长期选种选配水平不高、饲养管理粗放的情况下所形成的品种。原始品种的主要特点有：晚熟，个体一般相对较小；体格协调，生产力全面；体质粗壮，耐粗耐劳，适应性强，抗病力高。

原始品种是培育新品种所需的原始材料，当然，首先要加强饲养管理，再进行选种选配或杂交，以提高其遗传性能。

2. 培育品种（育成品种）　培育品种主要是经过人们有明确目标的选择而培育出来的品种。其特点主要有：①生产力高，且较专门化，如有专门乳用的荷斯坦牛、专门肉用的海福特牛；②早熟，体形也较大；③要求饲养管理条件高，同时也要求较高的选种选配等技术条件来保持和提高；④分布广，往往超出原产地范围，由于生产性能好，人们喜欢，也保证了它的广泛分布；⑤品种结构复杂，原始品种的结构一般只有地方类型，而育成品种除地方类型和育种场类型外，还会产生许多品系和品族；⑥育种价值高，当与其他品种杂交时，能起到改良作用。

3. 过渡品种　过渡品种指既不够培育品种，又比原始品种的培育程度要高一些的品种。过渡品种往往很不稳定，经进一步选育就可成为培育品种。

（二）按体形和外貌特征分类

1. 按体形的大小分　可将家畜分为大型、中型、小型 3 种。例如马有重型马、中型马、小型马。家兔也有大型品种、中型品种、小型品种。猪也有小（微）型猪。

2. 按角的有无分　牛、绵羊中根据角的有无分为有角品种和无角品种。绵羊还有公羊有角、母羊无角的品种。

3. 按鸡的蛋壳颜色分　有褐壳品种、白壳品种、绿壳品种。

4. 按毛色或羽色分　猪有黑、白、花斑、红等品种。某些绵羊品种的黑头、喜马拉雅兔的"八黑"等都是典型的品种特征。鸡的芦花羽、红羽、白羽等也是重要的品种特征。

5. 根据尾的大小或长短分　绵羊有大尾品种、小尾品种以及脂尾（瘦尾）品种等。

（三）按生产力类型分类

可将品种分为专用品种和兼用品种两类。

1. 专用品种　如牛有乳用品种、肉用品种等；猪有脂肪型品种、瘦肉型品种等；鸡分为蛋用品种、肉用品种等。

2. 兼用品种　是指兼备不同生产用途的品种。这类品种形成原因有：一是在农业生产水平较低的情况下形成的原始品种，它们的生产力虽然全面但较低；二是专门培育的兼用品种，体质一般较健康结实，适应性较强，生产力不显著低于专用品种。

三、我国丰富的品种资源概况

1. 猪　我国的猪品种大体可分为华北、华南、华中、江海、西南、高原六大类型。每一类型中又有许多独特的猪种类型，如产仔特多的太湖猪，耐寒体大的东北民猪，早熟快长的陆川猪，适于腌制优质火腿的金华猪，以及能适应高海拔条件且具有特别抗寒、耐粗特性的藏猪等。

2. 牛　在牛方面，我国有极其丰富的品种资源，分布着牦牛、普通黄牛、水牛

地方猪种保种场管理规范（标准）

等不同种属的牛，而且还形成了许多著名的地方良种或类型。如产于呼伦贝尔的以乳肉兼用著称的三河牛，体高力大、步伐轻快、性情温驯的南阳牛，行动迅速、水旱两用的延边黄牛，以及湖南的滨湖水牛、江苏的海子水牛、四川的德昌水牛、云南的德宏水牛等大型役用水牛。

3. 绵羊　我国的绵羊类型复杂，其中也有不少世界著名的品种资源。如生态适应性特别好的蒙古羊、哈萨克羊和藏羊，繁殖力强、生长快、产肉性能好的小尾寒羊，我国独特的二毛裘皮羊品种——滩羊，繁殖力强、适于舍饲、羔皮品质优良的湖羊等。

4. 家禽　在家禽方面，我国是品种资源最丰富的国家之一，有地方鸡种 100 多个。如蛋大、壳厚、体形较大的成都黄鸡、辽宁大骨鸡，骨细、肉嫩、味鲜的北京油鸡，体小省料、年产蛋达 200 个以上的浙江仙居鸡，蛋肉兼用的狼山鸡，生长快、产蛋多的北京鸭，体形大的狮头鹅等。

四、保种的意义

保种就是要尽量全面、妥善地保护现有的家畜遗传资源，使之免遭混杂和灭绝，其意义就是使现有的畜禽基因库中的基因资源尽量得到全面保存，无论这些基因目前是否有利用价值。

广义而言，保种是指人类管理和利用这些现有资源以获得最大的持续利益，并保持满足未来需求的潜力，它是对自然资源进行保存、维持、持续利用、恢复和改善的积极措施。狭义而言，保种是通过维持一个免受人为影响而导致遗传变化的保种群来实现，可以是原位保存，即在自然环境条件下维持一个活体家畜群体；也可以是易位保存，即利用冷冻保存胚胎、精液、卵子、体细胞以及 DNA 文库等。

家禽遗传资源
濒危等级评定
（标准）

经过高度选育的家畜品种是现代商品畜牧业的基础，很大程度上依赖于少数几个性能优良的品种或类型，对大多数具有一定特色的地方品种和类型形成了极大的威胁。然而，随着人口的增长、人们生活水平的不断改善和对自然资源需求的日益提高，对家畜多样性的要求也越来越迫切。如果家畜遗传多样性大幅度下降，就会严重影响到未来的畜禽改良，对满足人类社会各种不可预见的需求会带来很大的限制。有许多这种不可预见的因素会改变人们对畜产品的需求，进而引起畜禽生产方式的改变。例如，曾经很受欢迎的脂肪型猪，随着消费者要求瘦肉多、脂肪少的食品，已被更适应市场需求的现代瘦肉型品种和杂交配套系所取代，其销售价格也随瘦肉量的多少而定。近年来人们对肉质的要求越来越高，在注重瘦肉率提高的同时，对肉质性状（如肌间脂肪含量等），也更加重视，这有可能成为新的重点改良性状。

为了满足培育新品种和杂种优势利用的需要，无论是对地方品种、引入品种或新育成品种都需要认真加以保护。一些生产性能低但抗逆性强、能适应某些特殊生态类型的原始品种，也应当妥善保存。例如，菲律宾有一种本地猪，6 月龄体重仅 10kg，但能够耐热、抗病，用长白猪和大白猪杂交后培育的新品种（定名为阿泊加），6 月龄体重可以达到 90kg，而且抗病和耐热能力都超过外来品种。此外，基因的优劣是相对的，有些目前认为是没有用的基因，也许将来是有用的，最突出的例子就是鸡的矮小基因。随着人类社会经济的发展，人们对畜产品的要求是不断变化的，为了满足将来的需要，应当尽可能地保存现有的畜禽遗传资源。

五、家畜品种资源的利用

家畜品种资源的保存最终都是为了现在和将来的利用，对一些目前尚未得到充分利用的家畜品种资源需要不断地发掘其潜在的利用价值，特别是对一些独特性能的利用，并且要不断地开拓新的家畜种质资源。一般而言，家畜品种资源可以通过直接和间接两种方式利用。

1. 直接利用 我国的地方良种以及新育成的品种，大多具有较高的生产性能，或在某一方面有突出的生产用途，它们对当地自然条件及饲养管理条件又有良好的适应性，因此均可直接利用于生产畜产品。引入的外来良种，生产性能一般较高，若这些品种的适应性也较好，也可直接利用。

2. 间接利用

（1）作为杂种优势利用的原始材料。在开展杂种优势利用时，对母本的要求主要是繁殖性能好、母性强、泌乳力高、对当地条件的适应性强，我国地方良种大多都具备这些优点。对于父本的要求，主要是有较高的增重速度及饲料利用率，以及良好的产品品质，因此外来品种一般可用作父系。当然，不同品种间的杂交效果是不一样的，应从中找出最有效的杂交组合，供推广使用。

（2）作为培育新品种的原始材料。培育新品种时，为了使新育成的品种对当地的气候条件和饲养管理条件具有良好的适应性，通常都利用当地优良品种或类型与外来品种杂交，例如培育三江白猪就是采用长白猪与东北民猪杂交，培育草原红牛是采用短角牛与蒙古牛杂交。

➡ 【自测训练】

1. 理论知识训练

（1）名词解释：品种、群体有效含量、随机留种、家系等量留种。

（2）品种应具备的条件？

（3）保种的原理是什么？

（4）保种措施有哪些？

（5）保种的目的和意义有哪些？

（6）常用的保种技术有哪些？

2. 操作技能训练 针对不同家畜和家禽进行品种资源调查，并拟定保种方案。

（1）保种方法的确定。

（2）种群规模的确定。

（3）群体保种措施的选择。

（4）保种方案的拟定。

任务 6 - 2 选育技术

【任务内容】

● 理解并掌握本品种选育的意义及方法。

● 了解引种的概念及注意事项。

- 理解并掌握引进品种选育的基本措施。

【学习条件】

- 猪场、牛场、羊场、禽场等。
- 多媒体教室、教学课件、教材、参考图书。

一、本品种选育的基本措施

1. 制订选育规划，确定选育目标 在普查鉴定的基础上，根据国民经济的需要，结合当地的自然经济条件以及原品种的具体特点，制定地方品种资源的保存和利用规划，提出选育目标（包括选育方向和选育指标）。

确定选育目标时要注意保留和发展原品种特有的经济类型和独特品质，并根据品种的具体情况确定重点选育 1~2 个性状。

2. 划定选育基地，建立良种繁育体系 在地方良种区，划定良种选育基地。在选育基础范围内逐步建立核心育种场和育种繁殖场，以及一般的繁殖饲养场，建立、完善良种繁育体系，才能使地方品种不断扩大数量，提高质量。

3. 严格执行选育技术措施

（1）定期进行体质外貌鉴定、生产性能测定。

（2）严格执行选种选配方案。按照选育目标，以同质选配为主，结合异质选配的办法，使重点选育的性状得到改善。同时，严格选优去劣，不断提高畜群的纯合程度。

（3）克服粗放的饲养习惯。把饲草基地建设，改善饲养管理条件，合理培育放在重要地位。

4. 开展品系繁育 地方品种由于地理和血缘上的隔离，形成了若干不同类型，且地方品种是长期闭锁繁育的群体，群体的平均近交系数较高，可找出突出的家畜家族，采取亲缘建系法，建立繁殖性能高的品系。用类型间杂交或性能建系的方法，建立生长快、胴体品质好的品系，使良种的优良特性得到不断发展和提高。

5. 加强组织领导，建立选育协作组织 建立相应的各种畜禽选育协会组织，在统一组织领导下，制定选育方案，各单位分工负责，定期进行统一鉴定，评比检查，交流经验，对加速地方良种的选育能起到积极推动作用。

二、引入品种的选育措施

1. 集中饲养 引入同一品种的种畜应相对集中饲养，建立以繁育该品种为主要任务的育种场，以利于风土驯化和开展选育工作。这是引入品种选育工作中极为重要的工作。只有这样，才能提高这些品种的利用率，充分发挥它们的作用。种群的大小，可因畜（禽）品种的不同而异。根据闭锁繁育条件下近交系数增长速度的计算，一般在种畜群中需经常保持 3 头以上的公畜和 50 头以上的母畜，才不致由于其因近交系数增长而产生有害影响。同时制定和执行严格的选配制度，保证出场种畜的等级和质量。

2. 慎重过渡 对引入品种的饲养管理，应采取慎重过渡的办法，使之逐步适应。要尽量创造有利于引入品种性能发展的饲养管理条件，进行科学饲养。同时，还应逐渐加强其适应性锻炼，提高其耐粗性、耐热或耐寒性和抗病力。

3. 逐步推广 在集中饲养过程中要详细观察引入品种的特性，研究其生长、繁殖、采食习性和生理反应等方面的特点。要详细做好观察记载，为饲养和繁殖提供必要的依据。在摸清了引入品种的特性后，再逐步推广到生产单位饲养。

4. 开展品系繁育 品系繁育是引入品种选育中一项重要的措施。通过品系繁育，除了可达到一般目的外，还可改进引入品种的某些缺点，使之更符合当地的要求；通过系间交流种畜，可以防止过度近交；综合不同系的特点，建立我国自己的综合品系。

➡【相关知识】

（一）品种内选育的意义和作用

品种内选育是指在品种内通过选种选配、品系繁育、改善培育条件等措施，以提高品种生产性能的一种育种方法。品种内选育的目的是保持和发展本品种的优良特性，克服某些缺点，并保持品种的纯度，不断提高品种内的数量和质量。

品种内选育的基础在于品种内存在着差异。任何品种都不是完全纯合的群体，它存在着类群间和个体间差异。特别是比较高产的品种，由于受到人工选择的作用，品种内异质性更大。这就为品种内不断选优提纯、全面提高品种的质量提供了可能。同时，即使是品质很好的良种，如果放松选育工作，也会受到自然选择的作用，导致品种生产性能退化。可见，为了巩固和提高品种的优良特性，实行品种内选育是十分必要的。

品种内选育一般包括地方良种的选育和引进良种（包括培育品种）的选育。地方良种的选育主要是保留和提高地方良种，必要时并不排除采取小规模的导入杂交。引进良种（包括培育品种）的选育主要是强调纯繁，保持和提高其生产性能和适应性。

由于品种内选育对进一步提高生产性能有重大作用，加之我国幅员辽阔，品种资源丰富，必须充分贯彻品种内选育和杂交改良并举的方针，加速畜禽品种的改良提高，促进畜牧业的健康可持续发展。

（二）品种的分类

品种根据选育程度大体分为以下三类。

第一类是选育程度较高、类型整齐、生产性能突出的良种；在选育措施上，应主要加强选育工作，开展品系繁育，提高生产性能。

第二类是选育程度较低、群体类型不一、性状不纯、生产性能中等，但具有某些突出经济用途的地方品种；在选育措施上，应着重开展闭锁繁育，加强选择，提纯复壮。

第三类是导入外血育成的新品种，但其遗传性还不稳定，后代有分离现象。在选育措施上，应继续加强育种工作，提高纯度，使体形与生产性能一致，有的还要进一步扩大群体含量。

（三）引进良种的选育

所谓引种，即把外地或外国的优良品种、品系引进当地，直接推广或作为育种材料的工作。引种时可以直接引入种畜，也可以引入良种公畜的精液或优良种畜的胚胎。

新中国成立以来，我国从国外引入的各种畜禽品种不少，国内良种调运也很频繁，对我国畜禽育种工作起了很大的作用。但由于某些地区和部门对于引种工作的一些规律缺乏认识，盲目引种，结果也造成了不必要的损失。因此，认真研究引入畜禽在新条件下培育的过程，对于进一步发展我国畜牧业，具有十分重要的意义。

　　风土驯化是指家畜适应新环境条件的复杂过程。要求引入品种在新的环境条件下，不但能生存、正常生长发育和繁殖，而且能够保持其原有的基本特征特性。这不仅包括育成品种对于不良生活条件的适应能力，也包括原始品种对于丰富饲料和良好管理条件的反应，还包括家畜对某些疾病的抵抗能力。

　　家畜风土驯化主要是通过以下两种途径实现。

　　1. 直接适应　当新迁入地区的环境条件在引入品种的适应范围内，通过直接适应就能达到风土驯化的目的。从引入个体本身在新环境条件下直接适应开始，经过后代每一世代个体发育过程中不断对新环境条件的直接适应，直到基本适应新环境条件为止。

　　2. 定向改变遗传基础　当新迁入地区环境条件超越了引入家畜的适应范围，使引入家畜发生不良反应时，需要通过选择的作用和交配制度的改变，淘汰不适应的个体，留下适应的个体再繁育后代，从而改变群体中的基因频率，使引入品种家畜（禽）在基本保持原有特性的前提下，定向地改变了遗传基础。

　　上述两种途径不是彼此孤立、互不相关的，往往最初是通过直接适应，以后由于选择的作用和交配制度的改变，而使其遗传基础发生了定向变化。

　　（四）引种应注意的问题

　　在引种前，应认真研究引种的必要性，必须切实防止盲目引种。在确定需要引种以后，必须做好以下几个方面的工作。

　　1. 正确选择引入品种　首先必须考虑国民经济的需要和当地品种区域规划的要求。选择引入品种的主要依据是该品种具有良好的经济价值和种用价值，并有良好的适应性。

　　为判断一个品种是否适宜引入，最可靠的办法是首先引入少量个体进行适应性观察，实践证明其经济价值及种用价值高、能适应当地的自然和饲养管理条件后，再大量引入。

　　2. 慎重选择个体　除注意品种特性、体质外形以及健康、发育状况外，特别加强系谱的审查，注意亲代或同胞的生产力高低，防止带入有害基因和遗传疾病。引入个体间一般不宜有亲缘关系，公畜最好来源于不同家系。选幼畜有利于引种的成功。随着冷冻精液及胚胎移植技术的推广，采用引入良种公畜精液和母畜的胚胎的方法，更利于引种的成功。

　　3. 严格执行检疫制度　加强种畜检疫，严格实行隔离观察制度，防止疫病传入。如若检疫制度不严，常会带进当地原先没有的传染病，给生产带来巨大损失。

　　4. 妥善安排调运季节　注意原产地与引入地季节差异，使家畜适应气候变化。

　　5. 加强饲养管理和适应性锻炼　引种后的第一年是关键性的一年，必须加强饲养管理。做好接运工作，并根据输出地的饲养习惯，创造良好的饲养管理条件，选用适宜的日粮类型的饲养方法。采取必要的保温或降温措施。预防地方性的寄生虫病和传染病。

　　加强适应性锻炼和改善饲养条件，二者不可偏废。单纯注意改善饲养管理条件而不加强适应性锻炼，其效果有时适得其反。

　　6. 采取必要的育种措施　不同个体对新环境的适应性也有差异。在选种时，选择适应性强的个体，淘汰不适应的个体。在选配时，为了防止生活力下降和退化，避免近亲交配。

此外，为了使引入品种对当地环境条件更容易适应，也可考虑采取级进杂交的方法，使外来品种的成分逐代增加，拉长迁移的时间，缓和适应过程。

在环境十分艰苦的地区，引入外地品种确有困难时，可通过引入品种与本地品种杂交的办法，培育适应当地条件的新品种。

（五）引种后的主要表现

品种迁移到新地区后，由于自然环境条件和饲养管理的变化，以及选种方法或交配制度的改变等原因，品种特性总是或多或少要发生一些变异的，这种变异按照其遗传基础是否发生变化，可归纳为两种类型。

1. 暂时性变化　自然环境的变迁和饲养管理的改变，常可使引入品种在体质外形、生长发育、生产性能以及其他生物学特性和生理特性等方面发生一系列暂时性的变化。这是在引种工作中最常见的一类变化。只要所需条件得到满足，上述变异就会逐渐消除。

2. 遗传性变化　遗传性变化大体可分为以下两类。

（1）适应性变异。风土驯化过程中可能在体质外形和生产性能上有某些变化，但适应性却显著提高。这种在长期风土驯化过程中所表现出的适应性变异，是符合我们愿望的。

（2）退化。主要特征是体质过度发育，生活力下降。具体表现主要是家畜抵抗力较差，发病率增加，生产性能下降，生长发育缓慢，繁殖力下降，性征不明显，甚至出现不育，畜群中畸形、死胎等现象增多。这些不利的变异会遗传到下一代，称为退化。

发生退化的原因主要有：①由于畜群长期处在不适宜的环境条件下，造成生长发育受阻；②选种时过分强调生产力而忽视体质的结实性；③群体太小，又没有一定的选配制度，长期滥用近交等。

防止品种退化应采取以下措施：①改善饲养管理，实行科学饲养；②在选种时除考虑生产性能外，要注意选择体质结实的个体留种，种公畜要经过性能测定，对于那些表现衰退和有遗传缺陷的个体应严格淘汰；③在选配方面应避免不必要的近交；④在引种时，引入足够的数量，尤其注意种公畜（禽）的数量不宜过少。

➔【自测训练】

1. 理论知识训练

（1）名词解释：本品种选育、风土驯化、退化、适应性变异。

（2）从异地引入畜禽品种需要注意哪些问题？

（3）如何开展品种内的选育？

（4）简述引入品种退化的原因及应对措施。

2. 操作技能训练　针对本地家畜和家禽进行品种资源调查，制定适合的品种培育方案和引种方案。

（1）查阅有关资料后，完善地方猪（牛）的培育方案。

（2）查阅有关资料后，制定优质家禽的引种方案。

项目 7　品系繁育技术

任务 7-1　品系的建立

【任务内容】

● 了解畜禽（猪群）规模、活体遗传资源的现状。

● 掌握家畜禽（猪群）品系繁育常见方法。

● 熟练掌握现代专门化品系的建系方法及配套系生产。

【学习条件】

● 种畜禽（猪）相关育种记录。

● 种畜禽（猪）选育的各项档案资料。

● 多媒体教室、教学课件、教材、参考图书。

一、单系（系祖建系法）

以一头优秀的种公畜为系祖繁育而成的畜群，称为单系，其建立方法称为系祖建系法。系祖建系法主要是选定系祖，其成效主要取决于系祖的品质。优秀的系祖应具备以下品质。首先，具有独特的稳定遗传的优点，其余品质中等以上水平。其次，体质健壮，无损征与遗传病，不带有隐性有害基因。第三，有一定数量的优秀后代。系祖可以寻找，也可以培养。

如果寻找不到系祖，可以自己培养系祖。方法是从现有畜群中选择最优秀公母畜交配或引进优秀种公畜产生后代，从中选择后备公畜并经后裔测定，符合系祖条件者确定为系祖。为系祖选配母畜，从大量后代中选择系祖的继承者，经过连续几代繁育，扩大而形成与系祖有血统联系、具有与系祖共同特点的高产畜群。它的实质是由个体选择到群体推广，强调血统，通过选配在群内扩大系祖高产基因的频率。它的核心是以系祖为中心，繁殖亲缘群，最后形成品系。随着畜牧生产的发展，育种实践经验的总结与提高，人们在强调血统的同时也重视了性能，提出性能与亲缘相结合的建系法，克服了系祖建系法产生的偏差。

与配母畜或继承母畜的选择，首先必须符合目标，体形外貌符合品系要求，性能的主要指标应达到或至少也要接近品系的选育指标。系祖建系的任务是把系祖的突出优点逐步扩大到整个畜群。因此，与配母畜或继承母畜的性能要好，对于遗传力低的性能更应严格要求。其次，作为系祖的与配母畜，在血统上与系祖无亲缘关系，但必须是同质的。品系的继承母畜多是系祖半同胞的后代，同时也选择少量与系祖无亲缘关系的、同质的母畜。

为了巩固和发展系祖的优良类型，每世代均应尽量多留后备公畜，保证有足够数量的优良个体被选为继承公畜。在实际工作中可以采用重复选配，即对好的选配组合，重复选定同一公母畜配种。重复选配的作用在于有更多的机会传播优良亲代的高产性能和遗传特点，提高畜群内优良基因型的频率。对于多胎家畜如猪，可采用窝选法，即血统性能均为优秀的窝可全窝留种，以后个别淘汰。窝选比单选更能迅速扩大优秀畜群，有助于提高群体性状的整齐度。

为扩大品系畜群，在品系基本形成以后，允许系内部分母畜与外部来源公畜进行同质交配，其后代参加该系的繁殖群，以丰富品系的遗传性能，避免形成闭合式的遗传狭窄群体。也可用系内种公畜与非本系的同质母畜配种，凡后代品系特征明显的，参与品系群内繁殖。通过系内核心组公母畜的大量繁殖，以及利用系内核心组公母畜与外部来源同质公母畜配种，以保证品系群内数量的扩大和品质的改善。

例如，小梅山猪保种场内有个很好的单系，是用一头优秀种公猪（631 号）为系祖，与 7 头母猪组成一个家庭，大量繁殖后代而建立起来的高产猪群。

单系的优点为建系速度快，特点明显，目标集中、育种价值较高；缺点为血统太窄、遗传资源较为贫乏，且易被迫近交而出现明显近交衰退现象。

二、群系（群体继代选育法）

为了克服其血统太窄、易被迫近交的缺点，育种工作者提出了一种与单系相对的另一种建系方法——群体继代选育法，即由一群优秀公母畜组成基础群体，通过闭锁繁育，将基础群中分散的优秀性状快速集中，形成群体共有的稳定性状，称为群系。

群系是相对于单系而提出来的。20 世纪在世界范围内各种家畜都建立了大量的单系，但人们很快发现单系的缺点明显：①血统太狭窄；②以某头公畜为中心繁殖的一群后代，在几代后就被迫在如此狭窄的"小家庭"内进行近亲繁殖，高度近交造成的近交衰退极为严重；③单系内遗传资源较为贫乏。

为了克服单系存在的缺点，畜牧工作者提出了群体建系法。以一群优秀公母畜组成基础畜群，在此高产畜群基础上来建立品系，无疑，群系（群体继代选育法）与单系及近交系相比，群系具有较多的优点和生命力。

1. 群体继代选育法的大体步骤

（1）选择基础群。采用群体继代选育法，基础群一旦组建起来后，就实行封闭繁育，中途不再引进外血。基础群应满足以下条件。

①基础群个体质量要好。

②基础群要有一定的数量。公畜禽的数量决不能少，以免血统太窄、近交系数上升太快。如基础群猪不少于：10 ♂×100♀组成 0 世代。鸡的基础群不少于 200 ♂×1 000♀组成 0 世代。

③遗传资源要宽广。基础群要来自同一品种，但互相之间没有亲缘关系，这样的基础群遗传资源才较为宽广。总之，基础群的好差直接关系到将来该品系的质量，要十分注重基础群的选择与组群。

（2）闭锁繁育。基础群建好后，立即闭锁繁育，不再引入外血。下面以猪为例进行论述。

①随机交配。10 头公猪和 100 头母猪组成的基础群，以公猪划分就是 10 个家系，每个家系公母比 1 ♂：10♀。如实行家系内部交配，则下一代母猪就不能再用原公猪而应转换。在保证没有全同胞或父女交配的前提下，10 头公猪和 100 头母猪实行抽签随机交配，并做好档案记录工作。

②实行"断代繁育"。当 1 世代猪出生长大后，一旦投产，则立即将 0 世代淘汰；当 2 世代猪出生长大后，一旦 2 世代投产，则立即将 1 世代淘汰，以此类推。

③缩短世代间隔，实行一年一个世代。

（3）严格选留。在严格选留时主要抓住如下几个关键技术措施。①采用家系选择法，实行家系等量留种；②各个世代营养水平等环境因子力求一致，以便提高选种准确性；③控制近交增量，每个世代近交增量控制在 2‰～3‰；④加大选择强度，提高世代遗传改进量（多留、精选）；⑤一般经 5～6 个世代，群系基本育成。

2. 群系的优点　群系（群体继代选育）的优点最主要体现在以下两个方面。①能有效抑制群内近交系数过快增加；②多父本随机交配可有效地促进群内基因重组，使分散在各头家畜身上的优良性状逐步汇集到后代身上，从而快速提高畜群质量，加速畜群的遗传进展。

三、近 交 系

近交建系方法的特点是利用高度近交，如亲子、全同胞或半同胞交配，使优秀性状的基因迅速达到纯合。它和系祖建系法的区别不仅是近交程度不同，而且近交方式也不同。它不是围绕一头优秀个体，而是从一个基础群开始高度近交。连续进行同胞间配种，使畜群的平均近交系数快速上升达 37.5% 以上，这个经高度近交而繁殖起来的畜群称为近交系。家禽高一些，近交系数达到 50% 以上。培育小鼠和大鼠近交系，近交系数更高，要求全同胞交配 20 代以上。

在建立近交系时的最初几个世代并不一定进行选择，主要是先使基因纯化以后再进行选择。假如建系初进行选择，因初期群体中杂合子频率高，某些杂合子和纯合子的表型相同，致使杂合子被选留，反而不利于纯化。如根据表型值选留近交后代时，不应过分强调生活力。因为杂合子的个体表现杂种优势，它们的生活力较强，生产性能较高，尤其是正向选择时更易错选。近交过程由于基因分离组合，需密切注意是否出现优良性状组合。一旦发现应立即选择并大量繁殖，以加速近交系的建成。

四、地方品系

我国的地方品种极为丰富，即使是同一个品种其分布区域也都较广，且分布范围内的自然条件和饲养管理方式及社会经济条件都不完全相同，从而在地方品种内部形成了具有不同特色的地方类群，又称为地方品系。

我国每个畜禽地方品种几乎都有各具特色的地方品系，这是地方品种在如此大的分布区域内经数百上千年的风土驯化和我们祖祖辈辈在饲养过程中长期选择的结果。特别是在新中国成立后，在党和政府的关怀下，在全国建立了很多地方品种（地方品系）育种场。对我们祖辈传下来的各地方畜禽品种资源进行了规模宏大的提纯复壮及系统选育，使这些地方畜禽资源得到了丰富和完善，种质资源得到了极大的改善。

例如，广东的紫金猪，虽然都具有早熟易肥的特性和黑背白腹的特征，但不同品系各具有明显的地方特点。分布在紫金县东南部的兰塘猪，由于地处丘陵，物产丰富，群众习惯于单传法，父传子、母传女，血统集中，长期近交，表现为体形小、早熟、生长快。分布在紫金县西部的龙窝猪，地处山区，交通不便，农产品不甚丰富，表现为体形大、耐粗饲。于是，一个紫金猪形成了兰塘和龙窝两个地方品系。

我国的畜禽地方品种几乎都有地方品系。为了解决"同种异名"的问题，将一些地方类型合称为一个品种，以致一些地方品种就拥有更多的地方品系。例如太湖猪，分布在太湖流域，有 60 余万头，按照体形外貌和性能上的某些差异，分为二花脸猪、梅山猪、枫泾猪、横泾猪、嘉兴黑猪、米猪、沙乌头猪等七个地方品系。

从国外引入的品种，通常按输入国分系。例如：荷斯坦牛有荷系、日系、美系、加系；大白猪有苏系、法系、英系、美系、加系；白洛克鸡有加系、日系等；安哥拉长毛兔有法系、英系、日系等。这种分系不能与地方品系完全等同。因为一个畜种，由于所在国的环境、选育要求和方法不同，往往会形成差异明显的不同类型。例如，美系荷斯坦牛发展成乳用型，而荷系荷斯坦牛则已偏向乳肉兼用型。又如日系巴克夏猪保持原巴克夏偏脂肪类型，而澳系巴克夏猪则已偏瘦肉类型。由此可见，不同输入国的品系，它们之间的差异有些已超过一般地方品系。

五、专门化品系与合成系

在 20 世纪全世界畜禽建系热潮中，涌现出了很多的品系。但人们发现这些品系都不同程度地存在一定缺点。相对而言，群系（群体继代选育法）较好些，但也有诸多不尽如人意之处。于是 20 世纪 60 年代后期，西方首先提出了专门化品系的概念，建立专门化品系（专门化父系、专门化母系），在专门化品系的基础上，进行配合力测定（测定出最佳杂交组合），从而进行配套系生产，高效开发利用杂种优势，推动畜禽生产。

专门化品系是在群系（群体继代选育法）基础上进一步地改进。建立专门品系、进行配套系生产是目前最为理想的畜禽繁育技术。所以，专门化品系被全世界畜牧业广泛接受和采用。有些国家还用两个或两个以上的品系杂交，再进一步建立合成系。如四系配套的荷兰海波尔猪、加拿大的星杂 579 鸡等，它们的父系和母系都是合成系。这些以专门化品系、配套杂交产生的具有高产性能、品质整齐均匀的杂种称为"杂优畜禽"。

➡【相关知识】

一、品系的概念

品系的概念随着畜禽业的发展而发展，随着科学进展而不断延伸与扩展。

1. 狭义的品系 传统狭义的品系是指来源于同一头优秀种公畜（又称系祖）的后代畜群，通常多指"单系"。

2. 广义的品系 现代广义的品系是指一群具有共同特性的种畜群，该种畜群能将其共同特性相对稳定地遗传给后代。

二、品系的作用

1. 促进新品种的育成 在新品种培育工作中，最重要的一项工作就是在新培育的品种内部建立各具特色的品系。以丰富新品种结构和特色，促进新品种的育成，提高新品种的种质和各项性能。

2. 丰富品种内部结构 在品种内部建立各具特色的品系，才能完善品种内部结构，使品种基因库的遗传资源更加丰富，品种内主要优良特色性状更为突出。

3. 加快种畜群的遗传进展和改良 在家畜选育工作中，只有在品种内部建立各具特色的品系，才能加快速畜群的遗传进展，加大品种改良，提高群体水平。

4. 进行品系的开发利用 建立各具特色的品系后，有利于系间杂交和开发利用（特别是配套系）。有计划地、科学地、可持续地、最大限度地获取杂种优势，从而为人类创造更多的畜产品，为企业创造更大的经济效益。

➡【自测训练】

1. 理论知识训练

（1）名词解释：单系、近交系、群系、地方品系、合成系。

（2）简要说明单系的建系方法。

（3）简要说明近交系的建系方法。

（4）简要说明群系的建系方法。

（5）简要说明品系的主要作用。

（6）比较常见的建系方法及各自优缺点。

2. 操作技能训练

（1）通过调查，了解校内实训基地或校外实训基地种畜禽的建系程序和实施效果。

（2）模拟制定猪和鸡的群系建系方案（策划书）。

任务7-2 专门化品系与配套系生产

【任务内容】
● 掌握现代专门化品系的建系方法及配套系生产。
● 了解我国畜禽配套系生产现状。

【学习条件】
● 种畜禽（猪）相关育种记录。
● 种畜禽（猪）选育的各项档案资料。
● 多媒体教室、教学课件、教材、参考图书。

一、专门化品系的建立与培育

在配套系生产中，首先要培育出各具优点的专门化父系和专门化母系。专门化父系和专门化母系的建立与培育关键技术措施与群体继代选育法较为相似，但两者又有一定区别。

1. 专门化品系的概念 将家畜的一些主要性状，分别由作父本用的父系和作母本用的母系来承担。由于这种品系不但特点鲜明，而且在培育时就已明确规定其将来专门作为父系或专门作为母系，所以称为专门化品系。专门化品系在鸡和猪选育及生产开发中应用最为广泛，特别是在蛋、肉鸡生产中技术成熟、效益显著。近几年我国草鸡专门化品系也备受重视，得到长足发展；牛、羊专门化品系也有所进展。这里仍以猪、鸡为主来介绍专门化品系与主目标性状。

2. 专门化品系的主目标性状

（1）蛋鸡专门化品系的主目标性状。蛋鸡专门化品系技术十分成熟，专门化品系的类型也较为丰富，并在全世界广泛应用与推广。

①两系配套（A系×B系）。父系的选育侧重于产蛋数；母系的选育侧重于蛋重（因为蛋重有很强的母体效应，所以作为母系的主选性状）。这样A系和B系组成配套系，杂种优势明显，生产的商品代母鸡不但产蛋多，而且蛋重也大。

②三系配套［A系×（B系×C系）］。第一父系（B系）侧重于产蛋数和蛋重两个性状的选择，该两性状间是负相关，所以二者不能偏向任一方，要兼顾，建系中可以将产蛋总重量作为主选性状。第二父系（A系）侧重于产蛋数的选择。母系（C系）侧重于蛋重的选择。

③四系配套（A系×B系）×（C系×D系）。A系和B系都侧重于产蛋数的选择；C系侧重于产蛋数和蛋重的选择，两性状同时兼顾；D系侧重于蛋重的选择。

（2）肉鸡专门化品系的主目标性状。肉用种鸡的配套系选育，也是实行父系、母系分化选育。

①父系选育的主目标性状。一般由早期增重速度、繁殖力、产肉率、饲料转化率四个性状构成。有的肉鸡专门化父系还强调体形外貌（胸角度、龙骨、脚趾）等。

②母系选育主目标性状。一般有早期增重速度、产蛋性状、胸部发育、腿部结实度四个性状为主。

（3）猪专门化品系的主目标性状。全世界专门化品系最早应用于鸡且技术已相当成熟，猪专门化品系迟于鸡，但又比牛、羊较为成熟。

①父系的主目标性状。一般有肥育性状、胴体性状、雄性机能，兼顾繁殖性状、体形外貌及强健性。

②母系的主目标性状。一般有繁殖性状，兼顾生长速度、体形外貌及强健性。

由上可见，父系和母系都选择早期增重速度，其目的是为了杂交所得的商品肉畜（禽）早期以最快速度增重。同时父系侧重于产肉性状和饲料利用率性状，母系侧重于繁殖性能等性状。

3. 专门化品系基础畜群的组建　基础群的组建对于品系选育尤为关键，关系将来品系的成败。基础群中较多的血统可以提供更多的选择空间和产生优良后代的机会，而优秀性能的个体可以为提高群体水平做出更多的贡献。所以基础群的血统要较宽广。

4. 制定主目标性状的技术指标　专门化父系和专门化母系的选育目标确定后，还应根据种群活体基因库的遗传资源现状，正确制定确实可行的主目标性状选育指标。

5. 主目标性状的测定与评估　根据各主目标性状的选育指标和测定阶段及技术要求，准确测定和评估各主目标性状选育指标的可行性、有效性等。

6. 独特的选配制度　从宏观交配制度来说，宜实行随机交配，同时避免同胞交配的交配制度；在建系方案中要明确规定各世代近交增量和年近交增量。

7. 稳定的饲养管理等培育条件等　数量性状表型值都受饲养管理等培育条件影响极大，在品系培育过程中，应全程提供稳定的饲养管理等培育条件。

二、配合力测定

配合力就是种群通过杂交能够获得的杂种优势程度，即杂交效果的好坏和大小。由于各种群间的配合力很不一样，在人们找到可以精确预测杂种优势的方法前，通过杂交试验进行配合力测定，还是选择理想杂交组合的必要方法。

不同品种间或品系间经济杂交，不一定有杂种优势，杂种优势的有无或大小，主要取决于杂交亲本的选择。在此方面我国畜牧工作者做了大量工作，进行了大量配合力测定。一般情况下，用我国优良地方猪种作母本、国外引进的瘦肉型猪（如长白猪、大约克夏猪、杜洛克猪等）作父本，杂交后代其杂种优势都较大。

三、配套系生产

鉴于单系、近交系缺点太多，我国于 20 世纪 80 年代初开始尝试建立专门化品系，开展配套系生产。专门化品系的建立和配套系生产主要应用于鸡和猪，由于种种原因，其他家畜中极少应用。

培育各具特色的专门化父系和专门化母系，然后进行系间杂交，可生产出具有明显杂种优势的商品蛋鸡、商品肉用仔鸡及商品肉猪、肉牛、肉羊等。

我国引进的法国伊莎褐蛋鸡及德国罗曼褐蛋鸡主要是由 A、B、C、D 四个系组成的配套系，然后进行四系间杂交，商品代蛋鸡将获得最大的产蛋量、最大的蛋重、最好的饲料利用率、很高的成活率等杂种优势。

1. 我国蛋、肉鸡配套系生产　我国蛋鸡生产所用的商品蛋鸡，多是从国外引进的四系配套系，在我国建立祖代场和父母代场，然后四系双杂交生产杂种优势极大的商品代蛋鸡。如法国的伊莎褐、德国的罗曼褐、美国的海兰白（褐）商品蛋鸡在我国广泛饲养，具有产蛋多、饲料利用率高等优点，深受我国广大养殖企业的欢迎。

我国肉鸡生产中所用的商品肉鸡，也多是从国外引进的配套系，在我国建立祖代场和父母代场，再配套杂交生产杂种优势明显的商品代肉仔鸡。如在我国广泛饲养的爱拔益加肉鸡，就是美国培育的四系配套肉鸡种。江苏省京海集团建立了大型爱拔益加种鸡场，进行系间杂交生产商品艾艾肉仔鸡。艾艾肉仔鸡以生长快、饲料利用率高、出肉率高而赢得我国广大养殖企业的喜爱。

2. 我国草鸡配套系生产 我国的地方草鸡虽具有肉质香嫩可口等优点，但因产蛋率低、生长慢而失去较大的市场份额，同时很多地方鸡种混杂甚至面临灭绝。随着生活水平的提高，人们开始怀念肉味香嫩可口的优质鸡，使我国地方草鸡优势得以显现。我国草鸡（优质鸡）产业现已引入现代专门化品系技术和配套系生产技术，如安徽某公司培育出"高产、快大、节粮"皖南黄麻青脚鸡配套系，由父系（青麻 A 系）和母系（青麻 D 系）组成。该配套系的建立，为开发和利用我国地方草鸡，开辟出了一条新路。

3. 我国猪配套系生产 我国养猪业中的配套系生产呈两条腿走路态势，且以培育我国自己的猪配套系为主。

1996 年我国成立了畜禽品种资源管理委员会，开始猪种和配套系的审查验收工作。1998 年我国首次培育出自己的 2 个配套系——光明猪配套系和深农猪配套系，揭开了我国猪配套系的序幕。进入 21 世纪，我国又培育了冀合白猪配套系、中育猪配套系、华农温氏猪配套系、滇撒配套系、鲁农 1 号猪配套系等。

➔【拓展知识】

一、迪卡猪配套系

20 世纪，美国杂交之父——汤姆·罗伯特创建了美国迪卡公司，曾培育过迪卡玉米双杂交系、配套系迪卡鸡和配套系迪卡猪。该公司有来自世界各地的种猪资源场 16 个，品种资源极为丰富。迪卡公司运用了现代先进的配套系理论和选育技术，通过选择、适当近交及各专门化父系和专门化母系间的配合力测定，筛选和组装了迪卡猪配套系。

迪卡猪主要是利用杜洛克、汉普夏、大约克夏、长白、皮特兰猪种培育的配套系猪。父系为杜洛克与汉普夏的杂种，母系为长白猪与大约克夏杂交产生的半血杂种。父母代猪父系为黑色，母系为白色，商品代猪为全白色，具有增重特别快、饲料利用率高、胴体瘦肉率高等特点。1991 年，农业部从美国引进迪卡曾祖代配套系 400 余头。

二、斯格猪配套系

1. 配套系组成 斯格猪配套系育种工作始于 20 世纪 60 年代，主要是从欧美等国引进 20 多个优良猪种（或品系），作为遗传材料，经过杂交、测定、严格选育，最终筛选出 4 个专门化父系和 3 个专门化母系。

　　4 个专门化父系分别具有以下特点：21 系产肉性能较好，但含有氟烷基因；23 系产肉性能也较好，不含有氟烷基因；33 系不但产肉性能较好，且增重快；43 系肉质好，肉质肉味是为美洲市场而设计的。

　　3 个专门化母系分别具有以下特点：12 系、15 系、36 系这 3 个专门化母系繁殖力高，配合力强，杂交后代均匀度好，适合于现代标准化车间生产。

　　目前我国主要引进的父系为 23 系和 33 系；引进的母系为 12、15、36 三个专门化品系。在我国进行斯格猪的 5 系配套杂交，生产优质商品肉猪（图 7 - 2 - 1）。

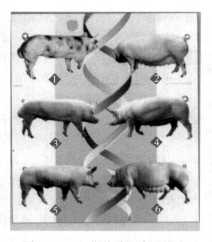

图 7 - 2 - 1　斯格猪配套系模式
1. 父系 21　2. 母系 12　3. 父系 23
4. 母系 15　5. 父系 33　6. 母系 36

　　2. 生产性能　父母代母猪，产仔数为 12.5～13.5 头；育肥猪 25～100kg 阶段平均日增重 900g；育肥猪 25～100kg 阶段料重比为 2.4∶1；出生至 100kg 上市的平均时间为 150 日龄；瘦肉率为 66%～76.5%。

三、国外引进的某蛋鸡 4 个专门化品系配套杂交繁育体系

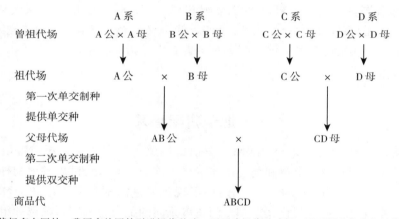

注：曾祖代场多在国外，我国多从国外引进祖代种鸡，回国建祖代种鸡场，进而制种产生父母代和商品代。

➔【自测训练】

　　1. 理论知识训练

　　（1）名词解释：配合力、配套系、父系、母系。

　　（2）在专门化品系培育中，父系和母系的主目标性状是哪些？

　　（3）简要说明专门化品系建系的主要步骤。

　　2. 操作技能训练

　　（1）实地考察，了解校内实训基地或校外实训基地种畜（猪）选育状况；查阅种畜（母猪）育种记录和相关资料。

　　（2）按照上述实训中专门化品系的建系步骤，制订专门化母系培育方案。

项目 8　杂交利用技术

【能力目标】

◆ 掌握生产中常见的经济杂交方式。

◆ 熟练掌握畜禽生产中杂种优势率的作用和估测方法。

◆ 掌握杂交育种的基本方法和操作步骤。

【知识目标】

◆ 领会经济杂交利用的含义和应用范围。

◆ 领会杂交育种的含义和应用范围。

◆ 理解杂交育种的基本原理。

任务 8-1　经济杂交利用

【任务内容】

● 领会经济杂交利用的含义和应用范围。

● 掌握生产中常见的经济杂交方式。

● 熟练掌握畜禽生产中杂种优势率的作用和估测方法。

【学习条件】

● 杂交父本：长白猪、大约克夏猪、杜洛克猪等瘦肉型猪种。

● 杂交母本：太湖猪等我国优良地方猪种若干头。

● 二元杂和三元杂商品代育肥猪若干头。

● 多媒体教室、猪杂交相关课件、教材、参考图书。

我国的地方品种及培育的新品种（或品系）数以千计。培育品种的目的是利用，最终的落点是参与我国各地的杂交繁育体系，进行品种间或品系间经济杂交，生产杂种优势大的商品畜以供应市场，推动我国养殖业的大发展。

一、杂交亲本的选择

大量经济杂交实践证实，并不是任意品种间或品系间杂交都能产生杂种优势，杂种优势取决于杂交亲本的选择、当地自然条件、社会因素等影响等诸多因素，但亲本的选择是经济杂交首先要解决的问题。

1. 猪经济杂交亲本的选择

（1）杂交母本的选择。在我国，猪肉是主要消费肉类，需求量巨大，不可能从外国引进数以千万计的母猪来国内配种杂交生产商品猪，所以选择杂交母本的具体要求为：分布广，数量大（配种所需公猪少，需母猪多），产仔多，母性好（中国猪大多母性特好），能适应我国各地自然生态条件。我国各地的优秀地方猪种正好符合杂交母本要求。

（2）杂交父本的选择。杂交父本的理想条件是增重快，150～160 日龄体重达 90kg，饲料利用率要高，瘦肉率在 60% 以上。我国地方猪种不符合这些条件，只有国外几个最优秀瘦肉型猪（杜洛克、长白、大约克夏、汉普夏等猪种）符合条件。20世纪 80 年代初，猪的经济杂交工作得到了各级政府和畜牧工作者的广泛重视，在全国范围内大力推广"四化"：公猪外来良种化，母猪本地化，商品育肥猪杂交一代化，配种人工授精化。这"四化"养殖决策给我国养猪业带来了一场大革命。

2. 鸡经济杂交亲本的选择　在我国蛋鸡和肉鸡生产中，多是饲养国外的配套系杂交商品鸡（如美国海兰鸡、法国伊莎鸡、德国罗曼褐）。这些国外的配套系鸡在我国都设有祖代场和父母代场，专门制种生产杂交商品代蛋鸡和肉仔鸡，供给我国广大养殖户，由于亲本掌握在国外公司手中，对我们来说不存在杂交亲本的选择问题。

我国地方草鸡（土鸡）已很少，有的地方草鸡品种濒危。进入 21 世纪，随着人们生活水平显著提高，消费者对国外引进的快大型肉鸡（如艾艾肉鸡）的肉质肉味不满意，开始怀念我国的地方草鸡。但国内的纯种草鸡已非常稀少，不能满足市场的巨大需求，所以在国内开始用国外黄羽肉鸡与我国地方草鸡进行杂交，生产优质肉鸡（如三黄鸡等），其增重较快，肉质、肉味较好。

3. 牛羊经济杂交亲本的选择

（1）随着我国农业机械化的发展，我国黄牛、水牛已从繁重的役用劳作中解放出来，逐步由役用转为肉用。其经济杂交多是引进国外的肉牛品种与我国地方牛进行品种间杂交，以生产商品肉牛。

（2）我国养羊业从传统的家庭副业发展为以养羊为生的专门产业，从饲养我国地方品种（体型小、生长慢），发展为以波尔羊等国外著名肉羊为父本、以我国地方土羊为母本的简单经济杂交，以生产体型大、生长快、出肉多的杂交商品肉羊。

二、杂交亲本的选优与提纯

经济杂交是否可获得极大的杂种优势，主要取决于以下两个方面。

1. 杂交亲本必须是优秀高产品种或高产品系　优秀高产品种或高产品系的基因库中有大量的各具特色的高产基因，高产品种间杂交可能获得更大的杂种优势。

2. 杂交亲本的提纯　要获得大的杂种优势，对杂交的父、母亲本必须提纯。即通过选择和适当近交，使亲本群主要目标性状的优良纯合子的基因型频率尽可能增加和优化，有害基因型频率不断下降。杂交双亲越纯，其杂交所得后代的杂种优势就越大。在生产中，品系的选优与提纯较品种容易实施。一个品种内家畜头数较多，要使一个数量庞大的品种内的群体质量全部提高和纯化是很难实现的，且耗时长、效果不明显。而找准品种内的一个品系，因家畜头数较少，可以集中精力进行选优与提纯，比较容易达到预期成效。

三、杂种优势的利用

1. **杂种优势的利用** 经济杂交的主要目的是最大限度地开发利用和获取杂种优势，创造更多的畜产品和经济效益。如猪的不同经济杂交方式，可获得不同的瘦肉率和效益。本地猪瘦肉率仅为 37%～45%；"一洋一土"的二元杂交商品猪瘦肉率为 46%～53%；"二洋一土"的三元杂交商品猪瘦肉率 56% 左右；洋三元杂商品猪瘦肉率高达 60%～65%。

杂种优势的利用不但受到上述不同亲本、不同杂交方式等影响，同时还受到各性状遗传率的影响。如遗传力低的性状，其杂种优势就大。

几乎全部的商品猪是杂种（二元或三元杂交为主），几乎全部的商品蛋鸡和快大型白羽肉鸡是杂种（三系或四系配套杂交为主）；近几年杂种优势在牛羊生产中也得到了充分利用。

大量杂交实践证实：不是家畜所有的性状都可以产生相同的杂种优势。一般有如下规律：①生命早期表现的性状及遗传力低的性状，如产仔数、产蛋率、幼畜禽成活率、断乳重等性状，杂交时杂种优势最大；②生命中期表现的性状及遗传力中等的性状，如生长速度、饲料利用率，杂交时杂种优势较大；③生命晚期表现的性状及遗传力高的性状，如胴体品质，杂交时杂种优势相对较小些。

2. **配合力测定** 配合力有两种：一般配合力和特殊配合力。一般配合力是指一个种群与其他各种群杂交所能获得的平均效果，如果一个品种与其他各品种杂交经常能够得到较好的效果，如引进品种大约克夏猪与世界上许多品种猪杂交效果都很好，就说明它的一般配合力好。一般配合力的基础是基因的加性效应，因为显性偏差和上位偏差在各杂交组合中有正有负，在平均值中已相互抵消。特殊配合力是指两个特定种群之间杂交所能获得的超过一般配合力的杂种优势。它的基础是基因的非加性效应，即显性效应与上位效应。这两种配合力可用图 8-1-1 加以说明。

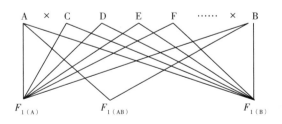

图 8-1-1 两种配合力概念示意

$F_{1(A)}$——A 种群与 B、C、D、E、F……各种群杂交产生的一代杂种的平均值

$F_{1(B)}$——B 种群与 A、C、D、E、F……各种群杂交产生的一代杂种的平均值

$F_{1(AB)}$——A、B 两种群的一代杂种的平均值

$F_{1(A)}$ 为 A 种群的一般配合力，$F_{1(B)}$ 为 B 种群的一般配合力，$F_{1(AB)}-1/2[F_{1(A)}+F_{1(B)}]$ 为 A、B 两种群的特殊配合力。

实际上，一般配合力所反映的是杂交亲本群体平均育种值的高低，所以一般配合力主要依靠纯繁选育来提高。遗传力高的性状，一般配合力的提高比较容易；反之，遗传力低的性状，一般配合力较不易提高。特殊配合力所反映的是杂种群体平均基因型值与亲本平均育种值之差，其提高主要应依靠杂交组合的选择。遗传力高的性状，各组合的特殊配合力不会有很大差异；反之，遗传力低的性状，特殊配合力可以有很大差异，因而有很大的选择余地。

杂交可以获得杂种优势，但不是所有的杂交都能获得杂种优势。所以在生产中要进行不同品种间（或品系间）进行杂交配合力测定，从而从中选出杂种优势最大的杂交组合。

在生产中经常进行的杂交组合试验（测定），主要是测定特殊配合力。例如：20世纪90年代初，国外大约克夏猪、长白猪等著名瘦肉型猪引入我国后，到底与我国各地方猪种杂交配合力如何？江苏省农林厅会同农业高校及有关猪场进行了规模宏大的特殊配合力测定（杂交组合试验）：用从国外引进的大约克夏猪、长白猪等著名瘦肉型猪分别与江苏省太湖猪、姜曲海猪、东串猪、淮猪四大地方良种杂交，对所有杂交组合进行详细的配合力测定和杂种优势率的计算。从而选择出最佳杂交组合，为江苏省建立杂交繁育体系提供依据。全国几乎各省都在进行类似的配合力测定，为我国各地的地方品种寻找最佳与配"对象"，以获得最大的杂种优势及其经济效益。

3. 杂种优势的度量　通常通过杂交试验进行的配合力测定，主要是测定特殊配合力。特殊配合力一般以杂种优势值表示：

$$H = \bar{F}_1 - \bar{P}$$

式中：H 为杂种优势值；$\bar{F}_1$ 为杂种一代的平均值（即杂交试验中杂种组的平均值）；$\bar{P}$ 为亲本种群的平均值（即杂交试验中各亲本种群纯繁组的平均值）。

为了各性状间便于比较，杂种优势常以相对值表示，即化成杂种优势率（$H\%$）的形式：

$$H\% = \frac{\bar{F}_1 - \bar{P}}{\bar{P}} \times 100$$

[例 8-1-1] 浙江省畜牧兽医研究所报道的一次杂交试验结果见表 8-1-1。

表 8-1-1　约×金杂交试验结果

组别	窝数	平均每窝产仔数	平均断乳窝重（kg）
大约克夏猪×金华猪	12	10.00	129.00
大约克夏猪×大约克夏猪	17	8.20	122.50
金华猪×金华猪	17	10.41	106.75

计算断乳窝重的杂种优势率：

$$H\% = \frac{129 - \frac{1}{2}(122.5 + 106.75)}{\frac{1}{2}(122.5 + 106.75)} \times 100$$

$$= \frac{129 - 114.63}{114.63} \times 100 = 12.5$$

多品种或多品系杂交试验时，亲本平均值应按各亲本在杂种中所占的血缘比例进行加权平均。

[例 8-1-2] 某三品种杂交试验结果见表 8-1-2，计算日增重的杂种优势率。

表 8-1-2　三品种杂交试验部分结果

组别	头数	始重（kg）	末重（kg）	平均日增重（g）
A×A	6	5.10	75.45	180.54
B×B	4	9.62	77.15	258.85
C×C	4	5.69	75.85	225.10
C×AB	4	9.81	76.63	278.41

在三品种杂交中，亲本 C 占 1/2 血缘成分，亲本 A、B 各占 1/4，所以：

$$\bar{P} = \frac{1}{4}(A+B) + \frac{1}{2}C$$

$$= \frac{1}{4}(180.54+258.85) + \frac{1}{2} \times 225.10 = 222.40$$

则日增重的杂种优势率：

$$H\% = \frac{\bar{F_1} - \bar{P}}{\bar{P}} \times 100 = \frac{278.41 - 222.40}{222.40} \times 100 = 25.18$$

4. 进行配合力测定时的注意事项

（1）各种性状都可以进行配合力测定，肉用家畜一般最常做的是肥育性能的配合力测定。在进行肥育性能的杂交试验时，试验家畜的选择、试验的开始和结束、预饲期的安排、饲养水平与饲喂方式以及称重、记录等，均应按照肥育试验的规定进行。其他性状配合力测定的杂交试验，也应有合理的试验设计。

（2）每次试验必须有杂交所涉及的全部亲本的纯繁组做对照。杂交组与对照组的各方面条件应尽量一致。

（3）注意试验组与对照组各自群体的代表性，尽量减少取样误差。为此，要求杂交亲本种群本身的标准差小，并且每组要有一定含量，否则头数太少没有代表性。

（4）配合力测定应在与推广的地区相仿的饲养管理条件下进行。也可同时用两种或几种饲养水平进行试验。

（5）为了提高试验的可靠性，必要时可重复几次。但重复试验的条件最好相同。

（6）为了节省人力、物力，应尽量压缩测定任务，可以不必测定的杂交组合尽量不测。压缩的方法如下。

①在测定以前就应根据资料分析和遗传学知识进行估计。凡估计与目的要求相差太远的组合，就可不必列入测定任务。例如，如果出口肥猪的要求是白色肉用型，那么，为了生产出口杂种猪时，双方都是脂肪型或双方都是黑猪的杂交组合，就可不必进行测定了。

②适合作母本的就作母本，适合作父本的就作父本，不必每种组合都进行正反交，这样可减少一半任务。例如，本地品种一般只作母本，而一些引进品种则只能作父本。

③目的性要明确。如三元杂交用的一代杂种母猪的亲本要进行繁殖性能的配合力测定。直接生产肥猪用的亲本，要进行肥育性能的配合力测定。肥育性能的遗传力不算低，不可能产生很大的非加性效应，因此双方都是肥育性能很差的亲本，就不必要

列为肥育性能配合力测定的组合了。

④同一地区的配合力测定，集中进行比分散进行更节省。例如，在一个地区要测定 5 个专门化品系相互间的配合力，一共有 5×4＝20 个杂交组合，如每对正、反交只做其中之一，也还有 10 个杂交组合。如集中一次进行，只要 10 个杂交组和 5 个纯繁对照组就够了；如分散 10 次进行，每次都要 2 个纯繁对照组，一共就需要 10 个杂交组和 20 个纯繁对照组，组数增加 1 倍，而且杂交组相互之间还不好比较。所以集中进行，虽然规模大一些，但总的说来在各方面都更为节省了。

⊙【相关知识】

一、杂交的概念

杂交是指两个及两个以上品种（或品系）间的公母畜交配。

杂交是提高畜群遗传潜能的重要手段之一，根据杂交目的不同，可将杂交分为两大类：第一类是杂交育种；第二类是经济杂交利用。这是完全不同概念、不同目的、不同杂交作用、不同遗传效应、不同杂交手段和不同技术路线的两类杂交。

二、杂交的作用与遗传效应

1. 杂交的作用

（1）杂交可用于品种的改良。我国是具有数千年养殖历史的养殖大国，地方畜禽品种极为繁多，且相当一些畜禽品种具有自己独特的优点，但也不同程度地存在一定缺点。从生产、市场需求及社会发展等方面，都希望在保持我国优良地方品种优点的基础上，弥补地方品种的某些缺点，使我国地方畜种更加优秀、更加高产、更加迎合市场。这就需要适当引入少量外血，来改良我国地方品种的某些缺点。这就需要采用导入杂交（引入杂交）或级进杂交等杂交育种方法。

（2）杂交可用于新品种的培育。我国虽然历史悠久，畜禽品种繁多，但随着社会的发展和市场需求的变化，相当多的地方品种因不能满足市场的需求，逐步失去生命力和市场价值。这就需要通过杂交的方式来培育新的品种，现已成功培育了苏太猪、苏姜猪、雪山草鸡、中国荷斯坦牛等。

（3）可用于经济杂交。纯种繁育基本上没有利用杂种优势，在生产中饲养地方纯种猪禽多难以盈利，严重影响我国畜牧业的发展和广大农民的积极性。利用不同品种（或品系）的家畜进行杂交，即可最大限度地开发和利用杂种优势，从而获得最大利润和效益。我国的商品蛋鸡、商品肉鸡、商品肉猪及商品肉牛羊等生产中都在广泛地开展经济杂交，由此分享了杂种优势带来的收益。

2. 杂交的遗传效应

（1）杂交可使基因杂合，其遗传不稳定。不同品种（或品系）的家畜间杂交，其杂种一代基因型必然杂合，从而产生较大的杂种优势以供人类开发利用。杂种一代的杂种优势明显，表现突出，但不能稳定地遗传给后代。如 F_1 横交，则 F_2 代的杂种优势就下降，并逐代下降。所以在畜禽生产中，人们可尽可能多地开发和获取 F_1 代（如商品猪、商品蛋鸡、商品肉鸡、肉牛等）的杂种优势，而不能奢望享用代代优势。

（2）杂交可提高畜群的群体生产水平。不同品种（或品系）畜禽进行杂交，由于基因间显性、超显性及上位作用，使杂一代产生较大的杂种优势。特别是产仔数、产蛋量、仔畜存活率、抗病力、生长速度、饲料利用率等均可获得较大的杂种优势效应，使杂交后代的群体平均生产水平有较大提高，经济效益极为明显。

杂种优势效应主要来自三个方面：①父本杂种效应；②母本杂种效应；③个体杂种效应。这三种效应我们在杂交中都可以开发利用。但在畜禽生产中，人们往往重视开发和利用母本杂种优势和个体杂种优势，而较少利用父本杂种优势，影响畜禽生产中杂种优势利用与效益的最大化。

（3）杂交可使群体一致性增强，以生产标准化畜禽产品。杂交可使后代性状的基因型多处于杂合状态，隐性有害基因得不到表现，性状趋于一致，畜群均匀整齐。这样便于工厂化饲养、标准化管理、畜产品的规格化上市。

三、杂交的方式

（一）二元杂交

二元杂交是用两个品种或两个品系的公母畜（禽）间进行杂交。二元杂交是经济杂交利用中最为简单的一种杂交方式，具有简单、易操作、易推广等优点。

1. 家畜生产中二元杂交　家畜二元杂交主要指两个不同品种间的杂交，尤其是牛羊就全国而言还尚没普遍采用专门化品系间的杂交，主要处于品种间的杂交。如海福特、夏洛来等品种作父本，与我国本地黄牛杂交，生产商品肉牛上市。

猪的二元杂交利用比牛羊早，进入 21 世纪，猪的二元杂交已不再是猪经济杂交的主要模式了。猪的杂交方式已逐步转向三元杂交为主，有的公司正在推广猪的品系（配套系）间杂交来生产杂种优势更大的商品育肥猪。

2. 家禽生产中二元杂交　二元杂交对养禽主体产业来说，主要是两个专门化品系间的杂交，尤其是商品蛋鸡业和快大型肉鸡业，多采用配套系生产（且多采用三系或四系杂交）。鸡的两品种间杂交主要用于本地草鸡的经济杂交（本地草鸡与引进的黄羽肉鸡杂交）。近年来我国本地草鸡也开始培育了专门化品系，且多采用简单的两品种（品系）配套杂交，生产特优型草鸡进入中高端市场。

（二）三元杂交

1. 家畜生产中三元杂交　进入 21 世纪，家畜生产中以猪率先进入三元杂交阶段，肉牛业也快速跟进。猪的三元杂交生产中常见有两种类型。

（1）"内三元"杂交模式。1986 年后我国"内三元"杂交模式（"二洋一土"）在全国范围内推广开来，大大提高了猪瘦肉率和生猪出栏率。"二洋一土"生产三元杂交商品肉猪的过程如下。

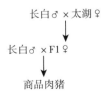

"二洋一土"三元杂交商品肉猪与"一洋一土"二元杂交商品肉猪相比具有以下优势：瘦肉率从二元商品猪的 46%～53% 上升至 56% 左右；节省饲料 10%；增

重速度提高 11%，每头猪多产瘦肉 3～4kg，每头猪多产生 100 元的经济效益。

（2）"外三元"杂交模式。我国猪"外三元"杂交模式虽然起步较早，但相当长时间没有在全国推开，多年来"外三元"杂交商品猪主要目标市场是供香港和澳门。目前，我国大城市市场消费对瘦肉率要求更高，特别是"长三角"经济发达圈中的大城市，对"外三元"商品育肥猪需求日益旺盛，所以在江苏、浙江、上海等地"外三元"杂交模式较为普遍。

就全国而言，"外三元"模式主要处于三品种杂交阶段，主要以两种杂交子模式为主。即杜×（长×大）模式和杜×（大×长）模式。外三元杂交模式因三个猪种都是外国瘦肉型猪，所以商品育肥猪增重更快，瘦肉率比"内三元"高，但肉质与肉味都较差些。

2. 家禽生产中三元杂交　我国蛋鸡和肉鸡生产中的三元杂交已进入三品系间配套杂交阶段，特别是肉鸡全世界多实行三系配套，如专门化父系多是白科尼什型；专门化母系 2 个，多是白洛克型。

（三）四元杂交

1. 家畜生产中四元杂交　在我国牛羊生产中四元杂交较少，配套系更少。猪的四元杂交已在养猪生产中初步推广，特别是从国外引进的四系或更多系配套猪（如PIC 猪 6 系配套）在我国一些地区已得以推广。

2. 鸡生产中的四元杂交　鸡的四元杂交早已脱离品种间杂交阶段，进入四系配套杂交的高级阶段。特别是在蛋鸡生产和快大型肉鸡生产中早已广泛应用与推广，且技术相当成熟，已形成规模化、产业化生产。在江苏等经济发达省份，强大的财富效应带动了现代养鸡业的工厂化、机械化和智能化发展，美国的海兰鸡、法国的伊莎褐、德国的罗曼褐等多元配套系杂交商品代蛋鸡在广大农村已普遍饲养，成为带动农民致富的主要产业之一。

在鸡生产中，专门化品系经配合力测定后选出最佳组合，即进行品系配套、扩繁，进而转入杂交制种生产商品鸡。四系配套的商品鸡，是由配套系经祖代、父母代两次制种而产生的，汇集了 4 个专门化品系的优点，所以具有更大的杂种优势，发挥出最大遗传潜力。

四系杂交模式如下。

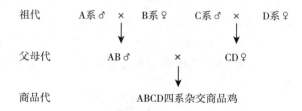

（四）顶交

近交的公畜和无亲缘关系的非近交的母畜间交配，称为顶交。

近交可使基因更加纯合，但近交又易引起衰退。对于公、母畜来说，母畜对近交更为敏感，特别是母畜的繁殖性能；而公畜不直接产仔，对近交就不太敏感。所以在经济杂交中用近交的公畜与无亲缘关系的非近交的母畜间交配，来生产杂种优势大的商品代。顶交具有收效快、易实施、成本低、商品代杂种优势更大等优点，在 20 世纪国外早已应用于经济杂交生产。我国对顶交认识不一，近些年也有少量畜禽场开始应用。

（五）远缘杂交

不同种属间的交配称为远缘杂交。因不同种属间的遗传距离远，故远缘杂交的后代杂种优势更强。由于远缘杂交后代往往不育，所以远缘杂交育种是受到一定限制的。但远缘杂交的杂种优势比品种间杂交或品系间杂交的杂种优势都大得多，所以远缘杂交在经济杂交中有着广阔的前景。

1. 半番鸭　番鸭原名瘤头鸭，原产于中南美洲，我国引进已有 250 年左右的历史。我国广东、福建、江苏、浙江等省养殖番鸭历史悠久，用番鸭与家鸭杂交极为常见。公番鸭与母家鸭杂交产生的属间杂种鸭，称为半番鸭（骡鸭），虽失去生育能力，但生长特别快，且瘦肉率高、肉质鲜美、抗病力强、公母差异不明显，很受广大养殖户的欢迎。

2. 马骡　用公毛驴与母马杂交，其杂一代称为马骡，其生活力、抗病力、劳役能力都超过双亲；用公马与母毛驴杂交，其杂一代称为驴骡，也有一定的杂种优势。

3. 犏牛　用公黄牛与母牦牛杂交，所生的后代称为犏牛，其生活力、抗病力、劳役能力都超过双亲。

4. 绵羊的杂交　西藏地区用当地绵羊与野生大头弯羊杂交，其后代不但体形大、产羊肉多，杂种优势显著，还有一定生殖能力。这样的远缘杂交，不但可用于经济杂交，获取巨大的杂种优势；而且这两种羊的远缘杂交其后代有生殖能力，则可用于对西藏地区当地绵羊的品种改良或培育新品种。

总之，远缘经济杂交是获取最大杂种优势的最重要手段，而远缘杂交育种还有待将来的科技发展，来打开种属间杂交后代不育的难题。

⊙【自测训练】

1. 理论知识训练

（1）名词解释：杂交、杂种优势、配合力。

（2）简述杂交的作用与遗传效应。

（3）杂交亲本的选择需要注意哪些问题？

（4）经济杂交方式有哪些？

2. 操作技能训练

（1）实地考察，了解实训牧场二元杂交及三元杂交利用情况。

（2）根据牧场的三元经济杂交资料，要求同学们计算其三元杂交相应指标的杂种优势率。

任务 8-2　杂交育种

【任务内容】

● 领会杂交育种的含义和应用范围。

● 掌握杂交育种模式。

【学习条件】

● 杂交父本：长白猪、大约克猪、杜洛克猪等瘦肉型猪种。
● 杂交母本：太湖猪等我国优良地方猪种若干头。
● 二元杂和三元杂商品代育肥猪若干头。
● 多媒体教室、猪杂交相关课件、教材、参考图书。

一、导入杂交

采用导入杂交（引入杂交）时，导入的外血一般不越过 12.5%（但我国本地草鸡大多导入外血 25% 左右，基本上仍可保持我国本地草鸡的优点）。导入杂交主要过程如下。

（1）用我国原优良品种的母畜与引入的优秀品种（多是国外著名品种）杂交。这样杂一代（F_1 代）含外血 50%，含我国原品种血统 50%。

（2）F_1 代母畜留种再与我国原优良品种的另一头公畜交配（回交），所生 F_2 代含外血 25%；含我国原品种血统 75%。

（3）F_2 代母畜留种再与我国原优良品种的公畜交配（回交），所生 F_3 代含外血 12.5%；含我国原品种血统 87.5%。如果此时感到 F_3 代已较为理想，则采用 F_3 代横交，即 F_3 ♂ 与 F_3 ♀ 自群繁育交配，结合选种即可成功（图 8-2-1）。

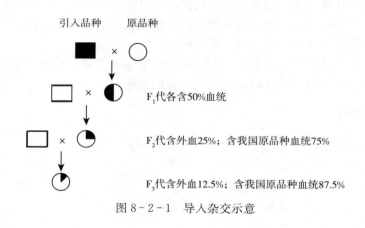

图 8-2-1 导入杂交示意

二、级进杂交

级进杂交又称改造杂交、吸收杂交、改进杂交，是改造性杂交的一种方法。它是利用某一优良品种彻底改造另一品种生产性能的方向和水平的杂交方法。参加杂交的两个品种分为"改良品种"与"被改良品种"。被改良的品种是需要进一步改良的现有品种，而要用另一个品种（即改良品种）与其杂交。其主要过程如下。

（1）用优秀高产品种的公畜与被改造的低产品种的母畜杂交，所生 F_1 代母畜留种。

（2）用 F_1 代母畜与优秀高产品种的另一头公畜交配（以免近交），所生 F_2 代母畜留种。

（3）F₂ 代母畜留种继续与优秀高产品种的公畜交配。这样一代一代地杂交，直至杂种接近（或基本达到）优秀高产品种生产水平时，再横交固定和自群繁育。如 F₃ 代接近（或基本达到）优秀高产品种的生产水平时，则可进入横交固定的自群繁育阶段（图 8-2-2）。

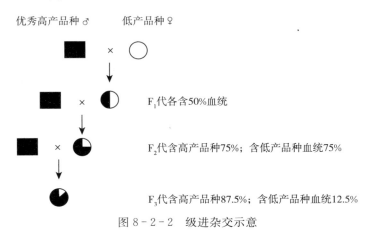

优秀高产品种♂   低产品种♀

F₁ 代各含50%血统

F₂ 代含高产品种75%；含低产品种血统75%

F₃ 代含高产品种87.5%；含低产品种血统12.5%

图 8-2-2 级进杂交示意

三、育成杂交

采用育成杂交方法来培育新品种，主要有四大步骤。

1. 杂交获新阶段 根据原拟定的杂交育种方案，进行品种间杂交，以期将分散在不同品种或不同个体的优良性状汇集到后代群体身上，形成理想型杂交后代和群体。通过不同品种间杂交，是否可获得新的理想型杂交后代群体，这关系到培育新品种的遗传素材优劣，杂交获新阶段的成败是新品种培育是否成功的关键。

2. 横交固定阶段 通过上述杂交获新阶段，发现理想型杂交后代时，即不再杂交。而转入杂交后代间自群交配繁育，从而进入优良性状和优秀个体的固定阶段。此阶段的主要目的是固定理想型个体和理想性状。特别是二元杂交的理想型个体在遗传上较易固定，使理想型目标性状的基因型频率提高。此阶段的主要技术措施是适当近交，从而使理想个体及理想性状的基因型得以纯合，达到固定优良个体和优良性状的目的。同时结合淘汰纯合有害基因和有遗传疾患的个体，使群体内有害基因频率不断下降，有益基因频率不断上升，这样杂交固定阶段的杂交群体的优良基因不断纯合、优良性状得以及时固定，群体质量得到提升，此阶段是杂交育种中最为关键阶段。

3. 扩繁和育成阶段 当畜群内优良个体和优良性状得到固定后，则就进入扩繁和育成阶段。此阶段的主要工作是：①大量繁殖理想型个体，使理想型个体快速群体化，这样才能保证将来培育出来的新品种是一个高产群体。②中试推广。国家对新品种的培育和验收都有严格的规定（见《畜禽新品种配套系审定和畜禽遗传资源鉴定办法》），要求新品种培育者要对新品种进行中间试验，对新品种的生产性能、适应性、抗逆性等进行验证。③在扩繁和推广实践中选育。将新品种推广到主要饲养区域，进行现场实地饲养、实地选育，实地测试和实地调试，使新品种更加适应当地气候条件、饲料管理条件等，确保新培育的品种高产、优质、受当地老百姓欢迎。

4. 建立杂交繁育体系 新品种培育的最后一道工序就是用该新品种与其他品种进行杂交组合试验，测定出最佳杂交组合。在此基础上，为该新品种建立配套的杂交繁育体系。以便在养殖户中推广该新品种，使该新品种及相配套的商品代成为当地农民致富的主要产业。

➡ 【相关知识】

一、导入杂交的概念与应用

1. 概念 导入杂交又称为引入杂交，是指在保留原有品种基本特性的前提下，导入（引入）少量其他优秀品种血统来改良原有品种的某些缺点的一种有限杂交育种方法。

2. 应用 导入杂交多用于我国原有品种是优良品种，这些品种有自己独特的优点，但尚存在某些缺点。为了保持我国原优良品种的优点，克服我国原优良品种的某个缺点。则需要适当引入（导入）少量外血（如国外优秀品种），来改良我国该优良品种的某些缺点，使该优良品种更加优秀和全面。

我国对各种畜禽进行过大规模的杂交改良或杂交培育新品种，并取得了较大成效。特别是在我国地方猪、鸡、奶牛、肉牛及羊的杂交改良上成绩卓著。我国地方鸡的杂交改良比较迟，随着人们生活水平的提高及市场对草鸡的消费量日益增长，我国地方草鸡的杂交改良才更具生产力和市场价值。我国拥有 140 多个地方鸡种，曾经被国外快大型肉鸡冲击而面临生死考验，现多采用导入杂交的育种方法。如我国华北的柴鸡、东北的笨鸡、东南的草鸡、西南的山地鸡等，现在大多含我国本地鸡血统 75%左右，导入外血 25%左右。

二、级进杂交的概念与应用

1. 概念 级进杂交又称为改造杂交，是利用某个优秀高产品种来彻底改造另一个低产品种的一种杂交育种方法。

2. 应用 我国是世界上畜禽品种最多的国家，但我国很多地方畜禽品种由于品质及性能较差，已不满足现代人类对畜产品的主流消费需求。这些群众不养、市场不要的品种，将可能出现两种情况：①被市场淘汰而自生自灭；②用优秀高产品种来彻底改造这个低产品种，使这个低产品种最大限度地接近（或基本达到）优秀高产品种的水平，从而重新得到广大养殖户的欢迎和市场喜爱。

三、育成杂交的概念与应用

1. 概念 育成杂交是指运用杂交从两个或两个以上品种中创造新的变异类型，并通过育种手段将这些变异类型固定下来的一种育种方法。

2. 应用

（1）新品种培育的背景条件。我国有些地方品种生产性能低下，既不适于导入杂交进行改良，也不适于级进杂交进行改造。则往往采用育成杂交，即用该低产品种与其他一个或多个高产品种进行杂交，以重新培育一个新的品种。

该地区原来的地方品种已基本灭绝，或都已与其他品种无计划地杂交，杂种或乱交种普遍分布在该区域。此时则可在这些杂种的基础上，进行横交固定、提纯、选择、选育，进而进行新品种的培育。

在制订新品种培育方案时，要考虑到将来培育出的新品种必须比原当地品种及其杂种生产性能要高，这样培育新品种才有必要和现实意义。

（2）新品种培育方法的分类。在育种和生产中，新品种培育方法。依参加杂交品种的数量来分，可分为两大类。①简单育成杂交：用两个品种进行杂交来培育新的品种。如草原红牛是用短角牛和蒙古牛杂交培育而成的，苏太猪是用杜洛克与太湖猪杂交培育而成的。②复杂育成杂交：用三个及三个以上的品种进行杂交来培育新的品种。如用苏联美利奴羊、高加索羊及我国蒙古羊进行三品种杂交，培育出内蒙古细毛羊新品种。

四、杂交育种的进展

导入杂交（引入杂交）、级进杂交、育成杂交等，是传统的杂交育种方法，但已不再是 21 世纪的主流育种方法了。现在一般采用杂交培育专门化品系和配套系生产。专门化品系的培育与新品种的培育相比具有培育素材数量要求低、省时、省事等特点，是一个快速高效的现代高产家畜培育方法。品系繁育、多系配套、健康养殖是现代世界养殖业的三大主题关键词。

合成系育种创建于西方发达国家，现被我国逐步接受和采用。合成系是指由两个或多个品系或品种间杂交，经基因重组选育出具有某些特点并能将这些特点遗传给后代的一个群体。合成系育种的特点是突出经济主目标性状，但并不追求体形外貌或血统上的一致，这种育种观念确是对传统育种观念和传统育种理论的挑战。国外一些大型畜禽育种公司，为了缩短培育纯系的时间，而多采用这种快速、节时、节本、高效的现代育种方法。选育合成系的目的是将快速合成的"合成系"作为配套系中的母系（一般不作为父系），同纯系的父系进行配套杂交，可获得强大的杂种优势。某公司以快速合成的合成系（AB 系）作配套系中的母系，与纯系 C（作配套系中的父系）进行两系配套杂交生产商品禽，其模式见图 8-2-3。

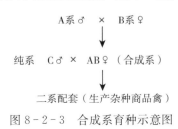

图 8-2-3　合成系育种示意图

现代育种趋势是将常规育种的精华与现代分子育种相结合，运用动物模型技术，结合分子标记辅助选择或标记辅助导入，从而选择出各具特色的专门化父系和专门化母系。在配合力测定的基础上建立配套系，以便可持续开发和获取杂种优势。

⊙ 【自测训练】

1. 理论知识训练

（1）名词解释：引入杂交、级进杂交、育成杂交、合成系。

（2）简述杂交育种的方法和原理。

（3）简述杂交育种的最新进展。

2. 操作技能训练　根据中国荷斯坦牛、苏姜猪、农大矮小鸡等培育资料，分析不同育种方式在新品种中育成的作用。

项目 9　发情鉴定技术

【能力目标】
◆ 能够通过外部观察法进行猪、牛和羊发情鉴定。
◆ 能够通过试情法进行猪和羊发情鉴定。
◆ 了解直肠检查法进行发情鉴定的原理和基本操作。
【知识目标】
◆ 理解母畜繁殖的基础理论知识。
◆ 掌握猪、牛和羊的发情鉴定的技术要点。

　　动物的发情行为依赖于其性机能的发育，是在生殖激素的调节下，生殖器官和性行为等发生的一系列变化。这种变化包括外部表现和内部生殖器官变化。

　　发情鉴定是动物繁殖工作的重要环节。通过发情鉴定，可以判断动物的发情阶段，预测排卵时间，以确定适宜配种期，及时进行配种或人工授精，从而达到提高受胎率的目的；还可以发现动物发情是否正常，以便发现问题，予以及时解决。在进行发情鉴定时，不仅要观察动物的外部表现，更重要的是要掌握卵泡发育状况，同时还应考虑影响发情的各种因素。只有进行综合的科学分析，才能做出准确的判断。

任务 9-1　牛的发情鉴定

【任务内容】
● 掌握外部观察法进行牛的发情鉴定的操作要点。
● 掌握尾根涂抹法进行牛的发情鉴定的操作要点。
● 掌握直肠检查法进行牛的发情鉴定的操作要点。
【学习条件】
● 发情母畜、保定架等。
● 开腟器、润滑剂、额灯或手电筒、工作服、毛巾、盆、肥皂、洗衣粉、70％酒精棉球、记录本、一次性直检手套等。
● 多媒体教室、发情鉴定教学课件、录像、教材、参考图书。

母牛发情期较短，但发情时外部表现比较明显，因此母牛的发情鉴定主要依靠外部观察，条件较好的牧场可以使用计步器法提高鉴定效率。当配种人员遇到发情征兆不明显的母牛，可应用直肠检查和 B 超检查的方法，更加准确地确定输精的时间。

一、外部观察法

让母牛在自由卧栏或在运动场内自由活动时进行观察，注意观察精神状态和爬跨行为，并结合外阴部的肿胀程度和黏液的状态进行判定，一般早中晚各观察一次，有些牧场在夜间也观察一次。

1. 发情前期 母牛表现为食欲下降，表现不安，不静卧反刍，常同其他牛额对额地相对立。与牛群隔离时，常大声哞叫，拴住时喜欢乱转，放开时追逐并爬跨其他牛（图 9-1-1），但并不接受其他牛的爬跨。外阴部稍肿胀，阴道黏膜潮红肿胀，子宫颈口微开，有少量透明的稀薄黏液流出。

图 9-1-1　奶牛发情时的爬跨行为

2. 发情盛期 母牛精神更加不安，大声哞叫，四处走动，食欲明显减退甚至拒食，产乳量下降，常两后肢叉开举尾，作排尿姿势。当其他牛只闻嗅其外阴部或爬跨时，举尾不拒。外阴部肿胀明显，阴道黏膜更加潮红，子宫颈开口较大，流出黏液呈纤缕状或玻璃棒状。

3. 发情末期 母牛逐渐安静，尾根紧贴阴门，不再接受其他牛的爬跨，外阴、阴道和子宫颈的潮红减退，黏液由透明变为乳白色。此后外阴部征状消失，逐渐恢复正常，进入间情期。

输精时间多选择在母牛刚不接受爬跨时。有些牛在发情后 1~3d，从阴道排出的黏液中含有不凝固的血液。这是由于母牛在发情期中（从排卵前开始）从子宫黏膜的实质水肿充血至发情后水肿消退时为止，子宫黏膜表层（尤其是子宫阜上的）毛细血管发生破裂及血细胞渗出，血细胞穿过黏膜上皮进入子宫腔，混在黏液中排出。乳用处女牛发情时约有 90% 发生这种现象。成年牛约有 50% 发情后出少量血，与受胎率无关，但大量出血一般均不受胎。

二、尾根涂抹法

尾根涂抹法是依据母牛发情时相互爬跨的特点进行的，这种方法操作方便、成本较低，与配种技术相结合，鉴定出发情牛只后，当即进行配种，可大大提高繁殖工作效率。

1. 操作步骤

（1）操作人员侧身站在牛的后面，保持一定距离防止被母牛踢伤。

（2）涂抹的位置为脊柱尾根背侧。

（3）需反复涂 2～3 次以补充颜料，涂抹长度在 15～18cm，不要超过 20cm，涂抹的宽度在 3～4cm，不要超过 5cm。

（4）保证涂抹处尾毛和皮肤上均有颜色，但应注意保持毛发清晰。

2. 注意事项 尾根涂抹法是根据尾根的染料是否被蹭掉来判断母牛发情的，如果母牛接受爬跨，则尾毛会被压，染料被蹭掉或颜色变浅，如果未被爬跨则尾毛保持直立，染料颜色仍然鲜艳或略变浅，而绝大部分清晰可见，如尾毛被舔舐则会有舔舐痕迹，颜色不变。如母牛尾根涂抹染料被蹭掉一部分，疑似发情的，则可进一步应用直肠检查或 B 超检查，准确判断母牛是否发情。

三、直肠检查法

直肠检查
（动画）

1. 操作步骤

（1）将母牛牵入保定架内进行保定，或在牛上颈枷后操作。

（2）术者手指甲剪短磨光，袖子高高挽起，戴上一次性直检手套，涂上润滑液，侧身站立于母牛的正后方，防止被母牛踢伤。

（3）将手五指并拢呈锥形旋转深入母牛肛门（图 9-1-2），进入直肠，排出宿粪。

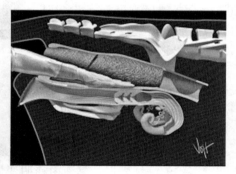

图 9-1-2 直肠检查示意

（4）将手伸入骨盆腔中部后，手掌展平，掌心向下，下压抚摸找到软骨呈棒状的子宫颈，沿子宫颈向前，用食指抚摸角间沟确定位置，找到向下弯曲的绵羊角状的子宫角，在子宫角大弯处向外寻找卵巢，卵巢为扁的椭圆形且有一定弹性的器官。

（5）找到卵巢后，用拇指、食指和中指固定卵巢，通过触摸感觉卵巢的形状、大小及卵泡的发育情况，以此判断准确的输精时间，按照同样的方法可判定另一侧的卵巢。

2. 注意事项 一般在卵泡生长发育期，卵巢增大，卵泡直径 0.5～1.5cm，呈球状，逐渐有波动感。随着卵泡的增大，发情逐渐明显。当卵泡达到最大时，发情逐渐减弱。卵泡成熟后，卵泡不再增大，但泡壁变薄，紧张性增强，在直肠检查时有一触即破之感。随着卵泡破裂排卵，卵泡液流失，故泡壁变为松软，成为一个小的凹陷，排卵后 6～8h，红体与黄体随即生成，再也摸不到凹陷。排卵发生在性欲消失后 10～15h。夜间排卵较白昼多，右侧卵巢排卵较左侧多。由于直肠检查法劳动强度大，要求技术水平高，所以这种方法一般只对无法确定发情时间或患有繁殖疾病的母牛应用。

→ 【相关知识】

一、雌性动物生殖器官的结构和功能

雌性生殖器官由卵巢、输卵管、子宫、阴道、外阴部组成（图 9-1-3，图 9-1-4）。前 4 部分为内生殖器官，由阔韧带附着支持着，上为直肠，下为膀胱。

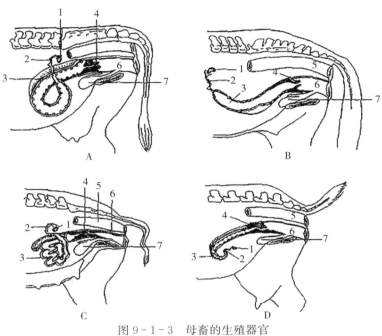

图 9-1-3　母畜的生殖器官

A. 母牛　B. 母马　C. 母猪　D. 母羊

1. 卵巢　2. 输卵管　3. 子宫角　4. 子宫颈　5. 直肠　6. 阴道　7. 膀胱

[张忠诚，2004. 家畜繁殖学（第四版）]

（一）卵巢

卵巢是母畜最重要的生殖腺体，成对，位于腹腔或骨盆腔，由卵巢系膜固定于邻近器官，其形态、大小取决于卵泡和黄体的变化，位置随妊娠而变化。

1. 形态与位置　卵巢的形状、大小和位置因畜种、个体及不同的生理时期而异。牛的卵巢呈扁椭圆形（羊的略圆小），约 4cm×2cm×1cm。牛、羊的卵巢多位于骨盆腔，在子宫角尖端外侧 2～3cm，未产和胎次少的母牛，位于耻骨前缘之后的骨盆腔内；经产多胎母牛，位于耻骨前缘的腹腔内；卵巢游离缘表面的任何部位均可排卵。马的卵巢为肾形，较大，附着缘宽大，游离缘上有特有的

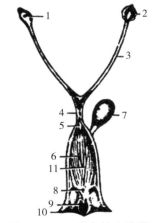

图 9-1-4　母犬的生殖器官

1. 卵巢　2. 切开的卵巢　3. 子宫角　4. 子宫体
5. 子宫颈　6. 阴道　7. 膀胱　8. 尿道外口
9. 阴蒂　10. 阴唇　11. 尿道

排卵窝，卵泡发育成熟后均在此凹陷内破裂排出卵子。马的卵巢由卵巢系膜吊在腹腔腰区肾的后方，左侧的卵巢位于第四第五腰椎横突末端下方，而右侧位于第三第四腰椎横突之下。猪的卵巢变化较大，初生时呈肾形，进入初情期前，由于许多卵泡发育则呈桑葚形，位于肾的后方。犬的卵巢较小，呈扁长的卵圆形，位于同侧肾的后方，每个卵巢都隐藏在一个富含脂肪的卵巢囊中。

2. 组织结构　卵巢的结构一般可分为被膜、皮质和髓质。被膜由生殖上皮和白膜组成。皮质由基质、处于不同发育阶段的卵泡、闭锁卵泡和黄体等构成。髓质为疏松的结缔组织。一般皮质在外，髓质在内，但马属动物髓质在外。髓质和皮质间并没有明显的界线。

3. 卵巢的机能　卵巢为雌性动物的生殖腺，也具有内、外分泌双重机能。

（1）卵泡发育和排卵。卵巢皮质部表层聚集着许多原始卵泡，原始卵泡由一个卵原细胞和周围一单层卵泡细胞组成，卵原细胞包裹在逐渐增多的卵泡细胞中发育，随着卵泡的发育，经过初级卵泡、次级卵泡、生长卵泡和成熟卵泡阶段，卵原细胞经过初级卵母、次级卵母细胞最终发育为成熟的卵子，由卵巢排出。不能发育成熟而退化的卵泡，萎缩成为闭锁卵泡，卵核中染色质崩解，卵母细胞和卵泡细胞萎缩，卵泡液被吸收，最终失去卵泡的结构。成熟排卵后的卵泡腔皱缩，腔内形成凝血块，称为血体或红体，以后随着脂色素的增加，逐渐变成黄体。

（2）分泌雌激素和黄体酮。在卵泡发育的过程中，包围在卵泡细胞外的两层卵巢皮质基质细胞形成卵泡膜。卵泡膜可分为血管性的内膜和纤维性的外膜，外膜和内膜细胞能合成雄激素，后者由卵泡细胞或颗粒细胞转化为雌激素。排卵后形成的黄体，由颗粒黄体细胞和内膜黄体细胞组成，颗粒黄体细胞由排卵后的颗粒细胞变大而成，呈多角形，其中含有脂肪和脂色素的颗粒；内膜黄体细胞由内膜的毛细血管向黄体细胞内生长，内膜细胞也增殖侵入其中而形成，呈圆形，比颗粒黄体细胞小。两种黄体细胞都能分泌孕激素。

（二）输卵管

1. 形态与位置　输卵管位于每侧卵巢和子宫角之间，是卵子进入子宫必经的通道，由子宫阔韧带外缘形成的输卵管系膜固定。其长度与弯曲程度随动物不同而异，以马为最弯曲。输卵管的腹腔口紧靠卵巢，扩大呈漏斗状，称为漏斗部，漏斗部的边缘不整齐，形似花边，称为输卵管伞，输卵管伞的一处附着于卵巢的上端，马附着于排卵窝。牛、羊的输卵管伞不发达，马的输卵管伞较发达，猪的输卵管伞最发达，前半部贴于卵巢囊前部的内侧面；后半部向后下方敞开，游离缘恰位于卵巢前上方，在卵巢囊内自由地罩着卵巢的大部分，与卵子的收集密切相关。紧接漏斗部的膨大部称为输卵管壶腹，约占输卵管长的一半，是精子和卵子受精的部位。壶腹后段变细，称为峡部，壶腹与峡部的连接处称壶峡连接部，峡部末端由输卵管子宫口直接与子宫角相通，输卵管与子宫连接处称为宫管连接部，牛、羊由于子宫角尖端较细，所以输卵管与子宫角之间无明显界线，发情时形成一个明显的弯曲。马的宫管连接部形成一个小乳头。猪的宫管连接部周围具有长的指状突起，括约肌发达。犬和猫的输卵管的特点是先环绕卵巢大致一周，且被包埋在卵巢囊的脂肪中，在延伸出卵巢后即与子宫角相接。

2. 组织结构　输卵管的管壁组织结构从外向内由浆膜、肌层和黏膜组成

（图 9-1-5），肌层可分为内层环状或螺旋状肌束和外层纵行肌束，其中混有斜行纤维，使整个管壁能协调地收缩。肌层从卵巢端到子宫端逐渐增厚，输卵管黏膜形成若干初级纵襞，在壶腹部又分出许多次级纵襞。牛、羊有 4 个初级纵襞，每个初级纵襞又有若干次级纵襞。马壶腹中次级纵襞多达 60 多个。输卵管上皮细胞有柱状纤毛细胞和无纤毛细胞，柱状纤毛细胞在输卵管的卵巢端，特别在输卵管伞，越向子宫端越少，这种细胞伸入管腔，纤毛尖端朝向子宫，纤毛的运动将卵子向子宫角方向推送。无纤毛细胞为分泌细胞，以漏斗部和壶腹部最多，其顶端有微绒毛被覆，表面有特殊的分泌颗粒，其大小和数量随不同种间和发情不同阶段而变化。

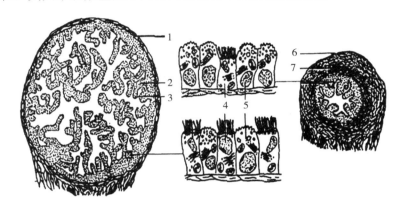

图 9-1-5 输卵管的横切面

1. 浆膜　2. 初级纵褶　3. 次级纵褶　4. 纤毛细胞　5. 分泌细胞　6. 纵行肌层　7. 环形肌层

［张忠诚，2004. 家畜繁殖学（第四版）］

3. 输卵管的机能

（1）承纳并运送精子、卵子和早期胚胎。借助输卵管纤毛的摆动、管壁的分节蠕动和逆蠕动、黏膜和输卵管系膜的收缩、纤毛摆动引起的液体流动为动力，从卵巢中排出的卵子经过输卵管伞被运送到壶腹部；而精子由峡部向壶腹部被反向运送。

（2）输卵管壶腹为获能精子和卵子受精的部位。受精卵一边卵裂，一边向峡部运行。宫管连接部对进入的精子有筛选作用，并控制精子和受精卵的运行。

（3）为早期胚胎提供营养。输卵管的分泌物主要是黏多糖和黏蛋白，是精子和卵子的运载工具，也是精子、卵子和受精卵的培养液，其分泌受激素的控制，发情时分泌增多。

（三）子宫

1. 形态与位置　子宫借助子宫阔韧带悬于腰下，部分位于腹腔，少部分位于骨盆腔，背侧是直肠，腹侧为膀胱，前接输卵管，后通阴道，两侧为骨盆腔侧壁。由子宫角、子宫体和子宫颈组成。

不同动物子宫也不同特点。牛、羊、猫和犬的两侧子宫角基部内有纵隔将两角分开为对分子宫，也称双间子宫；马、猪无纵隔，为双角子宫，马子宫体较长，猪有 2 个长而弯曲的子宫角；犬和猫的子宫体较短，但子宫角却特别长。以上动物的子宫都由子宫角、子宫体和子宫颈 3 部分组成。兔的子宫为双子宫类型，2 个完全分离的子宫开口于阴道，仅有子宫角而无子宫体。

牛、羊和马的子宫角有大、小两个弯，大弯游离，小弯由子宫阔韧带附着，神经、血管由此出入。牛的子宫角呈绵羊角状弯曲，位于骨盆腔内，经产多胎母牛的子宫角不同程度垂入腹腔。与子宫两角基部纵隔相对应的外部有一纵沟，称为角间沟，子宫体短。子宫黏膜有 4 列突出于表面的半圆形子宫阜，阜上没有子宫腺，未妊娠时子宫阜直径约为 15mm，而妊娠时增长到直径为 10cm，呈海绵状，有丰富的血管，发育后使母体胎盘与胎儿胎盘建立联系。水牛子宫角弯曲较小，接近平直。羊的子宫形状与牛相似，只是小些，绵羊的子宫黏膜有时有黑斑，山羊的子宫阜较绵羊多，羊的子宫阜中央有一凹陷，胎儿胎盘的子叶上的绒毛嵌入此凹陷。马的子宫角为扁圆形，前端钝，中部稍向下垂呈弧形，大弯在下，小弯在上，马的子宫体也呈扁圆形，与其他家畜相比最为发达，特别长，其前端与子宫角交界处称为子宫底，子宫黏膜有许多纵行皱襞，充满于子宫腔中。猪的子宫角长而弯曲，形似小肠，但管壁较厚，子宫体短，子宫黏膜也有纵行皱襞，但不如马的显著。猪、犬、猫和兔等多胎动物的子宫角特别长，这说明子宫角长度与多胎性成正相关关系。

子宫颈是由括约肌样构造的厚壁组成的一条狭窄的管腔，不同家畜子宫颈结构各异（图 9-1-6），马、牛、羊的子宫颈口部突出于阴道，紧紧关闭着，仅在发情时稍松弛开张，以便精子进入子宫，子宫颈分泌的黏液从阴道排出。牛的子宫颈壁厚而硬，子宫颈口突出于阴道 2～3cm，黏膜有 2～6 个横的月牙形皱襞，彼此契合，使子宫颈管呈螺旋形。子宫颈管收缩很紧，妊娠时封闭更紧。牛子宫颈黏膜的腺体特别发达，由两类柱状上皮细胞组成，即具有动纤毛的纤毛细胞和无纤毛的分泌细胞，发情时分泌活动增强，分泌液增多。黏膜表面形成初级与次级隐窝，为精子的贮库。羊的子宫颈结构与牛相似，其子宫

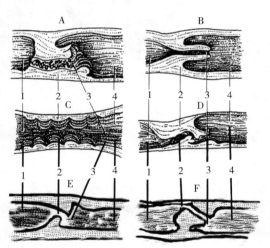

图 9-1-6 各种母畜（兽）的子宫颈
A. 牛 B. 马 C. 猪 D. 羊 E. 犬 F. 猫
1. 子宫体 2. 子宫颈 3. 子宫颈外口 4. 阴道

颈口突出于阴道不长，仅有上下 2～3 片突出，上片较大，子宫颈口的位置多偏于右侧。马的子宫颈较牛短而细，壁薄而软，黏膜形成许多纵行皱襞，子宫颈口突出于阴道 2～4cm，为钝圆锥状，黏膜上有放射状皱襞。不发情时子宫颈收缩封闭不紧，可容一指，发情时则松弛开放，可容 4 指伸入。猪的子宫颈较长，可达 10～18cm，黏膜有左右两排彼此交错的半圆形突起，中部的较大，两端较小。子宫颈后端逐渐过渡为阴道，没有明显的子宫阴道口。犬的子宫颈表现为子宫末端管壁逐渐增厚的长为 0.3～1cm 的一段，无明显的子宫颈内口。猫的子宫颈很短，仅 2mm 长，子宫颈前部和两侧由阴道穹隆环绕，但背侧部仅有增厚的子宫壁且直接与阴道壁相连，形成向后 V 形开口的子宫颈外口。

2. 组织结构　子宫的组织构造从外向里为浆膜、肌层和黏膜。浆膜与子宫阔韧带的浆膜相连接。肌肉层的外层薄，为纵行的肌纤维；内层厚，为螺旋形的环状肌纤维。子宫颈肌可看作子宫肌的附着点，同时也是子宫的括约肌，其内层特别厚，且有致密的胶原纤维和弹性纤维，是子宫颈皱襞的主要构成部分，内外两层交界处有交错的肌束和血管网，固有层含有子宫腺，子宫腺以子宫角最发达，子宫体较少，子宫颈则在皱襞之间的深处有腺状结构，其余部分为柱状细胞，能分泌黏液。

3. 子宫的机能

（1）贮存、筛选和运送精液，有助于精子获能。发情配种后，开张的子宫颈口有利于精子进入，并具有阻止死精子和畸形精子的能力，可防止过多的精子到达受精部位。大量的精子贮存在复杂的子宫颈隐窝内。进入的精子借助子宫肌的收缩作用运送到输卵管，在子宫内膜分泌液作用下，使精子获能。

（2）孕体的附植、妊娠和分娩。子宫内膜的分泌液既可使精子获能，还提供早期胚胎生长发育所需的营养；胚泡附植时子宫内膜形成的母体胎盘与胎儿胎盘结合，为胎儿的生长发育创造一个良好的环境。妊娠时子宫颈黏液高度黏稠形成栓塞，封闭子宫颈口，起屏障作用，防止子宫感染。分娩前子宫颈栓塞液化，子宫颈扩张，随着子宫的收缩使胎儿和胎膜排出。

（3）调节卵巢黄体功能，导致发情。子宫通过局部的子宫-卵巢的静脉-动脉循环对调节黄体功能起着重要作用。未妊娠子宫角在发情周期的一定时期分泌前列腺素 $PGF_{2\alpha}$，使卵巢的周期黄体消退，在促卵泡激素的作用下引起卵泡的发育，导致发情。

（四）阴道

1. 形态与位置　阴道位于骨盆腔，背侧为直肠，腹侧为膀胱和尿道，前接子宫，有子宫颈口突出于阴道（猪除外），形成一个环形隐窝，称为阴道穹隆或子宫颈阴道部。后接尿生殖前庭，以尿道外口和阴瓣为界，未交配过的幼畜（尤其是马和羊）阴瓣明显。各种家畜阴道长度：牛为 $25\sim30cm$，羊为 $10\sim14cm$，猪为 $10\sim15cm$，马为 $20\sim35cm$。

2. 组织结构　阴道壁由上皮、肌膜和浆膜组成。除牛以外，上皮均由无腺体的复层扁平上皮细胞构成，在接近子宫颈的前部有一些分泌细胞，上皮表层不角化，可能是因为血液中雌激素含量低的缘故。阴道的肌膜不如子宫外部那样发达，由一厚的内环层和一薄的外纵层构成，后者延续到子宫内一定距离，肌层中有丰富的血管、神经束、小群神经细胞以及疏松和致密结缔组织。牛除了有其他动物所有的后括约肌（在阴道和前庭的连接处）外，还具有特殊的前括约肌。

3. 生理功能　阴道既是交配器官，又是分娩时的产道。交配时储存于子宫颈阴道部的精子不断向子宫颈内供应精子。阴道的生化和微生物环境，能保护上生殖道免受微生物的入侵。阴道还是子宫颈、子宫黏膜和输卵管分泌物的排出管道。

（五）外生殖器宫

外生殖器官包括尿生殖前庭、阴唇和阴蒂。

尿生殖前庭为前接阴道，后接阴门裂的短管。前高后低，稍微倾斜。与阴道交界为阴瓣，其后为尿道外口，两侧有前庭小腺开口，背侧有前庭大腺开口。牛的尿生殖前庭腹侧有一黏膜形成的盲囊，称为尿道下憩室，前庭大腺开口于侧壁小盲囊，前庭小腺不发达，开口于腹侧正中沟中。尿生殖前庭为产道、排尿、交配的器官。

阴唇构成阴门的两侧壁，为尿生殖道的外口，位于肛门下方，两阴唇间的裂缝称为阴门裂。一般家畜阴门裂上角钝、下角锐，马则反之。

阴蒂位于阴门裂下角的凹陷内，由海绵体构成，被覆以复层扁平上皮细胞，具有丰富的感觉神经末梢，为退化了的阴茎。以马的阴蒂最发达；猪的长而弯曲，末端为一小圆锥。

在胚胎期性分化阶段，母畜原始性腺的皮层发育为卵巢，沃尔夫氏管没有雄激素的支持而退化，缪勒氏管则发育成雌性生殖道。性机能的发育，经历发生、发展至衰老的过程。

二、雌性动物性机能发育

1. 初情期 母畜的初情期是母畜开始出现发情现象的时期，这时生殖器官迅速发育，开始有繁殖后代的机能。初情期是促性腺激素活动增强、性腺的类固醇激素生成和配子发生能力增强的结果。但此时生殖器官还未充分发育，性机能也不完全。

各种家畜初情期的年龄相差很大。犬的初情期为 6～20 月龄，猫为 7～12 月龄，兔为 4～6 月龄。

一般家畜初情期与体重的关系比年龄更为密切。如奶牛达到初情期时的体重是其成年体重的 30％～40％，而肉牛是其成年体重的 45％～50％，绵羊为 40％～63％。生长速度会影响达到初情期的年龄。良好的饲养能促进生长，提早初情期；饲养较差则生长缓慢，推迟初情期。但是，猪的初情期与年龄的关系较之体重更为密切。

2. 性成熟 初情期后，促性腺激素分泌水平进一步提高，其周期性释放脉冲的幅度和频率都增加，足以使生殖器官及生殖机能达到成熟阶段：生殖器官发育完全，具有协调的生殖内分泌，表现完全的发情征状，排出能受精的卵母细胞，以及表现有规律的发情周期，具有繁衍后代的能力。但此时母畜身体生长发育尚未完成，不宜配种，以免影响母体的继续生长发育和胎儿的初生体重。然而小动物如兔等到初情期时通常已达性成熟。

3. 初配适龄 母畜初配适龄应以体重为根据，即体重达正常成年体重 70％时可以开始配种，达到性成熟，如果妊娠也不会影响母体和胎儿的生长发育。

4. 体成熟期 动物出生后达到成年体重的年龄，称为体成熟期。雌性动物在适配年龄后配种受胎，身体仍未完全发育成熟，只有在产下 2～3 胎以后，才能达到成年体重。

5. 绝情期 雌性动物的繁殖能力有一定的年限，繁殖能力消失的时期称为绝情期，也称为繁殖能力停止期或繁殖终止期。该期的长短与动物的种类及其终身寿命有关。此外，同种动物的品种、饲养管理水平以及动物本身的健康状况等因素，均可影响绝情期。雌性动物在绝情期后，即使是遗传性能非常好的品种，继续饲养也无意义，应及早淘汰，以减少经济损失。各种动物的初情期、性成熟期、适配年龄、体成熟期和绝情期见表 9-1-1。

表 9-1-1 各种动物的生理成熟时期*

动物种类	初情期	性成熟期	适配年龄	体成熟期	绝情期（年）
黄牛	8～12 月龄	10～14 月龄	1.5～2.0 年	2～3 年	13～15
水牛	10～15 月龄	15～20 月龄	2.5～3.0 年	3～4 年	13～15
马	12 月龄	15～18 月龄	2.5～3.0 年	3～4 年	18～20
驴	8～12 月龄	18～30 月龄	24～30 月龄	3～4 年	
骆驼	24～36 月龄	30～40 月龄	3.5～4 年	5～6 年	20
猪	3～6 月龄	5～8 月龄	8～12 月龄	9～12 月龄	6～8
绵羊	4～5 月龄	6～10 月龄	12～18 月龄	12～15 月龄	7～8
兔	4 月龄	5～6 月龄	6～7 月龄	6～8 月龄	3～4
犬	6～8 月龄	8～14 月龄	12～18 月龄		
猫	6～8 月龄	8～10 月龄	12 月龄		8
大鼠	50～60 日龄	60～70 日龄	80 日龄		1～2
小鼠	30～40 日龄	36～42 日龄	65～80 日龄		1～2
豚鼠		55～70 日龄	90 日龄		2

* 由于受品种、饲养水平、气候条件和出生季节等因素的影响，不同报道的数值有差异，此表仅供参考。

三、发情与发情周期

（一）发情

发情（estrus）是由卵巢上的卵泡发育引起、受下丘脑-垂体-卵巢轴系调控的生理现象。某些动物如骆驼、马、驴、绵羊（湖羊例外）、犬、猫以及所有野生动物的发情发生在某一特定季节，称为季节性发情；湖羊、山羊、猪、牛等动物在全年均可发情，称为非季节性发情。雌性动物发情时，不仅在行为上表现明显的特征，而且其生殖系统也发生一系列变化。雌性动物在发情时所表现的行为变化，称为性欲。性欲与外生殖道特征，统称为发情征象。此外，发情还具有周期性，即在生理或非妊娠条件下，雌性动物每间隔一定时期均会出现一次发情，通常将这次发情开始至下次发情开始，或这次发情结束至下次发情结束所间隔的时期，称为发情周期（estrus cycle）。

（二）发情周期

各种动物发情周期的时间因动物种类不同而异，牛、水牛、猪、山羊、马、驴平均为 21d，绵羊为 16～17d，豚鼠 16～19d，兔 8～15d，鹿 6～20d、海狸鼠 5～27d、虎 20d。大鼠、小鼠和仓鼠未交配时发情周期约为 5d；若交配未孕，发情周期可维持 12～14d。犬的发情周期为 6 个月。

1. 发情周期类型 雌性动物发情周期主要受神经内分泌所控制，但也受外界环境条件的影响。由于各种动物所受的影响程度不同，表现也各异，例如有些动物发情季节性很强，有些根本不存在发情季节性的问题。因此动物的发情周期可以分为两种类型。

（1）季节性发情周期。这一类型的动物，只有在发情季节才能发情排卵。在非发情季节、卵巢机能处于静止状态，不会发情排卵，称为乏情期。在发情季节，有些动物有多次发情周期，称为季节性多次发情，如马、驴和绵羊等；有些动物在发情季节只有一个发情周期，称为季节性单次发情，如犬，其发情季节有两个，即春、秋两季，每季只有一个发情周期。

（2）无季节性发情周期。这一类型的动物，全年均可发情，无发情季节之分，配种没有明显的季节性。猪、牛、湖羊以及地中海品种的绵羊等属此类型。动物发情周期之所以有季节性、是长期自然选择的结果。动物在未驯养前，处于原始的自然条件下，只有在全年中比较良好的环境条件下，才能保证所生的幼仔能够存活。例如，马的发情季节为春季，妊娠期为 11 个月，则分娩季节为春季，这时有利于幼驹成活；某些绵羊的发情季节是在秋季，妊娠期为 5 个月，则分娩季节也为春季，有利于羔羊成活。动物的发情季节并不是不变的，随着驯化程度的加深，饲养管理的改善，其季节性的限制也会变得不大明显，甚至可以变成没有季节性。

2. 发情周期的划分 在动物发情周期中，根据机体所发生的一系列生理变化，可分为几个阶段，一般多采用四期分法和二期分法来划分发情周期的阶段。四期分法是根据动物的性欲表现及生殖器官变化，将发情周期分为发情前期、发情期、发情后期和间情期四个阶段；二期分法是根据卵巢的组织学变化以及有无卵泡发育和黄体存在为依据，将发情周期分为卵泡期和黄体期。

（1）四期分法。主要根据发情征象将发情周期分为如下四个时期，适合于发情周期较短的动物，如小鼠和大鼠等。

①发情前期。这是卵泡发育的准备时期。此期的特征是：上一个发情周期所形成的黄体进一步退化萎缩，卵巢上开始有新的卵泡生长发育；雌激素也开始分泌，使整个生殖道血管供应量开始增加，引起毛细血管扩张伸展，渗透性逐渐增强，阴道和阴门黏膜轻度充血、肿胀；子宫颈略为松弛，子宫腺体略有生长，腺体分泌活动逐渐增加，分泌少量稀薄黏液，阴道黏膜上皮细胞增生，但尚无性欲表现。

②发情期。是雌性动物性欲达到高潮的时期。此期的特征是：愿意接收雄性动物交配，卵巢上的卵泡迅速发育，雌激素分泌增多，强烈刺激生殖道，使阴道及阴门黏膜充血肿胀明显，子宫黏膜显著增生，子宫颈充血，子宫颈口开张，子宫肌层蠕动加强，腺体分泌增多，有大量透明稀薄黏液排出。多数是在发情期的末期排卵。

③发情后期。又称后情期，是排卵后黄体开始形成的时期。该期的特征是：动物由性欲冲动逐渐转入安静状态，卵泡破裂排卵后雌激素分泌显著减少，黄体开始形成并分泌黄体酮作用于生殖道，使充血肿胀逐渐消退；子宫肌层蠕动逐渐减弱，腺体活动减少，黏液量少而稠；子宫颈管逐渐封闭，子宫内膜逐渐增厚；阴道黏膜增生的上皮细胞脱落。

④间情期。又称休情期或发情间期，是黄体活动时期。该期的特征是：性欲已完全停止，精神状态恢复正常。间情期的前期，黄体继续发育增大，分泌大量黄体酮作用于子宫，使子宫黏膜增厚，表层上皮呈高柱状，子宫腺体高度发育增生，大而弯曲分支多，分泌作用强，其作用是产生子宫乳供胚胎发育营养，如果卵子受精，这一阶段将延续下去，动物不再发情。如未孕，增厚的子宫内膜回缩，呈矮柱状，腺体缩小，腺体分泌活动停止，周期黄体开始退化萎缩，卵巢有新的卵泡开始发育，又进入下一次发情周期的前期。

（2）二期分法。主要根据卵泡发育和黄体形成情况将发情周期分为如下两期，适合于发情周期较长的动物，如猪、牛、羊等。

①卵泡期。是指黄体进一步退化，卵泡开始发育直到排卵为止。卵泡期实际上包括发情前期和发情期两个阶段。

②黄体期。是指从卵泡破裂排卵后形成黄体，直到黄体萎缩退化为止。黄体期相当于发情后期和间情期两个阶段。

➡【拓展知识】

一、异常发情

母畜的异常发情多见于初情期到性成熟阶段，以及发情季节的开始阶段。使役过度、营养不良、饲养管理不当和环境温度和湿度的突然改变等因素易引起异常发情。常见的异常发情有如下几种。

1. 产后发情　产后发情（estrus after parturition）是指母畜分娩后出现的第一次发情。各种母畜产后发情出现的时间早晚不一，这与饲养管理、季节、哺乳时间的长短以及产后有无疾病发生等因素有关。母猪大多在分娩后 3～6d 出现发情，但不排卵。一般在仔猪断乳后一周之内出现第一次正常发情。

母马常于产驹后 6～12d 发情，外部征状不明显，甚至无发情表现，但和母猪不同的是，母马产后第一次发情时有卵泡发育，并可导致排卵，因此可配种，俗称"配血驹"，此次配种的妊娠率较高。

母牛一般可在产后 40～60d 发情，乳牛产后第一次发情早者可于产后 3d 左右，而迟者可达数月，平均在 50d 左右发情。但农区耕牛，特别是水牛，一般产后发情较晚，往往经数月甚至一年以上，主要是由哺乳和饲养管理不善或使役过度引起。

2. 安静发情　安静发情（silent estrus）又称安静排卵，即母畜无发情征状，但卵泡能发育成熟并排卵。母牛、母马分娩后第一个发情周期，以及带仔的牛和羊、每日挤乳次数多的母牛、年轻或体弱的母牛均易发生安静发情。当连续两次发情的间隔时间相当于正常间隔的 2～3 倍时，即可怀疑中间有安静发情。造成安静发情的原因可能是由于生殖激素分泌不平衡所致。例如，当雌激素分泌量不足时，发情表现不明显；有时虽然分泌量没有减少，但由于母畜对激素刺激而表现发情所需的雌激素阈值在个体间有不同，故发情表现不明显，如有些个体所需的阈值较大，虽然分泌量不少，但仍未到达阈值，故发情征状不明显或没有发情表现。促乳素分泌量不足或缺乏，引起黄体早期萎缩，使黄体酮分泌量减少，下丘脑对雌激素的敏感性降低，也会引起安静发情。在绵羊发情季节第一个发情周期的安静发情发生率较高，可能与其黄体酮分泌量不足有关，至于发生在发情季节末期者，可能是因雌激素分泌量不足所致。

3. 孕后发情　母畜在妊娠后仍出现发情表现，称为孕后发情。母牛在妊娠最初的 3 个月内，常有 3%～5% 发情，少数在妊娠期其他时间有发情表现；绵羊在妊娠期间约有 30% 发情。虽然孕后发情时卵泡发育可达即将排卵时的大小，但往往不排卵，其他的家畜也有类似的情况。而马则除外，孕马发情时，卵泡可以成熟破裂排卵，是因母马在妊娠早期胎盘能产生大量的 PMSG 进入血液中，可以促进卵泡发育、成熟及排卵而引起发情。有些动物如大鼠、小鼠、兔、牛和绵羊等有异期复孕的现象，即两胎相隔数天或一周才分娩。引起孕期发情的原因很复杂，尚不十分清楚，据推测主要是因为激素分泌失调所致。

4. 慕雄狂 慕雄狂常见于牛和马，其他动物则少见。母牛发情行为表现持续而强烈，发情期长短不规则，周期不正常。患牛高度兴奋，大声哞叫，阴道黏膜及阴门水肿，从阴门流出透明的黏液，食欲减退，消瘦，两侧臀部肌肉塌陷，尾根举起，频频排尿，经常追逐和爬跨其他母牛，配种后不能受胎；患牛往往伴有雄性第二性征，如声音粗低、颈部肌肉发达等。慕雄狂的母马易兴奋，性烈而难以驾驭，不易接近，也不接受交配。发情可持续 $10 \sim 40d$ 而不排卵，一般在早春配种季节容易发生。

慕雄狂发生的原因与卵泡囊肿有关系，但患卵泡囊肿的母畜不一定造成慕雄狂。囊肿卵泡内常积有大量的液体，体积增大，既不排卵，也不黄体化，卵泡壁变薄，几乎没有颗粒细胞或内膜细胞，卵泡可发生周期性变化．即交替发生生长和退化，但不排卵。卵泡囊肿是否分泌大量雌激素到目前为止尚不十分清楚。据 Mellin 及 Ebr 发现，慕雄狂的母牛，囊肿卵泡内液体所含的雌激素和抑制素较正常卵泡少。据 Short 报道，囊肿的卵泡液中孕激素和雄甾烷二酮含量增加，而雌酮及 17β-雌二醇较常量少。所以牛囊肿卵泡中激素的含量与慕雄狂行为无关。又有人认为，慕雄狂是由于肾上腺皮质机能亢进，雌激素或雄激素的分泌量增多所致；也有人认为是由于下丘脑-垂体轴的机能失调而导致的 LH 释放不足等原因所引起。若是由卵泡囊肿所引起慕雄狂，可注射促性腺激素释放激素（因其可刺激垂体释放 LH）或直接注射 LH，使卵泡破裂而排卵或囊肿黄体化。也可用穿刺法，经阴道壁将囊肿卵泡刺破。上述两种方法均可获得良好的效果，可使发情周期恢复正常。

5. 短促发情 短促发情主要表现为发情持续时间非常短，如不注意观察，常易延误配种机会。其原因可能是由于卵泡发育迅速，成熟破裂而排卵，缩短了发情期。另一种原因可能是由于卵泡在发育过程中，受某种因素的影响而突然终止发育，使发情停止。

6. 断续发情 断续发情表现为母畜发情时断时续，整个过程延续很长（常见于早春及营养不良的母马）。其原因是由卵泡交替发育所致，先发育的卵泡中途发生退化，新的卵泡又生成，使体内雌激素水平时高时低，因此出现发情间断，即断续发情的现象。

7. 其他异常发情 其他异常发情有长发情、无排卵发情等。造成这种现象的原因可能是垂体分泌的 FSH 和 LH 量不足或两者作用不协调，特别是 LH 量不足，使 LH 峰不能诱起。

二、卵泡发育与排卵

（一）卵泡的发育及其形态特点

卵泡是位于卵巢皮质部，包裹卵母细胞的特殊结构。动物在出生前，卵巢上便具备了大量原始卵泡，初生后随着年龄的增长而不断减少，多数卵泡中途闭锁而退化、死亡，只有少数卵泡发育成熟而排卵。

初情期前，卵泡虽能发育，但不能成熟排卵，当发育到一定程度时，便退化萎缩。初情期后，在激素的调节作用下，卵巢上的原始卵泡逐步发育，最后成熟排卵。卵泡发育是指卵泡由原始卵泡发育成为初级卵泡、次级卵泡、三级卵泡和成熟卵泡的生理过程（图 9-1-7）。

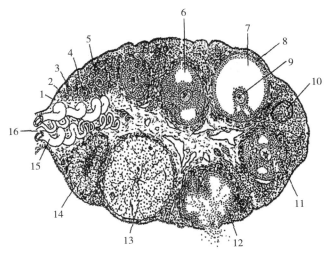

卵巢变化及
黄体形成
（动画）

卵泡发育（动画）

图 9-1-7　哺乳动物卵巢中卵泡与卵子在形态学上的关系模式
1. 生殖上皮　2. 白膜　3. 原始卵泡　4. 初级卵泡　5. 次级卵泡　6. 三级卵泡
7. 成熟卵泡　8. 颗粒细胞　9. 卵母细胞　10. 白体　11. 闭锁卵泡
12. 刚排卵卵泡（红体）　13. 成熟黄体　14. 退化黄体　15. 血管　16. 卵巢门
［张忠诚，2004. 家畜繁殖学（第四版）］

1. 原始卵泡　原始卵泡位于卵巢皮质部，是体积最小的卵泡。在胎儿期间已有大量原始卵泡作为储备，除极少数发育成熟外，其他均在发育过程中退化死亡。此发育阶段特点是卵原细胞周围由一层扁平状的卵泡细胞（颗粒细胞）所包裹，没有卵泡膜和卵泡腔。

卵子的排出
（动画）

2. 初级卵泡　初级卵泡由原始卵泡发育而成。其特点是卵母细胞的周围由一层立方体形卵泡细胞所包裹，卵泡膜尚未形成，也无卵泡腔，且此发育阶段之前是促性腺激素的不依赖期。

3. 次级卵泡　初级卵泡进一步发育成为次级卵泡，位于卵巢皮质较深层。其主要特点是：卵母细胞被两层以上立方体形卵泡细胞所包裹，卵泡细胞和卵母细胞的体积均较初级卵泡大，随着卵泡的发育，卵泡细胞分泌的液体增多，卵泡的体积逐渐增大，卵黄膜与卵泡细胞（或放射冠细胞）之间形成透明带。但此时尚未形成卵泡腔，以后的发育为促性腺激素依赖期。

以上三种卵泡的共同特点是没有卵泡腔，所以将上述三种卵泡统称为无腔卵泡或腔前卵泡。

4. 三级卵泡　三级卵泡由次级卵泡进一步发育而成。在这时期，卵泡细胞分泌的液体进入卵泡细胞，使卵泡细胞之间分离，并与卵母细胞的间隙增大，形成不规则的腔隙，称为卵泡腔。其后随着卵泡液分泌量的逐渐增多，卵泡腔进一步扩大，卵母细胞被挤向一边，并被包裹在一团卵泡细胞中，形成突出于卵泡腔中的岛屿，称为卵丘。其余的卵泡细胞则紧贴在卵泡腔的周围，形成颗粒细胞层。

5. 成熟卵泡　成熟卵泡也称为葛拉夫氏卵泡，Regnier de Graaf 于 1672 年对此发育阶段的卵泡进行描述，因此以其姓氏命名。其为二级卵泡进一步发育至最大体积，卵泡壁变薄，卵泡腔内充满液体，这时的卵泡称为成熟卵泡或排卵卵泡。

这种卵泡扩展达卵巢皮质的整个厚度，并明显突出于卵巢表面，包裹卵泡的膜为卵泡膜。卵泡膜分为两层，外膜为纤维的基质细胞，对卵母细胞的发育起到保护作用；内膜分布有许多血管，内膜细胞参与雌激素的合成。

三级卵泡与成熟卵泡的共同特点是含有卵泡腔，因此被称为有腔卵泡。初级卵泡、次级卵泡和三级卵泡的共同特点是生长发育很快，表现在细胞分裂迅速，体积增大明显，故常将这三种卵泡也称为生长卵泡。

6. 卵泡发生波　近来在研究牛的卵泡发生动力学规律时发现，在每个发情周期中，牛卵巢有 2～3 批原始卵泡发育成为三级卵泡，即每个发情周期有 2～3 个卵泡发生波。每个卵泡发生波均有一个三级卵泡发育成为成熟卵泡。卵巢上的卵泡数量很多，每个卵泡均有同等发育潜力。但在单胎动物每个发情周期，一般只有其中一个卵泡发育成熟。这个卵泡相对于其他卵泡具有发育上的优势性，通常称为优势卵泡，其他卵泡则称为劣势卵泡或从属卵泡。

（二）排卵

1. 排卵类型　大多数哺乳动物排卵都是周期性的，根据卵巢排卵特点和黄体的功能，哺乳动物的排卵可分为两种类型，即自发排卵和诱发排卵。

（1）自发排卵。卵泡发育成熟后自行破裂排卵并自动形成黄体。这种排卵类型所形成的黄体尚有功能性及无功能性之分。一是在发情周期中黄体的功能可以维持一定时间，如家畜；二是除非交配（刺激），否则所形成的黄体是没有功能的，即不具有分泌黄体酮的功能，如鼠类中的大鼠、小鼠和仓鼠等未交配时发情期很短，约 5d，若交配未孕则发情周期可维持 12～14d。

（2）诱发排卵。又称为刺激性排卵，必须通过交配或其他途径使子宫颈受到机械性刺激后才能排卵，并形成功能性黄体。骆驼、兔、猫等属于诱发排卵动物。

无论是自发排卵还是诱发排卵都与 LH 作用有关，但其作用途径有所不同。自发排卵的动物，排卵前 LH 峰是在发情周期中自然产生的，而诱发排卵必须经过交配刺激，引起神经-内分泌反射而产生排卵前 LH 峰，促进卵泡成熟和排卵。只有当子宫颈受到适当刺激后，神经冲动由子宫颈或阴道传到下丘脑的神经核。引起 GnRH 释放，GnRH 沿垂体门脉系统到达前叶，刺激其分泌 LH，形成排卵前 LH 峰。诱发排卵的动物可通过注射促排卵的 LH 或 hCG，或类似交配的机械性刺激子宫颈的方法诱发排卵。

2. 排卵部位　大部分哺乳动物除卵巢门外，在卵巢表面的任何部位都可发生排卵，唯有马属动物的排卵仅限于卵巢中央的排卵窝（ovulation fossa）。在牛、马和绵羊，不管卵巢上有无黄体，排卵在两个卵巢可随机发生。很多哺乳动物一般都是两个卵巢交替排卵，但它们的排卵率并不完全相同，如牛右侧卵巢排卵率约为 60%，左侧卵巢约为 40%，产后的第一次排卵多发生在孕角对侧的卵巢上。但也有一些动物主要在一侧卵巢排卵，如鲸。

3. 排卵过程　排卵前，卵泡经历着三大变化：即卵母细胞细胞质和细胞核成熟；卵丘细胞聚合力松懈，颗粒细胞各自分离；卵泡膜变薄、破裂。所有这些变化都是由于 LH 和 FSH 的释放量骤增并达到一定比例时引起的。

（1）排卵前卵泡各种细胞的变化。

①卵母细胞。在成熟卵泡的卵丘细胞团中出现空腔时，卵丘细胞和脑膜细胞层的联系松弛，卵丘细胞逐渐分离，只有靠近透明带的卵泡细胞得以保留，围绕卵母细胞而形成放射冠，使卵母细胞从颗粒细胞层释放出来，并在排卵前 LH 峰之后 3h 卵母细胞重新开始减数分裂，这个过程称为细胞核成熟。于排卵前 1h 结束，此时第一极体已排出。卵丘细胞分泌较多的糖蛋白，形成一种黏性物质，将卵母细胞及其放射冠包围起来，卵泡破裂后，这种黏性物质散布于卵巢表面，有利于输卵管伞接纳卵母细胞。

②颗粒层细胞。排卵前卵泡壁的颗粒细胞开始脂肪变性，卵泡液渗入卵丘细胞之间，使卵丘细胞聚合力减弱，并与颗粒细胞层逐渐分离，最后在卵泡顶部处颗粒细胞完全消失。约在排卵前 2h 颗粒细胞长出突起，穿过基底层，为排卵后黄体发育时卵泡膜细胞和血管侵入颗粒细胞层做准备。

③卵泡膜细胞。卵泡破裂前由于卵泡液迅速增多，卵泡体积迅速增大，卵泡的弹性增加，但卵泡液压力没有任何增加，使卵泡膜发生侵入性水肿，卵泡壁变薄。在接近排卵时，卵泡膜的上皮细胞发生退行性变化，并释放出纤维蛋白分解酶，同时活性提高。此酶对卵泡膜有分解作用，可使卵泡壁变薄而破裂。

（2）排卵前卵泡形态与结构的变化。随着卵泡发育和成熟，卵泡液不断增加，卵泡容积增大并凸出于卵巢表面，但卵泡内压并没有提高。突出的卵泡壁扩张，细胞质分解，卵泡膜血管分布增加、充血，毛细血管通透性增强，血液成分向卵泡腔渗出。随着卵泡液的增加，卵泡外膜的胶原纤维分解，卵泡壁变柔软，富有弹性。突出卵巢表面的卵泡壁中心呈透明的无血管区，排卵前卵泡外膜分离，内膜通过裂口而突出，形成一个乳头状的小突起，称为排卵点。排卵点膨胀，多数卵泡将卵母细胞及其周围的放射冠细胞冲出，被输卵管伞接纳。

三、黄体形成与退化

成熟卵泡排卵后形成黄体（corpus luteum，CL）。黄体分泌黄体酮作用于生殖道，使之向妊娠的方向变化。如未受精，一段时间后黄体退化，开始下一次的卵泡发育与排卵。在短时间内，在卵泡期分泌雌激素的颗粒细胞转变为分泌黄体酮的黄体细胞。

1. 黄体形成 成熟卵泡破裂、排卵后，由于卵泡液排出，卵泡壁塌陷皱缩，从破裂的卵泡壁血管流出血液和淋巴液，并聚积于卵泡腔内形成血凝块，称为红体。此后，颗粒细胞在 LH 作用下增生肥大，并吸收类脂质——黄素而变成黄体细胞，构成黄体主体部分。同时，卵泡内膜分生出血管，布满发育中的黄体，卵泡内膜细胞也随着移入黄体细胞之间，参与黄体的形成，此为卵泡内膜细胞来源的黄体细胞。大多数动物的黄体在形成方式上大致相同，但不同类型动物也有所差异。各种动物黄体的颜色也不一样，在牛、马因黄素多，黄体呈黄色；水牛黄体在发育过程中呈粉红色，萎缩时变成灰色；羊为黄色；猪黄体发育过程中为肉色，萎缩时稍带黄色。

黄体是一种暂时性的分泌器官。黄体开始生长很快，牛和绵羊在排卵后第 4 天，可达最大体积的 50%～60%。黄体发育至最大体积的时间，牛在排卵后第 10 天，绵羊在排卵后第 7～9 天，猪在排卵后第 12～13 天，马在排卵后第 14 天。

2. 黄体类型 雌性动物如果没有妊娠，所形成的黄体在黄体期未退化，这种黄体称为周期黄体。周期黄体通常在排卵后维持一定时间才退化，退化时间：牛为第14~15天，羊为第12~14天，猪为第13天，马为第17天。如果雌性动物妊娠，则转化为妊娠黄体，此时黄体的体积稍大。大多数动物妊娠黄体一直维持到妊娠结束才退化。而马例外，妊娠黄体一般维持到妊娠期第160天左右退化，然后依靠胎盘分泌的黄体酮来维持妊娠。

3. 黄体退化 黄体退化时，由颗粒细胞转化的黄体细胞退化很快，表现在细胞质空泡化及核萎缩。随着微血管退化，供血减少，黄体体积逐渐变小，其体细胞的数量也显著减少，颗粒层细胞逐渐被纤维细胞代替，黄体细胞间结缔组织侵入、增殖，然后整个黄体细胞被结缔组织所代替，形成一个斑痂，颜色变白，称为白体，残留在卵巢上。大多数动物的白体存在到下一周期的黄体期，此时的功能性新黄体与大部分退化的白体共存。一般的规律是至第二个发情周期时，白体仅有疤痕存在，其形态已不清晰。

黄体退化的经典说法是由于子宫黏膜产生的 PGF_2 作用所致，但最近的研究表明，牛的黄体组织本身也产生 PGF_2 和其他前列腺素（PG）。由此看来，黄体的退化并不完全依赖来源于子宫的 PG。再者，有很多试验说明，17β - 雌二醇（17β - E_2）是牛和羊的溶黄体因子，如在发情周期中给予 17β - E_2 会引起黄体溶解。但在猪结果相反，雌激素对黄体有促进作用，使血浆黄体酮浓度升高。近年来有试验表明，催产素（OXT）对牛和绵羊的黄体退化也具有生理作用。离体试验表明，小剂量 OXT 具有促进黄体作用，大剂量则有溶解黄体的作用。

➔ **【自测训练】**

1. 理论知识训练
（1）名词解释：发情、发情周期、发情鉴定、安静发情。
（2）简述母畜生殖器官的组成及生理功能。
（3）简述母牛发情的外部表现。
2. 操作技能训练 分组进行以下操作。
（1）观察奶牛发情的外部特征。
（2）直肠把握法进行奶牛发情鉴定的操作。
（3）尾根涂抹法进行奶牛发情鉴定。

任务 9 - 2 马的发情鉴定

【任务内容】
● 掌握用外部观察法进行马的发情鉴定。
● 了解用直肠检查法进行马的发情鉴定的操作要点。
● 熟悉用试情法进行马的发情鉴定技术要点。
【学习条件】
● 发情母畜、保定架等。
● 开膣器、润滑剂、额灯或手电筒、工作服、毛巾、盆、肥皂、洗衣粉、70%酒精棉球、记录本等。

● 多媒体教室、发情鉴定教学课件、录像、教材、参考图书。

母马的发情期长，其卵泡发育、成熟、排卵受外界因素影响较大，如只靠外部观察及阴道检查判断其排卵期比较困难，但其卵泡发育较大，规律性明显，因此一般以直肠检查卵泡发育为主，其他方法为辅。

一、直肠检查法

马的直肠检查法操作步骤可参见牛。马的卵泡发育一般分为 6 个时期：卵泡出现期、发育期、成熟期、排卵期、空腔期和黄体生成期。

1. 卵泡出现期 每当发情周期开始的时候卵巢表面就有一个或数个新生卵泡出现，这些卵泡虽不能完全成熟排卵，但其中有一个（很少有两个）可以获得发育的优势而达到成熟排卵。卵巢表面任何部位都有可能发生卵泡，但一般在两端或背侧部发生，特别是在排卵窝周围较多。初期卵泡硬小，表面光滑，呈硬球状突出于卵巢表面。

2. 发育期 此阶段，获得发育优势的新生卵泡体积增大，充满卵泡液，表面光滑，卵泡内液体波动不明显，突出于卵巢部分呈正圆形，犹如半个球体扣在卵巢表面，并有较强的弹性，其直径为 3～6cm。卵泡达到此阶段时，一般母马都已发情。此阶段的持续时间：早春环境条件不良时为 2～3d，春末夏初条件良好时为 1～2d。

3. 成熟期 这是卵泡充分发育的最高阶段，这阶段卵泡体积变化不明显，主要是性状的变化。所谓性状的变化，通常有两种情况：一种是母马卵泡成熟时，泡壁变薄，泡内液体波动明显，弹力减弱，最后完全变软，流动性增加，用手指轻轻按压可以改变其形状，这是即将排卵的表现。另一种是有些母马的卵泡成熟时，皮薄而紧，弹力很强，触摸时母马敏感（有疼痛反应），有一触即破之势，这也是即将排卵的表现。这阶段的持续时间较短，一般为一昼夜，也有持续 2～3d 的。

4. 排卵期 卵泡完全成熟后，即进入排卵期。这时的卵泡形状不规则，有显著的流动性，卵泡壁变薄而软，卵泡液逐渐流失，需 2～3h 才能完全排空。由于卵泡正在排出，触摸时卵泡不成形，非常柔软，手指很容易塞入卵泡腔内。

5. 空腔期 卵泡液完全流失后，可感到卵巢组织下陷，凹陷内有颗粒状突起。用手轻捏时，可感到两层薄皮。该期持续 6～12h。

6. 黄体形成期 卵泡液排空后，卵泡壁微血管排出的血液重新充满卵泡腔，形成血体，使卵巢从"两层皮状"逐渐发育成扁圆形的肉状突起，形状和大小很像第二、第三期时的卵泡；但没有波动和弹性，触摸时一般没有明显的疼痛反应。

上述六个时期的划分是人为规定的，其实卵泡发育的过程是连续的，并无明显的界限。只有熟练掌握，才能做出正确的判断。

二、试 情 法

1. 分群试情 把结扎输精管或施过阴茎转向术的公马放在马群中，以便发现发情的母马的反应。此法适用于群牧马。

2. 牵引试情 一般是在固定的试情场进行。把母马牵到公马处，使它隔着试情栏亲近，同时注意观察母马对公马的态度来判断发情表现。若母马发情会主动接近公马，并有举尾、后肢开张、频频排尿等表现，在发情高潮时，往往很难将公马与母马拉开。

三、外部观察法

观察母马外阴变化有助于确定直肠检查或试情检查的结果。母马在发情前期，阴唇皱缝变松，阴门充血下垂，经产母马尤为显著；发情期间阴唇肿胀，阴门努张程度增大，用公马试情时。阴唇表现节奏性收缩，阴蒂外露。

⊙【自测训练】

1. 理论知识训练 简述母马与母牛发情时的异同点。

2. 操作技能训练 观看马的发情鉴定视频，分析牛和马的发情鉴定异同点及生殖器官结构的差别。

任务 9 - 3 羊的发情鉴定

【任务内容】
● 掌握用试情法进行羊的发情鉴定。
【学习条件】
● 发情母羊、试情公羊。
● 试情布、发情鉴定器、记录本等。
● 多媒体教室、发情鉴定教学课件、录像、教材、参考图书。

羊的发情期短，外部表现不明显，又无法进行直肠检查，因此主要依靠试情，结合外部观察。具体操作如下：将试情公羊（结扎输精管或腹下带兜布的公羊）按一定的比例（一般为1∶40）每日一次或早晚两次定时放入母羊群中。母羊在发情时可能寻找公羊或尾随公羊，但只有母羊愿意站着接受公羊的逗引及爬跨时，才达发情旺期（图9-3-1）。发现母羊发情时，将其分离出，继续观察，以备配种。也可在试情公羊的腹部

图9-3-1 试情法进行绵羊的发情鉴定

安上标记装置（即发情鉴定器），或在胸部涂上颜料。当母羊发情并接受公羊爬跨时，公羊胸部的颜料便涂于母羊的臀部上，便于识别。发情母羊的行为表现不明显，主要表现在喜欢接近公羊，并强烈摆动尾部，被公羊爬跨时静立不动，但发情母羊很少爬跨其他母羊。母羊发情时，只分泌少量黏液，或不见有黏液分泌，外阴部没有明显的肿胀或充血现象。

● 【自测训练】

1. 理论知识训练
(1) 简述绵羊和山羊的发情表现差异。
(2) 简述羊的发情鉴定的主要方法和操作要点。
2. 操作技能训练 应用试情法进行羊的发情鉴定，并观察发情母羊的外部表现。

任务 9-4　猪的发情鉴定

【任务内容】
● 掌握外部观察法进行猪的发情鉴定。
● 掌握试情法进行猪的发情鉴定。

【学习条件】
● 发情母猪、试情公猪、记录本等。
● 多媒体教室、发情鉴定教学课件、录像、教材、参考图书。

一、外部观察法

1. 发情前期　母猪表现不安，有时叫鸣，阴部微充血肿胀，食欲稍减退。对公猪气味和声音表示好感，但不允许公猪过分亲近，爬跨其他母猪，这一阶段持续 1～2d。

2. 发情期　母猪的性欲逐渐趋向旺盛，阴门充血肿胀，渐渐趋向高峰，阴道湿润，慕雄性渐强，此时若用公猪试情（图 9-4-1），则愿接近公猪，当公猪爬上其背时，则静立不动。如用手按压母猪后背或骑背（图 9-4-2），表现静立不动并用力支撑，或有向后坐的姿势，同时伴有竖耳、弓背、颤抖等动作。

图 9-4-1　母猪发情

图 9-4-2　压背反射

3. **发情后期** 性欲渐趋减退，阴门充血肿胀消失，呈淡红色，食欲逐渐恢复，不接受爬跨，躲避压背测试，压背反射结束。

二、试 情 法

母猪在发情时，对于公猪的爬跨反应敏感，采用试情公猪和母猪接触，根据接受公猪爬跨安定的程度判断其发情的阶段。

1. **试情公猪的选择** 试情公猪（图9-4-3）应具备以下条件：最好是年龄较大，行动稳重，气味重；口腔泡沫丰富，善于利用叫声吸引发情母猪，并容易靠气味引起发情母猪反应；性情温和，有忍让性，任何情况下不会攻击配种员；听从指挥，能够配合配种员按次序逐栏进行检查，既能发现发情母猪，又不会不愿离开这头发情母猪而导致无法继续试情。

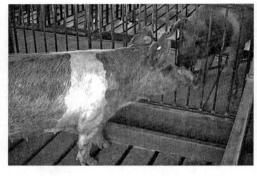

图9-4-3 试情法

2. **操作方法**

猪的发情鉴定
（视频）

（1）将疑似发情母猪赶到配种场或配种栏内，让试情公猪与疑似发情母猪接触，如果疑似发情母猪允许试情公猪的爬跨，说明此时可以进行本交配种。

（2）由于母猪对公猪气味异常敏感，可用公猪尿或精清蘸在一块布上，持入母猪栏，观察母猪的反应，以判定其是否发情。

（3）目前有合成的外性激素用于母猪试情。另外，母猪发情时对公猪的叫声异常敏感，可利用公猪求偶叫声录音来鉴定母猪的发情。

生产实践中，多根据观察阴门颜色和状态变化、阴道黏液黏稠程度、静立反应检查结果等各项指标进行综合判断，如果有试情公猪或配种公猪则可以直接用试情公猪或配种公猪进行试情，这样可增加可信程度。

➡ 【拓展知识】

其他发情鉴定方法

1. **生殖激素检测法** 指应用激素测定技术（如酶免疫分析法和放射免疫分析法等），通过测定体液（血液、血浆、乳汁、尿液等）中生殖激素（FSH、LH、雌激素、黄体酮等）水平，依据发情周期中生殖激素的变化规律来判断发情的方法。该法可精确测定出激素的含量，如用放射免疫分析法（RIA）测定母牛血清中黄体酮的含量为 $0.2 \sim 0.48ng/mL$，输精后情期受胎率可达 51%。目前，国外有多种激素 ELISA 检测试剂盒用于发情鉴定。

2. **仿生学法** 指通过模拟公畜的声音（播放录音）和气味（天然或人工合成的气雾制剂）刺激母畜的听觉和嗅觉器官，观察其受到刺激后的反应情况，来判断母畜是否发情的方法。在牛产实践中采用该法对猪的发情鉴定试验较多，结果表明，只用压背试验时，发情母猪中仅有 48% 呈现静立反射；若同时公猪在场，则 100% 出现静立反射；当公猪不在场但能听到公猪叫声和嗅到公猪气味时，发情母猪中有 90% 呈现静立反射。用天然的或人工合成的公猪外性激素在母猪群内喷雾，可刺激发情母猪出现静立反射。因此，有人提出在利用公猪气味和声音的同时，再配合模拟公猪形象出现，将优化母猪发情鉴定的效果。

3. 电测法 指应用电阻表测定雌性动物阴道黏液的电阻值来进行发情鉴定的方法。用黏液电阻法进行发情鉴定的研究始于 20 世纪 50 年代，经反复研究证实，黏液和黏膜的总电阻变化与卵泡发育程度以及黏液中的盐类、糖、酶等含量有关，一般地说，在发情期电阻值降低，而在周期其他阶段则趋升高。

4. 生殖道黏液 pH 测定法 生殖道黏液 pH 一般在发情盛期为中性或偏碱性，黄体期偏酸性。母牛子宫颈液 pH 在 6.0～7.8，经产母牛 pH 在 6.7～6.8 时输精受胎率最高，处女牛 pH 在 6.7 时输精受胎率最高。长白、大白和汉普夏三个品种猪在发情开始的当天，阴道黏液的 PH 大于 7.3，发情盛期为 7.2，妊娠期小于 7.2，在 pH 为 7.2～7.3 时输精，三个品种猪情期受胎率分别为 93.8%、96.7% 和 92.3%。小母猪在其 pH 为 7.2～7.3 时输精，情期受胎率最低。

5. 发情鉴定器测定法 本法主要用于牛，有时也用于羊。发情鉴定器主要有以下两种。

（1）颌下钢球发情标志器。该装置由一个具有钢球活塞的球状染料盒固定于一个扎实的皮革笼头上构成，染料盒内装有一种有色染料。使用时，将此装置系在试情公畜颌下，当它爬跨发情母畜时，活动阀门的钢球碰到母牛的背部，于是染料盒内的染料流出，印在母畜的背上，根据此标志，便可得知该母畜发情（被爬跨）。但有时也有一些非发情的母畜被爬跨而留下标志的情况。

（2）卡马氏发情爬跨测定器。该装置由一个装有白色染料的塑料胶囊构成。使用时，将此装置牢固地粘着于母牛的尾根上。注意塑料囊箭头要向前，不要压迫胶囊，以免引起颜色变化。当母畜发情叫，试情公畜便爬跨于其上并施加压力于胶囊，使胶囊内的染料由白色变成红色，于是根据颜色的变化程度便可推测母畜接受爬跨的安定程度。但该方法的缺点是当畜群放牧于灌木林时，畜体往往会摩擦灌木，胶囊受压迫颜色发生变化造成误判，就不宜用此测定器。

此外，有的用粉笔或大白粉涂擦于母畜的尾根上，如母畜发情，当公畜爬跨时而将其擦掉，这也是一种标记法。

6. 超声波仪测定法 利用配有一定功率探头的超声波仪，将探头通过阴道壁接触卵巢上的黄体或卵泡时，由于探头接受不同的反射波，在显示屏上显示出黄体或卵泡的结构图像。根据卵泡的尺寸确定发情阶段。

发情鉴定除了上述方法外，还有子宫颈黏液透析法、离子选择性电极法、宫颈黏液结晶法和阴道上皮细胞抹片法等。

【自测训练】

1. 理论知识训练
（1）简述母猪发情征状与适时输精的关系。
（2）简述母猪发情鉴定的基本方法。
2. 操作技能训练 分组进行以下操作。
（1）观察猪发情时的外部特征。

（2）试情法进行猪的发情鉴定。

（3）观察猪的静立反射现象。

任务 9-5 犬的发情鉴定

【任务内容】

● 掌握外部观察法进行犬的发情鉴定。

● 掌握试情法进行犬的发情鉴定。

【学习条件】

● 发情母犬、试情公犬、记录本、显微镜、载玻片、盖玻片等。

● 多媒体教室、发情鉴定教学课件、录像、教材、参考图书。

一、外部观察法

通过观察母犬的外部特征、行为表现以及阴道分泌物，来确定母犬的发情阶段。在发情前数周，母犬既能表现出一些症状，如食欲状况和外观都有变化，愿意接近公犬，并自然地厌恶与其他母犬为伴。在发情前的数日，大多数母犬变得无精打采，态度冷漠，偶见初配母犬出现拒食的现象，甚至出现惊厥。发情前期的特征是：外生殖器官肿胀，从阴门排出血样分泌物并持续 2~4d，当排出物增加时，阴门及前庭均变大、肿胀。母犬变得不安和兴奋，饮水量增加，排尿频繁，其目的是为了吸引公犬，但拒绝交配。

从发情前期开始算起，大多数母犬在 9~11d 接受交配而进入发情期。随后排出物大量减少，颜色由红色变为淡红色或淡黄色。触摸尾根时，尾巴翘起，偏于一侧，站立不动，接受交配。某些母犬具有选择公犬的倾向。发情期过后，外阴部逐步收缩复原，偶尔见到少量黑褐色排出物，母犬变得安静、驯服、乖巧。

二、试 情 法

试情是以母犬是否愿意接受公犬交配来鉴定发情阶段的一种方法（图 9-5-1）。为了防止试情时发生交配，试情公犬需要进行相应的处理，如结扎输精管或戴上试情肚兜。

一般早上和晚上各试情一次。将试情公犬和母犬放到一起，若母犬表现逃避或撕咬，说明母犬处发情前期的早期；若母犬顺从公犬的爬跨，但当公犬要交配时，母犬出现坐下、蜷伏，说明母犬处于发情前期的末

图 9-5-1 试情法

期。处于发情期的母犬，见到雄犬会立即表现接受交配的行为，尾巴偏向一侧，故意露出阴门，并出现有节律的收缩、站立不动等。

➡ 【拓展知识】

一、阴道检查法

通过阴道黏液图片（图 9-5-2）的细胞组织分析，来确定母犬发情阶段。发情前期，阴道黏液涂片中含有很多角质化的上皮细胞、红细胞，少量的白细胞和大量碎屑。发情期含有角质化的上皮细胞，较多的红细胞，而白细胞不存在。排卵后，白细胞占据阴道壁，同时出现退化的上皮细胞。发情后期含有很多的白细胞，非角质化的上皮细胞，以及少量的角质化的上皮细胞。休情期的黏液涂片中上皮细胞是非角质化的，但到发情前期上皮细胞变为角质化。

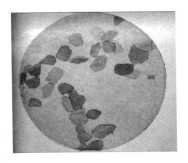

图 9-5-2　发情时阴道涂片

二、B 超检测法

B 超诊断技术（图 9-5-3）可用于对母犬的卵泡发育情况进行检测，并预知排卵时间，是较为直观的发情鉴定技术，但这种方法只适用于资金雄厚的犬场或大型的宠物医院，同时这种方法对操作人员的技术水平要求较高。这种技术会逐渐进行推广。

➡ 【自测训练】

1. 理论知识训练

（1）简述母犬发情征状与适时输精的关系。

（2）简述母犬发情鉴定的基本方法。

2. 操作技能训练　分组进行以下操作。

（1）外部观察母犬发情时的外部特征。

（2）试情法鉴定母犬是否发情。

图 9-5-3　B 超检查

项目 10 　生殖激素的应用

【能力目标】
◆ 学会主要生殖激素的使用方法，能够在畜牧生产中正确使用。
【知识目标】
◆ 掌握生殖激素的基本概念、主要生殖激素的来源和性质。
◆ 熟悉生殖激素的种类、作用特点，主要生殖激素的主要生理功能和临床应用。
◆ 了解生殖激素之间的相互关系。

任务 10 - 1 　生殖激素基础

【任务内容】
● 生殖激素的作用特点与作用机理。
● 生殖激素的类型。

【学习条件】
● 各种生产中使用的生殖激素。
● 多媒体教室、相关数字教学资源、教材、参考图书。

动物机体依靠神经和内分泌两个调节系统平衡机体内不同组织和器官之间的生理活动，以适应不断变化的内外环境。神经系统依靠广泛分布的神经纤维传递信息，而有的神经细胞兼有内分泌功能，把神经输入的信息转换成内分泌输出，如下丘脑和松果体等组织的某些细胞可以分泌激素。内分泌系统由各种内分泌腺体释放激素，作为化学信使，通过血液循环，作用于特定的器官和细胞，使之发挥特有的生理效应。

神经和内分泌两个系统密切相关、相互影响，对生殖活动起着极为重要的调节作用：如母畜的发情、排卵、子宫的妊娠准备、胚胎的附植、妊娠的维持、分娩的发动以及泌乳等一系列繁殖过程，都需要机体各器官和各组织的同期化生理活动，密切协调一致，才能使母畜最终得以产仔和哺乳幼仔。

一、生殖激素的定义

激素（hormone）是由动物机体产生、经体液循环或空气传播等途径作用于靶器官或靶细胞，具有调节机体生理机能的一系列微量生物活性物质。通常把直接作用于生殖活动并以调节生殖过程为主要生理功能的激素称之为生殖激素（reproductive hormone）。由动物内分泌腺体（无管腺）产生的生殖激素，称为生殖内分泌激素（reproductive endocrine hormone）。近年来的研究发现，生殖激素除了具有内分泌调节作用外，还具有旁分泌、自分泌或胞内分泌的作用。

二、生殖激素的种类及其分泌器官

生殖激素的种类有很多，目前已知的有 50 多种。可根据生殖激素的来源、作用和化学性质进行分类。

1. 根据生殖激素的来源和作用分类　主要包括下丘脑释放激素、垂体促性腺激素、胎盘促性腺激素、性腺激素和其他激素五类（表 10-1-1）。

表 10-1-1　主要生殖激素的种类、来源及生理作用

种类	名称	简称	来源	化学结构	主要生理作用
下丘脑释放激素	促性腺素释放激素	GnRH	下丘脑	多肽	促进垂体前叶释放 LH 和 FSH
	催产素	OXT	下丘脑合成，垂体后叶释放	多肽	促进子宫和输卵管收缩及乳汁的排出
垂体促性腺激素	促卵泡激素	FSH	垂体前叶	糖蛋白	促进卵泡发育成熟，促进足细胞分泌雌激素并刺激精子发生
	促黄体素	LH	垂体前叶	糖蛋白	促卵泡成熟和排卵及黄体的形成，促进黄体酮、雌激素及雄激素的分泌，促进精子的最后成熟
	促乳素	PRL	垂体前叶	糖蛋白	刺激乳腺发育及泌乳，促进黄体分泌黄体酮
胎盘促性腺激素	孕马血清促性腺激素	PMSG	马胎盘	糖蛋白	与 FSH 作用相似
	人绒毛膜促性腺激素	hCG	灵长类胎盘绒毛膜	糖蛋白	与 LH 作用相似
性腺激素	雌激素	E	卵巢、胎盘	类固醇	促进发情行为、生殖道生理变化、乳腺发育和泌乳，参与分娩，维持雌性第二性征
	孕激素	P	卵巢、黄体、胎盘	类固醇	抑制子宫收缩，刺激子宫腺体和乳腺发育，与雌激素协同促进发情行为
	雄激素	A	睾丸间质细胞	类固醇	启动雄性生殖器官的发生与发育，启动和维持精子发生，维持雄性副器官和第二性征，促进雄性动物性欲
	松弛素	RX	卵巢、胎盘	蛋白质	促使子宫颈、耻骨联合、骨盆韧带松弛
	抑制素	INH	卵巢、睾丸	蛋白质	抑制 FSH 和 LH 分泌

（续）

种类	名称	简称	来源	化学结构	主要生理作用
其他激素	前列腺素	PG	精囊腺、子宫等	脂肪酸	促进黄体溶解、排卵和生殖道收缩
	外激素	pHE	外分泌器官	类固醇、脂肪酸等	不同个体间的化学通讯物质

（1）下丘脑释放激素。如促性腺激素释放激素和催产素等。

（2）垂体促性腺激素。如促卵泡激素、促黄体素和促乳素等。

（3）胎盘促性腺激素。如孕马血清促性腺激素和人绒毛膜促性腺激素等。

（4）性腺激素。如雌激素、孕激素、雄激素、松弛素和抑制素等。

（5）其他激素。如前列腺素和外激素等。

2. 根据生殖激素的化学性质分类 主要包括含氮激素、类固醇类激素和脂肪酸类激素三类。

（1）含氮激素。包括蛋白质、多肽、氨基酸衍生物和胺类等，垂体分泌的所有生殖激素和脑部分泌的大部分生殖激素都属此类。如促性腺激素释放激素、促性腺激素和催产素等。此外，胎盘和性腺以及生殖器官外的其他组织器官也可分泌蛋白质类和多肽类激素，如松弛素等。

（2）类固醇类激素。又称甾体激素，如性腺分泌的雄激素、雌激素、孕激素和肾上腺分泌的肾上腺皮质素。

（3）脂肪酸类激素。如前列腺素和部分外激素。主要由子宫、前列腺、精囊腺和某些外分泌腺体所分泌。

三、生殖激素的作用特点与作用机理

（一）生殖激素的作用特点

1. 微量的生殖激素便可产生巨大的生物学效应 正常生理状况下，动物体内生殖激素的含量极低（血液中的含量一般只有 $10^{-12} \sim 10^{-9}\,g/mL$），所起的生理作用却十分明显。例如，母牛在非妊娠时期，血液中黄体酮水平为 $1ng/mL$，妊娠期母牛血液中黄体酮水平增加至 $6 \sim 7ng/mL$。

2. 生殖激素在动物机体中由于受分解酶的作用，其活性丧失很快 生殖激素的浓度或生物学活性在体内消失一半时所需时间，称为半衰期。生殖激素的半衰期短的只有几分钟，长的可达几天。如血液中的黄体酮，半衰期为 $5min$，$10 \sim 20min$ 即消失 90%。半衰期短的生殖激素（如促卵泡激素、孕激素等），在体外必须多次或持续提供才能产生生物学作用。相反，半衰期长的激素（如孕马血清促性腺激素），一般只需一次供药就可产生生物学效应。

3. 生殖激素的作用具有一定的选择性 各种生殖激素均有其一定的靶器官或靶细胞，如促性腺激素作用于卵巢或睾丸，雌激素可作用于乳腺管道，而孕激素则作用于乳腺腺泡；睾酮可作用于鸡冠的生长，促乳素作用于鸽子的嗉囊等，均有明显的选择性。某些激素的生物学测定法，就是根据这一特性来进行的，例如，根据雏鸡冠子的发育程度估测睾酮量；根据鸽子嗉囊腺的发育程度估测促乳素等。但是，有的生殖激素的作用是没有种间特异性的。如绵羊的垂体促性腺激素可使牛排卵，绵羊和猪的垂体制剂可使猴子和人卵泡生长等。

4. 生殖激素必须与其受体结合后才产生生物学效应　各种生殖激素必须与靶器官中的特异性受体（内分泌激素）或感受器（外激素）结合后才能产生生物学效应。分子较大的激素一般与其靶细胞膜上的受体结合，而分子较小的激素一般与其靶细胞内核膜上的受体结合。受体与激素结合的能力影响生殖激素的生物学活性水平。通常，结合能力愈强，激素的生物学活性愈高。受体水平或结合能力下降时，激素的生物活性受影响。

5. 生殖激素间具有协同或拮抗作用　某种生殖激素在另一种或多种生殖激素的参与下，其生物学活性显著提高，这种现象称为协同作用。例如，一定剂量的雌激素可以促进子宫发育，在孕激素的协同作用下子宫发育更加明显。催产素在雌激素的协同作用下可以促进子宫收缩。相反，一种激素如果抑制或减弱另一种激素的生物学活性，则该激素对另一激素具有拮抗作用。例如，雌激素具有促进子宫收缩的作用，而孕激素则可抑制子宫收缩，即孕激素对雌激素的子宫收缩作用具有拮抗效应。生殖激素的反馈调节作用及其与受体结合的特性，是引起某些激素间具有协同或拮抗作用的主要原因。

6. 分子结构类似的生殖激素，一般具有类似的生物学作用　己烯雌酚是人工合成的雌激素类似物，其与雌二醇有相似的分子结构，生物学作用也相似。相反，松弛素与胰岛素即使有类似的分子组成，但两者的因分子结构（二硫键所处位置）不同，生物学作用差异很大。

（二）生殖激素的作用机理

1. 多肽、蛋白质激素作用机理　血液中游离的蛋白质或多肽类激素被运送到靶器官或靶细胞时，先与靶细胞膜上的特异性受体结合，引起受体构型变化，调节腺苷酸环化酶的活性，催化三磷酸腺苷（ATP）转化为环磷酸腺苷（cAMP），进而激活依赖 cAMP 的蛋白激酶，合成 mRNA，产生新的蛋白质。

2. 类固醇激素的作用机理　血液中游离的类固醇激素通过简单扩散作用进入细胞质中，与其特异性受体结合形成配体—受体复合物，并转运至细胞核内与 DNA 结合，形成转录起始复合物，合成 mRNA 并转移至细胞质中，诱导特殊蛋白质的合成，从而产生生物学效应。

3. 外激素作用机理　外激素经空气传播后被机体嗅觉器官上的感受细胞接受，并经神经传导途径将信号传入中枢神经系统，而产生生物学效应。

➲【自测训练】

1. 理论知识训练

（1）简述生殖激素的作用特点。

（2）简述生殖激素的作用机理。

2. 操作技能训练　对校内外实训基地各生产场中使用的激素种类进行归纳。

（1）了解生产实践中应用的激素种类。

（2）了解生产实践中各类激素的应用范畴。

任务 10-2　神经激素的生理功能及应用

【任务内容】
● 下丘脑激素的功能与应用。
● 松果体激素的功能与应用。

【学习条件】
● 各种下丘脑和松果体激素。
● 多媒体教室、相关数字教学资源、教材、参考图书。

一、下丘脑激素的功能与应用

(一) 促性腺激素释放激素

1. 主要功能

(1) 促性腺激素释放激素（gonadotropin releasing hormone，GnRH）的主要作用是促进垂体前叶促性腺激素合成和释放。下丘脑分泌的 GnRH 进入血液后，经垂体门脉系统作用于腺垂体，促进垂体 LH 和 FSH 的分泌和释放，但以对 LH 的刺激作用为主。

(2) 长时间或大剂量应用 GnRH 及其高活性类似物，会出现所谓抗生育作用，即抑制排卵、延缓胚胎附植、阻碍妊娠甚至引起性腺萎缩。这种作用与 GnRH 本来的生理作用相反，故称为 GnRH 的"异相作用"。

(3) 对雄性动物有促进精子发生和增强性欲的作用。

(4) 对雌性动物有诱导发情和排卵，提高配种受胎率的功能。

(5) GnRH 分布广泛，且除垂体外，多种组织如交感神经系统、视网膜、肾上腺、性腺、胎盘、乳腺、胰、心肌、肺和某些肿瘤细胞上存在 GnRH 受体，说明 GnRH 的功能具有多样性。

2. 临床应用

(1) 诱导母畜发情排卵。初情期前和产后乏情母畜用 GnRH 激动剂处理可促进发情并排卵。母牛用 GnRH 和 $PGF_2\alpha$ 联合处理可提高超数排卵效果。

(2) 提高受胎率。在母牛输精的同时注射 GnRH 类似物 LRH-A3，可提高受胎率。

(3) 治疗母畜不孕症，如卵巢机能障碍引起的内分泌紊乱。对于患胎盘滞留母牛，产后 10～18d 注射 GnRH 可提高受胎率，缩短产后首次配种受胎的间隔时间；牛卵泡囊肿时，每天用 $100\mu g$ GnRH，可使垂体叶分泌 LH，促进囊肿卵泡破裂，使牛恢复正常发情。

(4) 可用于治疗雄性动物的精液品质不良。

(5) 用于鱼类的催情和促排卵。

(二) 催产素

1. 主要功能

(1) 刺激子宫平滑肌收缩。在分娩过程中，催产素（oxytocin，OXT）刺激子宫平滑肌收缩，促进完成分娩。产后幼畜吮乳可刺激催产素的释放，促进子宫收缩，有利于胎衣排出和子宫复原。已知雌激素能增强子宫对催产素的敏感性，而孕激素则可使子宫对催产素的反应降低。

（2）刺激哺乳动物乳腺肌上皮细胞收缩，引起排乳。催产素的释放是引起排乳反射的重要环节。当幼畜吮乳时，生理刺激传入脑区，引起下丘脑活动，进一步促进神经垂体呈脉冲性释放催产素。在给奶牛挤乳前按摩乳房，就是利用排乳反射引起催产素水平升高而促进乳汁排出。

（3）溶解黄体作用。催产素通过与子宫前列腺素的相互促进，引起黄体溶解。另外，卵巢黄体产生的催产素通过自分泌和旁分泌作用，调节黄体的功能，促进黄体溶解。

（4）能使输卵管收缩频率增加。有利于两性配子在母畜生殖道的运行。

（5）具有神经递质的作用。在中枢神经系统内，催产素起着神经递质的作用，参与调节机体的多种功能，例如促进动物觉醒，抑制动物的学习和记忆功能，兴奋运动神经元而增强全身运动，抑制摄食，抑制胃运动和胃分泌，诱发镇痛作用、升高体温，促进性行为和母性行为以及调节心血管活动等。

（6）具有加压素的作用。大剂量催产素具有一定的抗利尿和使血压升高的功能。

2. 临床应用　在生产中，催产素主要用于促进分娩，治疗胎衣不下、子宫脱出、子宫出血和子宫内容物（如恶露、子宫积脓或木乃伊胎）的排出等。具体操作：事先用雌激素处理，可增强子宫对催产素的敏感性。催产素用于催产时必须注意用药时期，在产道未完全扩张前大量使用催产素，易引起子宫撕裂。将催产素与雌激素及杀菌药物复合生产的"复方缩宫素乳剂"，可用于诱导发情、预防和治疗生殖道疾病。催产素的一般用量为：猪和羊为 $10\sim20IU$，牛和马为 $30\sim50IU$。

二、松果体激素的功能与应用

松果体激素是指由松果体（pineal body）合成并分泌的一类激素，其中，最重要的生殖激素是褪黑激素（melatonin，MLT）。

1. 主要功能

（1）在长日照繁殖动物，MLT 对生殖系统表现明显的抑制作用。例如叙利亚仓鼠，这种冬眠动物在夏至后白昼变短期间松果体分泌活性加强，生殖系统则进入不活跃期；在整个冬季，白昼很短，生殖系统持续处于休止期。这是由于短白昼期间 MLT 为主的松果体激素浓度高，使血中促乳素浓度上升，却抑制下丘脑 GnRH、垂体促性腺激素释放，并使性腺萎缩。而在春天以后白昼延长，性腺开始恢复，在整个长白昼期间处于生殖活跃期，这是由于 MLT 浓度降低，使促乳素浓度也降低，而 GnRH 和促性腺激素浓度则上升，刺激性腺活动。所以在长日照动物，MLT 表现抗生殖作用。在一些非季节性动物，如大鼠、牛等，MLT 对生殖也有抑制作用。

（2）在短日照繁殖动物，MLT 对生殖系统表现明显的促进作用。例如绵羊和鹿。在短白昼期间高浓度的 MLT 抑制促乳素释放，刺激 GnRH 和促性腺激素释放增加，性腺活动增强，进入季节性繁殖期；而长白昼期间，MLT 浓度降低，促乳素浓度升高，性腺活动受抑制，进入季节性乏情期。实验表明，用外源 MLT 处理可促使绵羊、山羊、红鹿性成熟提前，排卵率和产羔数增加。

（3）外源性 MLT 可使血中 FSH、LH 和促黑激素（MSH）水平降低，生长激素（GH）水平升高。切除松果体后，垂体发生肥大，FSH、LH 和 ACTH 的分泌增加，而 PRL、抗利尿激素（ADH）、促肾上腺皮质激素（ACTH）、促甲状腺素释放激素（TRH）和促甲状腺素（TSH）水平降低。表明 MLT 对生长有促进作用，对甲状腺、肾上腺皮质、乳汁分泌和黑色素细胞的机能有抑制作用。此外，MLT 还具有免疫调节、抗氧化、镇静及镇痛等作用。

2. 临床应用　在生产中，MLT 主要用于诱导水貂、狐狸和貉等毛皮动物的冬毛提前生长和成熟。用人工合成的 MLT 制成的一种体内缓释物，用特制的埋植器，埋植于动物的皮下，能提高毛皮动物体内 MLT 水平，可模拟短日照作用，从而诱导冬毛提前生长和成熟，可以有效地缩短取皮的时间，还能节约饲料，增加皮张的收益。MLT 促进毛皮动物毛皮成熟的同时，性腺也提前发育，到繁殖季节后不能正常发情配种，因此，留种母兽不宜用 MLT 处理。

➡【相关知识】

一、调节繁殖机能的器官和组织

1. 大脑皮层　动物繁殖机能的发育和建立、繁殖过程和繁殖行为等，都受外界环境因素如光照、温度等的影响，中枢神经系统感受这些外界刺激并作出反应，从而调节动物体的内分泌机能和行为变化。大脑边缘系统包括大边缘叶的皮质及皮质下核、边缘中脑区和边缘丘脑核等部分。对于繁殖机能而言，边缘系统也是高级控制中枢，与性成熟、性行为、促性腺激素释放等都有密切关系。

2. 丘脑下部　丘脑下部又称下丘脑，也可算作大脑边缘系统的组成部分，是调节繁殖活动的直接中枢。下丘脑包括第三脑室底部和部分侧壁。在解剖学上，下丘脑由视交叉、乳头体、灰白结节和正中隆起组成，底部突出以漏斗柄和垂体相连。下丘脑的组织构造可分为两侧的外侧区和中间的内侧区，均含有许多神经核。

3. 垂体

（1）垂体的特点。垂体是内分泌的主要腺体，它分泌的多种激素对繁殖活动发挥重要的调节作用。垂体位于大脑基部称为蝶鞍的骨质凹内，故又称为脑下垂体。垂体主要由前叶和后叶及两者之间的中叶组成。不同动物垂体中叶发育程度不一，如牛、马垂体发育良好，猪则不很发达。垂体前叶主要是腺体组织，又称腺垂体（adenohypophysis），包括远侧部和结节部；垂体后叶主要为神经部，称为神经垂体（neurohypophysis）。

（2）垂体与下丘脑的关系。垂体通过垂体柄与下丘脑相连。垂体后叶为漏斗柄的延续部分，来自下丘脑神经核（神经内分泌细胞）的神经纤维终止于神经后叶，并和血管接触，下丘脑合成的垂体后叶素在此释放进入血液循环。垂体前叶与下丘脑的关系要比后叶复杂得多。过去一直认为，下丘脑对垂体前叶内分泌活动的调控只有体液途径，即进入垂体的血管-垂体（前）上动脉和垂体（后）下动脉在下丘脑漏斗部形成毛细血管网，然后组成垂体门脉，经垂体柄进入垂体前叶组织内。下丘脑各种神经核及其他神经核发出的神经纤维分布到漏斗部的毛细血管网，形成血管神经突触，下丘脑合成的神经激素借助于垂体门脉系统到达垂体前叶，调控前叶的激素合成和释放

（图 10 - 2 - 1）。

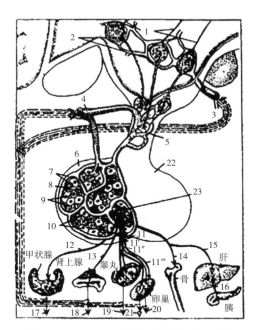

图 10 - 2 - 1 下丘脑与垂体前叶的关系

1. 传入神经纤维 2. 下丘脑分泌细胞周围的毛细血管 3. 下丘脑动脉 4. 垂体上动脉 5. 垂体门脉系统
6. 垂体前叶 7. 血管窦 8. 嗜酸性粒细胞 9. 嗜碱性粒细胞 10. 嫌色细胞 11. 促性腺激素
11′. FSH 11″. LH 11‴. LTH 12. TSH 13. ACTH 14. GH 15. 糖尿因子 16. 胰岛素 17. 甲状腺素
18. 肾上腺皮质素 19. 睾酮 20. 雌激素 21. 黄体酮 22. 垂体后叶 23. 垂体侧静脉

（谢成侠，1983. 家畜繁殖学原理）

4. 性腺 雄性动物的睾丸和雌性的卵巢是重要的内分泌、旁分泌和自分泌器官。

5. 其他器官和组织 子宫、胎盘、松果体、甲状腺、肾上腺、胰岛、免疫器官等器官和组织所分泌的激素或生长因子不同程度、不同范围地参与动物繁殖机能的调节。

二、神经内分泌和神经激素的概念

神经内分泌是指中枢神经系统内有些神经细胞合成及分泌一些肽类物质，并通过血液循环到达靶器官发挥生物功能的生理现象。这些细胞称为神经内分泌细胞，所分泌的神经肽称为神经激素。

位于下丘脑视上核和室旁核的神经细胞，一方面保留了一般神经细胞的共同特征，另一方面又具有分泌激素的细胞特征，即在细胞核的周围能合成激素，在发达的高尔基体区域进一步浓缩成为分泌颗粒。分泌颗粒沿着轴突被输送到轴突末梢，在一定的生理刺激下把激素释放到血液循环中，以真正激素的方式影响着其他器官或组织。

三、神经激素种类及分泌器官

在哺乳动物中，神经激素包括由下丘脑的某些神经细胞分泌的下丘脑释放或抑制激素、由下丘脑视上核及室旁核分泌的催产素和后叶加压素、由松果体实质细胞分泌的多种松果体激素以及由肾上腺髓质嗜铬细胞分泌的肾上腺素等。在上述四个组成部分中，四种下丘脑释放（或抑制）激素（包括 GnRH、TRH、促乳素抑制因了和促乳素释放因子）、催产素（OXT）、松果体激素（如 MLT）对生殖功能具有重要作用。

四、下丘脑激素

下丘脑的神经内分泌细胞可分为两类：一类是大型神经内分泌细胞，位于视上核和室旁核，可分泌加压素（AVP）和催产素（OXT）等肽类激素，此类激素沿神经垂体束的长轴索下行，贮存于垂体后叶，需要时释放入血液；另一类是小型内分泌细胞，主要位于下丘脑结节组（促垂体区），至少分泌 9 种肽类激素，通过垂体门脉系统调节腺垂体的功能。这些激素包括促性腺激素释放激素（GnRH）、促甲状腺素释放激素（TRH）、生长激素释放激素（GHRH）、促肾上腺皮质激素释放激素（CRH或 CRF）、促乳素释放因子（PRF）、黑素细胞刺激素释放因子（MRF）等 6 种释放激素（因子）和生长激素释放抑制激素（GHIH）、促乳素抑制因子（PIF）和黑素细胞刺激素抑制因子（MIF）等 3 种抑制激素（因子）。在此只讨论 GnRH 和 OXT。

（一）促性腺激素释放激素

促性腺激素释放激素（GnRH）又名促黄体素释放激素（LH-RH 或 LRH）、促卵泡激素释放激素（FSH-RH）等，由分布于下丘脑内侧视前区、下丘脑前部、弓状核、视交叉上核的神经内分泌小细胞分泌，能促进垂体前叶分泌 LH 和 FSH。

1. 结构 所有哺乳动物下丘脑分泌的 GnRH 均为由 9 种不同氨基酸组成的直链式十肽，并具有相同的分子结构和生物学效应。GnRH 在体内极易失活，因为肽链中第 6 和 7 位、第 9 和 10 位氨基酸之间的肽键极易被裂解酶分解。用赖氨酸置换第 6 位的甘氨酸，或去掉第 10 位的甘氨酸后于 9 位的脯氨酸后接上乙酰胺，即可合成各种 GnRH 高活性类似物，如 LRH-A3 等，其生物活性比天然 GnRH 高数十倍甚至数百倍。

2. 分泌的调节 公畜的生殖活动周期性不明显；母畜的 GnRH 分泌活动呈节律性变化，有三种反馈机制调控其分泌。一是长反馈调节，性腺类固醇通过体液途径作用于下丘脑负反馈调节 GnRH 的分泌，如雌激素和黄体酮等。但是，雌激素在动物发情周期一定阶段出现的生理性高水平，对 GnRH 分泌还有正反馈调节作用。二是短反馈调节，即垂体促性腺激素通过体液途径对下丘脑 GnRH 分泌的调节，如 FSH 和 LH 等。血液中 GnRH 浓度对下丘脑的分泌活动也有自身引发效应，此称为超短反馈调节。

近来在下丘脑发现两个调节 GnRH 分泌的中枢。一个为紧张中枢，位于下丘脑的弓状核和腹内侧核，控制 GnRH 的持续释放量。雌激素对该中枢有负反馈调节作用。另一个为周期中枢，位于视上束交叉及内侧视前核。该中枢受雌激素的正反馈调节，从而在排卵前出现雌激素分泌高峰。黄体酮对该中枢有抑制作用，因此在母畜处于妊娠期时，黄体分泌的大量黄体酮对 GnRH 的分泌有抑制作用，并阻遏雌激素对垂体分泌的刺激作用。由于雄性动物的周期中枢受雄激素的抑制而失去活性，因此雄性动物的生殖活动周期性不明显。

（二）催产素

哺乳动物催产素和加压素主要由下丘脑合成，在神经垂体中贮存并释放。

1. 结构　催产素和加压素均为含有一个二硫键的九肽。由于催产素和加压素的结构非常相似，因而其生物学作用也有类似之处，但作用部位和生物活性又有很大区别。催产素和加压素都对子宫平滑肌和乳腺导管肌上皮细胞有收缩作用，但催产素的活性远远大于加压素；而对血管平滑肌的收缩作用和抗利尿作用，催产素只有加压素作用的 $0.5\%\sim1\%$。

2. 分泌的调节　催产素的分泌受神经因素和体液因素调节，以神经因素调节为主。刺激乳腺和阴道以及异性刺激，均可通过神经传导途径引起催产素的分泌和释放。例如在哺乳期间，幼畜吮乳对乳头刺激也能反射性引起垂体尽快释放催产素；交配时阴茎刺激阴道，引起雌性动物催产素释放增多，使子宫活动增强，帮助精子运行；发情母畜主动接近公畜后，公畜体内催产素释放增加，诱导输精管及附睾收缩，有利于精液的射出。雌激素对催产素受体的合成具有促进作用，因此对催产素的生物学作用具有协同作用。

五、松果体激素

松果体或松果腺（pineal gland）又名脑上腺（epiphysis），因形似松果而得名，位于下丘脑的下方。在低等脊椎动物如古爬行类的松果体是由能感受光刺激、类似视网膜的细胞构成，因此这些动物的松果体有"第三只眼睛"之称。哺乳动物的松果体已进化为腺体组织，是一个神经内分泌换能器，对动物生殖系统、内分泌系统和生物节律系统都有很明显的调节作用。松果体分泌的激素中以褪黑激素对动物的生殖系统影响最大。

（一）褪黑激素

褪黑激素（MLT）又名褪黑素或降黑素，在许多哺乳动物的血液、尿液和组织中都可检测到，但当切除松果体后，MLT 的含量降低。因此，松果体是哺乳动物 MLT 的主要来源。此外，哺乳动物的小脑、视网膜、副泪腺等均可产生少量的 MLT；某些变温动物的眼睛、脑部和皮肤亦能合成 MLT。松果体内 MLT 的含量因动物种类不同而有差异，每克组织一般在 $0.05\sim0.4$mg。松果体分泌的 MLT 进入血液后，主要与血清白蛋白结合。

1. 结构　MLT 的化学名称为 5-甲氧基-N-乙酰色胺。结构式如下：

$$CH_3O \longrightarrow \underset{N}{\bigcirc\!\!\!-\!\!\!\bigcirc} \longrightarrow CH_2 \longrightarrow CH_2 \longrightarrow NH \longrightarrow \underset{\underset{O}{\parallel}}{C} \longrightarrow CH_3$$

2. 分泌的调节　从视网膜到松果体的神经通路在调节 MLT 分泌中起重要作用。该通路起自视网膜神经节细胞层，由多个突轴组成。视网膜神经节细胞投射于视神经内，经视交叉终止于视交叉上核（SCN），构成视网膜—下丘脑束神经传导途径。节后纤维末梢释放的去甲肾上腺素（NE）主要通过渗透方式作用于松果体。

哺乳动物松果体细胞虽然不具备光感作用，但仍可通过神经联系间接地接受光照刺激。影响 MLT 生物合成的关键酶有 5-羟色胺-N-乙酰转移酶（NAT）和羟化吲哚-氧-甲基转移酶（HIOMT）。这两种酶在光照/黑暗周期的情况下活性变化较大。通常，黑暗条件下酶的活性增强、含量增高；光照可以抑制这两种酶的生物活性和分泌，进而抑制 MLT 的合成。值得注意的是，MLT 的分泌具有节律性，主要受光照/黑暗交替刺激的影响，而持续光照或持续黑暗刺激对 MLT 的日节律分泌没有影响。

应激刺激可使 NAT 酶活性增强，可促进 MLT 的分泌。在正常情况下应激（如寒冷刺激）对 NAT 的作用不是主要的，只有当儿茶酚胺的再摄取被抑制而使其在细胞外间隙积聚时再给予应激性刺激，才可引起 NAT 活性增强，使 MLT 分泌增加。

此外，能使 NE 释放的药物如可卡因等，都可促进 MLT 的合成。单胺氧化酶抑制剂通过保护儿茶酚胺活性、增强 NAT 的活性而促进 MLT 的合成。6-羟多巴胺对交感神经系统有破坏作用，可以阻断 MLT 的节律性分泌。

3. MLT 节律性分泌与动物生殖活动的周期性

（1）日节律（circadian rhythms）指 MLT 合成和分泌在 24h 内的周期性变化。通常，夜间暗光信号能激活松果体细胞受体的腺苷酸环化酶，使细胞内 cAMP 含量增高，导致有关酶的合成，促进 MLT 的合成。禽类排卵（产蛋）和哺乳动物其他生殖内分泌激素在 24h 内的变化规律与 MLT 日节律分泌有关。

（2）月节律（monthly rhythms）即 MLT 分泌在一定时期（一月以内）的周期性变化。MLT 的月节律与动物发情周期（或月经周期）有关。

（3）年节律或季节性节律（annual rhythms）即 MLT 分泌在一年内的周期性变化，通常与季节性发情动物的生殖活动有关。如绵羊、鹿及大多数野生动物的生殖活动（发情排卵）多发生于长日照与短日照交替季节。

（二）松果体分泌的其他激素

松果体能分泌多种生物活性物质，主要包括吲哚类激素的 MLT，肽类激素的 8-精加催素（AVT）、8-赖加催素（LVT）、GnRH 和 TRH 等，以及抑制性中枢递质 γ-氨基丁酸（GABA）。大鼠、牛和羊等哺乳动物松果体所含的 GnRH 比下丘脑内的 GnRH 水平高 4～6 倍。Orts 等人于 1980 年从牛松果体中分离得到的三肽，分子结构为苏氨酸-丝氨酸-赖氨酸，具有明显的抗性腺机能的作用。人工合成的这种三肽也具有类似作用。

➔ **【自测训练】**

1. 理论知识训练　简述下丘脑激素的临床应用。

2. 操作技能训练　对校内外实训基地各生产场中使用的激素种类进行归纳。

（1）了解生产实践中应用的神经激素种类、各种神经激素类商品中的有效成分。

（2）了解生产实践中神经激素的应用范畴。

任务 10-3　促性腺激素的生理功能及应用

【任务内容】

掌握促性腺激素及其制剂的生理功能及生产应用。

【学习条件】

● 各种促性腺激素。

● 多媒体教室、相关数字教学资源、教材、参考图书。

促性腺激素根据其分泌产生的主要腺体和组织分为垂体促性腺激素和胎盘促性腺激素。

一、垂体促性腺激素

（一）促卵泡激素（follicle stimulating hormone，FSH）

1. 主要功能

（1）刺激卵泡生长和发育，在LH的协同作用下，刺激卵泡成熟和排卵。

（2）在LH的协同作用下，诱导颗粒细胞合成芳构化酶，催化睾酮转变为雌二醇，进而刺激子宫发育并出现水肿。

（3）促进睾丸足细胞合成和分泌雌激素，刺激生精上皮的发育和精子发生。精子发生过程中，在次级精母细胞及其以前阶段，FSH起重要作用，此后由睾酮起主要作用。

2. 临床应用

（1）诱导母畜发情和超数排卵。FSH由于半衰期短，故使用时必须多次注射才能达到预期效果，一般每日两次，连续用药3～4d。至于FSH用量，则需根据制剂的纯度和效价来确定。在妇女绝经期后，由于缺乏足够的类固醇激素，垂体FSH产量大大增加，血中FSH含量极高，以致直接通过肾而进入尿中，称为人绝经期促性腺激素（hMG），其生物学活性超过FSH。hMG已成功商品化，在人类生殖和动物繁殖上广泛应用。

（2）治疗卵巢机能疾病。FSH可用于治疗母畜的卵巢发育不全、卵巢囊肿和卵巢硬化等疾病。

（二）促黄体素（luteinizing hormone，LH）

1. 主要功能

（1）促进卵泡的成熟和排卵。

（2）刺激卵泡内膜细胞产生雄激素，在LH的作用下转变成雌激素。LH与FSH的比例影响着母畜的发情表现。垂体中FSH以母牛最低，马最高，羊和猪介于两者之间；这些母畜发情持续期以马最长，牛最短，羊和猪介于两者之间。母畜发情时，两者比例是牛、羊FSH显著低于LH，而马相反，猪则趋于平衡。这些母畜排卵时间牛、羊也较马、猪为早，安静发情较多。

（3）促进排卵后颗粒细胞的黄体化，维持黄体细胞分泌黄体酮。

（4）刺激睾丸间质细胞合成和分泌睾酮，促进副性腺的发育和精子最后成熟。

2. 临床应用

（1）诱导母畜超数排卵。LH主要与FSH配合使用，用于牛和羊等家畜的超数排卵。

（2）治疗卵巢机能疾病。可用于治疗卵泡囊肿、排卵障碍和黄体发育不全等疾病。在生产实际中，常用hCG或GnRH替代。

（三）促乳素（prolactin，PRL）

1. 主要功能

（1）促进乳腺发育和乳汁生成。在性成熟前，PRL与雌激素协同作用，维持乳腺（主要是导管系统）发育。在妊娠期，PRL与雌激素、孕激素共同作用，维持乳腺腺泡系统的发育。对已具备泌乳条件的哺乳动物，与皮质类固醇一起，可以激发和维持泌乳机能，并能促进鸽子嗉囊发育和分泌嗉囊乳，以哺育雏鸽。

（2）影响黄体功能。PRL 对黄体功能的影响随动物种类和周期阶段而异。在啮齿动物，PRL 与 LH 配合，促进黄体形成并维持分泌孕激素，因此又被称为促黄体生成素（LTH），但大剂量的 PRL 又能使黄体溶解。此外，啮齿动物交配刺激后 PRL 有促黄体作用，缺乏交配刺激时则起溶黄体作用。

（3）抑制性腺机能发育。在奶牛生产中发现，泌乳量高的牛配种受胎率降低，这是因为高泌乳牛血液中 PRL 水平较高，可以抑制卵巢机能发育，影响发情周期；母猪断乳后才能发情；人高 PRL 血症患者，对性腺激素的敏感性降低而出现闭经。

（4）行为效应。动物的生殖行为可分为交配和哺乳，前者受促性腺激素控制，后者受促乳素的调控。动物在分娩后，促性腺激素和性激素水平降低，PRL 水平升高，母性行为增强，如禽类筑巢抱窝，兔拔毛做窝，猪啃草做窝。

2. 临床应用 由于 PRL 的来源缺乏，价格昂贵，一般不宜直接应用于生产。生产中多用使 PRL 升高或降低的药物作用于动物的泌乳机能，诱导泌乳，如在蛋鸡生产中溴隐亭的使用。溴隐亭可通过抑制 PRL，可使鸡蛋中止抱窝，恢复产蛋周期。

二、胎盘促性腺激素

胎盘不仅是孕育胎儿的场所，而且是内分泌器官。前面所介绍的由下丘脑-垂体-性腺轴所分泌的几乎所有生殖激素，均可由胎盘分泌。这里主要介绍目前已在生产和临床上应用或具有应用前景的两种主要胎盘促性腺激素，即孕马血清促性腺激素（PMSG）和人绒毛膜促性腺激素（hCG）。

（一）孕马血清促性腺激素

1. 主要功能

（1）促进卵泡发育的作用。PMSG（pregnant mare's gonadotropin）具有类似 FSH 和 LH 的双重活性，以 FSH 的作用为主，有明显的促卵泡发育的作用。

（2）具有促进排卵和黄体形成的功能。PMSG 对马属动物来说，只具有类似 LH 活性，有一定的促排卵和黄体形成的功能。

（3）促进精细管发育和性细胞分化的作用。

（4）对下丘脑、垂体和性腺的生殖内分泌机能具有调节作用。

2. 临床应用

（1）超数排卵以及单胎动物生多胎。PMSG 是一种经济实用的促性腺激素。在生产上常用以代替较昂贵的 FSH 而广泛应用于家畜的超数排卵或增加排卵率。与 FSH 相比，由于 PMSG 的半衰期长，在体内消失的速度慢，因此一次注射与多次注射在体内的效果一致。但是，由于 PMSG 在体内残留的时间长，易引起卵巢囊肿。囊肿卵巢分泌的类固醇激素水平异常升高，不利于胚胎发育和着床。为了克服 PMSG 的残留效应，近来趋向于在用 PMSG 诱导发情后，追加抗 PMSG 抗体，以中和体内残留的 PMSG，提高胚胎质量。

（2）治疗卵巢静止和卵巢萎缩等症，诱导母畜发情。牛、马、猪和羊的诱导发情常用剂量分别为 1 000～1 500IU、1 000IU、750～1 000IU 和 200～400IU。

（3）对雄性动物睾丸机能衰退或死精症有一定治疗效果。牛和羊的睾丸机能衰退和死精症的治疗剂量分别为 1 500IU 和 500～1 200IU。

（二）人绒毛膜促性腺激素

1. 主要功能

（1）促进卵泡成熟和排卵，促进黄体形成并分泌黄体酮。非灵长类动物体内不含 hCG（human chorionic gonadotropin），但当用 hCG 处理时，则具有 LH 的作用。鼠、家兔、骆驼等诱发性排卵动物注射 hCG 后，即使不刺激阴道也可排卵。

（2）维持妊娠。灵长类动物妊娠黄体不像牛和羊等动物那样可以维持至妊娠结束，黄体仅在妊娠最早几周内对胚胎起保护作用，此后主要靠胎盘分泌的 hCG 维持妊娠。hCG 可能促进胎盘的屏障机能，防御母体对滋养层的攻击，使附植的胎儿免受免疫系统的排斥作用，使妊娠得以维持。

（3）刺激精子生成、间质细胞发育并分泌雄激素的功能。

2. 临床应用　市场提供的 hCG 主要从孕妇尿和孕妇刮宫液中提取得到，较 LH 来源广且成本低，又由于 hCG 还具有一定的促卵泡激素的作用，其临床应用效果往往优于单纯的 LH。因此，临床上 hCG 主要用来代替价格较昂贵的 LH。hCG 的常用剂量为：牛 500～1 500IU、马 1 000～2 000IU、猪 500～1 000IU、羊 100～500 IU、兔 25～30 IU。主要临床应用有如下。

（1）刺激母畜卵泡成熟和排卵。马和驴应用 hCG 诱导排卵和提高受胎率的效果尤其明显。

（2）提高同期发情和超数排卵效果。通常与 PMSG 或 FSH 配合使用。

（3）治疗雌性动物的卵巢静止、卵巢囊肿、排卵障碍和低黄体酮引起的习惯性流产等繁殖障碍性疾病。

（4）治疗雄性动物的睾丸发育不良、阳痿。

⊙ 【相关知识】

一、垂体促性腺激素

促性腺激素主要包括垂体前叶分泌的促黄体素（LH）和促卵泡激素（FSH）、胎盘分泌的孕马血清促性腺激素（PMSG）和绒毛膜促性腺激素（hCG），以及垂体前叶和胎盘都能分泌的促乳素（PRL）。

（一）垂体促性腺激素的种类

垂体前叶可分泌多种激素，如嗜酸性细胞分泌的生长激素（GH）、促乳素（PRL），嗜碱性细胞分泌的促卵泡激素（FSH）、促黄体素（LH）、促甲状腺素（TSH）、促肾上腺皮质激素（ACTH）等。其中 FSH 和 LH 主要以性腺为靶器官，被称为促性腺激素。PRL 因与黄体分泌黄体酮有关也被列为促性腺激素。

（二）促卵泡激素

促卵泡激素是由腺垂体嗜碱性细胞分泌的糖蛋白质激素。

1. 化学特性　FSH 是由非共价键结合的 α 和 β 两个亚单位组成的异质二聚体。其相对分子质量为：绵羊 25 000～30 000，猪约 30 000。在同种哺乳动物中，FSH 的 α 亚基与其他糖蛋白质激素基本相同，唯 β 亚基在各种糖蛋白质激素间差异较大。相反，就同一种糖蛋白质激素而言，在不同动物种之间，α 亚基的变异较大，而 β 亚基的变异较小。即 α 亚基与动物种属特异性有关，而 β 亚基主要决定糖蛋白质激素的特异性生物活性。例如，将其他糖蛋白质激素的 α 亚基与 FSH 的 β 亚基杂合后，其杂合分子表现 FSH 的生物学活性。α 亚基和 β 亚基都是由蛋白质和糖基两部分组成，两部分以共价键结合。糖基部分对激素在靶细胞上表现活性不重要，但可减缓激素分子在体内被蛋白水解酶所裂解的速度。天然 FSH 的半衰期为 3～5h，人工重组 FSH 的半衰期可延长至 50～70h。

2. 分泌的调节 FSH 分泌是脉冲式的，合成和分泌受下丘脑 GnRH 和性腺激素的调节。在雌性动物，对 FSH 的分泌起正反馈调节作用的有下丘脑分泌的 GnRH 和激动素、卵泡分泌的低剂量雌激素；对 FSH 的分泌起负反馈调节作用的有下丘脑分泌的卵泡抑制素、卵泡分泌的大剂量的雌激素。在雄性动物，睾酮和抑制素是 FSH 分泌的主要的抑制性因素。

（三）促黄体素

LH 由腺垂体嗜碱性细胞分泌。由于 LH 可促进雄性动物睾丸间质细胞产生并分泌雄激素，故又被称为促间质细胞素（interstitial cell stimulation hormone，ICSH）。

1. 化学特性 LH 的分子结构与 FSH 类似，也是由非共价键结合的 α 和 β 两个亚单位组成的异质二聚体。其相对分子质量约为：绵羊和牛 30 000，猪 100 000。LH 的化学稳定性较好，在提取和纯化过程较 FSH 稳定。

2. LH 分泌的调节 LH 的基础分泌呈脉冲式。脉冲的频率和振幅有其生理意义，且因动物种类和生理状态而异。LH 的脉冲式分泌首先受 GnRH 和内源性阿片肽的调节。GnRH 作用于腺垂体细胞，引起 LH 的合成和释放，内源性阿片肽则抑制垂体分泌 LH。另一种调节 LH 分泌的机制是反馈调节。雌二醇、黄体酮和睾酮可降低下丘脑 GnRH 脉冲释放频率，从而降低 LH 脉冲频率，形成负反馈。然而，在发情周期中，经过最初的抑制阶段后，在卵泡期的后期，雌激素作用于下丘脑周期中枢，发挥正反馈作用，引起 GnRH 大量分泌，产生排卵前 LH 峰。

（四）促乳素

促乳素又名催乳素，是腺垂体内特化的促乳素细胞合成和分泌的多肽激素。最初发现于牛垂体腺抽提物，其可引起鸽子嗉囊生长，刺激嗉囊分泌鸽乳，及促进兔泌乳，因而得名。

1. 化学特性 人、绵羊、猪和牛的 PRL 由 199 个氨基酸组成，大鼠、小鼠 PRL 由 197 个氨基酸组成。已经发现了促乳素分子还有许多变体，例如垂体前叶有一种 137 氨基酸的促乳素变体。这些变体是由于促乳素基因转录物（mRNA）经剪切、翻译后被蛋白酶裂解或经二聚化、多聚化、磷酸化、糖基化、硫化、脱氨化等修饰形成的。这些翻译后的修饰一般降低促乳素的活性。

2. PRL 受体及作用机制 PRL 受体不仅存在于靶细胞膜表面，而且存在于乳腺、卵巢等细胞的胞浆内。现已证明，PRL 与细胞膜表面受体结合后，激素-受体复合物可被胞吞而进入细胞内，即发生内化，细胞膜表面的受体也因此而减少，即发生受体数目的下调节。内化的 PRL 存在于胞浆中的囊泡、高尔基体、溶酶体和细胞核内。

PRL 与其他蛋白质激素不一样，不是通过经典的环磷酸腺苷-蛋白激酶（cAMP-PK）途径，而是通过直接影响靶细胞的基因表达而发挥作用。

二、胎盘促性腺激素

（一）孕马血清促性腺激素

孕马血清促性腺激素主要存在于孕马的血清中，由马属动物胎盘的尿囊绒毛膜细胞产生，是胚胎的代谢产物，所以又称为马属动物绒毛膜促性腺激素（equine chorionic gonadotropin，eCG）。

PMSG 是一种糖蛋白激素，相对分子质量约 53 000，由 α 和 β 亚基组成。α 亚基与其他糖蛋白激素（FSH、LH、TSH、hCG）相似，而 β 亚基兼有 FSH 和 LH 两种作用，但只有与 α 亚基结合才表现生物学活性。PMSG 的多肽部分由 20 种氨基酸组成，氨基酸序列更接近于 LH。PMSG 分子的特点是含糖量很高（41%～45%），远远高于马的垂体 LH 和 FSH 的糖基部分的含量（25%左右）。这种含糖量的差异主要表现在 β 亚基上。在 PMSG 的糖基组成中，包括中性己糖、氨基己糖和大量的唾液酸。唾液酸含量高使得 PMSG 的 pH 为 1.8～2.4，也使得 PMSG 半衰期长（24～144h）。

PMSG 的分子不稳定，高温和酸、碱条件以及蛋白质分解酶均可使其丧失生物学活性。此外，冷冻干燥和反复冻融可降低其生物学活性。

（二）人绒毛膜促性腺激素

人绒毛膜促性腺激素主要由人胎盘绒毛膜的合胞体滋层细胞合成和分泌，存在于血液中并可经尿液排出体外，故又称为"孕妇尿促性腺激素"。采用灵敏的放射免疫测定法，在受孕后 8d 的孕妇尿中即可检出 hCG。妊娠 60d 左右尿中 hCG 浓度达高峰，妊娠 150d 前后降至低浓度。其他灵长类胎盘也有类似于 hCG 的促性腺激素产生。

hCG 为糖蛋白质激素，由 α 和 β 两亚基通过非共价键结合而成，其特异性取决于 β 亚基。hCG 的相对分子质量为 36 700，等电点为 pH3.8～5.1。hCG 的 α 亚基含 92 个氨基酸残基，β 亚基由 145 个氨基酸残基组成。β 亚基中前 115 个氨基酸与人 LH 极相似，主要的区别是在 C 端多 30 个氨基酸残基，但这一部分并不参与同受体的结合。α 亚基在 hCG 与受体结合中起主要作用，hCG 与人 LH 的 α 亚基及结构相似性高，导致它们在靶细胞上有共同的受体结合位点，而且具有相同的生理作用。

hCG 分子中糖含量（29%～30%）比垂体促性腺激素略高，但低于 PMSG。hCG 分子中甘露糖含量（11.4%）高于 PMSG，半乳糖含量（12.1%）低于 PMSG，唾液酸（9.5%～10.9%）、岩藻糖（1.5%）、N-乙酰葡萄糖胺（16.4%）、N-乙酰半乳糖胺（3.5%）等糖的含量与 PMSG 相近。糖链对于血液循环中的 hCG 分子有保护作用，而且对于激素生物学功能的表达是必需的。另外 α 和 β 亚基中各有 2 个 N-糖链，但 α 亚基上的糖链对于 hCG 功能的表达比 β 亚基上的糖链更重要，其中糖链末端的唾液酸是影响激素活性的重要糖基。

➡️ 【自测训练】

1. 理论知识训练

（1）简述垂体促性腺激素的种类和临床应用。

（2）简述胎盘促性腺激素的种类和临床应用。

2. 操作技能训练　对校内外实训基地各生产场中使用的激素种类进行归纳。

（1）了解生产实践中应用的促性腺激素种类、各种促性腺激素类商品中的有效成分。

（2）了解生产实践中促性腺激素的应用范畴。

任务 10-4　性腺激素的生理功能及应用

【任务内容】

● 掌握性腺激素的主要功能与应用。

【学习条件】

● 各种性腺激素。

● 多媒体教室、相关数字教学资源、教材、参考图书。

性腺激素（gonadal hormone）又称性激素（sex hormone），是由动物体的性腺，以及胎盘、肾上腺皮质网状带等组织合成的，控制两性行为、第二性征和生殖器官发育和维持，以及调节生殖周期的一大类生殖激素。性腺激素包括两大类，即性腺类固醇激素和性腺含氮类激素。

一、性腺类固醇激素

性腺类固醇激素（gonadal steroid hormone）包括雄激素（androgen，A）、雌激素（estrogen，E）和孕激素（progestin，P）三种。由于此类激素均为甾环衍生物，具有环戊烷多氢菲（又称为甾环）的化学结构，因而早期称其为甾体激素。性腺类固醇激素在内分泌组织中合成后不贮存，而是立即释放进入血液循环，并以游离、与血清白蛋白结合以及与特异性结合球蛋白相结合三种形式运输到靶组织。

（一）雄激素

1. 主要功能

（1）在雄性胎儿性分化过程中，刺激雄性生殖器官的发生与发育。

（2）启动和维持精子发生，延长附睾中精子的寿命。

（3）促进雄性第二性征的表现，如骨骼和肌肉的发育、鸡冠和肉垂的生长等。

（4）促进雄性副性器官的发育和分泌机能，如前列腺、精囊腺、尿道球腺、输精管、阴茎和阴囊等。

（5）作用于中枢神经系统，维持和促进性行为和性欲。

（6）对下丘脑或垂体有反馈调节作用，影响 GnRH、LH 和 FSH 分泌。

（7）通过为雌激素生物合成提供原料，促进雌激素的合成。

（8）对生殖系统以外的作用。如激活肝酯酶，加快高密度脂蛋白的分解，促进脂质的沉积等。

2. 临床应用

（1）雄激素在临床上主要用于治疗雄性动物性欲低下或性机能减退，但单独使用不如雄激素与雌激素联合处理效果好。正常雄性动物应用雄激素处理，虽在短时期内对提高性欲有利，但对提高精液品质不利，更有可能通过负反馈调节作用影响性欲。因此，临床应用雄激素时，必须慎重。

（2）母畜或去势公畜用雄激素处理后，可用作试情动物。常用的雄激素药物为丙酸睾酮，皮下或肌内注射均可。

（3）睾酮为非常常用的雄激素。其建议使用剂量为：皮下埋植，牛 0.5～1g，猪、羊 0.1～0.25g；皮下或肌内注射，牛 0.1～0.3g，猪、羊 0.1～0.2g。

（二）雌激素

1. 主要功能

（1）初情期前雌激素可促进并维持母畜生殖道的发育，产生并维持第二性征。

（2）促进雌性动物的发情表现。如绵羊和牛等动物雌激素的这一作用还需孕激素的参与。

（3）促进雌性动物生殖道生理变化。例如发情期促使阴道上皮增生和角质化，促使子宫颈管道松弛并使其黏液变稀薄；促使子宫内膜及肌层增长，刺激子宫肌层收缩；促进输卵管的增长并刺激其肌层收缩。这些变化有利于交配、配子运行、受精。刺激子宫内膜前列腺素的合成和分泌，使黄体溶解，发情期到来。

（4）通过对下丘脑的反馈作用调节 GnRH 和促性腺激素分泌，促进卵泡发育、调节母畜发情周期。

（5）妊娠期可刺激乳腺管状系统发育，并对分娩启动具有一定作用。

（6）分娩期可与催产素有协同作用，刺激子宫平滑肌收缩，有利于分娩。

（7）泌乳期与促乳素有协同作用，可以促进乳腺发育和乳汁分泌。

（8）少量雌激素促进雄性动物性行为。在雄性动物的性中枢神经细胞中，睾酮转化成雌二醇，是引起性行为的机制之一；大剂量雌激素可引起雄性胚胎雌性化，并对雄性第二性征和性行为发育有抑制作用。即使是成年雄性动物，用大剂量雌激素处理也可影响性机能，如精液品质降低，乳腺发育并出现雌性行为特征。对某些动物，雌激素还可引起睾丸和附性器官萎缩，精子生成减少，雄性特征消失。

（9）抑制长骨增长。雌激素与肠、肾、骨等组织上的雌激素受体结合，促进钙的吸收、减少钙的排泄、抑制骨吸收，强化骨形成，促使长骨骺部软骨成熟，抑制长骨增长。因此，一般成熟母畜的个体较公畜要小。

2. 临床应用

（1）诱导发情。注射己烯雌酚或雌二醇可使雌性动物表现发情，但不一定引起排卵，故受孕率很低，必须等到下一个情期才能配种。人工合成的雌激素具有成本低、使用方便、生理效应较高等特点，因此在生产上得以广泛应用，如苯甲酸雌二醇和己烯雌酚等。在生产实践中常用的用于诱导母猪和母牛发情排卵的三合激素，其主要成分为苯甲酸雌二醇，另含有少量黄体酮和丙酸睾丸素。

（2）雌激素与催产素的配合使用，可以促进子宫收缩、产后胎衣或木乃伊化胎儿的排出；增加子宫内膜血液循环，增强子宫内膜的防御机能，用于治疗母牛慢性子宫内膜炎、子宫积脓或积水等子宫疾病。

（3）大剂量雌激素可用于雄性畜禽的"化学去势"。

（4）可利用雌激素制剂进行牛、羊的人工诱导泌乳。

（三）孕激素

1. 主要功能

（1）在黄体期早期或妊娠初期，促进子宫内膜增生，子宫腺体增大，分泌功能增强，有利于胚泡附植。

（2）在妊娠期间，抑制子宫的自发活动，降低子宫肌层的兴奋作用，还可促进胎盘发育，维持正常妊娠。

（3）使子宫颈和阴道收缩，子宫颈黏液变稠，以防异物侵入，有利于保胎。

（4）大量黄体酮抑制性中枢使动物无发情表现，但少量黄体酮与雌激素协同作用可促进发情表现。动物的初情期有时表现安静排卵，可能与黄体酮的缺乏有关。

（5）与促乳素协同作用促进乳腺腺泡发育。

2. 临床应用

（1）诱发雌性动物同期发情，作为同期发情的药物。一般先用孕激素制剂处理造成人为黄体期，然后统一停用孕激素，再用其他激素（如促性腺激素、$PGF_2\alpha$ 等）促进母畜同期发情。

（2）用于母畜功能性流产的治疗，或与如 hCG 等激素配合使用，治疗母畜不发情或卵巢囊肿。

（3）黄体酮为主要的孕激素，其本身口服无效，但现已有多种具有口服效能的合成孕激素物质，其效能远远大于黄体酮。如：甲孕酮（MAP）、甲地孕酮（MA）、氯地孕酮（CAP）、氟孕酮（FGA）和 16-次甲基甲地孕酮（MGA）等。这些药物不但可以口服，而且可用于注射或制成阴道栓。

二、性腺含氮类激素

性腺激素除了脂溶性的性腺类固醇激素外，还分泌水溶性的含氮类激素。下面主要介绍抑制素（inhibin，INH）和松弛素（relaxin，RX）两种性腺含氮类激素。

（一）抑制素

1. 功能

（1）负反馈调节垂体 FSH 合成和分泌。抑制素是通过抑制 GnRH 合成和释放间接起作用，还是直接抑制 GnRH 对垂体 FSH 合成和分泌的刺激作用，仍存在争议。此外，雌二醇和抑制素都能负反馈调节 FSH 的合成和分泌，哪种激素起主要主导作用，仍存在争议。

（2）影响 FSH 对睾丸和卵巢的功能。抑制素以内分泌、自分泌或旁分泌的方式影响配子的发生。据报道，抑制素抑制大鼠卵母细胞的成熟分裂，抑制卵泡生长和排卵。抑制素使未成年雄性大鼠睾丸足细胞增殖变慢，使成年雄性大鼠精原细胞数量减少。

2. 临床应用　抑制素 A 指标的检测已经应用于在人类医疗上，是判定人是否受孕的重要指标。主要的依据是抑制素 A 在人怀孕后开始上升，于 8~10 周时达到峰值，然后下降直到 15 周，在 15~25 周水平比较稳定，然后又上升直到分娩。抑制素尚未应用于畜牧生产，但其存在潜在的应用价值，可以通过免疫方法中和内源性抑制素、提高内源性 FSH 水平，从而诱导动物发情并超数排卵。

（二）松弛素

1. 功能

（1）抑制妊娠期间子宫和子宫颈平滑肌的收缩，以维持妊娠。

（2）分娩前，松弛素作用于靶器官的结缔组织，使骨盆韧带扩张、耻骨联合松开、阴道扩张和子宫颈变松软，以利于分娩。

（3）通过促进颗粒细胞增生，促进卵泡的发育。

（4）与雌激素协同作用促进乳腺发育。

2. 临床应用 用于子宫镇痛、预防流产和早产，以及诱导分娩等。目前国外已有 3 种松弛素商品制剂，即 Releasin（由松弛素组成）、Cervilaxin（由宫颈松弛因子组成）和 Lutrexin（由黄体协同因子组成）。在人类医疗上，主要用于 29～36 周的早产。

➡ 【相关知识】

一、性腺类固醇激素

1. 雄激素 雄激素主要由睾丸间质细胞（Leydig cell）所分泌，雌性动物的肾上腺、卵巢和胎盘也可分泌雄激素，尤其当肾上腺囊肿时，雄激素分泌量增加。雄激素的主要作用形式是睾酮（testosterone）和雄烯二酮（androstenedione），且通常以睾酮代表雄激素。血液中的 98% 的睾酮与类固醇激素结合球蛋白结合，只有 2% 左右呈游离状态，进入靶细胞。双氢睾酮与睾酮共有同一种受体，且双氢睾酮与受体的亲和力远大于睾酮，所以认为双氢睾酮是体内活性最强的雄激素。实际上，双氢睾酮是睾酮在靶细胞内的活性产物。虽然它们能与同一种受体相结合，但发挥的生物学作用不完全相同，双氢睾酮一方面可扩大或强化睾酮的生物学效应，另一方面可调节某些特殊靶基因的特异性功能。

人工合成的雄激素类似物主要有甲基睾酮（methyltestosterone）和丙酸睾酮（testosterone proprionate），其生物学效价远比睾酮高，并可口服，因能直接被消化道的淋巴系统吸收，不必经过门静脉而被肝脏内的酶作用失去活性。

2. 雌激素 雌激素来源于卵巢、胎盘、肾上腺、睾丸以及某些中枢神经元，其中卵巢的卵泡内膜细胞和卵泡颗粒细胞是雌激素的主要来源。这些来源不同的雌激素不仅合成途径有可能不同，而且化学结构和生物学效应也有差异。除动物机体能产生雌激素外，某些植物也可产生具有雌激素生物活性的物质，即植物雌激素（plant estrogen 或 phytoestrogen）。含植物雌激素的植物主要有大豆、葛根和亚麻籽等。

在卵巢中，LH 刺激卵泡内膜细胞产生睾酮，睾酮转移到颗粒细胞中；FSH 刺激颗粒细胞芳香化酶活性，在该酶的催化下睾酮转化成雌二醇。在睾丸中，LH 刺激睾丸间质细胞产生睾酮，部分睾酮进入精细管中的足细胞内，在 FSH 刺激下足细胞内的睾酮转化成雌二醇。在卵巢和睾丸中产生雌激素的这种模式称为"双细胞-双促性腺激素模式"。

动物体内的雌激素主要有雌二醇（$C_{18}H_{24}O_2$）、雌酮（$C_{18}H_{22}O_2$）、雌三醇（$C_{18}H_{24}O_3$）、马烯雌酮（$C_{18}H_{20}O_2$）、马奈雌酮（$C_{18}H_{18}O_2$）等。人工合成的雌激素主要有己烯雌酚（$C_{18}H_{22}O_2$）、苯甲酸雌二醇、己雌酚、二丙酸雌二醇、二丙酸己烯雌酚、乙炔雌二醇、戊酸雌二醇、双烯雌酚等。从豆科和葛科等植物中提取、纯化的雌激素主要有染料木因、巴渥凯宁、福母乃丁、黄豆苷原、香豆雌酚、米雌酚、补骨脂丁等。植物雌激素分子中没有类固醇结构，但具有雌激素生物活性。动物体内的雌激素生物活性，以 17β-雌二醇最高，主要为卵巢所分泌。

3. 孕激素 孕激素主要来源于卵巢的黄体细胞，此外，肾上腺、卵泡颗粒细胞、胎盘、中枢神经元等也是孕激素的来源。孕激素种类很多，黄体酮又称孕酮，是动物体内生物活性最高的孕激素。因此，孕激素通常以黄体酮为代表。

孕激素是一类分子中含 21 个碳原子的类固醇激素，在雄性和雌性动物体内均存在，既是雄激素和雌激素生物合成的前体，又是具有独立生理功能的性腺类固醇激素。血液中的孕激素与雄激素和雌激素一样，主要与球蛋白质结合。除黄体酮外，天然孕激素还有孕烯醇酮、孕烷二醇、脱氧皮质酮等，由于它们的生物学活性不及黄体酮，但可竞争性结合黄体酮受体，所以在体内有时甚至对黄体酮有拮抗作用。

二、性腺含氮类激素

1. 抑制素和激动素 抑制素由睾丸的支持细胞和卵巢的颗粒细胞分泌，通过淋巴系统进入血液循环。此外，前列腺和胎盘也可分泌抑制素。抑制素为一类糖蛋白质激素，由 α 和 β 两个亚基通过二硫键连接而成。β 亚基又可分 $β_A$ 和 $β_B$ 两种，故抑制素有两种类型，即抑制素 A（$αβ_A$）和抑制素 B（$αβ_B$）。

两个 β 亚基组成了抑制素家族中的另外一种物质，称为激活素。β 亚基通过二硫键连接而成的同二聚体（$β_Aβ_A$、$β_Bβ_B$）或异二聚体（$β_Aβ_B$），分别为激动素 A、激动素 B 或激动素 AB 三种类型。激动素可以促进垂体分泌 FSH。β-转移生长因子与激动素有相似的分子结构，具有类似的生理功能。

2. 松弛素 松弛素又称耻骨松弛素、松弛肽，主要由妊娠黄体分泌，某些动物的胎盘和子宫也可分泌少量松弛素。猪、牛等动物的松弛素主来自黄体，而兔主要来自胎盘。松弛素是由 α 和 β 两个亚基通过二硫键连接而成的多肽激素，分子中含有 3 个二硫键。不同动物的松弛素分子结构略有差异。

➡【自测训练】

1. 理论知识训练

（1）简述性腺类固醇激素的功能及应用。

（2）简述性腺含氮激素的功能及应用。

2. 操作技能训练 对校内外实训基地各生产场中使用的性腺激素种类进行归纳。

（1）了解生产实践中应用的性腺激素种类。

（2）了解生产实践中各类激素的应用范畴。

（3）了解性腺激素在临床上的应用。

任务 10-5 其他组织器官分泌的激素的生理功能及应用

【任务内容】

● 前列腺素的主要功能与应用。

● 外激素的主要功能与应用。

【学习条件】

● 前列腺素。

● 多媒体教室、相关数字教学资源、教材、参考图书。

一、前列腺素

（一）主要功能

前列腺素（prostaglandin，PG）种类很多，不同类型的 PG 生理功能不同，在动物繁殖上最重要的是 PGE、PGF 两类，这两类中又以 $PGF_{2\alpha}$ 和 PGE_2 最为突出。

1. 溶解黄体作用 $PGF_{2\alpha}$ 对牛、羊和猪等动物卵巢上的黄体均具有溶解作用（即溶黄作用，luteolysis），故又称为子宫溶黄素（luteolysin）。PGE 也具有溶黄作用，但其生物学效应较 $PGF_{2\alpha}$ 弱。通常，牛、羊、马、大鼠和地鼠的黄体对 $PGF_{2\alpha}$ 比较敏感，排卵后 4d 的黄体即可被其溶解。而猪只有在排卵后 10～12d 的黄体才能被 PG 溶解，在这以前的黄体对 PG 不敏感。犬只有在排卵后 24d 的黄体才对 PG 敏感。

2. 促排卵作用 PG 能刺激垂体释放 LH，促进动物的排卵。大鼠、兔、猴等动物在卵泡成熟前用 PG 的拮抗剂或 PG 抗体处理后，排卵延迟；而用 $PGF_{2\alpha}$ 处理后，这种抑制作用发生逆转。

3. 促生殖道收缩作用 前列腺素影响生殖道平滑肌的收缩。PGF 可引起输卵管收缩以致闭塞，使受精卵在输卵管内滞留；PGE 则能解除这种闭塞，有利于受精卵的运行。$PGF_{2\alpha}$ 可使子宫平滑肌收缩，可诱导胎儿娩出；动物分娩时，血中 $PGF_{2\alpha}$ 水平升高是触发分娩的重要因素之一。精液中的 PG 被阴道吸收后，在 1min 内即引起子宫肌收缩，有利于精子在雌性生殖道内的运行。PG 的拮抗物主要有 7 -氧- 13 -前列酸（7 - O - PXA 或 7 - PA）、磷酸多根皮素（PPP）、二苯噁唑西平（dibenzoxazepine，SC - 19220）等。这些试剂主要拮抗前列腺素的促平滑肌的收缩作用，可用于防止早产，与前列腺素配合应用，可消除因子宫强烈收缩所引起的副作用。消炎痛（又名茚甲新，indomethacin）、阿司匹林等药物主要拮抗前列腺素的生物合成，因此对前列腺素的促黄体溶解和促子宫收缩均有拮抗作用。

4. 对生殖内分泌激素的调节作用 PG 与卵巢类固醇激素有密切关系。在体内，外源 $PGF_{2\alpha}$ 有溶解黄体的作用，但在卵巢匀浆或切片中加入 $PGF_{2\alpha}$ 反而促进类固醇激素的合成。体内 $PGF_{2\alpha}$ 的溶黄作用，可被外源黄体酮、LH、PRL 抵消。在 LH 的影响下，卵巢 PG 的合成增加。外源 PG 对睾丸分泌睾酮和卵巢分泌 OXT 均具有促进作用。

（二）临床应用

1. 诱发流产和分娩 在奶牛上，有时需要进行选择性的流产或诱发分娩，$PGF_{2\alpha}$ 及其类似物一次注射即可。在母猪，用于统一分娩，有利于分娩监控。

2. 同期发情和人工控制配种 在奶牛同期发情时，可选用间隔 11 或 12d 两次注射 $PGF_{2\alpha}$ 的方案，在第二次注射后的一定时间范围内授精。有时还结合黄体酮的埋植或 GnRH 的处理。

3. 治疗生殖机能紊乱 持久黄体、黄体囊肿和伴随子宫积脓等病症均可用 PG 治疗。

4. 排除木乃伊干胎 患木乃伊干胎的奶牛，常伴有不消退的黄体。用 PG 处理结合人工辅助，有利于排出木乃伊干胎。

5. 治疗乏情 对没有发情和发情不明显的母牛，经检查有黄体存在，可用 PG 治疗。

二、外 激 素

1. 主要功能 外激素（pheromone，pHE）由动物机体分泌，释放至体外后，主要通过空气或水进行传播，是不同动物个体间进行化学通讯的信使。其中诱导性活动的外激素称为性外激素。各种动物的性外激素对性行为的影响有其特定模式，主要表现在以下几方面。

（1）召唤异性。雌性分泌的外激素可召唤雄性待候雌性，直到雌性出现发情并与之交配。这种现象在鸟类多见。雄性分泌的性外激素可引诱雌性，使雌性接受交配。如公猪分泌的性外激素，可使相距较远的发情母猪与公猪相会。

（2）刺激异性的求偶行为和交配行为。性外激素可诱导异性发生性行为反应，使公畜嗅闻母畜外阴及其分泌物，母畜向公畜靠拢。性外激素可引起雄性的交配行为，并可使雌性表现愿意接受交配的行为反应。如母猪在公猪性外激素刺激下表现的"静立反射"行为。

（3）可调节异性或同性的生殖内分泌机能，进而影响异性或同性的发情和排卵等。如将成年公猪放入青年母猪群，5～7d 后即出现发情高峰，比未接触公猪的青年母猪提早初情期 30～40d。异性刺激效应可以促进青年母羊性成熟、促进季节性乏情母羊提前结束休情期，并可延长发情季节，促使母羊发情集中、排卵提早，并可提高母羊的排卵率和产羔率。

（4）在母仔识别、母性行为等过程中发挥重要作用。

2. 临床应用

（1）在畜牧生产中，利用性欲旺盛公猪诱导母猪发情和在母羊群体中放入试情公羊等做法，也是外激素作用的具体形式。

（2）用于仔畜的寄养。在被寄养的仔猪身上涂上母猪的乳汁或尿液后，再放入母猪身边，易使寄养成功。

（3）目前人工合成外激素主要应用于防治害虫。如人们将性外激素作引诱剂，与黑光灯或杀虫剂相结合防治马尾松毛虫和棉花红铃虫等害虫。

（4）有研究证实人工合成的公猪外激素类似物可以用于母猪催情、增加产仔数和提高繁殖力等，但仍未在畜牧生产中推广。

➡ 【相关知识】

一、前列腺素

1930 年，科学家首先从人和动物精液中发现了一种能引起平滑肌强烈收缩的类脂物质，并以为来源于前列腺，故名前列腺素。后研究证明，PG 广泛存在于体内多种组织，如子宫内膜、胎盘、卵巢、下丘脑、肾、消化道等，并具有广泛的生物学作用。前列腺素的基本结构为含 20 个碳原子的不饱和脂肪酸，即前列酸（prostanoic acid），由一个环戊烷和两个脂肪酸侧链组成。根据环戊烷和脂肪酸侧链中的不饱和程度和取代基的不同，可将目前已知的天然前列腺素分为三类九型。根据环外双键的数目进行划分为三类，即 1 个双键为 PG_1，2 个双键 PG_2，三个双键 PG_3；根据环上取代基和双键的位置不同划分为九型，即 A、B、C、D、E、F、G、H 和 I 九型。此外，根据烷上取代基的空间构型可分为 α 和 β 两种。

子宫 $PGF_{2\alpha}$ 的分泌受雌激素、孕激素和催产素及其受体的影响。黄体期末，卵泡雌激素产量增加。雌激素在黄体酮的协同作用下促进 $PGF_{2\alpha}$ 的合成和释放。由子宫内膜产生的前列腺素通过逆流传递机制，即由子宫静脉透入卵巢动脉，运输到卵巢，作用于黄体。绵羊的卵巢动脉弯曲而紧密地贴附在子宫-卵巢静脉上，使来自子宫静脉血中的 $PGF_{2\alpha}$ 透过血管壁进入卵巢动脉，然后运抵卵巢，作用于黄体。

因 PG 作用主要限于邻近组织，在血流中迅速消失，半衰期 $1\sim5min$，故被认为是一种"组织激素"或"局部激素"。天然前列腺素生物活性极不稳定，静脉注射到体内极易被分解（约 95% 在 $1min$ 内被代谢）。此外，天然前列腺素的生物活性范围广，使用时易产生副作用。因此在实际应用时，人工合成的前列腺素类似物比天然激素具有作用时间长、生物活性高、副作用小等优点。人工合成的前列腺素种类很多，国内目前已成功地合成了四种 PGF 的类似物，即 15-甲基 $PGF_{2\alpha}$、ω-乙基-13-$PGF_{2\alpha}$、$PGF_{1\alpha}$ 甲酯和氯前列烯醇。

二、外激素

外激素种类很多，成分十分复杂，可以是单一的化学物质，也可以是几种化学物质的混合物；可以由专门的腺体所分泌，也可以是一种排泄物。性外激素是诱导性活动的外激素。例如，公猪中具有引诱异性、刺激母猪发生"静立反射"交配行为的外激素，主要由一些含 19 个碳原子并在 C16 位上含有双键的类固醇激素所组成。这些化合物与雄激素的化学结构类似，可由不同器官分泌并经多种途径排出体外。由公猪睾丸合成的雄甾烯酮，可以贮存在公猪的脂肪组织中，并可由包皮腺和唾液腺排出体外。由公猪下颌腺合成的羟雄甾烯，经唾液排出体外。灵长类动物阴道分泌的外激素，是一些低级脂肪酸的混合物，主要成分有乙酸、丙酸、甲基丙酸、丁酸、甲基丁酸和甲基戊酸。麝香是一种具有性刺激作用的外激素，许多动物的分泌液中都含有类似麝香的气味。由麝鹿分泌的麝香酮（3-甲基环十七烯-9-酮）和由灵猫分泌的灵猫酮（顺一环十七烯-9-酮），在化学结构上与从人和公猪机体内发现的麝香气味分泌物以及人工合成的香精"馥内酯"（15-羟基十五碳酸内酯）具有一定的相似性。

外激素作用于其他动物后，通常有两类反应：一种是感受动物立刻产生反应，比如打架或者交配；另一种是比较长久的效果，比如感受动物的生理和内分泌激素水平被改变。外激素的接受主要依靠嗅觉。脊椎动物的嗅觉感受器一般在鼻腔内，嗅觉神经元的树突伸入腔管中并为黏膜所润湿。试验发现，破坏母羊的嗅觉，可以降低繁殖力。性外激素的生物学意义在低等动物（如昆虫）和高等野生动物的性活动中表现特别突出。

⊙【拓展知识】

有的激素，其主要功能是调节新陈代谢，但对繁殖机能有次要的或间接的调节作用，因而可称为次级生殖激素，如各类促生长因子等。促生长因子通过与其靶细胞膜上特异性受体结合而产生生物学效应。生长因子的种类很多，常见种类及主要作用见表 10-5-1。

表 10 - 5 - 1　部分促生长因子在动物生殖活动中的主要作用

名　称	英文缩写	主要作用
黄体抽提物	CLE	刺激黄体的生长与增殖，激活卵巢内卵母细胞的有丝分裂，对排卵后卵巢形态与机能的恢复有重要作用
菌落刺激因子	CSF	在滋养层细胞、脱膜细胞和羊水中含量较多，对胚胎发育有促进作用
表皮生长因子	EGF	激活卵母细胞第一次成熟分裂，促进卵巢上皮细胞生长，促进子宫肌细胞增殖；黄体酮对其生物活性有协同作用
表皮生长因子样肽	EGFLP	促进新生胎儿子宫的生长与发育
成纤维生长因子	FGF	刺激各种类型细胞的增殖，促进胚胎着床与发育
生长激素释放激素	GHRH	协同 FSH 调节性腺机能，促进卵泡成熟
粒状白细胞-巨噬细胞菌落刺激因子	GM - CSF	由胎儿胎盘细胞自主分泌，在哺乳动物妊娠过程中维持母体生殖系统的免疫机能；母体蜕膜组织中产生的菌落刺激因子，可调节胎盘滋养层细胞的生长
卵泡内生长因子	IfGF	提高卵泡内芳香化酶的活性，调节颗粒细胞的类固醇激素发生，增强颗粒细胞对 IGF 的反应性
干扰素	IFN	在着床前由孕体产生，维持母体免疫功能
胰岛素样生长因子	IGF	由子宫、卵巢和睾丸分泌，分别对卵泡发育、胚胎发育和精原细胞发生具有促进作用
胰岛素样生长因子 I	IGF - I	促进卵泡发育、卵母细胞发生、精子生成，对胚胎生长发育也具一定作用
乳铁蛋白	LF	具有调节乳腺生长发育和分化的功能
血小板衍生因子	PDGF	由胚胎分泌，可以促进细胞分裂和增殖
血小板激活因子	PAF	具有促进胚胎着床、维持妊娠黄体机能、提高精子活力的作用
肿瘤坏死因子	TNF	由腔状卵泡颗粒细胞产生，可促进内膜细胞分泌黄体酮，但对颗粒细胞的基础分泌和 FSH 刺激的黄体酮分泌具抑制作用。与 hCG 具有协同作用，促进黄体酮的分泌
转移生长因子	TGF	对卵母细胞的发生有促进作用
神经生长因子	NGF	在牛、猪、兔、鼠和人等哺乳动物中也称为精液中的诱导排卵因子（OIF）；可能通过大脑引起以上动物的排卵

➡ 【自测训练】

1. 理论知识训练

（1）简述前列腺素的功能及临床应用。

（2）简述外激素的功能及临床应用。

2. 操作技能训练　对校内外实训基地各生产场中使用的激素种类进行归纳。

（1）了解生产实践中应用的前列腺素的基本情况。

（2）了解生产实践中外激素的应用范畴。

项目 11　发情控制技术

【能力目标】
◆ 掌握诱导发情技术的操作要点。
◆ 掌握同期发情技术的操作要点。
◆ 掌握超数排卵技术的操作要点。

【知识目标】
◆ 理解诱导发情技术的原理。
◆ 理解同期发情技术的原理。
◆ 理解超数排卵技术的原理。

　　应用某些外源激素（药物）以及管理措施，人为控制雌性动物个体或群体分情并排卵的技术，称为发情控制技术。它主要包括诱导发情、同期发情和超数排卵等。

任务 11-1　诱导发情技术

【任务内容】
● 能制定乏情母畜的诱导发情处理方案。

【学习条件】
● 乏情母畜、试情公畜若干头。
● PMSG 等相关激素。
● 多媒体教室、相关数字教学资源、教材、参考图书、记录本。
● 羊场、牛场、猪场和马场等实训基地。

　　利用外源激素如促性腺激素、黄体溶解类激素和某些生物活性物质以及环境条件的刺激，促使不发情的雌性动物卵巢从相对静止状态转变为机能性活跃状态，以恢复其正常发情和排卵的技术称为诱导发情（estrus induction）。

一、生理性乏情

　　1. 激素处理法　在非发情季节，对乏情期的绵羊和山羊用孕激素处理 6～9d，在停药前 48h 按每千克体重注射 PMSG 15IU，发情后配种，受胎率可达 70%左右。在非发情季节，给母马每日注射雌激素 5～10mg，连续 10～15d，总剂量为 75～150mg，可以在一定程度上恢复其发情周期。母牛可在产后 2 周开始，采用孕激素预处理 10d 左右，再注射 PMSG 1 000～1 500IU 进行诱导发情。

2. 光照处理法　母羊是长日照过渡到短日照开始表现发情的家畜。在非发情的春夏季节，利用人工暗室，模拟秋季的光照期，逐渐缩短光照时间，每日达到光照 8h，黑暗 16h，处理结束后 7～10 周开始发情。如果 4 月末开始发情，5 月份进入发情旺季，其诱导发情率为 80％左右。在非发情季节应用延长光照的办法可以使母马卵巢机能提早恢复，在马厩内悬挂 200～400W 的灯泡，从日落开始延长 5～6h 的光照时间，母马的卵巢机能可以在来年 1 月下旬到 2 月下旬提前恢复，表现出正常发情。每天用 400W 的灯光对种公马作长光照处理，也可以得到和母马类似的效果，并且精液品质正常。

3. 公畜刺激法　在公母分群饲养的山羊或绵羊群内，于发情季节到来之前，在母羊群中投放公羊，能使母羊提前发情，提早母羊的配种季节，即所谓的"公羊效应"。处于繁殖季节的母羊，有周期性的发情，公羊效应不明显。此外，山羊的公羊效应比绵羊的更为明显。现代养猪生产中，可把性成熟的公猪同新断乳的母猪关在一起，有助于母猪的断乳后发情。

4. 早期断乳法　母猪哺乳期间通常是不发情的，但是在仔猪早期断乳可以诱导发情，这种方法已成为现代养猪业中提高母猪繁殖力的重要措施。哺乳母猪在仔猪 1 月龄时断乳，将仔猪进行人工哺乳，母猪过 1 个月左右即可发情。如果在断乳时注射 PMSG 则可得到更好的发情效果。若在哺乳期内实行部分断乳，即从哺乳 21d 开始，每天哺乳 12h，3d 后再注射 PMSG，可促使母猪在哺乳期内发情排卵。

二、病理性乏情

1. 持久黄体和黄体囊肿　由于卵巢上黄体长时间不消退或是发生了黄体囊肿，卵泡发育受到抑制，母畜不能正常发情，可通过给予前列腺素等药物处理来溶解黄体，解除孕激素对卵泡发育的抑制作用。患持久黄体和黄体囊肿而乏情的母牛，可使黄体溶解，即可使母牛恢复正常发情。若采取子宫内灌注前列腺素的方法，其剂量为肌内注射的一半。

2. 卵巢机能减退　母畜的卵巢机能减退，处于暂时性的静止状态使母畜不表现发情周期，如果卵巢机能长久衰退，则会引起卵巢组织的萎缩、硬化。此病多发生在寒冷、营养不良、使役过度的母畜或高泌乳牛。对这种不发情可以使用 PMSG 或 FSH 等促性腺激素诱导其发情。

➜【相关知识】

一、乏　　情

乏情（anestrus）是指已达到初情期的雌性动物不发情，或卵巢无周期性的功能活动，处于相对静止状态。乏情可分为生理性乏情和病理性乏情。引起动物生理性乏情的因素很多，如季节、泌乳、衰老、营养不良和各种应激等。

1. 季节　季节性发情动物在非发情季节无发情或发情周期，卵巢和生殖道处于静止状态，这种现象称为季节性乏情。季节性乏情的时间因畜种、品种和环境而异。马为长日照动物，多在短日照的冬春季节乏情，这时卵巢小而硬，既无卵泡，也无黄体，外周血浆中的 LH、黄体酮和雌二醇的含量都很低。绵羊为短日照动物，乏情常发生于长日照的夏季。在乏情季节诱导母马或绵羊发情的方法，通常是通过人工延长或缩短光照时间和控制环境温度，以促进 GnRH 和促性腺激素的释放。此外，注射促性腺激素也有一定效果。

2. 泌乳 哺乳母畜，由于哺乳促进了促乳素的分泌，从而抑制了促性腺激素的正常释放，使得卵巢周期活动受到抑制，卵泡不能发育，母畜不出现发情，故称为泌乳性乏情。猪是最常见的泌乳期乏情动物，但太湖猪除外。泌乳性乏情的出现与持续时间因畜种、品种不同而有很大差异。例如，母猪一般是在仔猪断乳后才发情。母牛产后发情出现的时间，由于挤乳或哺乳幼畜的方式不同有所差异。挤乳牛在产后 37～70d 可发情，而哺乳牛（肉用牛品种和我国的黄牛）往往需要 90～100d。每天两次挤乳又比每天多次挤乳的牛出现发情的时间要早一些，这是由于乳头受到刺激和每日挤乳次数增加，使促乳素分泌量增加，从而抑制垂体促性腺激素的分泌。绵羊的泌乳期乏情持续 5～7 周，可是大部分母羊要在羔羊断乳后约 2 周发情；母马在产驹后 6～12d 开始发情，哺乳的影响并不明显。在母畜的分娩季节，产乳量、哺乳仔畜数和产后子宫复原的程度对乏情的发生率和持续时间也有一定的影响。例如春季分娩的母羊产后发情较冬季分娩者为早，乏情期就较短，泌乳量高的或哺乳仔畜多的母畜乏情期一般也较长。

3. 衰老 雌性动物到一定年龄后卵巢的活性降低，激素分泌机能下降，甚至性活动周期停止而引起的乏情，称为衰老性乏情。造成衰老性乏情的原因可能是卵巢机能发生障碍，而机能障碍的发生则是由于下丘脑-垂体-性腺轴功能关系的改变，而导致促性腺激素的分泌量减少或卵巢对这些激素的敏感性降低。

4. 营养不良 日粮水平对卵巢活动有显著的影响，因为营养不良会抑制发情，青年母畜比成年母畜更为严重。矿物质和维生素缺乏会引起乏情。放牧的牛和羊因缺磷等元素会引起卵巢机能失调，从而导致初情期延迟，发情征状不明显，最后停止发情。小母猪和母牛由于日粮中缺乏锰元素会造成卵巢机能障碍，发情不明显，甚至不发情。日粮中维生素 A 和维生素 E 的缺乏也可引起发情周期无规律或不发情。

5. 各种应激 如使役过度、畜舍条件（卫生、温度、湿度及气味等）太差、长途运输、惊吓、突然更换饲料等管理上的失误引起的乏情。

二、诱导发情的理论基础

家畜的发情、排卵是由垂体分泌的促性腺激素和卵巢分泌的激素共同影响而发生。在非配种季节，垂体活性降低，分泌促性腺激素的能力也明显降低，不能引起卵泡发育，母畜就没有发情表现与卵子排出。诱导发情的理论根据是利用外源激素和环境条件等方面的刺激，通过内分泌和神经的作用激发卵巢的机能，从而引起母畜发情。

三、发情控制时应注意的几个问题

1. 重视激素残留 现在我国、美国和欧盟都对一些动物源性食品中的糖皮质激素规定了最大残留量，而且我国还将部分糖皮质激素规定为违禁药物。因此，利用生殖激素对母畜进行发情控制，充分考虑各种生殖激素的半衰期和残留问题，尤其是一些人工合成类的激素。

2. 正确的饲养管理是家畜正常繁殖的基础条件 任何繁殖技术的运用只能在这个前提下才会表现出应用的作用。最先进的繁殖技术也不能代替优良的饲养管理条件，所以不能把发情控制技术当作是万能的。

3. 重视部分激素的副作用 在诱导发情时，PMSG是一种经济、实用、效果好的激素。但是，大剂量PMSG可对卵巢有副作用，即卵泡囊肿和卵泡充血等。因此，要了解每种拟使用激素的特点，不能随便使用激素制剂、任意提高剂量或增加投药次数。

➡ 【自测训练】

1. 理论知识训练
(1) 简述家畜乏情的原因。
(2) 简述诱导发情的原理。
(3) 简述用于家畜诱导发情的激素种类及其作用特点。
2. 操作技能训练 对校内、校外实训基地的牛、羊和猪群体的乏情状况进行调研，对引起家畜乏情的原因进行分析，进而制定相应的诱导发情处理方案。

任务 11-2 同期发情技术

【任务内容】
● 能进行牛、羊和猪的同期发情处理方案的制定。
【学习条件】
● 母畜若干头。
● 阴道栓、PMSG、前列腺素等相关激素。
● 多媒体教室、相关数字教学资源、教材、参考图书、记录本。
● 羊场、牛场、猪场和马场等实训基地。

在自然情况下，雌性动物在繁殖季节里出现的发情是随机的、零散的。采用激素药物处理或相应的管理措施，人为地控制并调整母畜发情周期，一群母畜在特定时间内集中发情和排卵，这种技术称为同期发情技术（estrus synchronization）。

一、常用药物

1. 孕激素 孕激素处理法不但可用于周期活动的母畜，也可对非配种季节乏情动物的同期发情处理。目前用于同期发情的孕激素类药物主要有孕酮、甲孕酮、甲地孕酮、炔诺酮、氯地孕酮、氯孕酮、18-甲基炔诺酮等。这些孕激素类药物通过抑制一段时间内卵巢上卵泡的生长发育，使处于发情周期不同阶段一群母畜的卵巢处于相同阶段，使母畜不能发情。一定时期后同时解除孕激素对卵泡的抑制作用，引起一群母畜同时发情。

2. 前列腺素 前列腺素的主要作用是溶解黄体,家畜同期发情最常用的前列腺素是 $PGF_{2\alpha}$。在同期发情处理中,前列腺素具有明显的溶解黄体作用,但只限于正处于黄体期的母畜。猪在发情周期第 10 天前,对前列腺素不敏感,牛、羊和马在发情周期 5~16d 以内的黄体对前列腺素敏感。

3. 促性腺激素 使用孕激素作同期发情处理后,母畜的受胎率往往较低。因此,在使用孕激素的同时,配合使用促性腺激素,可以增强发情同期化和提高发情率,并促使卵泡更好的成熟和排卵,从而提高受胎率。常用药物有 PMSG、hCG、FSH 和 LH 等。

二、处理方法

1. 阴道栓塞法 在生产中,常将孕激素制成阴道缓释装置(孕激素阴道栓和孕激素海绵阴道栓,图 11-2-1),可以使孕激素在阴道内缓慢释放,经阴道黏膜进入体内,使血浆中黄体酮保持有效浓度,与内源性黄体酮发挥一样的作用。牛和羊均可采用该方法,以羊最为常用。猪不适宜采用该法。其具体的操作方法如图 11-2-2 所示。

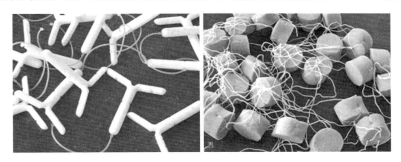

图 11-2-1 孕激素阴道缓释装置
A. 孕激素阴道栓(CIDR) B. 孕激素海绵阴道栓

图 11-2-2 孕激素阴道海绵栓的埋植和撤出

2. 口服法 每日将一定量的药物均匀拌在饲料内，以单个饲喂较为准确，经一定时间后同时停药。这种方法可用于舍饲母畜，但较费时费工，用药量大，且个体摄取剂量不准确。

3. 注射法 将定量的激素类药物，如 $PGF_{2\alpha}$、PMSG 或 hCG 作皮下或肌内注射，促使母畜发情和排卵。此法剂量准确，但操作麻烦。

4. 埋植法 将药物及少量消炎粉装入塑料细胞管中，并在管壁上打孔。利用兽用套管针将细管埋植于皮下组织，一定时间后取出。该法可用于牛的同期发情处理，药物为孕激素。埋植细管取出后一般需配合前列腺素和 PMSG 使用。

三、家畜的同期发情处理

同期发情处理与诱导发情的区别在于前者是对群体母畜在发情周期任意一天进行的发情同期化处理，后者是对乏情母畜个体的诱导发情处理。

（一）牛的同期发情

1. 孕激素阴道栓法 利用开膣器将阴道扩张，放入孕激素阴道栓。9～12d 后，将阴道栓取出，同时注射 PMSG 500～1 000IU，注射后 2～5d 母牛发情。

2. 孕激素埋植法 将 18-甲基炔诺酮 15～25mg 装入带小孔的塑料细管中，埋植于耳背皮下。9～12d 后将塑料管取出，同时注射 PMSG 500～1 000IU，注射后 2～5d 母牛发情。

3. 前列腺素法 因前列腺素对牛排卵后 5d 以内的黄体不起作用。一次处理可能仅有约 70% 的母牛有反应。因此常用两次前列腺素注射法进行牛的同期发情处理，即间隔 11d 的两次肌内注射前列腺素的方法。母牛大多数在处理后的 48～72h 发情。

（二）羊的同期发情

1. 孕激素阴道栓法 在子宫颈外口处放置孕激素阴道栓 14～16d（孕激素长期处理法）或 7～9d（孕激素短期处理法）。在撤除海绵栓的同时，配合注射 PMSG 350～700IU，1～3d 后 90% 以上的母羊发情，且因为有 PMSG 作用，双羔率也大大提高。此外，注射 PMSG 后向母羊群体内放入试情公羊，有利于母羊的发情率和发情集中度。

2. 前列腺素处理法 常用的前列腺素有 $PGF_{2\alpha}$ 和氯前列腺烯醇等。间隔 10～12d，给母羊分别肌内注射 6～8mg $PGF_{2\alpha}$ 或 100～200μg 氯前列腺烯醇，母羊会在注射后 1～3d 内发情。如果先用孕激素处理 7～9d，再用前列腺素处理，可获得更高的同期发情率和受胎率。

3. 口服法 每天将一定数量的激素药物均匀地拌入饲料内，连续饲喂 12～14d。口服法的药物用量为阴道海绵栓法的 1/10～1/5。最后一次口服药的同时，肌内注射 PMSG 350～700 IU。

（三）猪的同期发情

孕激素处理容易使母猪出现卵巢囊肿，前列腺素处理的发情率也不高。生产中常用同期断乳法进行猪的同期发情。分娩后 21～28d 的哺乳母猪一次性断乳，大多数母猪会在断乳后 4～7d 发情。如果在仔猪断乳后 24h 内注射促性腺激素，能有效地提高同期断乳母猪的同期发情率。常用的是 PMSG，其用量为初产母猪 1 000IU，经产母猪 800IU。

➡ 【相关知识】

一、同期发情的意义

1. 有利于人工授精技术的推广　我国绵羊和山羊的饲养，以户为主的分散养羊业占主体。虽然养羊户对引入良种提高产毛产肉性能也有认识，但在配种季节，分散的养殖户很难做到及时试情和送到公羊站配种。羊的人工授精技术在目前的农村中很难推行。所以，同期发情为普及人工授精创造了有利条件，而实行同期发情又必须以人工授精为前提，两者在某种程度上是相辅相成、彼此关联、互为条件的两项技术措施。

2. 便于组织集约化生产　同期发情技术使畜群的发情、配种、妊娠、分娩调整到一定时间内同时进行，从而使得幼畜的培育和断乳等环节在时间上相对集中，便于幼畜的集中管理和培育，对商品家畜全进全出大有益处，故有利于更合理地组织生产，有效地进行饲养管理，即节约劳力和费用，又对实现畜牧业工厂化有很大使用价值。

3. 同期发情是胚胎移植的必要条件　胚胎移植的生理学基础是同种动物的供、受体的生殖器官的生理变化是相同的，为供体胚胎移入受体提供相同的生理环境。同期发情处理可以人为控制受体的发情时间，与供体的超数排卵方案相配合，即可完成胚胎移植工作。同时，在胚胎移植过程中，胚胎的长期保存仍然是个未完全解决的问题，故而同期发情处理仍是不可缺少的一种方法。

4. 提高繁殖效率　同期发情处理过程中，在使用孕激素、前列腺素处理的基础上，往往配合使用部分促性腺激素促卵泡发育和排卵，如 PMSG、hCG 或 FSH 等。这些处理使那些发情征兆不明显及患卵巢囊肿、持久黄体等的母畜恢复发情和排卵。对绵羊和山羊来说，同期发情处理，大大提高了双羔率，提高了羊群的繁殖力。

二、同期发情的原理

母畜的发情周期中，卵巢的变化可分为卵泡期和黄体期。在母畜群体中，母畜个体所处的发情周期阶段是随机的。黄体期占了整个发情周期的大部分时间（70%左右），就是说，一群母畜中处于黄体期的个体数占了大多数。黄体期的结束是卵泡期到来的前提条件，相对高的孕激素水平可抑制发情，一旦孕激素的水平降到低限，卵泡即开始迅速生长发育，并表现发情。因此，同期发情的核心是控制黄体的"长"与"消"。控制黄体的"长"是给一群母畜同时施用孕激素药物，抑制其卵巢上卵泡的生长发育及发情表现，经过一定时期后同时停药，由于卵巢摆脱了外源性孕激素的控制，此时卵巢上的发情周期黄体已经退化，于是同时出现卵泡发育，引起母畜同时发情。采用孕激素抑制母畜发情，实际上是人为地延长其黄体期，起到了延长发情期、推迟发情期的作用，为引起下一个发情周期创造一个共同的起点。控制黄体的"消"是利用前列腺素，加速功能性黄体的消退，使卵巢提前摆脱体内高水平孕激素的控制，于是群体母畜卵巢上的卵泡同时开始发育，以达到同期发情。在这种情况下，实际上是缩短了母畜的发情周期，使母畜的发情期提早出现。

➡【自测训练】

1. 理论知识训练

（1）简述同期发情的机理。

（2）简述用于家畜同期发情的激素种类及其作用特点。

2. 操作技能训练　根据生产需要，对牛和羊进行同期发情处理。

（1）集约化奶牛和肉牛养殖场的同期发情方案的拟定与实施。

（2）舍饲条件下山羊和绵羊养殖场的同期发情方案的拟定与实施。

任务 11 - 3　超数排卵技术

【任务内容】

● 能进行牛、羊的超数排卵处理方案的制定。

【学习条件】

● 牛、羊等母畜若干头。

● 孕激素阴道栓、孕激素海绵栓、PMSG、FSH、hCG、前列腺素等相关激素。

● 多媒体教室、相关数字教学资源、教材、参考图书、记录本。

● 牛场和羊场等实训基地。

超数排卵（superovulation）是指在母畜发情周期内，按照一定的剂量和程序，注射外源性激素或活性物质，使卵巢比自然状态下排出更多的卵子。其目的是在优良母畜的有效繁殖年限内，尽可能多地获得其后代，用于不断扩大核心母畜群数量。超数排卵的处理主要是利用缩短黄体期的前列腺素或延长黄体期的黄体酮，结合注射促性腺激素，从而达到超数排卵的效果，简称超排。超排对于牛、羊等单胎动物效果明显且意义重大，但对马效果不明显。由于猪是多胎动物，胎产仔数达 10～15 只，故超排对于肉猪生产的意义不大。

一、牛的超数排卵

1. FSH＋PG 法　在发情周期的第 9～13 天任意一天开始，每天上、下午采用肌内注射 FSH，连续 4d 递减注射，每天注射 2 次，间隔 12h，总剂量 40～50mg。在开始注射 FSH 的第 3 天注射 $PGF_{2\alpha}$ 2～4mg。注射后 1～2d 发情，人工输精 3 次，每次间隔 12h。

2. FSH＋CIDR＋PG 法　在发情周期的任意一天给母牛放 CIDR，此天为第 0 天，第 10 天取出第一个 CIDR，同时放入第二个 CIDR，第 5 天开始，每天上、下午采用逐渐减量的方法肌内注射 FSH，连续注射 4d，每日注射 2 次，于第 7 次注射 FSH 时撤出 CIDR 并注射 $PGF_{2\alpha}$ 2～4mg。注射后 1～2d 发情，人工输精 3 次，每次间隔 12h。

3. PMSG 法　在牛发情后的第 16 或 17 天，肌内注射 PMSG 1 500～3 000IU，隔日注射 hCG 1 000～1 500IU。1～2d 后发情，人工输精 3 次，每次间隔 12h。

二、羊的超数排卵

1. FSH＋PG 法　在发情周期的第 12～14 天任意一天开始，每天上、下午采用逐渐减量的方法肌内注射 FSH，连续注射 3d，每日注射 2 次，总剂量为 20～25mg，于第 6 次注射 FSH 时肌内注射 $PGF_{2\alpha}$ 1～2mg，注射 $PGF_{2\alpha}$ 后 1～2d 发情，配种或输精 2～3 次。

2. CIDR＋FSH＋PG 法　在发情周期的任意一天给母羊放 CIDR 栓，记为第 0 天，第 7 天更换 CIDR。第 12～14 天开始，每天上、下午采用逐渐减量的方法肌内注射 FSH，连续注射 3d，每日注射 2 次，总剂量为 20～25mg，于第 5 次注射 FSH 时撤出 CIDR 并肌内注射 $PGF_{2\alpha}$ 1～2mg，注射 $PGF_{2\alpha}$ 后 1～2d 发情，配种或输精 2～3 次。

3. PMSG 法　在母羊发情前 4d，即发情周期的第 12～14 天，皮下或肌内注射 PMSG 750～1 000IU，发情或配种当日肌内注射 hCG 500～750IU，则可达到超排目的。

⊙【相关知识】

一、超数排卵的机理

哺乳动物在出生时，卵巢上有 $(2～4)\times10^5$ 个卵母细胞。在自然状态下，有 99% 的有腔卵泡因发生闭锁而退化，只有 1% 的有腔卵泡在排卵时排出。闭锁卵泡就是因为未获取足够数量的促性腺激素。为此，利用超过体内正常量的外源性激素，来拯救前面提到的 99% 的将要闭锁的卵泡，使其成为优势卵泡，而发育成熟、排卵，即在家畜发情的一定时期，注射 FSH 类的激素制剂，使其大量的卵泡不闭锁退化而进行正常发育、成熟，在排卵前 LH 类激素和前列腺素来补充内源性激素的不足。以确保所有的卵泡均能成熟、破裂和排卵。

二、影响超数排卵效果的因素

1. 品种　不同品种，甚至同一品种不同品系的动物对同样剂量的 PMSG 的敏感性不同。如报道称，如应用 PMSG 2 000IU 进行超排处理，黑白花奶牛平均排卵 5.3 枚，西门塔尔牛 12.2 枚，利木赞牛 16.4 枚。

2. 母畜卵巢生理状态　一般在发情周期第 10 天以后作超排处理效果最为理想。如果超排前卵巢上有优势卵泡存在，处理后奶牛发情不正常率比较高，可能是由于超排处理使得优势卵泡发生排卵，形成黄体，而该黄体正是处于性周期第 5 天以前阶段的新生黄体，该阶段的黄体对 PG 不敏感，致使母牛不能正常发情。

3. 激素剂量　激素用量过少，达不到超排的目的。激素用量过多会引起卵巢对激素的反应差别增大。注射过多的 PMSG 可导致卵泡囊肿的发生，如果给牛注射 PMSG 超过 5 000IU，则易引起卵泡出血。很多试验早已表明，反复进行超排会引起排卵数减少的现象，这可能是由于家畜体内产生了抗外来促性腺激素抗体所致。

4. 年龄　注射相同剂量激素的母牛，由于年龄的不同，对超排药物敏感不同，其超排效果也不同，即初产母牛比经产母牛排卵多，育成母牛要比成年母牛排卵多。

这可能是由于随着年龄增长，卵巢内卵泡闭锁而数目减少的缘故。

5. 环境因素 气温、光照、湿度等环境因素对超排也有影响。实践表明，即使在同一季节，气候条件、营养水平也有很大的差别，动物的感受的刺激也不尽相同，它们影响动物的超排效果。例如，在高温的夏季，波尔山羊的超排排卵率仅为春秋季的 70%～80%，可用胚为 40%～50%。

6. 饲养管理 有资料报道，牛处于饥饿状态时进行注射 PMSG，其排卵数明显减少，饲养不良可影响牛的有腔卵泡的发育。

三、提高超数排卵效果的措施

在胚胎移植实践中，经常会发现使用相同的超排方案，不同畜群或个体超排效果不尽相同。此外，应用的 PMSG、hCG 和 FSH 均为大分子蛋白质制剂，对母畜作反复多次注射，体内会产生相应的抗体，使卵巢的反应逐渐减退，超排效果也随之降低。因此，对超排处理的要求，不仅包括第一次超排后的效果，而且还应考虑重复进行超排处理的效果。对于一头优良的供体母畜不仅能从一次超排处理中获得许多胚胎，更重要的是能否反复进行有效的超排处理，从而最大限度地提高供体的繁殖力。根据已掌握的材料，结合目前的理论知识，应从以下几个方面采取措施。

1. 选择合适的畜群和个体 在一个品种内，不同个体对超排反应结果不一，且这种结果具有重复性和遗传性。实践表明，母牛群体中大约只有 1/3 的个体超排效果良好，有 1/3 个体超排效果一般，有 1/3 的个体对超排几乎没有反应。因此，超排处理后，要从群体中选留超排效果好的个体，用于后续超排。此外，经产雌性动物的超排效果也要好于初产动物。母牛超排最理想的年龄为 3～8 岁。

2. 让供体母畜有充分的恢复时间 母畜每进行一次超排处理，使卵巢经历一次沉重的生理负担，需经一定时期才能恢复正常的生理机能。反复多次采卵操作，生殖道受到损伤和感染的机会随之增加。所以，在给供体母牛作第二次处理的间隔时期应为 60～80d，第三次处理时间则需延长到 100d 后。在每一次冲胚结束后，应向子宫内灌注 $PGF_{2\alpha}$，以加速卵巢的恢复。此外，分娩后不久的母畜，不宜立即进行超排处理，一般需在 60d 以后处理为宜。

3. 采用优质的药品和科学的超排方案 超排处理的激素类药品直接影响超排效果。目前，国产 PMSG、前列腺素等激素与国外质量相似，但 FSH 的纯度和活性变化较大。可能是由 FSH 商品制剂中的 LH 含量不稳定所致，故应注意生产厂商和批次。另外，当连续两次使用同一种药物进行处理后，为了保持卵巢对激素的敏感性，可以更换为其他激素进行超排处理，以获得较好效果。

➡️ 【自测训练】

1. 理论知识训练

（1）简述超数排卵的机理。

（2）简述用于家畜超数排卵的激素种类及其作用特点。

2. 操作技能训练 根据生产需要，对牛和羊进行超数排卵处理。

（1）集约化奶牛和肉牛养殖场的超数排卵方案的拟定与实施。

（2）舍饲条件下山羊和绵羊养殖场的超数排卵方案的拟定与实施。

项目 12　人工授精技术

任务 12-1　采　精

【任务内容】

● 了解猪、羊、鸡的采精准备过程。

● 掌握常见家畜假阴道的组成部件，能正确规范地安装并调试假阴道。

● 掌握猪、羊、犬、鸡的采精方法并能独立进行采精操作。

● 能够结合生产实际确定家畜的采精频率。

【学习条件】

● 性功能正常的公猪若干头、公羊若干头、公鸡若干只。

● 常见家畜假阴道、集精杯、润滑剂、长柄钳子、玻璃棒、漏斗、双联充气球、水温计、75%酒精棉球、温水等。

● 毛巾、肥皂、消毒液、记录本。

● 多媒体教室、采精教学课件、教材、参考图书。

● 采精场地、采精架。

　　采精就是通过一定条件的刺激，激发公畜的交配行为，然后人工收集公畜精液的过程。采精既是人工授精工作的第一步，也是该工作中的重要技术环节；认真做好采精前的准备，正确掌握采精技术，合理安排采精时间等是保证采集到量多、质优、无污染精液的重要条件。

畜禽采精方法有多种，常用的有假阴道法、手握法、按摩法、电刺激法等，使用时应根据动物种类和环境条件的不同，合理地进行选择。假阴道法是较理想的采精方法，由于该法既不降低精液品质，又不影响公畜的生殖器官和性功能，所以应用最为广泛，适用于各种家畜和部分驯兽；手握法是我国对公猪采精普遍采用的方法；按摩法主要应用于禽类的采精；电刺激法主要应用于失去爬跨能力的驯养动物和野生动物的采精。

无论采用什么方法采精，都要遵循以下四项原则：第一，安全。采精过程要确保操作人员、公畜等的安全，防止阴茎损伤，避免因不良刺激造成性欲下降等问题。第二，卫生。采精过程精液最容易受到外界因素的影响，因此，采精中必须小心操作，保证精液不会受到污染。第三，全份。牛、羊、马采精必须能收集到全份的精液，尽量减少精液倒流出假阴道，造成精液损失。第四，简便。采精操作过程要力求简单，用品也要简单，并且容易拆卸、清洗、消毒。

一、假阴道法

公猪采精技术（视频）

（一）假阴道的组成部件

假阴道的组成部件主要包括外壳、内胎、集精杯及外套（或集精管及三角漏斗）、活塞、气嘴、固定胶圈等。各种动物的假阴道结构见图12-1-1。

（二）假阴道的安装与调试

假阴道在使用前必须进行洗涤、安装内胎、消毒、冲洗、涂抹润滑剂、注水、调节温度和压力等步骤。

1. 检查 安装前，要仔细检查内胎及外壳是否有裂口、破损、沙眼，集精杯及外套是否配套不漏水，气嘴是否漏气等。

2. 清洗 新装假阴道之前或假阴道使用后拆开各部件，都需要进行严格清洗。可先用溶有清洁剂的温水进行初步清洗，特别需要注意使用后的内胎必须清洗干净；然后需用溶有消毒剂的溶液浸泡一定时间后，再用大量清水冲洗干净，自然晾干后即可使用。

3. 安装内胎 将内胎的粗糙面朝外，光滑面向里放入外壳内，可用内卷法或外翻法将内胎翻转在外壳上，内胎露出外壳两端部分长度最好相等，并且用胶圈固定，要求内胎平整、松紧适度，不扭曲。牛的集精杯（管）可借助特制的保定套或三角漏斗与假阴道连接（图12-1-2）。

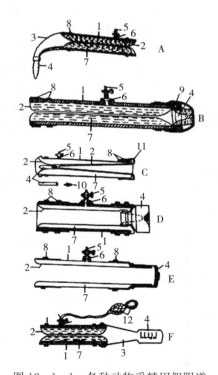

图12-1-1 各种动物采精用假阴道
A. 欧美式 B. 原苏式 C. 日东式
D. 羊用 E. 马用 F. 猪用
1. 外壳 2. 内胎 3. 胶漏斗
4. 集精管（杯） 5. 气嘴
6. 水孔 7. 温水 8. 固定胶圈 9. 固定套
10. 瓶口小管 11. 泡沫塑料垫 12. 双联球
［张忠诚，2000. 家畜繁殖学（第三版）］

4. 消毒 对于新内胎或每次采精之前，用长柄镊子夹取 75% 的酒精棉球对内胎进行涂擦消毒，擦拭内胎及外壳两端部分，包括胶漏斗；消毒的顺序为由内向外。

5. 涂抹润滑剂 待酒精挥发后，先用生理盐水或蔗糖水等冲洗内胎，然后用玻璃棒蘸取消毒过的润滑剂由里向外在内胎上涂抹；涂抹部位一般为公畜阴茎深入假阴道的一侧，多为假阴道全长的 1/2～2/3；但涂抹润滑剂不宜太多，以免混入精液，降低精液品质。

6. 注水 通过注水孔向假阴道内、外壁之间注入一定温度的温水，使其能在采精时保持 38～40℃，注水总量一般为内、外壁间容积的 2/3。公牛（或羊）射精时对温度的要求较高。温度过低，不能引起公牛（或羊）性欲，造成采精量少或不射精；温度过高，不但会影响精液品质，还会使公牛（或羊）产生不良的应激。

7. 调压 借助注水和空气来调节假阴道的压力，如注水后可用双联充气球注入空气，此时假阴道入口处内胎呈 Y 形（图 12-1-3）。压力不足，公畜不射精或射精不完全；压力过大，不仅妨碍公畜阴茎插入和射精，还可造成内胎破损和精液外流。

图 12-1-2 安装好的牛假阴道

图 12-1-3 安装好的羊假阴道内胎

8. 测温 假阴道内胎的温度因公畜而异，一般控制在 38～40℃。用消毒过的水温计伸入假阴道中间部位测定温度，待温度不变时再读数，测试结束后，在假阴道的入口端覆以消毒纱布，装入保温箱备用。

（三）假阴道法的实际应用操作

采用假阴道法采精时，应根据畜种体格大小，采取立式或蹲式。

1. 公牛的采精 在国内，一般只有种公牛站进行公牛的采精，采集的精液用于制作冷冻精液。

采精时，将种公牛牵到台牛旁，采精员手持假阴道（图 12-1-4），站于台牛的右后侧，面向台牛。当公牛阴茎挺出，前肢跃起爬上台牛的瞬间，采精员手持假阴道，迅速向前一步，将假阴道筒口向后略向下方倾斜与公牛阴茎伸出方向成一条直线，紧靠在台畜尻部右侧。左手在包皮口的后方，掌心向上托住包皮将阴茎拨向右侧，导入假阴道内。

当公牛用力向前上一冲，说明射精已完成。公牛射精后，采精员左手轻推公牛，右

图 12-1-4 公牛采精

手持假阴道并使集精杯一端略向下倾斜，跟随公牛后移，不要抽出，让其阴茎自行脱出。然后将假阴道直立，筒口向上，放气，待精液全部流入集精杯中，再将集精杯取下，做好牛号标记，将精液立即从窗口送至精液处理室内。

2. 公羊的采精　采精人员应蹲于台羊的右后侧（图12-1-5A），右手心向上横握住假阴道，集精杯一端向上。当公畜爬跨时，迅速用左手准确地托握公畜包皮（切勿触摸阴茎）（图12-1-5B）；当公畜阴茎勃起时，迅速使假阴道与公畜阴茎伸出的方向成一直线；且当公畜阴茎伸出时，顺势将阴茎导入假阴道入口内，同时将假阴道紧靠并固定于台畜尻部右侧，其倾角为35°左右。当公畜的后躯有向前一冲的动作时即表示射精，随后将假阴道集精杯向下倾斜，以使精液完全流入集精杯内。当公畜爬下时，采精人员应持假阴道随阴茎后移，并将假阴道入口向上倾斜，而顺应公畜取下假阴道，打开开关，放出空气，以便精液完全流入集精杯内，然后自然地取下集精杯，盖上集精杯盖，立即送入精液处理室，准备检查。

图12-1-5　羊的假阴道法精液采集

公牛和公羊对假阴道的温度比压力更敏感，因此要求温度更准确。牛、羊阴茎导入假阴道时，要用掌心托住包皮，切勿用手抓握阴茎，否则会造成阴茎回缩。牛、羊交配时间短，仅几秒钟，因此，采精过程要求迅速、敏捷、准确，并注意避免阴茎突然弯折而被损伤。

3. 公猪的采精　公猪采精常用的方法是手握法，很少采用假阴道法。近年来，法国IMV卡苏科技有限公司成功地研制了更为先进的假阴道法采精的采精系统——COLLE-CEIS公猪自动采精系统，它使用了特制假母猪和控压假阴道（图12-1-6），使对公猪的采精工作更轻松，采精时间明显缩短，更重要的是在全封闭的情况下收集精液，使精液受污染的可能性降到最低。我国一些专业化公猪站已经开始应用这种采精设备。

图12-1-6　公猪自动采精系统

公猪进入采精位后，采精员用扫描器扫描公猪电子耳号和采精员的电子牌，计算机打印出精液标签，贴在采精袋上。采精袋和过滤网有卡扣，方便与假阴道相连。当公猪爬上假母猪后，采精员先挤净公猪的包皮液，用纸巾清洁公猪外阴，用戴一次性手套的右手锁定公猪龟头，最初射出的精液不收集，用纸巾擦净龟头后，将龟头送入假阴道内，假阴道内腔的压力由一气泵控制。最后卡上过滤网和采精袋，并将采精袋放入塑料保温筒中开始收集精液，直到采精结束，取下假阴道。将精液装入另一塑料筒中，送入实验室。

4. 公马（驴）的采精 公马、公驴的采精方法基本相同。

马假阴道外壳用白铁皮或不锈钢制成，外壳的一端变小，内胎为有弹性的橡胶筒，安装好内胎并消毒后，在小头一端覆盖上一次性专用过滤网，然后再安上橡胶集精杯。在国外一些种马场，采用一次性无菌塑料膜衬在内腔中，末端连接集精杯，可实现内胎的免消毒。公马假阴道内腔温度为37～39℃，公马阴茎对温度相对不敏感，但对压力比较敏感，要有适当的压力和摩擦力，使公马发达的阴茎在假阴道内抽动时增加龟头神经的刺激性。使用的气阀要方便在采精时随时调节压力。

采精时，当公马爬跨台马时，采精员迅速右手持假阴道将其紧靠在台马尻部固定，并使其与阴茎方向一致，左手可以直接抓握公马的阴茎（但不能触及龟头），将其龟头导入假阴道内。然后换成左手握手柄，右手托住集精杯一端，让公马阴茎在内腔中抽动，并紧靠台马的尻部加以固定假阴道。当阴茎停止抽动后，尾部呈现有节奏的收缩和上下摆动，即表示射精。这时应将集精杯一端放低，使精液流入集精杯中；公马射精结束后假阴道集精杯一端应再降低些。在射精结束时缓慢打开气阀门，使压力减弱，以利于阴茎抽出，然后取下假阴道。

5. 犬的采精 犬的假阴道可用长15cm、内径5cm的橡胶管，内侧套上乳胶内胎做成。内外两层中间装上41℃左右的热水，内胎间的腔隙借助于雄犬勃起的阴茎大小来调节。当雄犬爬跨雌犬或台犬时，立即将勃起的阴茎导入假阴道内，雄犬便会开始抽动。此时，采精员的一手拿稳假阴道，另一只手握住雄犬龟头后的阴茎，助手同时轻轻地打气，借以产生必要的紧握感，刺激雄犬不断地将精液射入假阴道内的集精容器中，直至采精完毕。使用假阴道采精时，假阴道的内胎内无须和其他家畜那样涂抹润滑剂，因为发情雌犬的阴道稍显干燥。

6. 公兔的采精 公兔须经训练才能采精。训练的方法是实行公、母兔隔离饲养；采精员经常接近公兔，训练公兔的胆量，使其不至于怕人；定期让公兔与母兔接触，但不让其交配，以便提高公兔的性欲。数日之后，即可进行采精。

兔假阴道内腔温度为40～42℃。将发情母兔放入公兔笼中，用右手固定母兔的头部，左手握假阴道置于母兔两后肢之间。当公兔爬跨母兔交配之际，持假阴道的左手把母兔后躯举起，待公兔阴茎挺出后，再根据阴茎挺出的方向调整假阴道口的位置。当公兔阴茎一旦插入假阴道，抽动数秒钟，即向前一挺，后肢蜷缩，向左侧倒去，并伴随"咕咕"的尖叫声，说明公兔已经射精。经过训练的公兔，可用兔皮做一假台兔，甚至操作者戴一兔皮手套，握住假阴道，均可顺利达到采精的目的。

7. 水禽的采精 用台禽对公禽进行诱情，当公禽爬跨台禽并伸出阴茎时，迅速将公禽阴茎导入假阴道内而取得精液。用于鹅的假阴道见图12-1-7，它不需要在内、外管道之间充以热水和涂抹润滑油。

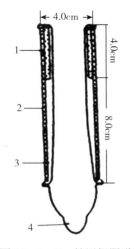

图12-1-7 鹅用假阴道

8. 雄鹿的采精 对驯服好的雄鹿也可采用假阴道法采精，其方法基本同牛。为避免雄鹿与人接触恐慌，可将假阴道固定在台鹿右尻部，并覆盖一块鹿皮隐蔽。可将集精杯口上盖一块薄胶膜，膜上留有一直径 1cm 左右的小圆孔，射精时，其阴茎前端插入小孔中，可防止精液倒流。

二、手 握 法

手握法采精一般适用于公猪和犬的采精，具有设备简单、操作方便、能选择采集精子浓稠部分的精液的特点，但也存在精液容易被污染和精子易受低温打击等缺点，应加以注意。

1. 公猪的采精 目前手握法采集猪的精液，是我国目前广泛应用的一种方法。此法是模拟在自然交配中母猪子宫颈对公猪阴茎的螺旋龟头紧缩力而引起射精的生理刺激，以手握其阴茎龟头，呈节奏性松紧给予压力进行采精。为此，适当压力对手握法采精十分重要（图 12 - 1 - 8）。

（1）排出包皮液。采精员要一手带上灭菌乳胶手套，另一手持瓶口带有特制过滤纸或 2～4 层纱布的集精瓶或杯，蹲在假台猪一侧，待公猪爬跨台猪后，采精员用右手按摩公猪包皮腔，先用 0.1% 高锰酸钾溶液清洗消毒公猪的包皮及其周围，尽可能将包皮腔中的包皮液（或尿液）排净，然后用灭菌生理盐水冲洗并擦干净。

（2）引出公猪阴茎并消毒清洗。按摩引出公猪的阴茎，当阴茎从包皮内开始伸出时，采精员应脱去外层手套，右手呈锥形的空拳，使龟头（螺旋部分）进入空拳中，手握拳松紧呈节奏性为阴茎施加压力，以不使阴茎滑脱为准；同时只让公猪的龟头伸出空拳 1cm 左右，然后顺其向前冲力，将阴茎的 S 状弯曲尽可能地拉直，握紧阴茎龟头防止其旋转，公猪即可安静下来并开始射精。

（3）收集精液。公猪开始射精后，握阴茎的手不再施加压力；但也不能使阴茎滑脱，待公猪射出部分清亮的液体后，另一只手持集精瓶收集精子浓稠部分精液，其他稀薄精液及颗粒状乳白分泌物排出时可随时弃掉。当公猪开始环顾四周时，说明公猪射精即将结束。可略松开龟头，以观察公猪反应，如果阴茎又开始转动，说明射精没有结束，应立即锁定龟头；如果阴茎软缩，说明射精结束，可结束采精。

公猪排精时间可持续 5～7min，分 3～4 次射出；第一次射出的精液，精子较少，可不收集。每次射精停止后，应按此法再次操作，直至射精完全结束。

（4）采精后处理。采精后，小心地将集精杯上的过滤网去掉，防止其掉入集精杯中，将精液送入检验室检查；待公猪自动从台畜上爬下后，将公猪赶回圈内。

2. 公犬的采精 操作者右手戴上乳胶手套，轻缓地抓住公犬阴茎，左手拿住玻璃试管及漏斗，位于公犬的左侧准备收集精液（图 12 - 1 - 9）。用拇指和食指握住阴茎，轻轻从包皮拉出，将龟头球握在手掌内并给予适当的压力，一般公犬的阴茎即会充分勃起，而有的公犬需经按摩包皮后阴茎方能勃起，大约经 20s 即射精，射精过程持续 3～22min。在采精时还要注意不能使阴茎接触器械，否则会抑制射精，延长射精时间。由于公犬分段射精，可在射精间隙更换集精容器。犬的射精量一般为 2～15mL，分为三段射出。第一部分是由尿道球腺分泌的水样液体，无精子；第二部分是富含精子的部分，为白色黏滑液体；第三部分是前列腺分泌物，量最多但不含有精子。

图 12-1-8 猪手握法采精

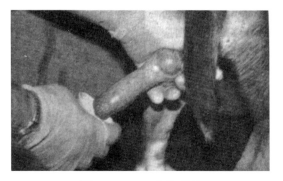

图 12-1-9 犬的采精

三、电刺激法

电刺激法是利用电刺激采精器（图12-1-10），通过电流刺激公畜引起射精而进行采精的一种方法。此法，适用于各种家畜及动物。尤其对那些种用价值高而失去爬跨能力的优良个体公畜或不宜用其他方法采精的驯养小动物和野生动物等，就更有实用性。

电刺激采精器是由电子控制器和电极探棒两部分组成的。采精时，依据动物种类、大小、个体特性等，适当调节好频率、刺激电压、电流及时间。调节时，一般由低向高渐次进行。电刺激法采精所得精液，一般射精量较多，而精子密度

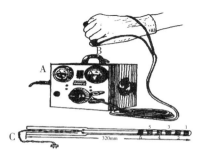

图 12-1-10 电刺激采精装置
A. 电源 B. 电极 C. 棒状电极
[张忠诚，2000. 家畜繁殖学（第三版）]

较低。有时也发生精液混有尿液，这种混尿精液不可用于输精，应废弃。

采精时需将公畜以侧卧或站立姿势保定。对一些不易保定的野生动物可使用静松灵、鹿眠宝等药物进行麻醉。先剪去包皮附近被毛，然后用 0.1% 高锰酸钾溶液或其他消毒溶液清洗消毒，再用生理盐水冲洗擦干。采用灌肠法清除直肠宿粪，然后将直肠电极探头慢慢插入肛门，抵达输精管壶腹部，插入深度大动物为 20～25cm，羊约 10cm，小动物（兔等）约 5cm。采精时先接通电源，然后调节刺激器，选择好频率，逐步增高电压和刺激强度，直至伸出阴茎，排出精液。各种动物电刺激采精参数见表 12-1-1。

表 12-1-1 各种动物电刺激采精参数

畜　种	频率（Hz）	刺激电流（mA）	刺激电压（V）	通电时间（s）	
				持续	间隔
牛	20～30	150～250	3-6-9-12-16	3～5	5～10
绵羊、山羊	40～50	40～100	3-6-9-12	5	10
猪	30～40	50～150	3-6-9-12-16	5～10	5～10
梅花鹿、马鹿	40	200～250	3-6-9-12-16	10	10
大熊猫	30～40	40～100	3-6-9-12-16	3～5	5～10
家兔	15～20	100	3-6-9-12	3～5	5～10

四、按 摩 法

按摩法适用于无爬跨能力的公牛和禽类。

1. 牛 对牛的按摩采精操作，是先排除直肠内的宿粪，再将手深入直肠膀胱背侧稍后，轻柔按摩精囊腺，刺激精囊腺分泌部分精清，可排出包皮之外，再将手指伸入两输精管末端的壶腹部之间，而壶腹部一侧为中指和无名指，另一侧为拇指。按摩时手指由前向后滑动并有适当压力，这样反复进行按摩，即可引起公牛精液流出，由助手接入集精瓶内。为减少细菌污染精液，助手最好配合在后腹部由上向下按摩阴茎尤其是阴茎的 S 状弯曲部，使阴茎伸出包皮之外，收集精液。按摩法采精比用假阴道法所采取的精子密度低，细菌污染程度高。

2. 禽的采精 目前普遍采用背腹式按摩采精法，偶尔可见使用假阴道法。禽的按摩法采精操作可双人或单人进行。

（1）背腹式按摩两人采精法。一人保定公禽于采精台上，保定员用手分别将公禽两腿握住，使其自然分开，拇指扣住翅膀，使公禽尾部朝向采精员（图 12-1-11）。采精人员用一块灭菌的棉球蘸生理盐水擦洗肛门，应由中央向外擦洗，然后开始按摩采精。采精时先用右手中指与无名指夹着集精杯，杯口朝内，握于手心内，以避免按摩时公禽排粪污染。然后采精人员用左手掌心向下，拇指和其余四指自然分开并稍弯曲，手指和掌面紧贴公禽的背部，从禽翼根部沿体躯两侧（睾丸部位）向尾部方向有顺序、有规律地进行滑动，推至尾脂区，如此反复按摩数次，引起公禽性欲；接着采精员立即以左手掌将尾羽拨向背部，同时右手掌紧贴公禽腹部柔软处，拇指与食指分开，于耻骨下缘抖动触摸若干次，当泄殖腔外翻露出退化交媾器（鸡）或水禽的阴茎在泄殖腔内充分勃起（手可感到泄殖腔内有一如核桃大的硬块，同时阴茎基部的大、小淋巴体开始外露于肛门外）时，左手拇指与食指立刻捏住泄殖腔上缘，轻轻挤压，公鸡立刻射精，右手迅速用集精杯接取精液（水禽阴茎遂外翻伸入集精杯内，精液沿着闭合的螺旋精沟，射到集精杯内）。采集到的精液置于水温 25～30℃ 的保温瓶内以备输精。

图 12-1-11　公鸡双人采精

在正常情况下，以隔天采一次精液为宜，使公禽的体力得到恢复。

（2）背腹式按摩一人采精法。单人操作时，采精员坐在凳上，将公禽保定在两腿间，头部朝左下侧，可空出两手，按上法按摩即可。此法一般应用于鸡。

采精时，注意不要伤害公鸡，不污染精液。由于家禽泄殖腔内有直肠、输尿管和输精管开口，如果采精时用力过大，按摩过久，会引起公禽排粪或损伤黏膜而出血，而且还会使透明液增多，污染精液。

（3）火鸡。火鸡的采精操作与鸡基本相同，因火鸡体形大，控制比较困难，一般由三人合作进行,其中两人保定,一人采精。

(4)鸭(鹅)。采精员坐于凳子上,将公鸭(鹅)放于膝盖上,助手坐在采精员的右侧,以左手固定公鸭(鹅)的双腿。若用采精台采精时,助手应站在采精台的左外侧,两手分别握住公鸭(鹅)的左、右腿及翅膀,使尾部移出采精台外 15~20cm,轻按公鸭(鹅)使其成趴卧姿势,即可采精。采精员先用生理盐水对肛门周围清洗,再以右手托腹部,并轻轻按摩,右手掌心向下,拇指与四指分开,按在公鸭(鹅)的背部,从翼的基部向尾部用力按摩,至尾部时收拢拇指、食指和中指,紧贴泄殖腔外周摩擦而过。一般反复按摩 4~5 次,手即可感到泄殖腔内阴茎鼓起,此时右手自腹下上移,握住泄殖腔开口部按摩,待阴茎充分勃起的瞬间,左手拇指和食指自背部下移,轻轻压挤泄殖腔上 1/3 部,使阴茎上的输精沟闭合,精液即从阴茎顶端射出。右手持集精杯顺势接取精液,并以左手反复挤压直到精液完全排出。

➔【相关知识】

一、公畜生殖器官及机能

公畜生殖器官由睾丸、附睾、阴囊、输精管、副性腺、尿生殖道、阴茎和包皮组成。各种公畜上述器官的形态结构和生殖功能大致相同,又各有其特点(图 12-1-12)。

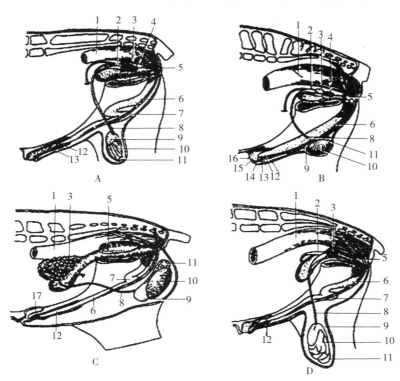

图 12-1-12 公牛、马、猪、羊生殖器官示意
A. 公牛的生殖器官 B. 公马的生殖器官 C. 公猪的生殖器官 D. 公羊的生殖器官
1. 直肠 2. 输精管壶腹 3. 精囊腺 4. 前列腺 5. 尿道球腺 6. 阴茎 7. S状弯曲 8. 输精管 9. 附睾头
10. 睾丸 11. 附睾尾 12. 阴茎游离端 13. 内包皮鞘 14. 外包皮鞘 15. 龟头 16. 尿道突起 17. 包皮憩室

（一）睾丸

1. 形态和位置 睾丸正常状态下成对位于腹壁外阴囊的两个腔内。一般在胎儿期经过腹腔迁移至内侧腹股沟环，再通过腹股沟管降至阴囊内。睾丸下降的时间因动物品种不同而异。受睾丸韧带和性激素的影响，有时睾丸未能降入阴囊，称为隐睾，其内分泌机能未受损害，但精子发生机能不正常。

睾丸呈卵圆形或长卵圆形，上端附着于精索，称为睾丸头，下端称为睾丸尾。两个边缘为游离缘和附睾缘。各种动物睾丸的长轴和阴囊位置各不相同。猪睾丸的长轴呈前低后高倾斜，位于肛门下方的会阴区，头向前下方，尾向后上方；牛、羊睾丸的长轴与地面垂直悬垂于腹下，头向上，尾向下；马、驴睾丸的长轴与地面平行，紧贴腹壁腹股沟区，头向前，尾向后；兔睾丸位于股部后方肛门的两侧，在性成熟后方降到阴囊内。

2. 组织结构 睾丸的表面被覆以浆膜（即固有鞘膜），其下为致密结缔组织构成的白膜，白膜由睾丸的一端（即和附睾头相接触的一端）形成一条宽为 0.5～1.0cm 的结缔组织索伸向睾丸实质，构成睾丸纵隔。纵隔向四周发出许多放射状结缔组织小梁伸向白膜，称为中隔。它将睾丸实质分成上百个锥体形小叶，小叶的尖端朝向睾丸的中央，基部朝表面。精细管在各小叶的尖端先各自汇合，穿入纵隔结缔组织内形成弯曲的导管网，称作睾丸网（马无睾丸网），为精细管的收集管，最后由睾丸网分出 10～30 条睾丸输出管，汇入附睾头的附睾管（图 12-1-13）。

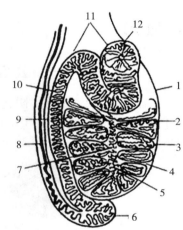

图 12-1-13 睾丸及附睾的组织结构
1. 睾丸 2. 精细管 3. 小叶 4. 中隔 5. 纵隔 6. 附睾尾 7. 睾丸网 8. 输精管 9. 附睾体 10. 附睾管 11. 附睾头 12. 输出管

3. 生理机能

（1）精子生成。精子由精细管生殖上皮的生殖细胞生成。生殖细胞在生殖上皮由表及里经过四次有丝分裂和两次减数分裂形成精子细胞，最后经过形态学变化生成精子，存在于曲精细管内。每克睾丸组织的精子日产量随品种不同而异；牛为 1 300 万～1 900 万个；羊为 2 400 万～2 700 万个；猪为 2 400 万～3 100 万个；马为 1 930 万～2 200 万个。

（2）激素分泌。位于精细管之间的间质细胞分泌雄激素，其化学成分是睾酮，能激发公畜的性欲及性兴奋，刺激第二性征，刺激公畜生殖器官的发育，维持精子发生及附睾内精子的成活。

（3）产生睾丸液。由精细管和睾丸网产生大量的睾丸液，含有较高浓度的钙、钠等离子成分和少量的蛋白质成分。其主要作用是维持精子的生存，并有助于精子向附睾头部移动。

（二）阴囊

1. 形态位置 位于两股之间，为柔软而富弹性的袋状皮肤囊，表面有细而短的毛。其中，马的阴囊在耻骨前缘的下方腹股沟区；牛、羊的阴囊稍靠前，在前腹股沟区；猪的阴囊在肛门的下方会阴区。

2. 组织结构 阴囊由皮肤、肉膜、提睾外肌、筋膜和总鞘膜构成，内含丰富的皮脂腺和汗腺；内部由肉膜形成中隔，将阴囊分成左右不相通的两个腔，两个睾丸分别位于其中。

3. 生理机能 阴囊不仅可保护睾丸和附睾，而且可以调节睾丸和附睾温度，以利于精子的发生和储存。当温度下降时，借助肉膜和提睾外肌的收缩作用，使睾丸上举，紧贴腹壁，阴囊皮肤紧缩变厚，保持一定温度。当温度升高时，则反之，阴囊皮肤松弛变薄，睾丸下降，降低睾丸的温度。阴囊腔的温度低于腹腔内的温度，通常为34～36℃。

胎儿期，睾丸和附睾位于腹腔内，到达一定发育阶段，下降到阴囊里。如果到成年仍未下降，则称为隐睾。隐睾是造成雄性动物不育的原因之一。

（三）附睾

1. 形态位置 附睾位于睾丸的附着缘，随各种动物睾丸的位置不同而异。牛、羊附睾位于睾丸的后外缘；马、驴、猪、犬和猫的附睾位于睾丸的背外缘。附睾是连接睾丸和输精管的管道，由附睾头、附睾体及附睾尾三部分组成，附睾头膨大，主要由睾丸输出管与附睾管组成。附睾管是一条长而弯曲的小管，构成附睾体与附睾尾。在附睾尾处管径增大延续为输精管。附睾管的长度因动物而不同，牛、羊为35～50m，马约为80m，猪约为60m，最长可达150m，管径则在0.07～0.5mm。

2. 组织结构 附睾头膨大部由睾丸输出管构成；附睾体由睾丸输出管汇聚成的一条较粗而弯曲的附睾管组成；附睾尾则为附睾体的延续部分。附睾管壁由环形肌纤维、单层或部分复层柱状纤毛上皮构成。

3. 生理机能

（1）促进精子成熟。从睾丸精细管生成的精子，刚进入附睾头时颈部常有原生质小滴，活动微弱，没有受精能力或受精能力很低。在通过附睾的过程中，原生质小滴向尾部末端移行，精子逐渐成熟，并获得向前直线运动能力和受精能力。精子通过附睾管时，附睾管分泌的磷脂质和蛋白质包被在精子表面，形成脂蛋白膜，此膜能保护精子，防止精子膨胀，抵抗外界环境的不良影响。精子通过附睾管时，可获得负电荷，可防止精子凝集。附睾分泌一种依赖雄激素的蛋白（相对分子质量：大鼠为$32×10^3$，羊为$64×10^3$）覆盖精子，使精子获得结合透明带的能力。

（2）附睾管的吸收作用。吸收作用为附睾头和附睾尾的一个重要作用。附睾头和附睾体的上皮细胞具有吸收功能，来自睾丸的较稀的精子悬浮液中的水分和电解质经上皮细胞吸收，致使在附睾尾的精子浓度大大升高。牛、猪、绵羊和山羊的睾丸液的精子浓度为1亿个/mL，而附睾尾液中精子浓度约为50亿个/mL；另外，睾丸液中精子所占的体积约为1%，而附睾尾液中约占40%。

（3）附睾管的运输作用。附睾主要通过管壁平滑肌的收缩，以及上皮细胞纤毛的摆动，将来自睾丸输出管的精子悬浮液自附睾头运送至附睾尾。各种动物精子在附睾中运行的最快持续时间分别为：牛10d；绵羊13～15d；猪9～12d；马8～11d；兔9～10d；小鼠3～5d。在各种动物，精子通过附睾头和附睾体的时间是恒定的，不受射精频率的影响，但通过附睾尾的时间则因射精频率而有极大差异。

（4）贮存精子。精子主要贮存在附睾尾，公牛两侧附睾贮存的精子数为741亿，等于睾丸3.6d所产生的精子，其中约有54％贮存在附睾尾；公猪附睾贮存的精子数为2 000亿，其上70％贮存于附睾尾；公羊附睾贮存的精子数为1 500亿，其中68％贮存于附睾尾。由于附睾管上皮的分泌作用和附睾中弱酸性、高渗透压、温度较低加上厌氧的内环境，使精子代谢和活动力维持很低而贮存很久，在附睾尾内贮存60d仍具有受精能力。但贮存过久则会因畸形和死精子增加而使活力降低。

（四）输精管

1. 形态位置　输精管由附睾管延续而来，与通往睾丸的神经、血管、淋巴管、提睾内肌组成的精索一起通过腹股沟管，进入腹腔，转向后进入骨盆腔通往尿生殖道，开口于尿生殖道骨盆部背侧的精阜。在接近开口处输精管变粗，形成膨大的壶腹部，壶腹壁内有丰富的分支管状腺，具有副性腺的性质，其分泌物也是精液的组成成分。马和驴的壶腹最发达，牛、羊也较发达，猪和猫则无壶腹。

2. 生理功能　输精管壁具有发达的平滑肌纤维，管壁厚而口径小，当射精时借其强有力的收缩作用将精液排送到尿生殖道内，壶腹部还能贮存少量精子。

（五）副性腺

副性腺是精囊腺、前列腺和尿道球腺的总称（图12-1-14）。射精时其分泌物与输精管壶腹的分泌物混合形成精清，与精子共同组成精液。

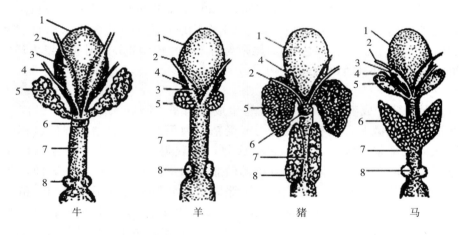

牛　　　　羊　　　　猪　　　　马

图12-1-14　各种家畜的附性腺（背面图）
1. 膀胱　2. 输精管　3. 输精管壶腹　4. 输尿管　5. 精囊腺　6. 前列腺　7. 前列腺扩散部　8. 尿道球腺

1. 形态位置

（1）精囊腺。成对存在，位于输精管末端外侧、膀胱颈表面的腺体组织，分泌黏稠液体，偏酸性，果糖、柠檬酸含量偏高，供给精子营养物质。

（2）前列腺。位于尿道周围，牛、猪分为前列腺体部和扩散部，羊前列腺仅有扩散部。前列腺为复管状腺体，多个排泄管开口于精阜两侧。

家畜的前列腺机能目前还不十分清楚，其分泌液呈无色透明，偏碱性。能提供磷酸酯酶、柠檬酸等物质，具有增强精子活率和清洗尿道的作用。

（3）尿道球腺。尿道球腺成对存在，一对卵圆形腺体，位于坐骨弓背侧，尿生殖道骨盆部末端外侧。猪的体积最大，呈圆桶状；马次之；牛（图12-1-15）、羊最小，呈球状。多数家畜的尿道球腺的分泌量很少，但猪例外，其分泌量占精液量15%～20%。

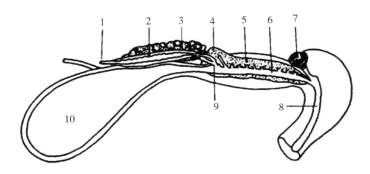

图 12-1-15 公牛尿生殖道骨盆部及副性腺（正中矢状切面）

1. 输精管 2. 输精管壶腹 3. 精囊腺 4. 前列腺体部 5. 前列腺扩散部 6. 尿生殖道盆腔部
7. 尿道球腺 8. 尿生殖道阴茎部 9. 精阜及射精孔 10. 膀胱

2. 生理机能

（1）冲洗尿生殖道，为精液排出创造良好环境。主要是尿道球腺分泌物，在射精前先排出，冲洗尿生殖道中的尿液，以免危害精子。

（2）稀释、营养、活化精子。副性腺分泌物为精子内源稀释液，精囊腺分泌液含有果糖，是精子能量的主要来源。贮存于附睾中的精子呈弱酸性的休眠状态，而副性腺分泌液偏碱性，能增强精子的活动能力。副性腺分泌液中含柠檬酸盐和磷酸盐，具有缓冲作用，抵抗阴道酸性环境，延长精子存活时间，维持精子的受精能力。

（3）运送精液。精液的射出，除借助附睾管、输精管、尿生殖道管壁平滑肌收缩外，副性腺分泌液起推动作用。

（4）防止精液倒流。有些家畜的精清，有部分或全部凝固的现象。一般认为这是一种在自然交配时防止精液倒流的天然措施。这种凝固部分有的来自精囊腺（如马），有的来自尿道球腺（如猪），这种凝固现象与酶的作用有关。

（六）尿生殖道

尿生殖道为尿液和精液的共同通道，起源于膀胱，终于骨盆部，由膀胱颈直达坐骨弓，为短而粗的圆柱形，表面覆有尿道肌，前上壁有一个海绵体组织构成的隆起精阜，输精管、精囊腺、前列腺开口于此。在射精时还可以膨大，关闭膀胱颈，阻止精液流入膀胱。后上方有尿道球腺开口。阴茎部起于坐骨弓，止于龟头，位于阴茎海绵体腹面的尿道沟内，为细而长的管状，表面覆有尿道海绵体和球海绵体肌。管腔平时皱缩，射精和排尿时扩张。

（七）阴茎和包皮

阴茎为雄性动物的交配器官。位置起自阴茎根形成的一对阴茎脚，固定在耻骨弓的两侧，除了猫的阴茎向后开口于位于尾部阴囊下面的包皮外，多数哺乳家畜的阴茎向前延伸，开口于位于腹下的包皮。各种动物的阴茎呈粗细不等的长圆锥形，龟头的形状各异。马的阴茎呈两侧稍扁的圆柱形，龟头钝而圆，外周形成龟头冠，腹侧有凹的龟头窝，窝内有尿道突。牛、羊阴茎较细，在阴囊后形成 S 状弯曲。牛的龟头较尖，沿纵轴略呈扭转形，在顶端左侧形成沟，尿道外口位于此。羊的龟头呈帽状隆突，尿道前端突出于龟头前方，绵羊有长为 3～4cm 呈扭曲状的突起，山羊的突起较短而直。猪的阴茎较细，在阴囊前形成 S 状弯曲，龟头呈螺旋状，并有一浅的螺旋沟。犬和猫的阴茎基部有一条长圆形的软骨，称为阴茎骨，无 S 状弯曲。犬的软骨外围有一圈特殊的海绵体结节，为茎球腺，在交配时充血膨大而使犬阴茎难以从阴道中抽出。猫的阴茎的龟头上有许多角质突起，致使母猫交配时吼叫。

阴茎主要由勃起组织海绵体组成，海绵体有纤维组织被覆，纤维组织形成许多小梁，将海绵体分隔成许多间隙，间隙内是毛细血管膨大而成的静脉窦。马和犬的阴茎勃起时可增大 2～3 倍；而其他动物勃起时不增大，而只是坚挺。牛、羊、猪阴茎的 S 状弯曲借助于阴茎缩肌而伸缩。

包皮是腹下皮肤形成的双层鞘囊，分别为内包皮和外包皮，阴茎缩在包皮内，勃起时内外包皮伸展被覆于阴茎表面。包皮的黏膜形成许多褶，并有许多弯曲的管状腺，分泌油脂性分泌物，这种分泌物与脱落的上皮细胞及细菌混合，形成带有异味的包皮垢，经久易引起龟头或包皮的炎症。马的包皮垢较多；牛的包皮较长，包皮口周围有一丛长而硬的包皮毛；牛、羊、猪包皮口较狭窄，排尿时阴茎常在包皮内，但马和犬一般稍微伸出包皮外排尿；猪的包皮腔很长，包皮口上方形成包皮憩室，常聚集有尿和污垢，常带有异味，公猪的臊味具有性外激素的作用。

二、采精前的准备

(一) 采精场地的准备

采精应在良好的环境中进行，以利于种公畜形成稳定的条件反射，又能避免精液不受污染。为此，最好在宽敞、平坦、安静、清洁、避光的采精室内进行；如为室外采精场则要注意地势平坦干燥、安静、清洁、避风，有围墙，避免阳光直射。

总之采精场地要固定，有利于采精操作并获得质优量多的精液。同时要避免损害种公畜性行为和健康的不良因素，始终保持经常处于准备定时采精的良好状态。场内一般设有采精架，以保定台畜，或设立假台畜，供公畜爬跨进行采精。采精场地应与精液处理室相连。

(二) 台畜的准备

台畜是供公畜爬跨射精同时进行采集精液用的。台畜分活台畜和假台畜。

1. 活台畜　采精时，用发情良好的母畜作为活台畜最好，有利于刺激种公畜的性反射。活台畜应选择健康体壮、大小适中、性情温驯、易于被人接近的或已有作台畜经历的母畜。采精前，先将活台畜牵至采精架加以保定，然后将尾部系向一侧，再对尾根部、肛门、会阴部及外阴部进行彻底清洗消毒，最好用灭菌干纱布擦干，保持清洁。

2. 假台畜　用假台畜采精，方便、安全，各种家畜均可采用。假台畜可用木材或金属材料制作支架。要求规格大小适宜、稳定牢固，表面应柔软干净，尽量模拟母畜的外形和颜色或外面披一张母畜的畜皮即可。

利用假台畜可采用假阴道法采精，假阴道是一圆筒状结构，主要由外壳、内胎、集精杯（瓶、管）及附件构成。各种家畜的假阴道结构基本相同，但形状各异，大小不一（图 12-1-16）。最好是将安装调试好的假阴道安置在假台畜后躯内，任由公畜爬跨假台畜而于假阴道内射精，来收集精液。这是一种比较安全而简单的方法，但应注意安置在假台畜体内的假阴道集精杯端，要稍向下倾斜些，以防精液发生逆流造成收集不全。当然，利用假台畜采精时，也可手握假阴道在假台畜体外进行采精，其操作方法和利用活台畜的采精方法一致。

图 12-1-16　假台畜
A. 猪用假台畜　B. 羊用假台畜
（张忠诚，2000. 家畜繁殖学）

（三）公畜的调教与采精前准备

1. 公畜的调教　利用假台畜采精，必须事先对公畜进行调教，使其建立条件反射。调教的方法常见的有以下几种。

（1）在假台畜旁牵一头发情旺盛母畜，诱使公畜进行爬跨，但不使其交配而将其拉下，反复多次，待公畜的性冲动达到高峰时，迅速牵走母畜，诱使其爬跨假台畜采精，一般可获成功。

（2）在假台畜的后躯涂抹发情母畜的阴道黏液或尿液，这样公畜会因外激素的刺激而引起性欲并爬跨假台畜，经几次采精后即可调教成功。

（3）如上述两法不生效时，也可将待调教的公畜，拴系在假台畜附近，让其观看另一头已调教好的公畜爬跨假台畜采精，然后再诱使其爬跨假台畜。

在调教过程中，一定要反复进行训练，耐心诱导，切勿逼迫、恐吓甚至抽打等，以免造成调教困难或形成性抑制。在调教过程中，获得第一次爬跨采精成功后，还要经几次重复，尤其是非配种季节，以便巩固公畜建立的性条件反射。此外，应注意选择合适的训练时间，一般公畜性欲在上午较强，特别是在夏季高温季节更应避免在中午和下午进行调教；还应注意人畜安全和公畜生殖器官的清洁卫生，加强种畜的科学饲养管理，使公畜保持良好的繁殖体况。

2. 公畜的准备

（1）种公畜的选用。选择和确定种公畜时，应按家畜育种常规方法进行选择。即进行系谱审查、性能测定、同胞测定、后裔测定、估测育种值及多性状的综合评定等方法进行全面检测。一般种公畜应三代系谱清楚，双系资料齐全；种公畜的后代应具有该品种优秀的生产性能。因此种公畜要符合本品种的标准特征、发育正常、体质健壮、外貌结构匀称、生产性能高，遗传性能稳定种用价值高，繁殖机能旺盛。初配适龄适宜，精液品质符合国家相关标准。

（2）加强种公畜的饲养管理。为获得大量优质的精液，必须保持种公畜良好的繁殖体况，只有体质健壮、精力充沛、性欲旺盛，才能提高其种用价值和利用效率。若营养不良、管理不善及配种利用不当等，都会造成精液品质低劣和性欲下降。为此用于采精的种公畜必须精心饲养，给予全价饲料，加强运动，合理利用，注意畜体与畜舍的环境卫生，做好疾病的预防和治疗工作。同时在每次采精前，应彻底清洗公畜的阴茎和包皮。

（3）加强性准备。实践证明，公畜采精前的性准备与采精量和精液品质有着密切关系，公畜采精前性准备充分与否直接影响采精量、精子活力和密度等。因此，在采精前，应采取有效方法进行诱导，使公畜保持充分的性兴奋和性欲。例如，可采取让公畜在活台畜附近停留片刻，进行几次假爬跨或观看其他公畜爬跨射精等方法。

（四）操作人员的准备

采精员应技术熟练，动作敏捷，对每一头公畜的采精条件和特点了如指掌，操作时要注意人畜安全。操作前，最好脚穿长筒靴，着紧身工作服，避免与公畜及周围物体钩挂，影响操作。指甲需剪短磨光，手臂要清洗消毒。

三、采精频率

1. 采精频率的定义 采精频率是指每周内对公畜的采精次数而言。为能持续地获取大量优质精液，又能维持公畜的健康水平和正常生殖生理机能，合理安排公畜的采精频率是极为必要的。

2. 采精频率的确定 各种公畜的采精频率应依据正常生理状况下可产生的精子数量与贮存量，每次射精量及其精子总数、精子活率、精子形态正常率，公畜的饲养管理状况和表现的性活动等因素来决定。对于在科学饲养管理条件下的壮龄公畜，可以适当增加采精次数。但不可随意加大采精频率，否则不但会导致精液质量下降，还会造成公畜生殖机能降低、体质衰弱等不良后果。

3. 常见动物的采精频率

（1）公牛。生产实践中，成年公牛一般每周采精 2 次，每次可间隔 0.5h 以上连采 2 回，也可以每周采精 3 次，隔日采精；青年公牛精子产量较成年公牛少 1/2～1/3，采精次数应酌减。对于科学饲养管理的体壮公牛，每周采精 6 次不会影响繁殖力。

（2）公羊。公绵羊、山羊配种季节短，其附睾的贮精量大而射精量少。因此，羊的采精频率较其他家畜的采精次数可增多，每日可采精多次，并连续数周，不会影响精液质量。如 1.5 岁左右的公羊初次采精，一般每天 1～2 次；2.5 岁以上，则每天可采 2～4 次，或第一次采精后间隔 5～10min 再采第二次。有资料表明公羊采精的方式可以每天采精 1 次，持续 5d，或每天采精 2 次，持续 3d 较为适宜。

（3）公马和公猪。公马和公猪每次射精时可排出大量精子，很快使附睾尾部贮存的精子排空。为此，采精频率适宜隔日采精 1 次。如果生产需要每日采精，则在 1 周内连续采精几天后需停采休息 1～2d。

（4）公犬。犬的采精频率依其精子产生的生理特性，可隔日采精 1 次。

各种成年公畜的适宜采精频率见表 12 - 1 - 2。

表 12 - 1 - 2　正常成年公畜的采精频率及其精液特征

项目	每周采精适宜次数	每次射精量（mL）	每次射出精子总数（亿个）	每周射出精子总数（亿个）	精子活率（%）	正常精子率（%）
奶牛	2～6	5～10	50～150	150～400	50～75	70～95
肉牛	2～6	4～8	50～100	100～350	40～75	65～95
水牛	2～6	3～6	36～89	80～300	60～80	80～95
马	2～6	30～100	50～150	150～400	40～75	60～90
驴	2～6	20～80	30～100	100～300	80	90
猪	2～6	150～300	300～600	1 000～1 500	50～80	70～90
绵羊	7～25	0.8～1.5	16～36	200～400	60～80	80～95
山羊	7～20	0.5～1.5	15～60	250～350	60～80	80～95

（5）公鸡。公鸡宜隔日采精一次，配种季节为了给更多母鸡输精，可连采 3～5d，休息 1d，但要注意精液品质的变化和公鸡的健康状况。

➡【拓展知识】

一、配种技术发展概况

在动物繁殖过程中，母畜是否受胎关键在于配种。配种是提高母畜繁殖力的主要环节，是增加母畜后代数量，提高仔畜健壮性，降低生产成本的第一关口。

（一）配种方式

根据动物在一个发情周期内的配种次数，可分为单配、复配和双重配三种。

1. 单配　是指在母畜的一个发情周期内，只用公畜配种一次。其好处是能减轻公畜的负担，可以少养公畜，提高公畜的利用率，降低生产成本。其缺点是掌握适时配种较难，可能降低受胎率和减少产仔数。

2. 复配　是指在母畜的一个发情周期内，先后用同一头公畜配种两次，是生产上常用的配种方式。第一次交配后，过一定时间（一般 12～24h）再配一次，使母畜生殖道内经常有活力较强的精子，增加与卵子结合的机会，从而提高受胎率和产仔数。

3. 双重配　是指在母畜的一个发情周期内，用血统较远的同一品种的两头公畜交配，或用两头不同品种的公畜交配。第一头公畜配种后，隔 10～15min，第二头公畜再配。

双重配的好处，首先是由于用两头公畜与一头母畜在短期内交配两次，能引起母畜反射性兴奋，促使卵泡加速成熟，缩短排卵时间，增加排卵数，故能使母畜多产仔，而且仔畜大小均匀；其次由于两头公畜的精液一齐进入输卵管，使卵子有较多机会选择活力强的精子受精，从而提高胎儿和仔畜的生活力。缺点是公畜利用率低，增加生产成本。如在一个发情期内仅进行一次双重配，则会产生于单配一样的缺点。此种方法多用于生产商品畜场，种畜场和留纯种后代的母畜绝对不能用双重配的方法，避免造成血统混杂，无法进行选种选配。

（二）配种方法

动物的配种方法有两种，即自然交配和人工授精。

1. 自然交配　自然交配是指公、母畜直接交配。

（1）自由交配。是指公、母畜不分群，常一起放牧或混饲，母畜一旦发情就与公畜随机交配。自由交配是一种最原始的交配方式，畜群系谱混杂，群体生产力较低，在放牧家畜或部分野生动物中较多见。

（2）分群交配。是指在配种季节内，将母畜分成若干小群，每群选择一定数量的公畜，让公母畜在小群内自由交配。这种方法虽然对公畜有一定的挑选，公畜的配种次数得到一定的控制，但仍无法防止生殖疾病的传播，母畜的配种时间和分娩时间无法进行人为调节；动物的生产力也不高，多在部分野生动物或粗放式饲养中可见。

（3）围栏交配。是指一般情况下，公、母畜隔离饲养，当母畜发情时，在事先准备好的围栏内与特定的公畜交配。这种方法可人为设计配种组合，公畜的利用率也较高，是较科学、严格的自然交配。

（4）人工辅助交配。公、母畜分群饲养，公、母比例合适；生产单位根据畜群生产力水平和配合力的测定，制定较科学的配种计划。当母畜发情时，在特定场所与指定公畜进行交配；为保证交配的顺利实施，可将母畜保定或帮助公畜把阴茎插入母畜阴道内。在我国北方地区，一些小规模猪场多采用这种方式。

以上配种方法相比较，人工辅助交配较为科学合理，因能准确地控制母畜的配种与产仔时间，可建立系谱，有利于品种改良，且在一定程度上防止了疾病的传播，故在人工授精难以进行的地区和一些特定家畜中，有一定的适用性。

每头公畜一年可配母畜数见表 12-1-3。

表 12-1-3　每年一头公畜可配母畜数

畜种	自由交配	人工辅助交配	人工授精平均数	人工授精最大数
奶牛、黄牛	30～40	60～80	200～250	1 000～1 200
羊	30～40	80～100	300～400	2 500
猪	15～20	20～30	200	400
马	20～25	50～60	150～200	500
兔	8～15			
蛋用鸡	10～15		20～30	50

2. 人工授精

（1）人工授精的概念。人工授精（artificial insemination，AI）是指利用器械采取公畜的精液，再利用器械把经过处理的精液输送到母畜生殖道的适当部位，使之受孕的一种方法。这种方法可以代替公母畜自然交配，目前被认为是一种科学的配种方法。

（2）人工授精的发展概况。

①试验阶段。早在 1780 年，意大利生理学家斯巴拉扎尼（Spallazani）首次成功用犬进行了人工授精试验。此后，许多科学家开展实验研究；如俄国的伊万诺夫在 1899 年把人工授精技术应用于马和牛，同时他也是把人工授精技术应用于羊和家禽的第一人。但直到 20 世纪 30 年代，人工授精技术才初步形成一套较完整的操作方法，并开始进入实用阶段。

②实用阶段。从 20 世纪 40—60 年代的 20 多年间，人工授精应用于畜牧生产有了蓬勃发展，成为家畜繁殖的主要手段。世界许多国家，特别是欧洲多数国家及北美、大洋洲的畜牧业发达国家十分重视人工授精的发展，各种家畜的人工授精已相当普及，其中尤以乳牛的普及率最高、发展最快，已形成一套完整的操作规程。在此期间，以假阴道为主的采精方法的应用、卵黄稀释液的出现、精液检查方法及输精器械的研制成功、配种时间的科学确定，使人工授精技术得到突飞猛进的发展。近年来，高度集约化的现代畜牧业，更促进了人工授精的进一步发展和应用。

③冷冻精液阶段。50 年代初，英国科学家史密斯（Smith）和波芝（Polge）成功研究出牛精液的冷冻保存方法。现在北美、西欧的一些国家及澳大利亚、中国、日本等国牛的人工授精已全部或大部采用冷冻精液配种。其他家畜如猪、马、羊以及有些野生动物等的冷冻精液保存研究也获成功，有的用于规模生产，取得较理想

的效果。

我国早在 1935 年江苏句容马场就已进行马的人工授精试验并获成功，到 1949 年后人工授精才得以推广。首先，在北方地区开展马、绵羊的人工授精，对当时马匹改良和细毛羊品种的育成起到了巨大的推动作用，同时也给其他家畜人工授精的推广和应用打下了良好的基础。1958—1960 年，在全国范围内开展了牛的人工授精，改良本地黄牛，效果明显；在 20 世纪 70 年代后，大力推广牛的冷冻精液配种；80 年代推广猪的人工授精。到目前为止，我国的人工授精已相当普及，奶牛冷冻精液配种率达 98％以上，大家畜人工授精数位居世界第一。

在人工授精技术的应用、推广和普及上，我国已取得了巨大的成绩，但发展还不平衡，一些畜种的人工授精水平还不高，特别是猪的冷冻精液效果还不理想，提高人工授精水平，促进我国畜牧业的现代化，是一项艰巨的任务。

（3）人工授精应注意的问题。使用人工授精技术必须严格遵守操作规程，对种公畜进行严格的健康检查和遗传性能鉴定，防止遗传缺陷和某些通过精液传播的疾病扩散和蔓延，以及受胎率下降等问题的发生。

（4）人工授精的基本技术环节。人工授精的基本环节包括公畜的采精、精液的品质检查、精液的稀释、精液的保存（液态保存和冷冻保存）、运输、冷冻精液的解冻与检查、输精等。

二、人工授精的优越性

人工授精是家畜繁殖技术的重大突破和革新，被称为家畜繁殖领域的第一次革命，已在整个世界范围内推广使用。近些年来，在经济动物和渔业中得以扩展，充分显示出其发展潜力和前景。

1. 人工授精能充分发挥优良种公畜配种效能　人工授精可以提高优良种公畜的配种效能，扩大配种母畜的头数。人工授精不仅有效地改变了家畜的交配过程，更重要的是它超过自然交配的配种母畜头数很多倍；公畜一次采出的精液能为几头、几十头甚至上百头的母畜输精。如一头优秀的种公牛每年能使万头以上的母牛受孕，从而使优秀种畜的优良基因得以固定和充分利用。

2. 加速家畜繁殖改良，促进育种进程　由于人工授精选用优良公畜，配种母畜头数的增多，进而扩大了良种遗传基因的影响。例如，一头乳用种公牛每年至少可承担 1.0 万～2.0 万头母牛的配种；由此大大减少了种公畜的需要量，在同样的选择基础上，提高了公畜的选择强度，从而加快了群体的遗传进展。此外，有利于保证配种计划的实施和提供完整配种记录，因而促进家畜繁改及育种工作的进程。以奶牛育种为例，经过多年的研究与实践，逐渐形成一套系统地应用人工授精技术的育种方案，称之为"AI 育种体系"（AI breeding system）。由于长期坚持实施"AI 育种体系"，美国、加拿大等奶牛生产发达国家在过去的 40 余年中，全国奶牛群体规模减少了 1/3，而总泌乳量却稳中有升。在欧美发达国家，人工授精技术在猪的育种中应用的也十分广泛、深入。由猪的育种协会牵头，组织实施了类似于奶牛的"AI 育种体系"。即在一个育种协作地区，由育种协会组织，建立统一的育种方案，通过集中饲养和培育优秀种公猪，采用人工授精技术推广种公猪精液，在各猪场间共同合作选育和使用种公猪，实施统一的育种措施。

3. 降低饲养管理费用 由于每头种公畜可配的母畜增多，相应减少了饲养公畜头数，降低了饲养管理费用，提高了经济效益。

4. 可防止一些疾病，特别是生殖传染病的传播 由于公母畜不接触，且人工授精有严格的技术操作规程要求，使参加配种的公母畜之间不发生疾病的传播。

5. 人工授精有利于提高母畜的受胎率 人工授精能克服公母畜自然交配中因体格相差太大而不易交配或生殖道某些异常造成不易受胎的困难，又可便于发现繁殖障碍，采取相应的治疗措施减少不孕。人工授精所用的发情母畜，事先要经过发情鉴定，科学判断每次输精的时间，准确判定输精部位，且所用的精液均为经严格处理的精液，故母畜受胎率高。

6. 人工授精可扩大家畜配种地区范围，达到资源共享 保存的家畜精液尤其是冷冻精液，便于携带运输，可使母畜配种不受地区的限制；同时也有效地解决了无种公畜或种公畜不足地区的母畜配种问题。

7. 人工授精是推广繁殖新技术的一项基础措施 目前，许多繁殖新技术都是以人工授精作为基础，如家畜繁殖控制技术、胚胎移植等都需要借助人工授精来完成。

人工授精已成为现代畜牧业的重要技术之一，对促进畜牧业生产向现代化发展起着重要作用，已在我国和世界大多数国家越来越广泛地应用。

➡ 【自测训练】

1. 理论知识训练

（1）公猪、公羊、公鸡采精前各需做哪些准备？

（2）各种家畜常采用什么方法进行采精？

2. 操作技能训练 公猪、公羊、公鸡的采精。

（1）目的要求。

①明晰公猪、公羊、公鸡的采精调教方法及操作。

②能熟练掌握公猪的手握法采精、公羊的假阴道法采精以及公鸡的双人按摩法采精操作过程。

（2）实训条件。

①动物。性功能正常的公猪若干头、公羊若干头、公鸡若干只。

②材料。羊用假阴道，集精杯，润滑剂，长柄钳子，玻璃棒，漏斗，双联充气球，水温计，75%酒精棉球，温水，毛巾，肥皂，消毒液，记录本，采精架等。

③场地：实训基地。

（3）实训实施。实训时指导教师先将学生分成若干组，每组分配相同数量公猪、公羊、公鸡，然后让其组内选出小组长；组长组织本组同学进行本实训的练习，同时组内总结问题请指导老师指正。考核时先组内自评，然后组间互评，最后教师总结；根据三方分值得出每个人的最后得分。

（4）方法与操作步骤。

①采精场地的准备。

②台畜的准备。

③公畜的调教。

④采精操作。公猪的手握法采精；公羊的假阴道法采精；公鸡的双人按摩法采精。

⑤采精后处理。

➡【考核标准】

考核项目	评分标准		考核方法	考核分值
	分值	得分标准		
采精场地准备	采精前能对采精场地进行适当准备（5分），如避免地滑、嘈杂、光线直射、距离精液处理室太远、是否准备采精架等，每少一项扣一分；能够对采精场地进行合理评价（5分），每少一项扣1分	10	组内自评、组间互评、教师总结	
台畜准备	猪台畜准备合理（5分）；羊台畜选择适宜（5分）	10		
公畜调教	能够对公猪（3分）、公羊（3分）、公鸡（3分）采用至少一种方法进行调教，每增加一种方法增加1分	15		
采精操作	公猪手握法采精（20分）、公羊假阴道法采精（20分）、公鸡背部按摩法采精（10分），操作步骤完整，每少一步扣3分，根据熟练、准确、完整程度适当扣分	50		
采精后处理	对精液处理不规范扣3分	15		

任务 12 - 2　精液品质检查

【任务内容】
- 熟悉精液品质的外观项目检查。
- 能够熟练进行精液的常规项目检查。
- 了解精液的非常规项目检查。

【学习条件】
- 精液：采集的公猪、公羊或公鸡的鲜精液。
- 药品器械：显微镜、显微镜保温箱（或显微镜恒温台）、载玻片、盖玻片、温度计、滴管、擦镜纸、纱布、试管、95%酒精、5%伊红、1%苯胺黑、3%NaCl。
- 精子密度的投影图表。

　　通过对精液品质检查，可以保证每份用于输精的精液中含有足够的有效精子，确保人工授精的受胎率，这也是人工授精优越于本交的特点之一。

　　精液品质检查的目的包括：①鉴定精液品质的优劣，作为精液是否做进一步处理和精液稀释倍数计算的依据；②评估公畜管理水平和生殖机能状态，可作为诊断公畜不育或确定种用价值的重要手段；③评估采精员、人工授精实验室人员技术操作水平；④作为精液稀释、保存、冷冻和运输过程中的品质变化及处理效果的重要判断依

猪精液品质检查（视频）

据；⑤评估购买的商品精液质量。

精液品质检查的项目很多，在生产实践中，一般分为常规检查项目和定期检查项目两大类。常规检查项目包括：外观检查、pH、精子活率、精子密度等；定期检查项目包括：精子计数、精子形态、精子死活率、精子存活时间及指数、美蓝褪色试验、精子抗力等。

检查精液品质时，操作力求迅速、准确，取样有代表性。为防止低温对精子的打击，可将刚采得的精液置于 35～40℃ 的温水或恒温箱中，并在 20～30℃ 的室温条件下操作。

一、精液直观检查项目

评定精液质量的方法，大致可以归纳为 4 个方面：一是外观检查法；二是显微镜检查法；三是生物化学检查法；四是精子生活力的检查法。迄今为止还没有一种单独的测定方法，能准确无误地显示某一精液样本的受精能力。因此无论哪一种检查法，最终都必须用一定数量的发情母畜进行授精，通过计算母畜群的不返情率、受胎率等繁殖力指标，来验证精液品质的高低。因此，找出更简便、更理想和更有临床价值的精液品质的评定方法是十分必要的。但另一方面我们也应认识到，即使今后任何一种更理想的评定精液品质的方法，也都只能在一定程度上提供判断母畜受胎率的参考，而绝不可能是唯一可靠的依据。因为母畜受胎率的高低除了精液本身的品质外，还与公母畜双方其他许多方面，如精液采出后的处理、授精技术以及母畜发情排卵状况的关系可能更大。

（一）精液外观检查项目

对刚采集的精液观察其射精量、颜色、气味以及是否云雾状，看有无异常。

1. 射精量 射精量是指公畜一次正常采精所射出的精液总量。每头公畜每次采精都要测定射精量。平均射精量是指某头公畜以往正常采精的全部射精量记录的平均值，也可用三次以上正常采精射精量的平均值来代表。

所有公畜采精后应立即直接观察射精量。猪、马、驴的精液因含有胶状物，还应用消毒过的纱布或细孔尼龙纱网等过滤后再检查滤精量。

对于刚采集的精液，如果自用，对于经验丰富的精液品质检查人员可以用肉眼进行估测，否则需要进行测量。

牛羊的射精量一般可从集精杯或集精的刻度试管上直接量出。马的射精量需要将精液从集精杯中倒入量杯或量筒中测量。对于公猪来说，一般使用采精量这个概念，因为收集精液的多少与采精时收集方法有关。

用称重的方法可以更准确地测量射精量（或采精量），这在公猪的采精量测定上应用很普遍。称重测量不需要将精液转移到体积测量容器中，可减少污染机会。一般情况下，牛、羊的精液密度约为 1.03g/mL，猪、马的精液密度约为 1.02g/mL，精液重量除以精液密度，就得到了精液的体积。猪、马精液一般把重量 1g 粗略地作1mL 记录。

精液量因动物种类、品种及个体不同而有差别；同一个体也因年龄、性准备程度、采精操作技术水平、采精频率及营养状况而有差别。一般情况下，每头公畜的射精量均保持在一定的范围内。当公畜的射精量太多或太少时，应及时查明发生的原因并加以改正。

各种家畜的平均射精量（mL）：牛 6（4～8），羊 1.0（0.75～1.2），猪 250（200～300），马 70（30～100）。如果精液量太少，表明有问题（健康原因或采精不当）。

射精量（或采精量）过多可能的原因有：公畜睾丸发达，精液其他指标正常，射精量大属于正常；对公猪采精时，如果收集过多的清亮液体也会使采精量过大；否则可能是由于副性腺分泌物过多或其他异物（尿、假阴道漏水）混入，必须将精液废弃。

射精量（或采精量）过少可能的原因有：除了公猪采精过程中只收集了浓份精液导致采精量少之外，其他可能因采精技术不当，采精过频或生殖器官机能衰退等所致；需要停止采精，查明原因。

2. 颜色　动物的正常精液颜色由于精子密度不同而呈现从淡灰白色到浓乳白色或乳黄色，其颜色因精子浓度高低而异，浓度越高乳白色越深；相反，浓度越低颜色越淡。精液颜色，随着动物种类不同也稍有差别，牛羊正常精液呈乳白色或浅乳黄色；水牛为乳白色或灰白色；猪、马及兔为浅乳白色或浅灰白色，猪的浓份精液呈浓厚的奶油状。

当精液颜色出现异常，表明公畜生殖器官可能患有疾病。如精液颜色呈淡绿色可能混有脓汁；呈淡红色可能混入血液；呈黄色可能混入尿液等，此类颜色异常的精液，均应弃掉或停止采精并及时查明发生原因，予以诊治。如果公畜吃了某些含有核黄素的饲料，也可使精液颜色变为黄色，应注意加以区别。

3. 气味　动物精液一般无味或略带动物本身的固有气味，如牛、羊精液略有膻味，猪精液略带腥味。但是，无论何种动物精液如有腐败臭味，说明精液中混有化脓性分泌物，应停止采精并及时诊断治疗。而且气味异常的精液常伴有颜色的改变。

4. 云雾活动状态　采集有些动物的精液，虽然集精瓶（或杯）静止不动，但肉眼仔细观察时，可看到精液呈翻滚运动现象（图 12-2-1），似云雾状。一般多见于牛、羊、鹿的精液和采集猪的浓份部分精液。一般精液密度大而活率又高时，才出现云雾活动状，这是精子运动活跃的表现，也是精液质量好的象征。云雾活动状态可用强（＋＋＋）、中（＋＋）、弱（＋）、无（－）表示，呈较快的翻滚状态用"＋＋＋"表示，明显但翻滚较慢用"＋＋"表示，仔细观察可看到精液缓慢移动用"＋"表示，如无翻动现象用"－"表示。

图 12-2-1　刚采集后的羊精液

（二）精液 pH 检查

在精液品质检查中，一般很少检查精液的 pH。但如果精液存在其他质量问题，可通过检测精液的 pH 来分析原因。

家畜新鲜精液 pH 一般为 7.0 左右，但因畜种、个体、采精方法不同以致精清的比例大小不一，而使 pH 稍有差异或变化。如果精液很稀，而且 pH 较高，说明采集到大量的副性腺分泌物。假阴道法采精牛、羊精液中副性腺分泌物比例较小，呈弱酸性，故 pH 为 6.4～6.9；电刺激法或按摩法采精，或经多次爬跨后采集的精液一般 pH 偏高。猪、马精液中副性腺分泌物比例较大，故 pH 为 7.2～7.9。又如黄牛用假阴道采得的精液 pH 为 6.4，而用按摩法采得的精液 pH 上升为 7.85。公猪最初射出的精液为弱碱性，其后精子密度较大的浓份精液则呈弱酸性。如若公畜患有附睾炎或睾丸萎缩症，其精液呈碱性反应。精液 pH 的高低影响着精液的质量。同种公畜精液的 pH 偏低，则其品质较好；pH 偏高的精液其精子受精力、生活力、保存效果等显著降低。原精液的 pH 与精子存活率的相关系数为 0.47，故储存后的精液，其 pH 的变化情况在一定程度上可以表示品质的变化。但是，经过稀释处理的精液储存时其pH 变化较小（因稀释液含有缓冲保护物等），因此其 pH 不能直接说明精子存活率的变化。当公畜患有附睾丸炎或睾丸萎缩症时，其精液偏碱性。测定 pH 的方法主要有以下两种。

1. pH 试纸比色　这是测定 pH 的最简单方法。取精液 0.5mL 滴到 pH 试纸上，反应片刻后，根据显示颜色与标准 pH 试纸进行比色，目测判断结果即可；主要适合基层人工授精站采用。

2. 比色计比色　取精液 0.5mL，滴上 0.05mL 溴化麝香蓝，充分混合均匀后置于比色计上比色，从所显示的颜色便可测知 pH。用电动比色计测定 pH 结果更为准确，但玻璃电极球不应太大，一次测定的样品量要少。国外已有一次只需 0.1～0.5mL 样品的微量 pH 计。

不管什么方法都应从原精液中取样到另一容器中，插入试纸或酸度计探头，不可将试纸或探头直接插入原精液，以免造成污染。

二、精液微观检查项目

（一）精子活率检查

精子活力（sperm motility）是指在 37～38℃下，精液中呈前进运动精子数占总精子数的百分比，也有人称为"活率"。由于只有具有直线前进运动的精子才可能具有正常的生存能力和受精能力，所以活率与母畜受胎率密切相关，从而它是目前评价精液品质优劣的常规检查的主要指标之一。一般在采精后、精液处理前后以及输精前都要进行检查。精子活力检查方法有以下几种。

1. 平板压片法

（1）原精液直接检查活力。原精液可不经稀释直接检查活力，以尽快确定是否合格好是否做进一步处理。

①恒温加热板的预热。应在采精前将加热板固定在显微镜载物台上，将一张干净的载玻片放在加热板上，打开电源开关，确认设定温度为 37℃（图 12-2-2）。这样采精后，加热板及其上面放置的载玻片能够预热到设定温度。

②取样。将微量移液器装上干净的吸嘴，吸取 20μL 或 30μL 原精液。吸头插入

图 12-2-2　平板压片法检查精子活力

原精液时深度应浅一些，以减少污染机会。公猪精液取样时，应先轻轻摇动容器将精液混匀，以免精液静置后精子沉淀造成取样不准。

③制作精液压片。将精液滴在预热后的载玻片上，取一张干净的盖玻片轻轻盖上盖玻片，注意避免产生气泡。

④精子活力评定。将压片位置放在恒温加热板通光孔上，并与显微镜载物台的通光孔对齐，放在 100～400 倍显微镜下观察，评定活率。

一般采用十级评分制，即在视野中有 100% 的精子呈直线前进运动的评为 1.0；有 90% 的精子呈直线前进运动的评为 0.9；有 80% 的精子呈直线前进运动的评为 0.8，其余依此类推。评定精子活率的准确度与经验有关，具有主观性，检查时要多看几个视野，取其平均值。目前大型家畜冷冻精液站已开始应用在显微镜上安装照相系统以显示精子图像，或用显微投影法显示在大屏幕上，同时供许多人观测，从而更客观地评定各种家畜新鲜精液。

各种家畜新鲜的原精液，活率一般为 0.7～0.8。其中一般牛比水牛高，驴比马高，猪浓份精液其活率与牛相似。为了保证有较高的受胎率，用以授精的精子活率应达到的等级是：液态保存的精液应在 0.6 级以上，冷冻保存精液应在 0.3 级以上。

（2）将原精液稀释后进行活力检查。对于牛、羊、禽及猪的浓份精液精子密度较大，不经稀释检查活力时，由于无法看到单个精子的运动状况，因此活力估测较为粗略，但可以立即确定精液是否能做进一步处理，尽快先做低倍稀释。要更准确地进行活力检查，建议将精液稀释成 1 亿个/mL 左右的精子密度再观察。稀释时将一定量的原精液注入一次性塑料试管中，再取预热过的稀释液基础液或生理盐水稀释精液并混合均匀。如原精液已经做过 1∶1 稀释，则稀释比例减半。具体稀释方法见表 12 - 2 - 1。

表 12 - 2 - 1　原精液精子活力检查前稀释方法

项　目	牛	绵羊、山羊	猪、马	禽
原精液（μL）	10	10	50	10
生理盐水（μL）	100	200	100	500
稀释后是原精液体积的倍数	11	21	3	51

然后按照原精液直接检查活力的方法进行精子活力检查。

2. 悬滴法　在盖玻片中央滴一滴精液，然后翻转覆盖在凹玻片的凹窝处，即制成悬滴检查标本。这种方法虽然不易变干，但由于精液厚度不匀，在观察时也较容易产生误差。

由于精子活率受温度的影响很大，温度过高，精子活动会异常剧烈；温度过低，精子活动又会异常减慢而表现不充分，以致评定结果不准确。因此，应在 37～38℃ 温度下进行活力检查。制作检查标本的载玻片和盖玻片，也应事先放在保温箱中预热。经过低温保存的精液必须预先升温。猪的精液还要轻微振动充氧，否则精子活力不能充分恢复。

在检查活率时，为了取得比较客观的评估结果，应将前进运动的精子与呈现旋转、摆动等异常运动的精子严格区别开来。每个样品应观察几个视野，并上下调节微螺旋以观察每个视野内不同层次的精子运动状况，求取活力的平均值。如在每一载玻片上同时制作有 3 个样品，则观察每个样品的时间不能拖得太长，否则后面观察的样品活率将下降，影响评估的准确性。

（二）精子密度检查

精子密度通常是指每毫升精液中所含精子数。由于根据精子密度可以算出每次射精量（或滤精量）中的总精子数，再结合精子活率和每个输精量中应含有效精子数，即可确定精液合理的稀释倍数和可配母畜的头数。因此，精子密度与精子活率等同，也是目前评定精液品质优劣的常规检查中的一个主要项目，但一般只需在采精后对新鲜原精液作一次性的密度检查。目前测定精子密度的主要方法是目测法、血细胞计计数法和光电比色计测定法。此外，还有硫酸钡比浊法、细胞容量法、凝集试验法和快速电子法等。

1. 目测法 取一滴原精液，制成平板压片，然后放在 400 倍显微镜下观察，按密、中、稀三个等级评定（图 12 - 2 - 3）。

图 12 - 2 - 3　精子密度示意
A. 密　B. 中　C. 稀
（王锋，王元兴，2003. 牛羊繁殖学）

密：指整个视野内充满精子几乎看不到空隙，很难见到单个精子活动。

中：指在视野内精子之间有相当一个精子长度的空隙，可见到单个精子的活动。

稀：指视野内精子之间的空隙很大，超出一个精子的长度，甚至可以查数所有的精子个数。

这一方法受检查者的主观因素影响，误差较大；另外，由于各种公畜精子的密度差异很大，上述三级标准具体到每种公畜也是不同的。据此，各种家畜精子密度划分等级的标准大致见表 12 - 2 - 2。

表 12 - 2 - 2　常见动物精子密度划分等级

动物类别	精子密度划分等级（个）		
	密	中	稀
牛	12 亿以上	8 亿～12 亿	8 亿以下
羊	25 亿以上	20 亿～25 亿	20 亿以下
猪、马	2 亿以上	1 亿～2 亿	1 亿以下
鸡	40 亿以上	20 亿～40 亿	20 亿以下
鹅	6 亿～10 亿	4 亿～6 亿	3 亿以下
火鸡	80 亿以上	60 亿～80 亿	50 亿以下

2. 血细胞计数法 用血细胞计数法定期对公畜的精液进行检查，可较准确地测

定精子密度。可采用医学检验红、白细胞计数器计数法。计数操作中稀释时，对牛、羊等精子密度高的精液使用红细胞吸管（可对精液进行 100 或 200 倍稀释）作稀释计算；对猪、马等精子密度低的精液使用白细胞吸管（可对精液进行 10 或 20 倍稀释）作稀释计算。

其基本操作步骤见图 12 - 2 - 4。

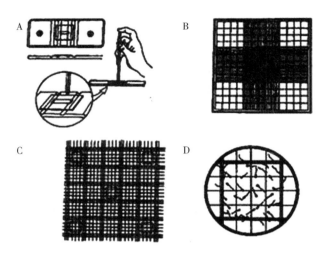

图 12 - 2 - 4　血细胞计数法检查精子密度
A. 在计算室上滴加稀释后的精液　B. 计算室平面图　C. 计数的 5 个大方格
D. 精子计数顺序（右方与下方压线的精子不计数）
（张忠诚，2004. 家畜繁殖学）

（1）显微镜放大 100～250 倍寻找血细胞计数板上的计算室（计算室共有 25 个大方格，每个大方格又划分为 16 个小方格。计算室面积为 $1mm^2$，高度为 0.1mm），看清计算室后盖上盖玻片。

（2）根据各种公畜精子密度的不同，分别采用红细胞吸管（如牛、羊）或白细胞吸管（如猪、马）吸取精液样品。

（3）用 3％氯化钠溶液稀释样品并致死精子，便于观察计数。

（4）将稀释后的精液滴入计算室内。

（5）显微镜放大 400～600 倍抽样观察计算 5 个大方格（即 80 个小方格）内的精子数（抽样观察的 5 个大方格，应位于一条对角线上或四角加中央 5 个大方格）。

（6）将 5 个大方格内的精子总数代入下列计算公式，换算出每毫升原精液内的精子数。

1mL 原精液内的精子数＝5 个大方格内的精子数×5（等于整个计算室 25 个大方格内的精子数）×10（等于 $1mm^3$ 内的精子数）×1 000（等于 1mL 被检稀释精液样品内的精子数）×被检精液稀释倍数（牛、羊为 100 或 200 倍，猪、马为 10 或 20 倍）。

采用该法计算精子与计算血液中红细胞、白细胞的方法相类似。这是一种比较准确测定精子密度的方法，且设备比较简单，但操作步骤较多，故一般也只在对公畜精液作定期全面检查时采用。

为了保证精子计数的准确性，在采用此法时要特别注意以下几点。

①原精液样品的吸取与稀释要做到准确无误，滴入计算室的稀释精液量过多易外溢，太少室内易出现空泡。

②为了既不遗漏也不重复计数，计算每一个大方格内的精子顺序可由上而下、由左至右，再由右到左进行（图12-2-5）。而计算每个小方格内的精子时，皆以精子头部为准。凡属头部落在方格内（即未碰到边线的）、左限线上和上限线上者，均计算为本方格内的精子数。反之，凡属头部落在右限线上和下限线上，以及头部不落在本方格内的精子数，均不计入本方格内。简言之，即所谓对压线精子是数头不数尾，数上不数下和数左不数右。

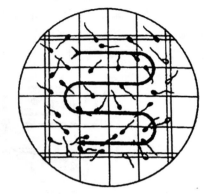

图12-2-5 一个中方格中的计数次序

③为了减少误差，每次应连续检查两个样品，求其平均数。如果两个样品所得数字相差较大，则应再作第三个样品检查，然后取相差较小的两个数字求平均值。

3. 光电比色计法 事先应将原精液稀释成不同倍数，并用血细胞计计算其精子密度，从而制成已知系列各级精子密度标准管，然后使用光电比色计测定其透光度，根据透光度求出每相差1%透光度的级差精子数，编制成精子密度查数表备用。正式检测精液样品时，只需将原精液按一定比例（通常为1∶80～1∶100）稀释后，用光电比色计测定其透光值，然后根据其透光值查对精子密度查数表，即可从中找出其相对应的精子密度值。

美国Salisbury等自1943年以来即研究应用此法，目前世界各国已较普遍应用于牛、羊精子密度的测定，已滤去胶状物的猪、马精液亦可测定。此法准确、快速，使用精液量少，同时操作简便，其原理是精子密度越高，其精液越浓，透光性越低，从而使用光电比色计通过反射光或透射光检验，能准确测定精液样品中的精子密度。

（三）精子形态检查

精子形态是否正常与受精率有着密切关系。若精液中含有大量畸形精子，势必会降低其受精能力，并可直接反映出种公畜的生殖机能。为此，检查精子形态异常也是评定家畜精液品质的重要内容。目前精子形态检查一般分为畸形率和顶体异常率两项内容。

1. 精子畸形率

（1）定义。畸形精子是指精液中形态不正常的精子，精子畸形率是精液中畸形精子数占精子总数的百分率。

$$精子畸形率＝畸形精子数/查数的精子总数×100\%$$

其实正常精液中也不可能完全没有畸形精子，但一般不会超过20%，且对受精力影响不大；如果超过20%，则会影响受精力，表示精液品质不良，不宜用作输精。而一般优良品质的精液中精子畸形率不超过：牛18%，水牛15%，羊14%，猪18%，马12%，犬20%，鸡10%。

（2）畸形精子的类型。畸形精子各种各样（图12-2-6），按其精子形态结构一般可分为以下三类。

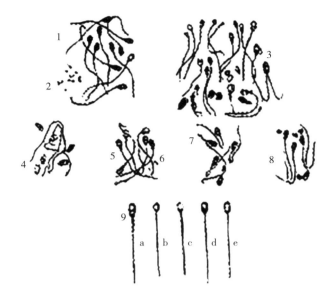

图 12-2-6 畸形精子类型

1. 正常精子　2. 游离原生质滴　3. 各种畸形精子　4. 头部脱落　5. 附有原生质小滴
6. 附有远侧原生质小滴　7. 尾部扭曲　8. 顶体脱落　9. 各种家畜的正常精子
a. 猪　b. 绵羊　c. 水牛　d. 牛　e. 马

（张忠诚，2004. 家畜繁殖学）

①头部畸形。如头部缺损、头部巨大、头部瘦小、头部膨胀、头部梨形、双头轮廓不清等。

②颈部畸形。如颈部粗大、颈部纤细、颈部曲折、颈部断裂、双颈等。

③尾部畸形。如尾部粗大、尾部纤细、短尾、长尾、双尾、无尾、尾部弯曲、尾部曲折等。

有的精子带有原生质滴，是发育未成熟精子标志，但也被列入畸形精子之列。

在正常精液内，一般精子头部和颈部出现畸形较少，而其尾部畸形最为多见。精液中若出现大量畸形精子时，可能是由于精子生成过程中受阻，或输精管道受阻和副性腺发生病理变化，或精液处理不当及各种外界不良因素的刺激等原因所致。

（3）检查方法。先取一滴精液样品，滴在洁净载玻片一端，迅速推制成抹片（若精子密度大，可先用生理盐水稀释处理）。自然干燥后染色，其染色溶液可先用吉姆萨染液、苏木精伊红液、龙胆紫酒精液，也可用红墨水或蓝墨水等，染色 3~5min 后水洗。待自然干燥后，置于显微镜下以 600 倍观察，查数的精子总数不得少于 200 个，最后计算其中畸形精子数占查数全部精子总数的百分率。

精子形态是否正常与受精率有着密切关系。若精液中含有大量畸形精子，势必会降低其受精能力，可直接反映种公畜生殖机能。为此，检查精子形态异常也是评定家畜精液品质的重要内容。目前精子形态检查一般分为畸形率和顶体异常率两项内容。

如果测定结果精子畸形率较高，首先应检查操作过程是否存在问题，必要时进行第二次测定，如果仍然不合格，精液不可用于输精。同时要查找原因，调整饲养管理方案，直到公畜精子畸形率低于上限标准。如果小公畜精子畸形率超标，经改善饲养管理，3个月后精子形态仍没有改善，应将其淘汰。

2. 精子顶体异常率

（1）定义。指精液中顶体异常的精子数占精子总数的百分率。正常精子顶体内含有多种与受精有关的酶类，在受精的过程中有着重要作用，直接关系到受配母畜的受胎率。

（2）顶体异常类型。一般表现为顶体膨胀、缺损、部分脱落、全部脱落等情况（图12-2-6），其发生原因，可能与精子生成过程和副性腺分泌物性状不良有关，尤其是精子遭受低温打击和冷冻伤害等因素所造成的。因此精子顶体异常率是评定液态或冷冻精液品质检查的重要指标之一。

（3）检查方法。检测精子顶体异常的常用方法是将被检的精子样品制成抹片，待自然干燥后。用固定液（24h前配好6.8%重铬酸钾液和临用时以8份6.8%重铬酸钾液和2份福尔马林液混合）固定约15min。再经水洗和自然干燥后，进行染色，以吉姆萨缓冲液染色1.5～2h，再经水洗和自然干燥，然后用树脂封装制成标本，最后置于高倍显微镜下（1 000倍以上）或相差显微镜下观察。观察200个以上精子中顶体异常数，计算出精子顶体异常率。凡已稀释过的精液（含有卵黄、甘油的），必须将样品在含有2%甲醛的柠檬酸盐中固定，涂片后在37℃下干燥，才有利染色着色和观察清晰。此外要求冷冻精液解冻后，应在37℃中孵育3h后再进行制片观测。

各种家畜正常精液中存在一定比例的顶体异常率，如牛平均为5.9%，猪为2.3%。家禽畸形精子的类型中头部畸形的比例较少，而以尾部畸形居多数，其中包括尾巴盘绕、折断和无尾等。如果顶体异常率显著增加，例如牛超过14%以上，猪超过4.3%以上，就会直接影响受胎率。

➡️ **【相关知识】**

一、精液品质检查的基本操作原则

（1）采得的精液要迅速置于30℃左右的恒温水浴中或保温瓶中，以防温度突然下降，对精子造成低温打击。按照规定要求，注意保持工作室（20～30℃）和显微镜周围（37～38℃）适当温度。如果同时进行多头公畜精液检查时，要对精液来源作出标记，以防错乱。

（2）事先做好各项检查准备工作，在采得精液后立即进行品质检查。检查时要求动作迅速，尽可能缩短检查时间，以便及时对精液作出稀释保存等处理，防止精液质量下降。

（3）检查操作过程中不应使精液品质受到损害，如蘸取精液的玻璃棒等用具，既要消毒灭菌，但又不能残留有消毒药品及其气味。

（4）取样要注意代表性，应将采得的全部精液轻轻振动或搅拌均匀后从中取样，以求评定结果客观准确。

（5）精液品质检查项目很多，通常采用逐次常规重点检查和定期全面检查相结合的办法。检查时不要仅限于精子本身，还要注意精液中有无杂质异物等情况。

（6）评定精液质量等级，应对各项检查结果进行全面综合分析，一般不能由一两项指标就得出结论。有些项目必要时要重复 2～3 次，取其平均值作为结果。对一头种公畜精液品质和种用价值的评价，更不能只根据少数几次检查结果，而应以某个阶段多次评定记录作为综合分析结论的依据。

二、死活精子计数法

死活精子的计数一般采用染色检测的方法。这种方法是利用活精子对特定染料不着色而死精子着色的特点来区分死、活精子。因为活精子的细胞膜有半透过性，能阻止色素渗入；而死精子的细胞膜特别是核后帽处的通透性增强，不能阻止色素渗入。所以染色后，着色的精子（特别是头部）即为死精子，不着色或几乎不着色的是活精子。在 400～600 倍的光学显微镜下从染色抹片中随机观察一定数量的精子（通常为500 个）的着色情况，即可计算出死活精子的比例。由于一些非前进运动的活精子也可能不着色，所以由此测得的结果，比按前进运动目测评定的精子活率往往偏高，但两者高度相关，因此可以作为目测精子活力的补充证明。

此法常用的染色剂有伊红、刚果红等，为使镜检时视野中的精子轮廓鲜明便于观察计数，而用作背景色的染料有苯胺黑、苯胺蓝、亚尼林蓝、快绿等。但一般都是采用伊红（或刚果红）-苯胺黑（或苯胺蓝）染色法，死精子在苯胺黑（或苯胺蓝）的背景中染成红色。最简单的染色法则可采用单纯的 5％伊红或 1.1％～1.5％红汞溶液作为染色剂。

试验表明上述方法只用作对原精液的检查，而不适用于冷冻精液。4％以上的甘油可使着色的精子数异常增多，这是由于甘油能使精子细胞膜的通透性增强。染色液的 pH、渗透压以及染色时的环境温度对检测结果也都有一定的影响。据称，染色液的 pH 为 6.8 时，其鉴定结果较为稳定。为了减少不等渗压和低温打击对精子活率的影响，因此采用与精液等渗染色液，以及抹片染色时保持 37℃左右的温度是必要的，而且操作要快，以使精子活率尽可能不受其他因素的影响。

此外，检查死活精子的比例还可采用升温法，它是把适当倍数稀释后的精液样品置于血细胞计数板上，在保温显微镜下首先统计出死亡的精子数，然后加热（在恒温干燥箱内 100℃，2min）以使精子全部死亡，再计算精子总数，从总数中减去死亡的精子数，便是活精子数，据此可算出死活精子的百分率。

美国明尼苏达大学畜牧系 E. F. Graham 等曾应用交联葡聚糖柱过滤法将死、活精子分离开来。据报道他们使用一束直径至少为 6mm 的 G-10～120 或 G-15～120号交联葡聚糖柱过滤精液，可使 95％～98％的活精子与死精子分离开，滤过的活精子数，可用电子颗粒计数器计算出来。

三、其他检查法

用于测定精子活率的方法，还有利用电阻抗频率变化测定精子活率的电阻抗检测法；从精子通过光电管时观察精子运动速度、泳动方式和活率的光电法；暗视野显微定时曝光照片法；显微电视录像计数法；精子进入子宫颈黏液深度测定法等。但由于这些方法所用的检查仪表价格昂贵，操作步骤复杂，影响测定准确度的因素较多，故在生产实践中一时难以推广应用。

四、精子的其他指标检查

1. 精子存活时间及存活指数　精子存活时间，是指精子在体外一定保存条件下（稀释液、稀释倍数、保存温度和方法等）的总存活时间。精子存活指数，是指精子存活时间及其精子活率变化的一项综合指标，是反映精子活率下降速度的标志。精子存活时间越长，存活指数越大，反映精子活力越强，精液品质越优，同时也反映所用的稀释液处理和保存环境越佳。为此，精子存活时间及存活指数与受精率密切相关，是评定精液品质的一项重要指标，也是鉴定精液稀释液种类及精液处理效果的一种方法。

精子存活时间及指数的检查方法：将欲检的原精液，以精液稀释液按1∶3比例进行稀释后，镜检第一次精子活率并记录开始时间，然后分装在2个小试管（瓶）内塞紧管（瓶）口，并标明精液瓶的种畜名。再将精液试管逐渐降温，置于低温0～5℃中保存，每隔离6～8h，按常规方法镜检一次精子活率。对于冷冻精液按常规方法解冻，其颗粒冻精用解冻液解冻，而细管、安瓿冻精不用解冻液解冻，解冻后即进行第一次镜检精子活率。此后将解冻的精液置于低温5～8℃或高温37℃环境中保存，每隔0.5h按常规方法镜检一次精子活率。

不论液态精液或冷冻精液，隔一定时间应在37～38℃中镜检精子活率，直到精子全部停止活动或只有个别精子呈摆动活动为止。当镜检第一试管的精子全部停止活动时，再将另一管精液取出检查精子活率，以做对照。如果后者精子尚未全部死亡，则应继续保存检查，直到精子全无活动为止，应以后者的存活时间为准，计算精子存活时间。

精子存活时间＝检查间隔时间的总和－最末两次检查间隔时间的一半。

精子存活指数＝每前后相邻两次检查精子活率的平均数与间隔时间乘积的总和（无计量单位）。

一般优质精液，适用于良好稀释液的存活时间，低温0～5℃保存时应在24h以上，高温37～38℃保存时应在4h以上，而解冻的冷冻精液应在4h以上。

2. 美蓝褪色试验　美蓝是氧化还原剂，氧化即呈蓝色，还原呈无色。精子在美蓝溶液中，呼吸时氧化脱氢，美蓝获得氢离子后便从蓝色还原为无色。因此，根据美蓝褪色时间可测知精液中存活精子数量的多少，判定精子的活率和密度的高低。

牛、羊精液美蓝褪色试验，一般0.01%美蓝溶液与等量精液混合后，放在内直径为0.8～1.0mm、长6～8mm的毛玻璃管下衬白纸，在18～25℃下观察；马、猪精液可在0.02%美蓝溶液一份与精液四份混合后，放入1mL试管，并以石蜡封口，40℃下观察褪色时间。

3. 微生物检查　动物正常精液内不含任何微生物，但在体外受污染后不仅使精子存活时间缩短，受精率降低，而且还严重地影响母畜的繁殖效率，特别是含有病原微生物的精液，人工授精后势必会造成动物传染病的人为扩散、传播。因此，精液微生物的检查已被列为精液品质检查的重要指标之一，是各国海关进出口精液的重要检查项目。精液中如果含有病原微生物，每毫升精液中的细菌菌落数超过1 000个，则视为不合格精液。

检查方法严格按照常规微生物学检验操作规程进行，主要检测精液的菌落数及其病原微生物。目前国内外在家畜精液内已发现的病原微生物有：布鲁氏菌、副结核杆菌、钩端螺旋体、衣原体、支原体、传染性牛鼻气管炎病毒（IBR）、传染性阴道炎病毒（IPV）、蓝舌病毒、白血病毒、传染性肺炎病毒、牛痘病毒、传染性流产菌、胎儿弧菌、溶血性链球菌、化脓杆菌、葡萄球菌等；此外，还有假性单孢子菌、毛霉菌、白霉菌、麸菌和曲霉菌等。

➔【拓展知识】

一、精液的组成与理化特性

（一）精液的组成

经射精排出的精液由精子和精清（也称精浆）两部分组成，二者的关系如同血液中的血细胞和血浆。精清主要来自副性腺的分泌物，此外还有少量的睾丸液、附睾液以及输精管壶腹的分泌物，占精液的绝大部分。猪、马、牛、羊精液中精清所占比例分别为 93％、92％、85％和 70％。精液中干物质只有 2％～10％，其余均为水分。

（二）精液的理化特性

1. 精液的物理特性 精液的外观、气味、精液量、精子密度、相对密度、渗透压及 pH 等为精液的一般理化性状。

（1）外观。精液的外观因动物的种类、个体、饲料的性质等而有差异，一般为不透明的灰白色或乳白色，精子密度大的混浊度大，黏度及白色度强。

绵羊和山羊的精子密度大，因此浓稠而黏厚，呈奶油样。牛的精液一般为乳白色或灰白色，密度越大乳白色越深；密度越稀，颜色越淡。但也有少数公牛的精液呈淡黄色，这与所用的饲料及公牛的遗传性有关。

猪精液中含有淀粉状的固态胶状物，白色或灰白色或半透明，能凝固，富有黏着性。胶状物在自然交配时形成子宫栓，可防止精液倒流，而在人工授精时，应在采精时用纱布将其过滤出去。

（2）气味。精液一般为无味或略带腥味，牛、羊精液往往带有微汗脂味。如若发生异味，证明精液已变坏，或生殖器官炎症、精液存放时间太长，其中的蛋白质等有机成分变性，致使精液发生异味。

（3）精液量。由于动物种类不同、生殖器官特别是副性腺的形态和构造差异，射精量相差很多。牛、羊、鸡等动物射精量小，而猪、马等动物射精量多。同一品种或同一个体也因遗传、营养、气候、采精频率等而有差异。

（4）精子密度。精子密度又称精子浓度，是指每毫升精液中所含的精子数量。精液量多的动物每毫升所含的精子数少；精液量少的动物每毫升中所含的精子数多。精液量与精子密度也因年龄、类群等有差异。

（5）pH。决定精液 pH 的主要是副性腺分泌液，精子生存的最低 pH 为 5.5，最高为 10。pH 超过正常范围对精子有一定影响。绵羊精液的 pH 在 6.8 左右时受胎率高，pH 超过 8.2 就没有受胎力。各种动物精液的 pH 都有一定的范围，刚采出的精液近于中性，牛、羊的精液呈弱酸性，猪、马的精液呈弱碱性。此后由于精子较旺盛的代谢，造成酸度累积，致使 pH 下降，精子存活率受到影响。

（6）渗透压。精液的渗透压以冰点下降度（Δ）表示，它的正常范围为 −0.55～

—0.61℃，一般在—0.6℃，羊的冰点下降度为 0.55～0.70℃。渗透压也可用渗压克分子浓度表示（osmolarity，Osm）。1L 水中含有 1 Osm 溶质的溶液能使水的冰点下降 1.86℃，如果精液的 Δ 为—0.61 时，则它所含的溶质总浓度为 0.61/1.86＝0.382m Osm，亦可以 382 Osm 浓度表示。

（7）相对密度。精子的相对密度取决于精子密度，精子密度大的，相对密度大；密度小的，相对密度小。若将采出的精液放一段时间，精子及某些化学物质就会沉降在下面，这说明精液的相对密度比水大。

（8）黏度。精液的黏度也与密度有关，同时黏度还与精清中所含的黏蛋白唾液酸的多少有关。黏度以 20℃的蒸馏水作为一个比较标准，单位为厘泊。

（9）导电性。精液中含有各种盐类或离子，如其量大，导电性也就强，因而可能通过测定导电性的高低，了解精液中所含电解质的多少及性质。

（10）光学特性。因精液中有精子和各种化学物质，对光线的吸收和通透性不同。精子密度大的透光性就差，精子密度小透光性就强。因此可以利用这一光学特性，采用分光光度计进行光电比色，测其精液中的精子密度。

2. 精液的化学特性

（1）精子的主要成分及特性。

①脱氧核糖核酸（DNA）。DNA 是构成精子头部核蛋白的主要成分，几乎全部存在于核内。它不仅能将父系遗传信息传给后代，而且也是决定后代性别的因素。DNA 含量常以 1 亿精子所含 DNA 的重量表示，一般牛 2.8～3.9mg，绵羊 2.7～3.2mg，猪 2.5～2.7mg，家兔 3.1～3.5mg。

②蛋白质。精子体内的蛋白质包括核蛋白、顶体复合蛋白及尾部收缩性蛋白三部分。核蛋白主要与 DNA 结合，对基因开启等有一定的作用。顶体复合蛋白存在于顶体内，主要由 18 种氨基酸及甘露糖、唾液酸等 6 种糖组成，具有蛋白分解酶及透明质酸酶的活性，在受精时帮助精子入卵。尾部收缩性蛋白存在于精子尾部，主要是肌动球蛋白，精子的运动是由此种蛋白收缩引起的。

③酶。精子体内含有多种酶，与精子活动、代谢及受精有着密切关系。

④脂质。精子体内的脂质主要是磷脂，占精液中磷脂的 90%，大部分存在于精子膜及线粒体内，多以脂蛋白和磷脂的结合状态存在。既能作为精子能量来源，也对精子有保护作用。

（2）精清的主要化学成分及特性。很多动物（如牛、绵羊、山羊和猪）精液中的大量糖是由精囊腺所分泌，果糖的含量可以作为一种指示剂，表示有关精囊腺供应给精液的相应部分。除有大量果糖外，某些动物的精液还含有较少量的葡萄糖和山梨醇。

二、精子的发生与生理特性

（一）精子的发生

公畜自初情期开始，直至生殖机能衰退，在整个生殖年龄，睾丸的精细管上皮总是在进行着生精细胞的分裂和演变，使精子不断产生和释放。与此同时，生殖细胞也以其独特的方式得到不断的补充和更新。母畜则早在胚胎期就已形成并贮存了终生需要的全部原始卵泡，这便是公、母畜配子发生方面的重要区别之一。

精子发生是指精子在睾丸内形成的全过程，是在睾丸的曲精细管内进行的，它包括精原细胞的增殖、精母细胞的生长和成熟分裂、精细胞和精子的形成等发育过程。在哺乳动物，精子还需要在附睾中进一步成熟。

（二）精子的结构

哺乳动物的精子是一形态特殊、结构相似、能运动的雄性生殖细胞。表面有质膜覆盖，形似蝌蚪，分为头、颈、尾三部分。家畜精子的长度为 $60\sim70\mu m$，头和尾的重量大致相等，其体积只有卵子的 $0.01\%\sim0.03\%$，长度约为卵子直径的 1/2。

1. 头部　家畜精子的头部为扁椭圆形，一般长 $8\mu m$、宽 $4\mu m$、厚 $1\mu m$。家禽的精子则比较特殊，呈长圆锥形。精子的头部主要由细胞核构成，内含遗传物质 DNA。核的前部在质膜下为帽状双层结构的顶体，也称核前帽。核的后部由核后帽包裹并与核前帽形成局部交叠部分，称为核环。顶体内含有多种与受精有关的酶，是一个不稳定的结构。精子的顶体在衰老时容易变性，出现异常或从头部脱落，可作为评定精液品质的指标之一。

2. 颈部　位于头的基部，是头和尾的连接部，其中含 $2\sim3$ 个颗粒。核和颗粒之间有一基板，尾部的纤维丝即以此为起点。颈部很脆弱，在体外处理和保存过程中，极易变形而失去受精能力。

3. 尾部　尾部是精子最长的部分，是精子代谢和运动的器官。根据其结构的不同又分为中段、主段和末段。中段由颈部延伸而来，其中的纤丝外围由螺旋状的线粒体鞘膜环绕，是精子分解营养物质、产生能量的主要部分，内有多条纤丝。

（三）精子的生理特性

1. 精子的代谢　精子是特殊的单细胞动物，只能进行分解代谢，利用精清或自身的某些能源物质，而不能进行合成代谢形成新的体组织。精子的分解代谢主要有两种形式，即糖酵解（果糖酵解）和有氧氧化（精子的呼吸），这是在不同条件下既有联系又有区别的代谢过程。

2. 精子的运动　运动能力是有生命力精子的重要特征之一，但有生命力的精子未必都有运动的能力。如睾丸内和附睾内的精子、冷冻保存、酸抑制条件下的精子，往往并不具备运动的能力。因而，运动能力和生命力是两个不同的概念。

（1）精子的运动形式。精子运动的动力是靠尾部弯曲时出现自尾前端或中段向后传递的横波，压缩精子周围的液体使精子向前泳动。精子尾的摆动是周期性的，但各部分摆动的幅度并不相同，每个周期精子的头向左右摆动，在纵轴方向自头向尾出现不同弯曲的波。精子尾的转动面看似葫芦状，末端则有规律地出现"∞"形轨迹。

在观察家畜精子的运动时，由于精子的头是扁凹形结构，在运动时，受周围液体阻力的变化沿纵轴转动，在暗视野中可观察到精子侧面的闪动，其闪烁的亮点实际是精子的侧面。

在正常条件下，精子的运动形式是精子形态、结构和生存能力的综合反应，在一定程度上也是精子受精能力的一种反应。精子的运动形式主要有四种。

①直线前进运动。指精子运动的大方向是直线的，但局部或某一点的方向，不一定是直线的。在条件适宜的情况下，正常的精子作直线前进运动，这样的精子能运行到输卵管的壶腹部与卵子完成受精作用，是有效精子。

②原地摆动运动。即精子头部摆动，不发生位移，这种精子是无效的。另外，当精子周围环境不适时，如温度偏低或 pH 下降等，也会引起精子出现摆动。

③圆周运动。即精子围绕一点作转圈运动，最终会导致精子衰竭，这样的精子同样是无效的。

④不规则运动。精子运动方向不确定而且没有规则，这种精子也是无效的。

（2）精子的运动特性。

①向逆流性。或称向流性，是指在流动的液体中，精子表现出逆流向上的特性，运动速度随液体流速而加快。如在母畜生殖道中，由于发情时分泌物向外流动，故精子可逆流向输卵管方向运行。

②向触性。在精液中如果有异物，精子就会向着异物运动，其头部顶住异物摆动运动，精子活力就会下降。

③向化性。精子具有向着某些化学物质运动的特性，雌性动物生殖道内存在某些特殊化学物质，如激素、酶等，能吸引精子向生殖道上方运行。

（3）精子的运动速度。精子运动的速度与其所在介质的性质和流向有关。在非流动的液体中，马的精子运动速度约 $90\mu m/s$，而在流速为 $120\mu m/s$ 的液体中速度能达到 $180 \sim 200\mu m/s$。

➔ 【自测训练】

1. 理论知识训练

（1）精液的外观检查项目包括哪些？

（2）精液的常规检查项目包括哪些？如何进行操作？

（3）检查精液品质的基本操作原则是什么？

（4）一头公猪的射精量是 200mL，精子密度是 3×10^8 个/mL，精液活率正常（达 0.7 以上）；每头母猪输精量 100mL，输精精子数要求不低于 3×10^9 个，则①原精液共可分装多少份？②原精液经稀释后的总体积是多少毫升？

2. 操作技能训练 猪、羊或鸡的精液品质检查。

（1）目的要求。明晰猪、羊或鸡精液的感官检查方法；能熟练掌握精子活力和精子密度的检查方法；掌握测定精子畸形率的操作要点。

（2）实训条件。

①精液。选用猪、羊或鸡任意一种动物的新鲜精液。

②材料。显微镜，显微镜保温箱（或显微镜恒温台），载玻片，盖玻片，温度计，滴管，擦镜纸，纱布，试管，95％酒精，5％伊红，1％苯胺黑，3％NaCl；精子密度的投影图表。

（3）实训实施。实训时全班共用一份精液，每人一台显微镜，指导教师在试验前先将学生分成若干组，然后让其组内选出小组长；组长组织本组同学进行实训前讨论、实训操作以及实训后总结，同时组内总结问题请指导老师指正。考核时先组内自评，然后组间互评，最后教师总结；根据三方分值得出每个人的最后得分。

（4）方法与操作步骤。

①精液品质检查前准备。②精液的感官检查。③精子密度检查。④精子活力检查。⑤精液品质检查后处理。

（5）考核标准。详见表 12 - 2 - 3。

表 12 - 2 - 3　操作技能训练考核标准

考核项目	评分标准		考核方法	考核分值
	得分标准	分值		
精液品质检查前准备	超过 1min 未能调试完显微镜扣 3 分 显微镜视野选择不正确扣 3 分 显微镜恒温板温度调试不准确扣 5 分	15	组内自评、组间互评、教师总结	
精液的感官检查	射精量判定不正确扣 5 分 色泽判定不正确扣 5 分 气味判定不出扣 5 分 云雾状判定不正确扣 5 分	20		
精子密度检查	方法选择不正确扣 5 分 精液滴出过多扣 2 分 盖片不正确扣 2 分 检查视野每少一个扣 2 分 结果判定不准确扣 5 分 检查时间超过 3min 每超过 30s 扣 2 分（最多扣 10 分）	25		
精子活力检查	方法选择不正确扣 5 分 精液滴出过多扣 3 分 盖片不正确扣 3 分 检查视野每少一个扣 3 分 结果判定不准确扣 5 分 检查时间超过 3min 每超过 30s 扣 2 分（最多扣 10 分）	35		
检查后处理	对精液处理不规范扣 3 分	5		

➡ 【复习与思考】

（1）观测所采集的精液，将结果分别填入表 12 - 2 - 4 和表 12 - 2 - 5。

（2）采用估测法分组进行评定精液的精子活率和密度，记录并总结经验。

表 12 - 2 - 4　种公畜精液品质检查登记表

畜别	畜号	采精时间（年-月-日）	射精量（mL）	色泽	气味	云雾状	密度	活率

表 12 - 2 - 5　精子顶体观察记录表

畜种（号）_____　精液类型_____　精子活率_____

抹片号	顶体完整型（个）	异常顶体类型（个）			顶体完整率（%）	平均顶体完整率（%）
		顶体膨变型	顶体破损型	顶体全脱型		
1						
2						

任务 12 - 3　精液稀释和保存

【任务内容】

● 掌握稀释液的配制方法及注意事项。

● 能确定精液的稀释倍数，并能正确、规范地进行精液稀释。

● 学会精液低温保存的方法。

● 掌握常温保存的处理手段。

● 了解冷冻精液的制作方法。

【学习条件】

● 经过检查合格的鲜精液。

● 蔗糖、葡糖糖、奶粉、鲜鸡蛋、分析纯 NaCl、二水柠檬酸钠、青霉素、链霉素、蒸馏水等。

● 量筒、量杯、烧杯、三角烧瓶、小试管、水温计、铁架台、漏斗、平皿、镊子、玻璃注射器、水浴锅、天平、显微镜、定性滤纸、脱脂棉等。

一、精液稀释

（一）精液稀释液的配制要求

1. 用品要求　凡与蒸馏水、药品、稀释液接触的用品都必须符合卫生要求。用于配制稀释液的玻璃容器使用前都必须用中性洗涤剂清洗、自来水冲洗，用蒸馏水反复冲洗，控干水分后，用牛皮纸包裹或封口，放入干燥箱 100~150℃干燥消毒 1h。

2. 药品要求及其称量要求

（1）用于配制稀释液的药品纯度必须达到分析纯以上。选用药品时，应注意配方上药品名称，特别是是否带结晶水，如果没有做特别说明，柠檬酸钠一般是指二水柠檬酸三钠，葡萄糖是指无水葡萄糖，EDTA 是指二水乙二胺四乙酸二钠，柠檬酸为一水柠檬酸。如果选用药品的结晶水与配方不一致，应根据其分子质量换算出实际添加量。

（2）药品应在棕色玻璃瓶或塑料瓶中密封保存。

（3）药匙一般应为塑料或牛角材料，以免其与药品发生反应。药匙用前应清洗烘干，存放于无菌的自封口塑料袋中，并做好标记。最好一药一匙，不可混用，以免造成交叉污染和发生化学反应。

（4）要用专用商品称量纸（硫酸纸）称量药品，同样要求专用，根据称量重量将称量纸剪成需要的尺寸，折成梯形槽，折叠时注意手不要接触到放药品的区域。用完后，可将称量纸放于无菌的自封口塑料袋中，并做好标记。

（5）根据药品称量量选择适合的电子天平或分析天平，天平箱内应放变色硅胶干燥剂，以保证称量吸潮性药品的准确性。

（6）甘油、乙二醇等黏滞性大的液状药品，可用一次性注射器吸取，也可按其比重用称量的方法量取，不能使用量筒量取。

3. 蒸馏水的要求与量取方法　蒸馏水的量取必须保证：蒸馏水是新鲜的；量取过程蒸馏水不受污染；量取准确，误差不超过 0.2%。

（二）精液稀释液的配制

（1）配制稀释液前，把所用的器材按要求清洗好，且灭菌备用。

（2）按配方准确地称量好药品，放入烧杯中，量出 100mL 双蒸水加入烧杯中，充分搅拌使其全部溶解。

（3）用滤纸将溶液过滤到三角烧瓶中，封口后水浴消毒 30min。

（4）溶液消毒后凉至室温，以备加卵黄与抗生素。

（5）新鲜鸡蛋清洗好，蛋壳用酒精棉球擦拭消毒，破壳取出卵黄，要求卵黄要完整，刺破卵黄膜，按配方所需量准确吸出卵黄加入冷却后的溶液中。

（6）加入抗生素，每 100mL 稀释液中，应加青霉素各 5 万～10 万 IU，链霉素 5 万～10 万 U。

（7）稀释保护液要现用现配，亦可配后放入 4～5℃ 冰箱中备用，但不应超过 1 周。

（三）精液稀释液的稀释倍数

1. 稀释倍数的表示方法　规范的稀释倍数表示方法是 1 份的原精液加入 N 份的稀释液混合称之为稀释 N 倍，或 1：N 稀释。那么，稀释后体积为原精液的 $N+1$ 倍，精子密度则为原精液的 $1/(N+1)$。如 1 份原精液，加入 1 份稀释液，称为 1 倍稀释，或 1：1 稀释，稀释后体积为原精液的 2 倍，精子密度为原精液的 $1/2$。

2. 稀释倍数的确定　影响精液稀释倍数的因素如下。

（1）原精液的品质。包括精子密度和精子活力，在输精要求一定的情况下，二者的乘积（即有效精子密度）越高，可以稀释的倍数越高。

（2）稀释液的种类和保存方法。低温保存和冷冻保存，稀释后精子密度可以高些，但常温保存则稀释后精子密度就不宜过高，以免精子代谢产物浓度升高过快。

（3）输精要求或输精剂型不同。每头份精液的有效精子数和容积决定了稀释后液的有效精子密度，从而影响到稀释的倍数。

在原精液质量、每头份有效精子数确定的情况下，每头份精液容积越大，则稀释倍数越大。

牛的颗粒冻精每剂体积 0.1mL，解冻后有效精子数 1 200 万个，一般稀释 2～4 倍；而采用细管冻精，每剂灌装量为 0.25mL（有效容量不低于 0.18mL），解冻后有效精子数不低于 800 万个，一般稀释 5～10 倍。绵羊、山羊多采用高密度和低剂量输精，一般稀释 2～4 倍。鸡精液也采用低剂量高密度输精，一般采用 1～2 倍稀释。猪精液输精要求多采用剂量 80～120mL，总精子数 30 亿～50 亿个，一般稀释 3～9 倍。马、驴精液一般稀释 2～3 倍。

3. 稀释倍数的计算　确定一个较为适宜的稀释倍数，既能充分发挥公畜的配种效能，又有利于精子的保存。

（1）牛、羊、马、驴等家畜精液稀释倍数的计算。

$$最大稀释倍数（N）＝原精液有效精子密度/稀释后有效精子密度－1＝X/Y－1$$
$$X＝原精液精子密度×原精液精子活力$$
$$Y＝每头份应输入的有效精子数/每头份应输入的精液容积$$

（2）猪精液稀释后总体积的计算。猪的输精要求中一般并不按有效精子数计算，而是在原精液活力不低于 0.6 的前提下，按每个输精头份总精子数、输入精液的容积计算原精液稀释后可分装的份数和稀释后总体积。

$$总精子数＝原精液体积（或重量）×原精液精子密度$$

$$可分装份数＝总精子数/每头份精液的精子数（取整数部分）$$

$$精液稀释后总体积（或重量）＝可分装份数×每份精液的体积（或重量）$$

猪保存精液输精前基本要求：活力不低于 0.5（原精液活力不低于 0.6），每份精液 80～120mL（或 g），每头份精子数猪场为 40 亿～50 亿个，配种站为 30 亿个。

应该注意：猪的精液最高稀释倍数一般不能超过 9 倍，即稀释后总体积不能超过原精液的 10 倍，如果计算的总体积超过原精液的 10 倍，应按 9 倍稀释。

（四）精液稀释

精液稀释
（视频）

1. 精液采集后应尽快进行稀释 原精液采精后降温和不降温都对精子存活不利。因此，实践中多以最快的速度检查精液品质并尽快稀释就显得十分重要。精液稀释应在采精后尽快进行（一般要求最多不超过 0.5h），并尽量减少与空气和其他器皿接触。所以，采精前就应将精液品质检查、稀释以至保存的各项准备工作做好。

有时，检查活力后，立即进行密度测定取样，在没有确定精子密度的情况下，就先进行 1∶1 稀释，等密度测定结果出来后，再将剩余的稀释液加入精液中，完成稀释。

2. 稀释液要与精液等温 稀释时，稀释液的温度和精液的温度应尽可能一致，牛、羊的射精量较小，采集的精液易受到环境温度的影响，因此，一般先将配制好的稀释液放在 30～33℃的水浴中，然后再去采精。采到的精液应尽快放入同一水浴中，以免温度继续下降，这样精液品质检查的过程，同时也是精液与稀释液等温的过程。

3. 稀释时应将稀释液加入精液中 按确定的稀释倍数，将一定量的稀释液沿瓶壁或沿插入的灭菌玻璃棒，缓慢倾入精液瓶内，轻轻搅匀，使之混合均匀，勿剧烈震荡。

4. 高倍稀释应分次进行 一般 10 倍以上的稀释，称为高倍稀释。若稀释倍数大，应先低倍后高倍稀释，分几次进行稀释，以防精子环境突然改变，造成稀释打击。实践中，应先进行低倍稀释［建议 1∶（1～4）稀释］，0.5h 后再进行第二次稀释。同样要求等温稀释。

5. 稀释后检查活力 精液稀释均匀后，静置片刻取出一滴稀释精液，镜检精子活率；确认活力没有下降，方可进行分装。若出现活率下降，说明稀释液或稀释处理不当；不宜使用，并应查明原因。

二、精液保存

按精液保存时的物理状态，可将精液保存方法分为液态和固态保存两种。精液的液态保存，以其保存的温度划分，又分为常温保存（15～25℃）和低温保存（0～5℃），液态保存只能短期保存。固态保存即冷冻（－79～－196℃）保存，可长期保存。以上三种保存方法是目前精液保存的常用方法。

从目前精液保存方法来看，精液冷冻保存较为理想。牛的冷冻精液在生产上应用最为广泛，其他动物的冷冻精液受胎效果较低，尚未普及。因此，精液的液态保存仍有重要意义。

（一）常温保存

1. 精液的稀释 采精前应将稀释液配制好，并放入水浴中预热 30min 以上。水浴温度应根据平时采集到的精液的温度确定，稀释液温度应与精液温度相同或略低，一般相差不超过 2℃。绵羊射精量小，采集后应立即放入 30～33℃ 的水浴中。

精液品质检查后，根据稀释倍数，将稀释液加入精液中轻轻摇动或搅拌，检查活力后，根据需要进行分装，剂量小的精液应用纱布包裹后放入恒温冰箱中保存，以免降温过快。猪精液稀释时，根据计算稀释后的总重量，将稀释液加入精液中，直到精液加上稀释液的总重量达到计算的稀释后总重量。

2. 分装 猪、马、驴精液一般按 1 头份剂量分装在输精瓶（袋、管）内，绵羊的精液一般以 10 或 20 头份分装，并用纱布包裹。

精液分装后，应将装精液的塑料容器挤压，排出空气后再封口或拧紧瓶盖。

3. 常温保存方法 马、绵羊精液稀释并分装后，放入 12℃ 的恒温冰箱中保存。

猪精液稀释后分装在输精瓶或输精袋中，集中在泡沫塑料箱中缓慢降温至 20℃ 左右（室温），再放入 17℃ 的恒温冰箱中保存。由于猪的精子对低温的耐受力差，因此，必须保证保存过程中温度不会低于 14℃，最好确保温度在 15～25℃ 范围内。由于精子聚集在一起，其代谢产物在其周围富集，容易对精子产生危害，因此，应将装猪精液的容器平放，最好是袋装；每 12 或 24h 将容器上下翻转一次。

如果是公畜站客户在自己的养殖场内临时存放精液，可将精液存放于温度适宜的室内，也可在地窖、井、防空洞中存放，存放时间最好不超过 24h。

（二）低温保存

低温保存的温度为 0～5℃，除猪精液外，各种家畜的精液都适合低温保存。在实际生产中，山羊集中配种时精液多采用低温保存，绵羊精液低温保存研究资料不多，可以试用。牛的配种已经广泛使用冷冻精液，而较少使用低温保存。

1. 低温保存前的精液处理

（1）稀释分装。按常规精液稀释液处理方法，将精液用低温保存稀释液按一定比例稀释后，经缓慢降至室温即可进行分装。分装时通常按发情母畜的一次输精剂量为一头份，分装 1 瓶。有的家畜输精剂量较小（如羊），可按 10～20 头份，分装 1 瓶，每瓶分装后其瓶口密封，再继续缓慢降至低温保存的温度。

（2）降温处理。稀释后的精液，为避免精子发生冷休克，必须采取缓慢降低温度的方法，从 30℃ 降至 5～0℃ 时，其降温速率应以每分钟下降 0.2℃ 左右为宜，整个降温过程需 1～2h 完成。

2. 低温保存方法 将精液瓶置入冰箱内的 0～5℃ 格层上存放。应指出不论用何种低温保存法，都必须缓慢降温，低温保存的温度要求恒定，不可忽升忽降。

（三）冷冻保存

各种家畜精液冷冻保存技术中，在牛已经形成一整套定型技术程序，牛冷冻精液配种（简称冷配）是目前应用最成功的人工授精技术。现将牛精液冷冻保存技术程序各环节简述如下。

1. 准备工作

（1）配制稀释液。

①基础液。常用的基础液为经过过滤灭菌处理的 11% 乳糖或 12% 蔗糖，也有使用更为复杂的基础液。

②第一液。其方法与配制低温保存稀释液相同。在采精前应将其放入 33℃ 的水浴锅中预热。

③第二液。按一定的体积比，将第一液与甘油等防冻剂混合。

④解冻液。颗粒冷冻精液一般采用解冻液解冻，解冻液多采用2.9%的柠檬酸钠溶液，也有采用维生素B_{12}注射液作解冻液的。牛细管冻精一般采用直接解冻，不使用解冻液。

（2）其他准备工作。包括采精器具、精液品质检查用品、稀释精液容器和精液冷冻用品的准备。

2. 采精 采用一次采取两个射精量的采精方法（参见牛的采精）。

3. 精液品质检查

（1）原精液品质检查。精液采集后，应立即放入水浴中保温并与稀释液等温处理。在此过程中，应快速检查精液品质。用于制作冷冻精液的原精液精子活力不低于0.6，精子密度一般不低于6亿个/mL，畸形率不高于15%（引自GB 4143—2008《牛冷冻精液》）。

（2）冷冻前处理过程中的精液品质检查。在精液处理过程中，共有三次必需的活力检查：①原精液在第一次稀释后5min左右；②第二次稀释前；③平衡后冷冻前。冷冻前活力不能有明显下降。

（3）解冻后精液品质标准。试冻后，一般解冻检查精子活力≥0.3，才能将剩余的精液全部冷冻。

冻精产品应定期进行全面的质量检查。按照GB 4143—2008，牛细管冷冻精液解冻后活力≥35%，畸形率≤18%，顶体完整率≥40%，直线前进运动精子数≥800万个；水牛精子活力≥30%，畸形率≤20%，直线前进运动精子数≥1 000万个。解冻后的精液无菌原微生物，每毫升中细菌菌落数≤800个。

4. 精液稀释

（1）稀释倍数的计算。

$$最终稀释倍数＝原精液精子密度×冻后预期活力×每头份（有效）剂量÷（每头份有效精子数－1）$$

冻后预期活力：依据以往相同产品生产中冷冻效果与原精液精子活力的相关性，从而对即将冷冻的精液解冻后的活力进行估计，其估计值称之为预期活力。

（2）稀释方法。根据冻精的种类、分装剂型及稀释倍数的不同，现生产中多采用一次或两次稀释法。

①一次稀释法。按常规稀释精液的要求，将精液冷冻保存稀释液按比例一次加入。常用于颗粒精液，近年来也应用于细管等冷冻精液。

②两次稀释法。为了减少甘油抗冻剂对精子的化学损害作用，采用两次稀释法效果比较好，常用于细管精液冷冻。即将采集的精液先用不含甘油的基础稀释液稀释至最终稀释倍数的一半，经1~1.5h缓慢降温至5℃，然后再一次或两次加入或缓慢滴入含有甘油的稀释液。经稀释的精液应取样检查测其精子活率，要求不应低于原精液的精子活率。

5. 降温和平衡

（1）降温。为了使精子避免冷休克的发生，采用缓慢降温的冻前处理，即将稀释后的精液由30℃以上温度，经1~2h缓慢降温至0~5℃，然后在此温度下进行平衡。

（2）平衡。是指将经缓慢降温后的精液，放在一定的温度下预冷以适应低温，经历一定时间，经过平衡处理后的精液可增强冻结效果，其机理尚未清楚。有关平衡处理的温度和看法也尚未统一，欧美各国多为4~5℃，前苏联多主张在0℃，还有人主张−5℃下进行。时间是2~4h。我国一般平衡温度为0~5℃，降温平衡时间2~4h。

6. 精液分装 目前冷冻精液的分装，一般采用颗粒、安瓿和细管三种方法，亦称剂型。

（1）颗粒型。将处理后的精液滴冻在经液氮致冷的金属网或塑料板上，冷冻后制成0.1mL左右的颗粒。颗粒冻精曾在牛中广泛应用，现多应用于马、绵羊及野生动物的冻精剂型，具有成本低、制作方便等优点，但不易标记，解冻麻烦，易受污染。

（2）安瓿型。将处理好的精液在5℃下平衡12~18h后分装于安瓿中，然后将分装后的安瓿浸于5℃的酒精中，并在酒精中逐渐添加干冰，由5℃降至−15℃，每分钟降1℃，降至15℃后每分钟降3℃，直到降至−79℃，然后移置到干冰中保存。此方法制作复杂，冻结、解冻时易爆裂，破损率高，体积大，目前已很少使用。

（3）细管型。把平衡后的精液分装在塑料细管中，细管的一端塞有细线或棉花，其间放置少量聚乙烯醇粉（吸水后形成活塞），另一端封口，冷冻后保存。细管的长度约135mm，容量有0.25mL、0.5mL和1.2mL三种，直径分别为2mm、2.3mm、4.2mm。由于细管内径小，精液受温均匀，所以冷冻效果好；而且在使用时可直接输入母牛子宫内，不受污染，标记清晰不易混淆，易贮存、适于机械化生产等特点，因此，目前是最理想的剂型。现生产中牛的冻精多用0.25mL剂型。

目前，黑龙江省家畜繁育指导站采用法国凯苏公司生产的精液分装喷码一体机，每小时可分装细管精液4 000~12 000支，每天可冷冻数万支精液，大大提高了精液的冷冻效率和质量。

7. 精液冷冻 根据不同剂型，冷冻方法也可分为颗粒法、安瓿法和细管法三种。

（1）颗粒冷冻法。在盛有液氮的容器上放置一金属板作为冷冻板，冷冻板与液氮的距离保持在0.5~1.5mm。待冷冻板充分冷却后，用玻璃吸管吸取精液定量连续地滴在冷冻板上，经过3~5min，待颗粒充分冻结、色泽发亮时，铲下精液颗粒，分装并加标签即可浸入液氮中保存。

（2）安瓿冷冻法。把封存的精液安瓿置于一平面支架上，放入广口冷冻液氮罐中并与液氮面保持一定距离。精液温度下降至−120~−130℃并维持一段时间后，即可浸入液氮中。

（3）细管冷冻法。在大口径（直径为80cm以上）的冷冻专用罐中装入占罐腔1/2的液氮，调整罐中冷冻支架和液氮面的距离，使冷冻支架上的温度维持在−130~−135℃。将精液细管平铺在梳齿状的冷冻屉上，注意彼此不得相互接触，放置于冷冻液氮罐中的冷冻支架上，经10~15min，温度降至−130℃以下并维持一定时间后，即可直接投入液氮中。

目前，黑龙江省家畜繁育指导站采用法国凯苏公司的数码冷冻程序及设备，每槽可冷冻5 250支细管冻精，且冷冻曲线稳定，喷氮均匀，冷冻效果非常好。图12-3-1是实验室常用细管冻精冷冻过程中使用的降温控制器。

在制作冷冻精液过程中，动作要快而准，严格控制好精液的降温速率，以求达到最佳的冷冻效果。此外还应每冻一批冷冻精液，必须随机取样、检验，只有合格的冷冻精液才能作长期贮存。

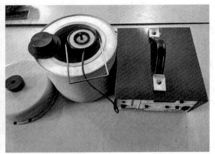

图 12-3-1 降温控制器

8. 解冻与检查

（1）解冻。解冻是利用冷冻精液的一个重要环节。冷冻精液的解冻温度有三种：低温冰水解冻（0～5℃）、温水解冻（30～40℃）及高温水解冻（50～70℃）等，其中畜牧生产上通常采用温水解冻，取得较好的效果。家畜冷冻精液的解冻中应注意如下几点。

①精液宜现用现解冻，而且应立即输精。解冻后至输精之间的时间，最长不得超过 2h，其中细管冻精应在 1h 内，颗粒冻精应在 2h 之内。

②解冻时，事先预热好解冻试管及解冻液，然后快速由液氮容器内取出 1 粒（支、瓶）冻精，尽快融化解冻。

③在解冻中切忌精液内混入水或其他不利精子生存的物质，同时避免有害气味如农药等影响。

④解冻时要恰当掌握冷冻精液的融化程度，时间不能长，精液温度不能过高，否则会影响精子的受精能力。

⑤在必要的情况下需要冷冻精液解冻后做短时间保存时，应采用含卵黄的解冻液，以 10～15℃水温解冻，逐渐降到 2～6℃环境中保存。保存温度要恒定，切忌温度升高。

（2）检查。冷冻精液质量的检查，一般是在解冻后进行，其主要指标有：精子活率、精子密度、精子畸形率及顶体完整率和存活时间等。其中精子活率要求任何动物的冷冻精液均应在 0.3 以上，其他指标应符合各种家畜冷冻精液的输精要求，方可用于配种，否则弃之。

9. 冷冻精液保存　将经抽样检验合格的各种剂型的冷冻精液，分别包装妥善并做好标记（站名、家畜品种、种畜号、冻精日期、剂型批号、精子活率、数量等），置入具有超低温的冷源（干冰或液氮）内长期保存备用。保存过程中，为了达到冷冻精液长期保存的目的，必须使精液的保存温度恒定，精液不能脱离液氮，并确保其始终完全浸入液氮中。

（1）干冰保存法。将冷冻精液，按畜种、品种和畜号分别有序地置入盛装干冰的保温箱内，摆放整齐，以干冰埋严（最少深 5cm）不得外露即可。要经常检查，及时补充干冰。但在实际保存工作中感到，因干冰融化需频频补充干冰，较麻烦且又不经济，为此目前国内外已很少用干冰保存冷冻精液。

（2）液氮保存法。将各种家畜冷冻精液，按畜种、品种（不同品种的颜色标记）

畜号、剂型、制作冻精批次，分别有秩序地装在各个小提筒内，并在提筒的柄端标记清楚。使提筒及其内冻精共同放入液氮容器里，始终浸入液氮内长期保存即可。对纱布袋装的颗粒冻精，也可用长线绳拴系直接吊入罐里液氮内，不用提筒。

三、精液运输

1. 低温保存的精液运输 精液稀释后应按照一个输精量（羊 10～20 个输精量）分装到一个小试管或玻璃瓶中，封口，包以数层棉花或纱布，最外层用塑料袋扎好，防止水分渗入。在保存过程中，要维持温度的恒定，防止升温。如特殊情况或者运输，可用广口保温瓶，在保温瓶中加七八成满的冰块，把包装好的精液放在冰块上，盖好，并注意定期添加冰源。如无冰源可采用化学制冷法，在冷水中加入一定量的氯化铵或尿素，也可使水温达到 2～4℃。

2. 冻精运输 冷冻精液的运输，应有专人负责，办好交接手续，附带运精单据。一般用液氮容器盛装冻精运输，运输之前液氮容器内充满液氮，其容器外围应有保护套，装卸时要小心轻拿轻放。装在车上要安放平稳并拴牢固，严防撞击和倾倒。切不可斜放和叠放或压入其他物品。运输途中要避免暴晒和强烈震动，如长途运输在途中要及时补充液氮。

➡ 【相关内容】

一、精液的稀释

（一）精液稀释的目的

精液稀释，是往精液中加入适宜精子体外存活并保持受精子能力的稀释保护液。只有经过稀释的精液，才适于保存、运输及输精等。所以，精液稀释处理是动物人工授精中的一个重要技术环节。精液稀释的目的，在于扩大精液的容量，延长精子的存活时间，增强精子受精能力，增加受配母畜头数，充分提高优良种公畜的配种效率。

（二）稀释精液应具备的条件

1. 精液稀释液成分 现行的精液稀释液，根据不同的用途和保存方式加入相应的各种成分，其中每种成分往往不单只有一种作用，有些具有多种效能。

（1）营养物质。用于提供营养以补充精子生存和运动所消耗的能量。常被精子利用的营养物质主要有果糖、葡萄糖等单糖以及卵黄和乳类（鲜全乳、脱脂乳或乳粉）等。

（2）保护性物质。

①缓冲物质。保护精液的 pH，利于精子存活。常用的缓冲物质有柠檬酸钠、酒石酸钾钠、磷酸二氢钾、磷酸二氢钠、碳酸氢钠等盐类，以及近年来常用的一些有机缓冲物质，如三羟甲基氨基甲烷（Tris）、乙二胺四乙酸二钠（EDTA）等。

②降低电解质浓度。精液中如果含有强电解质浓度过高，会刺激精子代谢和运动加快，从而促进精子早衰，缩短精液保存时间。因此，需向精液中加入非电解质或弱电解质，以降低精液中电解质的浓度。常见的非电解质和弱电解质有各种糖类、氨基己酸等。

③抗冷物质。在精液的低温及冷冻保存过程中需降温处理，精子易受冷刺激，常

发生冷休克，所以加入一些防冷刺激物质有利于保护精子的生存。常用的抗冷休克物质有卵黄、乳类等，如二者合用，效果更佳。

④抗冻物质。在精液冷冻保存过程中，精液由液态向固态转化，对精子的危害较大，不使用抗冻物质精子冷冻后的复苏率很低。一般常用的抗冻剂为甘油、乙二醇、二甲基亚砜（DMSO）等。

⑤抗菌物质。在精液稀释液中加入一定剂量的抗生素，目的是抑制细菌的繁衍。常用的抗生素有青霉素、链霉素、氨苯磺胺等。近些年来，国内外将新型抗生素如氯霉素、林肯霉素、卡那霉素、多黏霉素等应用于精液保存，均取得了较好的效果。

（3）其他添加剂。在精液稀释液内有时加入一些添加剂，常用的有以下几类。

①酶类。如过氧化氢酶，它能分解精子代谢过程中产生的过氧化氢，消除其危害，有利于维持精子活率。加入 β-淀粉酶具有促进精子获能，提高受胎率的作用。

②激素类。添加催产素、前列腺素等，可促进母畜生殖道的蠕动，加快精子向受精部位运行，从而提高受胎率。

③维生素类。维生素 B_1、维生素 B_2、维生素 C 等，能改善精子活率，提高受胎率。

另外，向精液中添加的物质有：有助于常温保存的有机酸、无机酸类、抗氧化剂，提高精子活率的精氨酸、咖啡因以及区分精液种类的染料等。

2. 精液稀释液种类 根据稀释液的用途和性质来确定所用稀释液的种类。一般分为以下四类。

（1）现用稀释液。适用于采集的鲜精液经稀释后立即输精，不能进行保存。此类稀释液常用等渗糖类或乳类，也可用生理盐水（仅起到稀释精液的作用）。

（2）常温保存稀释液。适用于室内短期常温保存，具有 pH 较低的特点。以糖类和弱酸盐为主，也有用含明胶的稀释液。

（3）低温保存稀释液。适用于精液低温保存，其成分较复杂，除含有糖类、卵黄外，还有甘油或甲基亚砜等抗冻物质。

（4）冷冻保存稀释液。用于精液的冷冻保存，含有二甲基亚砜、甘油等抗冻物质。此类稀释液比较复杂，有单一成分者，也有由多种成分组成的。

3. 稀释倍数 精液的适宜稀释倍数与家畜种类及稀释液种类有密切关系。确定精液的适宜稀释倍数时，应根据家畜精液的质量、输精的要求、稀释液种类及其对精子存活时间的检测结果等，以保证每个输精剂量所含直线前进运动的精子数不低于输精标准的要求。

（三）稀释精液时应注意事项

（1）稀释液应现用现配。如配制后确需贮存的，经消毒、密封后放入冰箱中最多能保存 2~3d。但卵黄、抗生素、乳类等成分，应在临用时现加入。

（2）配制稀释液的蒸馏水要新鲜，最好现用现制或采用灭菌的双蒸水。如果无双蒸水，也可用离子交换水或冷却沸水代替。但沸水应在冷却后用脱脂棉和滤纸过滤 2~3 次，并经精液保存试验证明对精子无不良影响后方可使用。

（3）配制稀释液所用的一切量具及物品，事先均应彻底清洗、严格消毒，并用稀释液冲洗后才能使用。

（4）所用药品（如糖类和盐类等物质）要纯净，一般使用化学分析纯制剂。配制时药品称量要准确，经溶解（充分溶解）、过滤、消毒后方能使用。注意：应密封后进行消毒，可用隔水煮沸消毒、蒸汽或高压灭菌消毒；且在消毒过程中应缓慢加热，以防玻璃容器爆裂。

（5）所用乳类（包括全乳和脱脂乳、纯乳粉或脱脂乳粉等）必须是新鲜的，而且不应含有其他物质，如糖、果汁、微量元素或其他添加剂等。以防影响精液的渗透压，影响精子的存活。操作中将一定量的鲜乳或刚冲的乳粉溶液，经脱脂棉过滤后，再置于92～95℃的水中进行15min灭菌，降温至40℃以下，加入青霉素10万～20万IU/100mL。

（6）卵黄要取自新鲜鸡蛋，抽取时尽量不要混入蛋清，待稀释液消毒冷却后加入。

取卵黄方法，是用最新鲜的鸡蛋，先将外壳洗净擦干，再用75％酒精消毒外壳，待酒精挥发后，轻轻破壳，尽量除去蛋清，再用灭菌注射器刺破卵黄，或者将卵黄倾倒于灭菌的滤纸或玻璃平皿内，以灭菌镊子挑破卵黄膜，轻轻倾出卵黄入灭菌量杯内，但注意不可混入蛋清和卵黄膜。

（7）精液稀释应在采集后尽快进行。不经稀释的精液不利于精子存活。特别是精液处理室温度较低时（20℃以下），精子受低温打击，易出现冷休克（freezing shock）。为此，要求在采精时，当外界气温较低的情况下，应注意集精杯的温度，使采出的精液维持在30℃左右；同时将采出的精液迅速置入30℃环境中存放，保证精子不受低温影响，一般最好在0.5h内稀释。

（8）稀释前，必须调整稀释液的温度与精液温度一致。一般是将精液和稀释液处于同一温度（30℃左右）下，待预热后进行稀释。

二、精液的保存

精液保存的目的是为了延长精子的存活时间并维持其受精能力，便于长途运输，扩大精液利用范围，增加受配母畜头数，提高优良公畜的配种效能。

（一）常温保存

常温保存是将精液保存在室温（15～25℃）条件下，允许温度有一定的变动幅度，因此又称变温保存或室温保存。常温保存时不需要特殊设备，简单易行，便于普及和推广，适用于各种家畜精液的短期保存，尤其适用于猪的全份精液保存。

1. 精液常温保存原理 精子在弱酸性环境中活动被抑制，活动减少、能量消耗降低，一旦pH（在生殖道中）恢复到接近中性，精子即可复苏。因此，可在精液稀释液中加入弱酸类物质，调整精子的酸性环境，从而抑制精子的活动，达到保存精子的目的。或用明胶环境阻止精子运动，来减少其能量消耗并维持其受精能力，使精子处于可逆的静止状态中加以保存。

精子在一定的pH范围内，处于可逆性抑制。不同酸类物质对精子产生的抑制区域和保护效果不同，一般认为有机酸较无机酸好。但在常温下保存精液，也有利于微生物的生长，因此必须加入抗生素。此外，加入必要的营养物质（如单糖、明胶）以及隔离空气等，均有利于精液保存。

2. 常温保存稀释液的配制

（1）猪常温保存稀释液。公猪精液在15～20℃下保存效果最好。1d内输精的，可用一种成分稀释液稀释；如要保存1～2d，可用两种成分稀释液稀释；如果保存时间再长，可用某些综合稀释液稀释。

①猪常温保存稀释液配方。

配方一：葡萄糖 50g，柠檬酸钠 3g，EDTA 1g，青霉素 0.6g，链霉素 1g，蒸馏水 1 000mL。

配方二：英国变温稀释液：柠檬酸钠 20g，碳酸氢钠 2.1g，氯化钾 0.4g，葡萄糖 3g，氨苯磺胺 3g，青霉素 0.6g，链霉素 1g，蒸馏水 1 000mL。

配方三：柠檬酸钠 5g，葡萄糖 50g，青霉素 0.6g，链霉素 1g，蒸馏水 1 000mL。

②配制方法。稀释粉是由各种分析纯以上纯度的无菌原料粉末按比例混合而成，直接加入 1 000mL 蒸馏水中，用磁力搅拌器或摇动使其完全溶解，然后放在 36～38℃的水浴锅中预热 45～120min。英国变温稀释液需通入纯净的二氧化碳气体直到 pH 降到 6.35。

常规稀释液稀释猪精液后，在 17℃ 下，一般可保存 3～5d，长效稀释液可保存 10d。

（2）绵羊明胶稀释液。配方见表 12-3-1，在 10～14℃ 下呈凝固状态保存。绵羊精液可保存 48h 以上，精子活率为原精液的 70%；葡萄糖、甘油、卵黄稀释液等分别在 12～17℃，15～20℃，保存精液达 2～3d。

表 12-3-1 牛、绵羊常温保存稀释液

（张忠诚，2004. 家畜繁殖学）

成　分	牛		绵　羊	
	伊里尼变温液（IVT）*	康奈尔大学液	葡-柠-卵液	RH-明胶液
基础液				
葡萄糖（g）	0.30	0.30	3.0	—
碳酸氢钠（g）	0.21	0.21	—	—
二水柠檬酸钠（g）	2.00	1.45	1.4	—
氯化钾（g）	0.04	0.04	—	—
氨基乙酸（g）	—	0.937	—	—
氨苯磺胺（g）	0.30	0.30	—	—
磺胺甲基嘧啶钠（g）	—	—	—	0.15
明胶（g）	—	—	—	10.00
蒸馏水（mL）	100	100	100	100
稀释液				
基础液（体积，%）	90	80	100	100
卵黄（体积，%）	10	20	20	—
青霉素（IU/mL）	1 000	1 000	1 000	1 000
双氢链霉素（μL/mL）	1 000	1 000	1 000	1 000

* 充 CO_2 20min，pH 调至 6.35。

（3）牛常温保存稀释液。主要有伊里尼变温稀释液，在 18～27℃ 下可保存精液达 6～7d；康奈尔大学稀释液，在 8～15℃ 下保存 1～5d，一次输精受胎率达 65% 以上；己酸稀释液，在 18～24℃ 下保存 2d，一次输精受胎率达 64%。

（4）马明胶稀释液配方。蔗糖 8g，明胶 7g，青霉素 0.06g，链霉素 0.1g，蒸馏水 100mL（或 g）。

马精液用明胶稀释液稀释后 10～14℃保存时间可达 120h。

注：配制明胶稀释液，应将蒸馏水在 40℃的水浴中预热，然后将烧杯放在磁力搅拌器上，边搅拌边加入明胶细粉直到完全溶解。也可将明胶粉与除抗生素以外的其他成分（乳类除外）一起加入蒸馏水中，不必搅拌溶解，直接放入高压锅中灭菌。

（二）低温保存

各种动物的精液，均可进行低温（0～5℃）保存，一般比常温保存时间长。

1. 精液低温保存原理　精子随着温度的缓慢下降，其代谢机能和活动能力逐渐减弱，温度降至 0～5℃时则呈现休眠状态。为此，利用低温来抑制精子活动，降低其代谢和能量消耗，同时也能抑制微生物生长，当温度回升后精子又逐渐恢复正常代谢机能并维持其受精能力。为避免精子发生冷休克，在稀释液中需添加一定的卵黄、乳类等抗冷物质，并采取缓慢降温的方法。

一般缓慢降温的具体处理方法，可将分装好的精液瓶，外用数层纱布或毛巾包缠好，再装入塑料袋，放在 0～5℃冰箱内，也可将分装好的精液瓶放入 30℃温水杯内，一起置入冰箱内，经 1～2h，精液温度降至 0～5℃。

2. 低温保存稀释液

（1）牛。适宜于低温保存的稀释液很多，在 0～5℃条件下有效保存期可达 7d，可作高倍稀释，见表 12-3-2。

表 12-3-2　牛、羊低温保存稀释液

（张忠诚，2004. 家畜繁殖学）

成　分	牛			绵　羊			山　羊	
	葡-柠-卵液	葡-氨-卵液	葡-柠-奶-卵液	葡-柠-卵液	葡-柠-EDTA液	葡-奶液	葡-柠-卵液	奶粉液
基础液								
二水柠檬酸钠（g）	1.4	—	1.0	2.8	1.4	—	2.8	—
奶粉（g）	—	—	3.0	—	—	10	—	10
葡萄糖（g）	3.0	5.0	2.0	0.8	3.0	—	0.8	—
氨基乙酸（g）	—	4.0	—	—	0.36	—	—	—
EDTA（g）	—	—	—	—	0.1	—	—	—
蒸馏水（mL）	100	100	100	100	100	100	100	100
稀释液								
基础液（体积，%）	80	70	80	80	90	90	80	100
卵黄（体积，%）	20	30	20	20	10	10	20	—
青霉素（IU/mL）	1 000	1 000	1 000	1 000	1 000	1 000	1 000	1 000
双氢链霉素（μL/mL）	1 000	1 000	1 000	1 000	1 000	1 000	1 000	1 000

（2）羊。羊的精液保存效果比其他家畜差，绵羊精液保存时间不超过 1d。

（3）猪。猪的浓份精液或离心后的精液，可在 5～10℃下保存，也可在低温（0～

5℃）条件下保存（表 12-3-3）；一般保存 3d 可保持正常受胎率。

表 12-3-3　猪低温保存稀释液

成　分	猪		
	葡-柠-卵液	葡-卵液	葡-柠-奶液
基础液			
二水柠檬酸钠（g）	0.5	—	0.39
牛奶（mL）	—		75
葡萄糖（g）	5.0	5.0	0.5
氨基乙酸（g）	—		—
酒石酸钾钠（g）			
蒸馏水（mL）	100	100	25
稀释液			
基础液（体积，%）	97	80	100
卵黄（体积，%）	3	20	
青霉素（IU/mL）	1 000	1 000	1 000
双氢链霉素（μL/mL）	1 000	1 000	1 000

（三）冷冻保存

家畜精液冷冻保存，是指将采集到的新鲜精液，经过特殊处理后，主要利用液态氮（-196℃）作为冷源，以冻结的形式保存于超低温环境下，进行长期保存。精液冷冻保存是比较理想的一种精液保存方法，是家畜人工授精技术的一项重大突破，对现代畜牧业发展有着十分重要的意义。

1. 精液冷冻保存的意义

（1）充分发挥优良种公畜的配种效能。家畜冷冻精液的长期保存，不再受时间、地区和种畜生命的限制，从而扩大配种母畜的头数，提高种公畜的配种效能。

（2）制作冷冻精液适用于现代化自动生产。随着家畜冷冻精液技术的迅速发展，尤其牛冷冻精液进展最为显著，基本上形成一整套定型的工艺流程。在国内外一些大型家畜冷冻精液站已实现机械化自动生产，大批量生产牛的细管冻精。

（3）便于家畜引种，开展国际、国内种质交流。利用液氮容器，可存放大量的冷冻精液并维持恒定的超低温，这就为较长时间携带运输创造了方便条件。而且有利于促进家畜精液形成商品化，现已有许多国家开展家畜精液的进出口贸易活动。

（4）加快家畜的杂交改良和育种工作。家畜冷冻精液的长期大量保存，有利于充分保证大量母畜的配种需要；有助于加快家畜的繁殖改良，可在短期内获得大量具有杂种优势的畜群，同时也极大地推进了家畜育种工作的进程。

（5）有利于推动家畜繁殖新技术在生产上的应用。当前随着现代畜牧科学的发展，出现了许多家畜繁殖新技术；如同期发情技术、超数排卵技术以及体外受精技术等，都需要随时可取的精液，冷冻精液的长期保存恰恰能满足这种要求，为家畜繁殖新技术在畜牧生产上的应用提供了便利条件。

（6）建立动物精液基因库。目前，世界多数国家都在建立各种动物精液基因库，其目的是将濒临绝种的珍稀动物和优良品种（特别是其中某些优良地方品种）的精液，加以冷冻长期保存起来，以便将来需要某种动物或某个优良个体的遗传基因特性时而使用。

2. 精液冷冻保存原理　温度变化能直接影响精子的活动能力和代谢能力。精液经过特殊处理后，保存在超低温下，精子的代谢活动完全受到抑制，其生命在静止的状态下长期被保存下来，当温度回升后又能复苏，并具有受精能力。

有关精子能从冻结状态得以复苏的冷冻保存原理目前尚未定论，比较公认的论点是玻璃化学说。

玻璃化假说认为，物质的存在形式有气态、液态和固态。在不同的温度条件下，这两种形式可以相互转化。当气体的温度逐渐下降时，越过沸点即转变为液体；当温度进一步下降而越过熔点时，液态又转变为固态。固态的形式又分为结晶态和玻璃态。当温度逐渐下降时，所形成的固体为结晶态（分子有序排列，颗粒大而不均匀）；如果液体的温度迅速下降并越过某一区域，所形成的固体为玻璃态（分子无序排列，颗粒细小而均匀）。反之，当温度缓慢升高时，玻璃态变成结晶态，再成为液体；如果快速升温，则玻璃态可跨越结晶态直接变为液体。精液在冷冻过程中。在抗冻保护剂的作用下，采用一定的降温速率，尽可能形成玻璃态，而防止精子水分冰晶化。

冰晶化是造成精子死亡的主要原因，主要有以下两个方面。

（1）化学伤害。冰晶化是水在降温过程中的一定温度条件下，水分子重新按几何图形排列形成冰晶的过程。冰晶使精子膜内的溶质浓度和渗透压增高，水由精子内向外渗透，造成精子细胞脱水，从而使精子细胞受到不可逆的化学毒害而死亡。

（2）物理伤害。精子水分形成冰晶，其体积增大且形状不规则，冰晶的扩展和移动造成精子膜和细胞内部结构的机械损伤，引起精子死亡。

由此可见，冰晶对精子是有危害的，冰晶越大危害越大。而冰晶化只有在 $0 \sim -60℃$ 内缓慢降温条件下形成，降温越慢冰晶越大，$-15 \sim -25℃$ 时形成的冰晶最多，对精子的危害最大。故在精液冷冻保存过程中，应避开 $0 \sim -60℃$ 这个有害温区。

在目前的冷冻技术和设备下，所采取的快速升降温度的办法，还难以达到完全玻璃化冻结条件。为此，在制作冷冻精液的稀释液内，有必要加入一定量的甘油等抗冻害物质。甘油具有极强的亲水性，可限制水分子形成冰晶而处于过冷状态，降低水形成冰晶的温度，即缩小精子的有害温度的上限。此外甘油容易渗透进精子内，可降低渗透压改变的不良影响，增强精子的抗冻害能力和无冻害生存环境。但应注意，甘油浓度过高对精子有不良作用，可造成精子顶体和颈部损伤、尾部弯曲、某些酶类的破坏，从而降低受精能力。

➔【拓展知识】

一、外界条件对体外精子的影响

1. 温度　温度是精子接触的主要外环境，在体温状态下，精子的代谢正常。

（1）高温。精子在高温下，代谢增强，能量消耗快，使精子在短时间内死亡。驴的精子能承受的温度为 $48℃$，超过这一温度精子会发生热僵直而死亡。

（2）低温。低温对精子的影响是比较复杂的。经适当稀释的家畜精液缓慢降温时，精子的代谢和运动会逐渐减弱，一般在0～5℃时基本停止运动，代谢也处于极低的水平，称为精子的"休眠"。但是，未经任何处理的精液，如果从体温状态急剧降温到10℃以下，精子会不可逆地丧失其生存的能力，出现"冷休克"（cold shock）。为防止这一现象的出现，在精液处理过程中，可在稀释液里加入卵黄、乳类等防冷休克物质，或采用缓慢降温的一些技术方法。

（3）超低温。在精液的冷冻保存中，在冷冻稀释液中加入甘油或其他防冻剂，经过特殊的冷冻工艺，可将冷冻后的精液在超低温液氮（－196℃）中长期保存。在超低温的条件下，精子的代谢活动已经停止，对精子的理化特性影响也甚小，但精子并没有死亡；经解冻仍能恢复其代谢、运动和受精的能力。

2. 渗透压　渗透压是指精子膜内外溶液浓度不同，而出现的膜内外压力差。在高渗透压（高浓度）稀释液中，精子膜内的水分会向外渗出，造成精子脱水，严重时精子会干瘪死亡；在低渗透压溶液（蒸馏水、常水）中，水会主动向精子膜内渗入，引起精子膨胀变形，最后死亡。精子最适宜的渗透压与精清相等，相当于324mOsm。精子在一般情况下，对渗透压的耐受范围为等渗压的50%～150%。冷冻精液稀释液的渗透压有时要远远超过这一范围，这是冷冻工艺的特殊要求。

3. pH　新鲜精液的pH为7左右，近于中性，可用pH试纸或特制的测定仪器测知。在一定的范围内，酸性环境对精子的代谢和运动有抑制作用；碱性环境则有激发和促进作用。但超过一定限度均会因不可逆的酸抑制或因加剧代谢和运动而造成精子酸、碱中毒而死亡。精子适宜的pH范围一般为6.9～7.3，如牛为6.9～7.0，绵羊为7.0～7.2，猪为7.0～7.5。

4. 光照和辐射　直射的阳光对精子的代谢和运动有激发作用，加速精子的代谢和运动，不利于精子的存活。在精液处理和运输时，应尽量避免阳光的直射，通常采用棕色玻璃容器收集和贮运精液。某些短波长光，特别是紫外线对精子有较大的危害，经其照射的精子，运动和受精能力降低，受精卵的发育受影响；大剂量X射线的辐射对精子的细胞染色质会造成严重伤害，进而危害精子的受精能力和早期胚胎的发育。

5. 电解质　电解质（离子）对精子的影响与其在精液中电离的离子类型和浓度有关，电解质浓度对渗透压的影响较大；浓度高时，对精子有刺激和损害作用。由于阴离子能影响精子表面的脂类，造成精子的凝集，其损害往往大于阳离子。

适量的电解质对精子的正常代谢和缓冲作用是必要的。对精子代谢和运动能力影响较大的离子主要是K^+、Na^+、Ca^{2+}和Cl^-，其浓度的高低可能会影响精子代谢和运动能力；某些重金属离子对精子也有毒害作用，可致精子死亡。

6. 振动　在采精和精液运输过程中，振动往往是不可避免的，但轻度的振动对精子的危害不大。在液态精液运输时，应将装精液的容器装满、封严，防止液面和封盖之间出现空隙。如果有空气存在，振动可加速精子的呼吸作用，对精子的危害就会增加。

7. 化学药品　常用的消毒药物，即使浓度很低也足以杀死精子，应避免其与精液接触。具有挥发性的药物对精子也有危害；吸烟所产生的烟雾，对精子有很强的毒害作用，在精液处理的场所要严禁吸烟。但某些抗菌类药物如抗生素和磺胺等，在适当的浓度下，不但无毒害作用，而且还可以抑制精液中细菌的繁殖，对精液的保存和延长精子的生存时间十分有利，已成为精液稀释液中不可缺少的添加剂。

8. 稀释 家畜新鲜精液的精子运动较活跃，经一定倍数的稀释后可增强精子活率，使精子的代谢和耗氧量增加。据研究，精液稀释超过 1.8 倍后，从精子中渗出 K^+、Mg^{2+}、Ca^{2+} 等，而 Na^+ 向精子内移动。经高倍稀释后，精子表面的膜发生变化，细胞膜的通透性增大，精子内各种成分渗出，精子外的离子又向内入侵，从而影响精子的代谢和生存，对精子造成的影响就是稀释打击。因此，对精液做高倍稀释前应遵循逐级稀释原则。

二、液氮和液氮罐的使用

目前，普遍采用液氮作冷源，用液氮罐作容器贮存和分装冻精。

（一）液氮

1. 理化特性 液氮是一种无色、无味、无毒的液体。在常温下，液氮沸腾，吸收空气中的水汽形成白色烟雾。

2. 超低温性 液氮的沸点温度为 $-195.8℃$，是在超低温下形成的液体，可使精子经冷冻后最大限度地降低其代谢活动，达到长期保存的目的；同时也使多数细菌、病毒的繁殖受到抑制，故有人称其为抑菌性，但液氮本身无杀菌能力。

3. 膨胀性 液氮是空气中的氮气经分离、压缩冷却制成的。随温度升高，体积会增大，当温度达 15℃时，1L 液氮可汽化为 680 倍体积的气体。所以液氮罐不可密封，以保证每天液氮的挥发、消耗，故必须注意定时添加液氮。

4. 窒息性 氮气也被称为窒气，当室内氮气超过 78% 时，可使室内空气中 21% 的氧气下降到 13%～16%，对人体会造成危害。

（二）液氮罐

液氮罐是液氮贮运容器和冻精容器的一种，前者为贮存和运输液氮用，后者为专门保存冻精用。当前冷冻精液专门使用的液氮罐型号较多，但其结构基本相同。

1. 液氮罐的结构 见图 12 - 3 - 2。

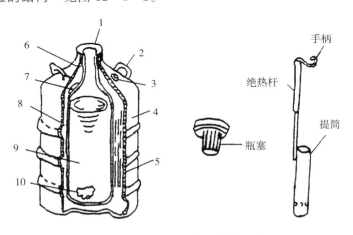

图 12 - 3 - 2 液氮容器结构示意

1. 保护圈 2. 把手 3. 真空嘴 4. 外壳 5. 高真空多层绝热 6. 颈管
7. 活性炭 8. 内壳 9. 液氮 10. 定位扳

（宋洛文，1997. 肉牛繁殖新技术）

（1）罐壁。由内外两层构成，一般是由坚硬的合金制成。

（2）夹层。指内外壳之间的空隙。为增加液氮罐的保温性，夹层内抽成真空；并在夹层中装有活性炭、硅胶及镀铝涤纶薄膜等，以吸收漏入夹层的空气，这样增加了罐的绝热性。

（3）罐颈。由高热阻材料制成，是连接罐体和罐颈的部分，较为坚固。

（4）罐塞。由绝热性好的塑料制成，具有固定提筒手柄和防止液氮过度挥发的功能。

（5）提筒。是存放冻精的装置。提筒的手柄由绝热性良好的塑料制成，既能防止温度向液氮传导，又能避免取冻精时冻伤。提筒的底部有多个小孔，以便液氮渗入其中。

（6）外套。中、小型液氮罐为携带运输方便，有一外套并附有挎背用的皮带，同时对液氮罐也起到保护作用。

2. 液氮罐的使用

（1）液氮的添充。初次添加液氮时，要少量且动作要慢，使整个罐部温度均匀的降低，然后再充满，即要有个预冷的过程；为防止液氮直接冲击颈部，最好用大漏斗。当液氮消耗掉 2/3 时，即应补充液氮。罐内液氮的剩余量可用称重法来估算，也可用带刻度的木尺或细木条等插至罐底，经 10s 后取出，测量结霜的长度来估算。

（2）贮存。贮存精液时必须迅速放入经预冷的贮精提筒内，浸入罐内液氮面以下，将提筒底部套入底座、手柄置于罐口的槽沟内，颗粒精液可装入纱布袋或小瓶内，浸入液氮中，纱布袋或小瓶上系一标签固定在罐口外。

（3）取用精液。取用精液时操作要敏捷迅速，整个过程应在 5s 内完成，贮精提筒提至颈管基部，要注意不要摩擦颈管内壁，并且不可过分弯曲提筒的手柄（先推到对面，再提起来），取完精液后注意将精液容器再次浸入液氮内。夹取精液时镊子应先在提筒内预冷一下，再夹住空气柱，不可夹在精液柱上。而且各种冻精从夹取到投入水浴、解冻液或解冻试管之前，在空气中停留的时间不要超过 3s。

（4）液氮罐的保养。液氮罐应放置在凉爽、干燥、通风良好的室内，使用和搬运过程中防止碰撞、倾倒，定期刷洗保养。每年应清洗一次罐内杂物（内有颗粒或其他东西），将空罐放置 2d 后，用 40～50℃中性洗涤剂擦洗，再用清水多冲洗几遍，使之自然干燥或用吹风机吹干，方可使用。

新购的液氮罐一般应装满液氮，以验证其夹壁间真空层是否完好。液氮罐外壳上如有结霜现象，说明其夹壁的真空状态已经被破坏，应返回厂家检修。

➡ 【自测训练】

1. 理论知识训练

（1）配制精液稀释液时要注意哪些问题？

（2）猪、羊、鸡常采用哪种方法进行精液保存？

（3）什么是危险温区？冷冻精液过程中危险温区是多少？

（4）试述精液保存的方法和原理？

2. 操作技能训练 猪或羊精液稀释液配制和精液保存。

（1）根据实际操作，了解所用精液稀释液配方中的各种成分分别起到什么作用，是否可用其他物质代替。

（2）该精液保存过程中存在哪些问题？如何改进？

任务 12-4　输　　精

【任务内容】

● 能熟练地进行输精准备。

● 能较准确地判定各种家畜的输精时间。

● 初步学会各种家畜的输精技术。

【学习条件】

● 待输精母畜若干头。

● 阴道开膣器、手电筒、输精枪或输精管、水盆、毛巾、肥皂、消毒液、润滑剂、纱布等。

● 多媒体教室、常见家畜输精教学课件、教材、参考图书、记录本。

● 牛场、猪场、羊场、鸡场、实训基地，保定设施。

　　输精是将一定量的合格精液，适时而准确地输入发情母畜生殖道内的适当部位，以使其达到妊娠的操作技术。这是家畜人工授精的最后一个环节，也是确保获得较高受胎率的关键。输精操作技术中应严格遵守家畜人工授精技术规程，增强无菌观念，积极采取各种措施，提高家畜人工授精的受胎率。

一、牛的输精操作

母牛输精方法主要有开膣器输精法和直肠把握子宫颈输精法两种。

1. 开膣器输精法

（1）将经过发情鉴定确认可以输精的母牛，牵入保定栏内进行保定，将尾巴拉向一侧，用温水清洗外阴后，再用0.1%高锰酸钾进行消毒，然后再用纸巾擦干。

（2）将合格的精液吸入输精枪或输精管中备用。

（3）先用消毒过的开膣器扩张阴道，借助手电、额镜、额灯等光源找到子宫颈口。

（4）用另一只手将输精枪或输精管插入子宫颈1～2cm处，慢慢注入精液。

（5）先缓慢取出输精枪或输精管，然后将开膣器闭合并轻轻旋转一下，确认没有夹住阴道黏膜后，慢慢取出开膣器。

　　采用这种方法可以观察到子宫颈的变化情况，确定发情时间。但操作烦琐，输精部位浅，精液容易倒流，影响受胎率。一些处女牛阴道狭窄，在插入开膣器时容易造成痛感而引起母牛骚动不安，因而目前已很少使用。

直肠把握法
输精（动画）

二、直肠把握子宫颈输精法

现多采用直肠把握子宫颈输精法，该方法与母牛直肠检查相似。操作步骤如下。

（1）将母牛保定，牛尾放到直肠把握手臂的同侧，露出肛门和阴门，对其外阴部清洗、消毒、擦干。

（2）将解冻后检查合格的细管精液装入事先准备好的输精枪中备用。

（3）输精人员指甲剪短磨光，一手戴上一次性长臂手套，外涂石蜡油等润滑

牛的直肠
把握法输精
（视频）

剂；然后呈楔形缓慢伸入母牛直肠内，触摸子宫颈、角间沟、子宫角、卵巢的位置，一次性排出宿粪或将部分粪便翻到手背部，适当把握子宫颈后端（注意不要把握过前，否则宫口游离下垂，输精枪不宜插入）（图 12-4-1），同时肘部向下压，使阴门张开。

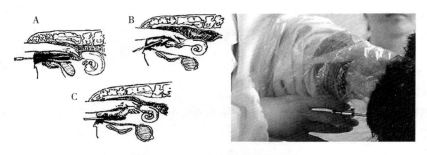

图 12-4-1　牛直肠把握输精法
A. 正确的输精方式　B、C. 不正确的输精方式

（4）另一只手持输精枪插入阴门，先向上倾斜插入 5～10cm 避开尿道口，然后再水平向前，直至子宫颈外口。

（5）两只手协同配合将输精枪通过子宫颈内腔螺旋皱褶，通过子宫颈内口，到达子宫体底部（图 12-4-2A）。直肠内的手前移，用食指抵住角间沟，一方面可确定输精枪前端的位置，另一方面可防止用力过猛刺破子宫壁。然后再将输精枪向后拉2cm 左右，使其前端处于子宫体中部，将细管内精液缓慢地推入子宫内后撤出输精枪（图 12-4-2B），同时直肠内的手顺势对子宫颈按摩 1～2 次，但不要挤压子宫角。

 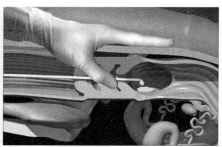

图 12-4-2　牛直肠把握输精法
A. 输精枪到达子宫体底部　B. 缓慢推出精液

（6）输精完毕后，先抽出输精器然后再抽出手臂。

输精的原则需要做到：轻插、适深、缓注、慢出，防止精液倒流。

此法可将精液注入子宫颈深部或子宫体，输精部位较深，受胎率高；用具简单，母牛无痛感刺激，故也适用于阴道狭窄的牛或处女牛；操作安全、方便，不易感染。同时，直肠检查还可触摸母牛卵巢的变化，从而进一步判断发情和妊娠情况，避免误配而造成流产；而且还可发现卵巢、子宫疾病等。

初学者很难掌握，容易造成受胎率低，甚至引起子宫颈创伤。因此，建议初学者先从产后母牛灌洗子宫插导管做起，熟练后再实际操作。另外，输精枪口切忌用酒精棉消毒，因酒精会杀死精子而影响受胎率。

二、羊的输精操作

常用的有阴道开腔器输精法和输精管阴道插入法两种。

1. 阴道开腔器输精法

（1）将发情母羊固定在输精架内或由助手用两腿夹住母羊头部，两手提起母羊后肢将羊保定好。

（2）洗净并擦干母羊外阴部，操作人员将已消过毒的阴道开腔器顺阴门裂方向合并插入阴道，旋转45°角后打开开腔器（图12-4-3A）。

（3）借助一定光源（手电筒或额灯），寻找子宫颈外口（图12-4-3B）。

A   B

图12-4-3 母羊输精

（4）用另一只手持装有镜检合格精液的输精器插入子宫颈口内0.5～1cm，缓慢注入精液，然后撤出输精器并取出阴道开腔器。

给羊输精时，一般可三人配合操作，其中一人抓配种母羊上输精架保定，并看羊号和涂配种标记；一人进行输精操作；另一人作为输精技术员助手，如记录配种表、处理精液并随时清洗消毒输用具等。

给羊输精时所用阴道开腔器应随羊阴道大小选择相应的大、中、小型开腔器，插入阴道内的输精器，先用其前端拨开子宫颈外口的上下2片或3片突出皱襞，再将输精器前端轻轻插入子宫颈外口内，直到不能前进为止，然后再注入精液。配种后的母羊要稍停留1～2min后并同时在羊背上涂上有色标记，再放走羊只，这样有利于精子的正常运行。

2. 输精器阴道插入法 对于阴道狭小或有的初配母羊，用小型开腔器也难开张阴道时，可模拟自然交配的方法，将精液用输精器直接插入阴道深部输精。如精液流入缓慢，可轻轻改变输精器的角度或稍微伸缩几下，便于精液流入。个别母羊精液流入仍有困难时，还可借助于洗耳球等将精液压入子宫颈口内，并可适当多注入一些精液，有利于提高受胎率。输精完毕后，轻轻抽出输精器，并在母羊背部轻拍一下，以防精液倒流。

三、猪的输精操作

母猪的阴道部和子宫界线不明显，输精器较容易插入，因此，对母猪的输精一般采用输精管插入子宫灌注法。

猪人工授精
技术（视频）

（1）输精员站在母猪左侧，面向后，将左臂及腋窝压于母猪后背，同时左手按摩母猪侧腹及乳房，另一只手提起输精瓶。可参考图 12-4-4 的方向和次序按摩母猪 3～5min。

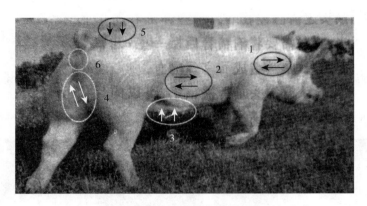

图 12-4-4　母猪的敏感部位及按摩方向与次序
1. 颈肩　2. 侧腹　3. 下腹及乳房　4. 腹股沟　5. 后背部　6. 外阴部
（张长兴，2010. 猪人工授精技术图解）

（2）将输精导管涂以少量润滑剂。

（3）手持输精管插入阴门（应先消毒后，再用一手的拇指和食指撑开阴门，以防止输精管前端接触阴门外口），先斜上方伸入，避开尿道口后再水平向前。

（4）边插入输精管边顺时针旋转，当遇到阻力时，将输精管稍向后拉，然后再向前伸入，经抽送 2～3 次。

（5）输精胶管一般可经子宫颈内口到达子宫体内，随即缓慢注入精液（图 12-4-5）。

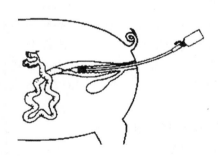

图 12-4-5　猪的输精

给猪输精时一定要缓慢进行，其时间为 3～5min，最好不抽出输精管，分 2～3 次注入精液，否则会发生精液逆流现象。如果输精过程中出现精液倒流时，应及时调整输精的位置、减慢输入精液的速度，或暂停一段时间后再行输精，切勿将精液强行挤入母猪体内；如果遇到母猪不安定或来回走动，可立即停止注入精液，待母猪安抚稳定后再继续输精。如果精液出现逆流，应及时补输精液，以保证受胎率。输精完毕后，缓慢抽出输精导管，按压母猪臀部并使猪安静片刻，以防精液倒流。

四、马和驴的输精操作

对马（驴）的输精一般均采用输精胶管子宫灌注法（图 12-4-6）。

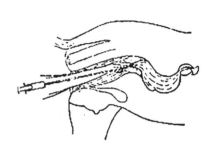

图 12-4-6　马的输精

（1）用一长输精胶管（一般长 60cm 左右，内径 2mm 的橡胶管），其后端连接盛装精液的注射器或输精瓶，输精人员左手持注射器与胶管的结合部，防止脱套。

（2）右手提起输精胶管，注意使胶管尖端始终高于精液面，并用食指和中指夹住尖端，使胶管尖端隐藏于手掌内，缓慢伸入阴道内，找到子宫颈的阴道部。

（3）用食指和中指撑开子宫颈口，同时左手将输精胶管前端缓慢导入子宫腔内 10～15cm（驴 8～12cm）深处。

（4）左手高持注射器将精液自然流下或轻轻压入，精液流尽后，从胶管上拔下注射器，再抽一段空气重新装在胶管上、推入，使输精管内的精液全部排尽。

（5）输精完毕后，缓慢抽出输精管，并轻轻按压子宫颈使其合拢，以防止精液倒流。

五、犬的输精操作

给母犬输精可根据输精者的习惯和熟练程度选用不同的方法。犬的输精部位以子宫内输精较子宫颈内输精效果好，但是由于母犬阴道背侧有皱褶，子宫内输精有点困难。犬常采用输精管直接输精法（图 12-4-7）。

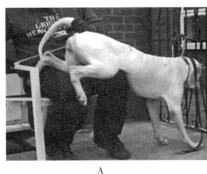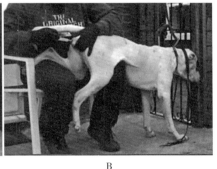

A　　　　　　　　　　　B

图 12-4-7　犬的输精
A. 插入输精枪　B. 注入精液

1. 保定雌犬并消毒其外阴　将雌犬放在适当高度的台上站立保定或做后肢举起

保定，尾巴拉向一侧，暴露阴门，先用医用棉签或纸巾将母犬外阴部擦净，再用温水洗擦后用0.1%高锰酸钾溶液消毒、生理盐水冲洗、擦干。

2. 判定子宫颈 输精者洗手消毒后戴上医用手套，将输精器沿着背线方向上大约45°，缓慢旋转插入阴道3~5cm处，一边轻轻按摩母犬外阴，越过尿道口，再水平方向插入5~10cm，遇阻时，将输精管后退4~5cm，调整角度后一边缓慢插入母犬阴道最底部。

3. 固定子宫颈 用大拇指和无名指分别固定子宫颈的两侧，两指尖接触到子宫颈的部分卡的力要大一些，目的是拦住子宫颈自然向上回弹的力。两指接触到子宫颈的部分不要太用力，达到能感觉到子宫颈的力即可，目的是方便判断进针时针的所在位置。到达子宫颈口或子宫体内位置，再推入至子宫颈口或子宫体内位置，直至达到子宫角。

4. 进针 当输精器到达子宫颈口时，输精人员会感到明显的阻力，此时，可将输精器适当退后再行插入，输精器通过子宫颈口后，输精人员会有明显的感觉。这时，可将输精器尽量向子宫内缓慢推送，凭手感确认输精器已被送到子宫内3~4cm后即可停止。

5. 注入精液 然后将装有精液的注射器连接到输精器上（事先可先向注射器内吸入1mL空气，然后再吸入精液，这样可保证把吸入的精液全部排出输精管），然后稍加压力缓慢注入精液。

6. 输精后处理 输精完毕后，母犬的后腿仍应抬高3~6min，而且用右手按摩几分钟阴道口外部，刺激母犬子宫收缩，便于子宫内精子的运行，以防精液倒流；然后，应牵引母犬散步15~20min，防止其趴卧或坐地而导致精液外流。隔日进行第2次输精。

六、禽的输精操作

1. 鸡 生产中常用输卵管口外翻输精法或称翻肛输精法（图12-4-8），这种方法一般还适用于部分水禽，如麻鸭、北京鸭以及鹅等。对于蛋种鸡应该选择没有泄殖腔炎症、中等营养体况的母鸡输精，新开产的母鸡更为理想。输精时，一般以3人为一组，效果较佳；其中一名输精员站在中间，两名翻肛员站在每组笼的两端。具体操作如下。

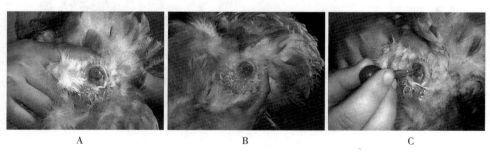

A   B   C

图12-4-8 母鸡输精
A. 食指、中指法翻肛 B. 拇指、食指法翻肛 C. 将精液输入输卵管口

（1）翻肛员用左手抓住母鸡两腿，将鸡移至笼门口处，泄殖腔斜向上方。

（2）然后右手四指并拢紧贴鸡背，拇指放在耻骨下腹部处稍施压力，或右手掌置于母鸡耻骨下，在腹部柔软处施以一定的压力，即可翻开泄殖腔，露出输卵管开口。母鸡输卵管开口位于泄殖腔内左侧上方（图12-4-9），然后将母鸡泄殖腔朝向输精员。

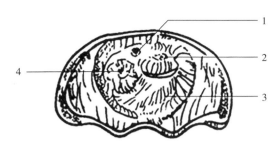

图12-4-9 母鸡的泄殖腔
1. 输尿管开口 2. 直肠开口 3. 粪窦 4. 输卵管开口

（3）输精员应立刻将吸有精液的输精管轻轻插入母鸡输卵管开口中1～2cm处，注入精液后，输精器稍向后拉，同时解除对母鸡腹部施加的压力。

2. 火鸡 火鸡的输精操作大致与鸡相同。

3. 鸭（鹅） 鸭（鹅）的输精方法有阴道输精法和手指引导输精法，具体操作步骤如下。

（1）阴道输精法。鹅的泄殖腔较深，输卵管开口不能外翻，采用阴道直接插入法比较方便、准确。

①助手将母鸭（鹅）固定于输精台上，用左、右两手的拇指、食指分别握住母鸭（鹅）的一条腿，其余三指伸至泄殖腔两侧，压迫母鸭（鹅）的腹部（后腹用力要稍大）。

②输精员用消毒后的输精器吸取精液备用。

③输精员用右手以执笔式持拿输精器，左手在母鸭（鹅）泄殖腔尾肌向下稍加压力，使泄殖腔外翻，露出阴道口（左侧口）。

④输精员将输精器插入阴道口，鸭4～6cm，鹅5～7cm，缓缓推注精液（图12-4-10）。

⑤推注精液时，助手慢慢松手以降低腹压，防止精液倒流，并使泄殖腔缩回。

⑥抽出输精器，用酒精棉球等擦拭消毒，晾干备用。

（2）手指引导输精法。①助手将母鸭（鹅）固定于输精台上；②输精员用消毒过的输精器吸取精液备用；③输精员右手食指插入母鸭（鹅）泄殖腔，

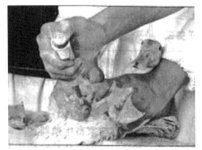

图12-4-10 鸭的输精

寻找阴道；④输精员左手持输精器沿右手食指腹侧插入母鸭（鹅）的泄殖腔；⑤输精员推注精液的同时右手食指向外缓缓抽出，以防留有空气；⑥抽出输精器，用酒精棉球等擦拭消毒，晾干备用。

➔ **【相关知识】**

一、输精前准备

及时、准确地把精液输送到母畜生殖道的适当部位，是保证受胎的关键。因此，输精前应做好各方面的准备，确保输精的正常实施。

（一）输精场地准备

1. 精液处理室 面积可为 8～10m²，要求屋顶、墙壁、地面平整。室内备有液氮罐，并能进行精液处理。

2. 输精室 面积为 30～40m²。室内安置保定栏（1～2 个），用于对母畜发情鉴定、输精，要求室内光线充足，地面平整，便于清除粪便。此外，还应设置母畜待配栏，根据待配母畜头数来确定场地面积。

（二）输精器械的准备

各种输精用具（图 12-4-11，图 12-4-12，图 12-4-13）在使用之前必须彻底清洗、消毒，再用灭菌稀释液冲洗。

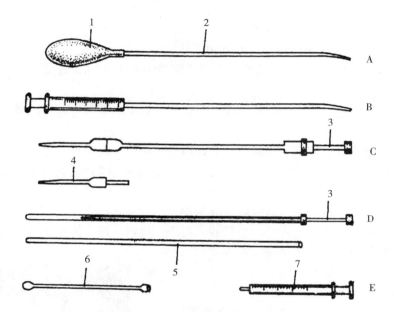

图 12-4-11　牛、羊各种输精器

A. 牛用胶球玻璃管输精器　B. 牛用玻璃注射输精器　C. 牛用金属细管输精器

D. 牛用金属塑料套管式输精器　E. 羊用输精器

1. 胶球　2. 玻璃管　3. 推杆　4. 嘴管　5. 塑料套管　6. 羊用金属输精管　7. 小型注射器

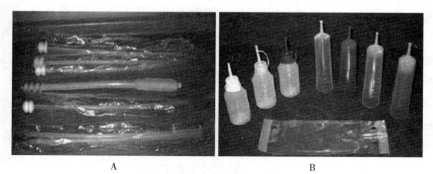

图 12-4-12　各种猪用输精器

A. 猪用一次性输精管　B. 猪用一次性输精瓶

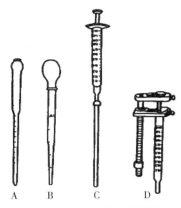

图 12 - 4 - 13 鸡的输精器

A、B. 有刻度的玻璃滴管　C. 前端连接无毒素塑料管的 1mL 玻璃注射器　D. 可调注射器

1. 玻璃和金属输精器　可用蒸汽、75%酒精或置于高温干燥箱内消毒。

2. 输精胶管　不宜高温，可蒸汽、酒精消毒，但一定要在输精前用稀释液冲洗 2～3 次。输精管以每头母畜一支为宜。当不得已数头母畜用一支输精管时，每输完一头后，先用湿棉球（或卫生纸或纱布块）由尖端向后擦拭干净外壁，再用酒精棉球重新擦拭消毒一遍，最后管内腔先用灭菌生理盐水冲洗干净，后用灭菌稀释液冲洗外壁及管腔 2～3 次后方可再使用。

3. 阴道开膣器及其他金属器材等用具　可高温干燥消毒，也可浸泡在消毒液或利用酒精火焰消毒。

（三）精液的准备

用于输精的精液，必须符合各种家畜输精所要求的精液量、精子活率及有效精子数等。无论哪种方式保存的精液在输精前温度必须升至 35℃；而且常温保存的精液镜检精子活率应不低于 0.6，低温保存的精液升温后精子活率应在 0.5 以上，冷冻保存的精液解冻后精子活率应不低于 0.3。

（四）母畜的准备

经发情鉴定确定需要配种的母畜，在输精前应适当保定：牛一般在输精架内或拴系于牛床上保定输精；马、驴在输精架内或用后肢腿绊保定；母羊可实行母畜横杆保定，即使羊头朝下前肢着地，后腹部压在横杆上，后肢离地保定，也可让羊站立于地面，输精人员蹲在坑内进行输精；母猪一般不用输精保定架，只需饲养员稍加辅助站立稳定不跑，即可在圈舍内就地输精。

母畜保定后，将尾巴拉向一侧，对阴门及会阴部进行清洗消毒，即先用清水洗净，再用消毒液涂擦消毒，后用灭菌生理盐水冲洗，最后用灭菌布擦干。

（五）输精人员的准备

输精人员要身着工作服，其手指甲剪短磨光，清洗擦干后以 75%酒精消毒，完全挥发干后再持输精器。而有时需手臂伸入阴道内，如马、驴的输精，手臂也应按上述方法洗净消毒并涂以灭菌稀释液以便润滑。

二、输精要求

适宜的输精时间通常是根据母畜发情鉴定的结果来确定。具体应考虑母畜的发情持续时间、排卵时间，精子获能时间，精子在母畜生殖道内维持受精能力的时间，卵子保持受精能力的时间以及精液类型等。

输精剂量和输入有效精子数，应根据母畜种类、年龄、胎次、子宫大小等生理状况及精液类型而异。猪、马、驴的输精量比牛、羊、兔的多；体形大、经产、产后配种和子宫松弛的母畜，应适当增加输精量；液态保存精液的输精量一般比冷冻保存的精液量多；超数排卵处理的母畜应比一般配种母畜的输精量和有效精子数有所增加。

（一）牛

1. 适宜输精时间　一般母牛发情持续期短，输精应尽早进行。对于经产母牛可在发现其发情后 8～10h（或在排卵前 10～20h）进行第一次输精，间隔 8～12h 进行第二次输精。例如生产中如果有一经产母牛于某日早上发情，则当日下午或傍晚进行第一次输精，次日早进行第二次输精；如果该母牛于下午或晚上发情，则次日早进行第一次输精，次日下午或傍晚进行第二次输精。

初配母牛发情持续期稍长，输精过早则受胎率不高，通常在发情后 20h 左右进行第一次输精，间隔 8～12h 进行第二次输精。

注意：进行第二次输精前，最好检查一下卵泡，如果母牛已经排卵，则第二次输精一般不必再进行。

2. 注意事项

（1）操作过程中要防止粗暴，插入输精器时应小心谨慎，不可用力过猛，以防损伤阴道壁和子宫颈；同时还应防止污染输精器，其前端只能与阴道黏膜接触，防止输精器对生殖道黏膜造成损伤或穿孔。

（2）如果子宫颈过细或过粗难以把握时，可将子宫颈挤向骨盆腔侧壁固定后再输精。插入输精器后，手要松握，并跟随牛体移动，以防输精器折断而伤害母牛。

（3）如果子宫颈难以插入，可用扩宫棒扩张，或用阴道开膣器检查子宫颈是否正常（可能不正常或狭窄）。输精器撤出后，如果发现有大量的精液残留在输精器内，应重新补输精一次。

（4）直肠把握子宫颈输精法是国内外普遍采用的输精方法，具有用具少、操作安全、母牛无痛感、不易感染且输精部位深和受胎率高的优点。

（二）羊

1. 适宜输精时间　一般在发情开始后 10～36h 内输精。

绵羊、山羊发情持续期因品种、年龄和配种季节的不同而异。初次发情的母羊发情持续期最短，1.5 岁的母羊较长，成年母羊更长。在配种季节开始和末尾阶段母羊发情的持续期短，中期较长。公、母羊混群饲养的比分开饲养的发情持续期短而且发情也比较整齐集中。早熟品种比晚熟品种的羊发情持续期短些。一般绵羊、山羊在发情结束前数小时排卵，或排卵在母羊发情开始后的 12～41h 进行。排双卵的时间比排单卵的时间长，两卵子排出的时间间隔平均约为 2h。

在生产上，母羊的输精时间主要是根据试情制度来确定。如果每天一次试情，则应在发情的当天及半天后各输精一次。如果每天两次试情，则绵羊应在发情后半天输精（即早晨试情时发现的发情羊下午输精，傍晚试情时发现的发情羊第二天早晨输精），然后间隔半天后再输精一次（目的是为了提高受胎率）；山羊最好在发情开始后的第 12 小时给予输精，若第二天仍发情，应再输精一次。

2. 注意事项

（1）母羊保定的姿势最好是前低后高。

（2）输精前，必须对母羊外阴进行消毒和擦洗。

（3）当输精结束抽出开腔器时，注意避免夹住子宫颈口的黏膜。

（4）对于产道有炎症的母羊，应治愈炎症后再输精。否则，畸胎、死胎、弱胎增多，甚至导致母羊不孕。

（三）猪

1. 适宜的输精时间 一般在母猪发情后 19～30h 内输精两次，或开始接受压背反射后 8～12h 输精，间隔 12～18h 进行第二次输精；因为母猪发情时外部表现特别明显，外阴长时间充血红肿，通过外部观察难以确定输精时间。在生产上，母猪的输精时间，也可在母猪发情的当天傍晚或次日早晨输精为宜，间隔 12～18h 再第二次输精。初配母猪的输精时间应适当后延，可在发情的第 2 天输精。

2. 注意事项

（1）输精管有一次性和多次性的两种。一次性的输精管，目前有国外产的和我国台湾地区产的，有螺旋头型和海绵头型，长度有 50～51cm。螺旋头一般用无副作用的橡胶制成，适合于后备母猪的输精；海绵头一般用质地柔软的海绵制成，通过特制胶与输精管粘在一起，适合于生产母猪的输精。

（2）输精过程宜在 4～10min 内完成。输精时间过长说明方法不正确，过短可能会造成精液倒流。

（3）输精过程中，尽可能让精液自行流下，一般不要挤压输精瓶（袋），以免精液倒流。可通过调节输精瓶的高度来控制精液流入生殖道的速度。

（4）精液输完后，建议将输精管留在子宫颈管内继续刺激母猪宫缩 5min 左右。方法是，在看到精液液面从输精管下降到阴门内后片刻（3～5s），将输精管后端折弯，用输精袋上的孔或输精瓶套住。5min 后，向后下方以较快速度抽出输精管。抽出输精管时应轻快而流畅，这样，由于子宫颈仍处于收缩状态，抽出时，子宫颈口会闭合。注意抽出时，忌用蛮力猛抽，如果海绵头被锁定过紧，强行抽出会损伤子宫颈黏膜，甚至使海绵头与塑料管脱离而留在子宫颈管内。如果阻力大，可暂不抽出，待母猪性兴奋消退后再抽出。

（四）马、驴

1. 适宜的输精时间

（1）根据母马（驴）的卵泡发育情况来判定。母马（驴）的卵泡发育可分为六个时期，一般按照"三期酌配、四期必输、排卵后灵活追补"的原则安排适宜的输精时间。此原则是根据母马卵泡的发育结合其体况、环境的变化等进行综合判定，应以接近排卵时为宜，然后每隔 1d 再输精一次，直到排卵为止。

（2）根据母马（驴）的发情时间推算。可在母马（驴）发情后的 3～4d 开始输精，连日或隔日进行，输精次数一般不超过 3 次。

2. 注意事项

（1）如果母马保定时没有使用绳绊或挡板，一定要站在插入阴道的手臂的另一侧，以防踢伤；如果有挡板或绳绊，可站在正后方操作。

（2）母马的发情期较长，所以需要输精的次数可能较多。通过试情，确认母马发情后的第 4 天开始输精，每天一次，直到母马发情结束；通过直肠检查卵泡的发育情况，能更准确地把握配种时机。

（3）早春发情的母马，卵泡发育较慢，在卵泡成熟期输精为宜；4～5 月份发情的母马，在卵泡发育到成熟期时输精为宜；初夏发情的母马，卵泡触诊时一出现波动感就可输精。

（五）犬

1. 适宜的输精时间

（1）适宜的输精时间通常是根据母犬发情鉴定的结果来确定。具体应考虑母犬的发情持续时间、排卵时间、精子获能时间，精子在母犬生殖道内维持受精能力的时间，卵子保持受精能力的时间以及精液类型等。

（2）母犬适宜输精时间为雌犬进入发情期后 1～3d。一般在母犬发情盛期第 1 天，也就是雌犬出现发情征状后的第 10 天进行第一次输精，24h 后进行第二次输精。实际生产中，母犬每个发情期多输精 2 次。

（3）输精剂量和输入有效精子数，应根据母犬种类、年龄、胎次、子宫大小等生理状况及精液类型而异。体形大、经产、产后配种和子宫松弛的母犬，应适当增加输精量；液态保存精液的输精量一般比冷冻保存的精液量多。

2. 注意事项

（1）消毒过的器械应该立即放入事先消毒好的医用托盘中或者消毒柜中分别盛放，进行消毒保存；而且使用前先将消毒柜的温度升至 37℃方可使用。

（2）对输精器所在位置的判断，要做到每一次进、退都要知道输精器的位置，这样才能避免进输精器的盲目性。

（3）熟练掌握输精器的回退与前进所需要的距离和力量。

（4）如果使用开膛器和膛镜灯，必须用小试管刷或者牙刷通入内部仔细刷洗，尤其是管的前端。

（5）如果在拔出开膛器或输精针时发现带有脓性分泌物，请提醒犬主人立即治疗，而且器械应单独消毒处理。

（六）禽

1. 适宜的输精时间　禽群输精时间应在大部分母禽产蛋之后，或母禽产蛋前 4h，或产蛋 3h 后输精。

（1）鸡。鸡在 16：00—17：00 输精为宜，目前生产上也多在 15：00 左右开始输精。实践证明，母鸡子宫有硬壳蛋，或母鸡在输精后 2h 产出的蛋受精率最低。

（2）火鸡。由于火鸡精子密度较大，在输卵管内存活时间一般为 40～50d，最长可达 72d 之久。因此，输精间隔时间可适当延长，每 7～14d 输精一次，即可获得满意的受精率。为提高受精率，在配种初期和末期应在 7d 以内输精一次，每次输精量以 0.025mL 为宜，输入有效精子数为 1 亿～1.5 亿，输精深度为 3～4cm，在15：00—16：00 输精较为合适。

（3）鸭。鸭一般于夜间产蛋，输精时间宜在上午大部分母鸭产蛋后；但也有报道以下午好；番鸭产蛋是在 4：00—10：00，以下午输精好。输精深度为 4～6cm。使用原精液输精，输精量为 0.05～0.08mL，或用 1：1 稀释精液 0.1mL；每次输入有效精子数 5 000 万～1 亿。每隔 5～6d 输精一次，超过 6d 应增加 10 万个精子。

（4）鹅。鹅产蛋时间大多在早晨或上午，因此，通常安排在 16：00—18：00 进行。输精剂量、有效精子数、输精间隔和时间与鸭相同。

2. 注意事项 ①动作要轻捷，防止性应激。②翻肛施压部位及力度应适当。③防止精液外流。④防止漏输、重输。⑤输精过程中，切勿损伤输卵管壁。⑥输精深度应适当。⑦在输精过程中应防止交叉感染。⑧禽只首次输精时应加倍剂量，母禽产蛋后期也应适当增加输精量。

不同畜种输精要求见表 12-4-1。

表 12-4-1　各种动物输精要求

畜种	精液状态	输精量（mL）	输入有效精子数	适宜输精时间	输精次数	输精间隔时间	输精部位
牛水牛	液态 冷冻	1~2 0.2~1.0	0.3亿~0.5亿 0.1亿~0.2亿	发情开始后9~34h或排卵前6~34h	1或2	8~10h	子宫颈深部或子宫内
马驴	液态 冷冻	15~30 30~40	2.5亿~5.0亿 1.5亿~3.0亿	接近排卵时，卵泡发育第4、5期或发情第二天开始隔日1次到发情结束	1或3	24~48h	子宫内
猪	液态 冷冻	30~80 20~30	20亿~50亿 10亿~20亿	发情后19~30h或发生压背反射后8~12h	1或2	12~18h	子宫内
绵羊山羊	液态 冷冻	0.05~0.1 0.1~0.2	0.7亿 0.5亿~0.7亿	发情开始后10~36h	1或2	8~12h	子宫颈口内
兔	液态 冷冻	0.2~0.5 0.2~0.5	0.15亿~0.2亿 0.15亿~0.3亿	诱发排卵后2~6h	1或2	8~10h	子宫内
犬	液态 冷冻	0.25~1.0 0.25~1.0	0.2亿~1亿 0.1亿~1亿	母犬进入发情期后1~3d	1或3	24~48h	子宫颈深部或子宫体内
鸡鸭鹅	液态	0.025~0.05 0.05~0.1 0.03~0.1	0.5亿~0.7亿 0.5亿~0.9亿 0.3亿~0.5亿	在子宫内无蛋存在时输精	1或2	5~7d 5~7d 4~6d	输卵管内

⊙ **【拓展知识】**

一、影响受胎率的因素

提高受胎率是实行人工授精的重要目的之一，决定受胎率的主要因素有：种公畜的精液品质，母畜发情排卵机能，人工授精技术操作效果以及输精时间等。

1. 精液品质　公畜精液品质好坏主要反映在精子生活力强弱上。生活力强的精子，受精能力可保持较长时间，是促进受精、提高受胎率的先决条件。衰弱的精子不容易存活到卵子相遇的时候，或受精后胚胎发育不正常甚至死亡，从而影响受胎率。

提升精液品质，除了遗传因素外，主要是对公畜要有合理的饲养管理、锻炼和配种。公畜的日粮要注意总营养价值和饲养成分的搭配，其中尤应重视蛋白质饲料，特别是动物性饲料的合理搭配，这是提高精液品质的物质基础，无论是在数量和质量方面，都必须供应充足。此外，适当的运动和日光浴，注意畜体和畜舍的清洁卫生，合理安排公畜采精频率，对增强公畜体质和健康水平、维持生活力也都十分重要。

2. 母畜发情排卵机能 母畜的发情排卵生理机能正常与否直接影响着卵子的产生和排出、配子运行、受精以及胚胎发育。机能正常的母畜，才能产生生活力旺盛的卵子，才能将配子运行到受精部位，并顺利经过生理成熟完成受精过程和胚胎的发育。而正常的生理机能又有赖于合理的饲养管理，维持母畜适当的膘情，改善生活环境，给予适当的户外活动和光照。这将对促进母畜的发情、排卵、受精和妊娠起着重要的作用。

3. 人工授精的技术水平 人工授精技术不当，是造成不孕的重要原因之一。清洗消毒、采精、精液处理、输精等各个环节紧密相连，一环扣一环，任何一个环节掌握不好，都可能造成失配或不孕的不良后果。例如，清洗消毒不严格会造成精液污染；采精方法和精液处理不当会引起精液品质下降；发情鉴定技术不良和人工授精方法不当会影响配子受精的机会。这些都会降低受胎率，或者造成生殖器官的疾病而引起不育。所以，严格遵守人工授精技术操作规程，真正做到一丝不苟，不断提高技术水平，是保证提高受胎率的重要因素。

4. 输精时间 选择最适宜的时间输精，才能保证生活力强的精子和卵子在受精部位相遇，才能提高受胎率。如果输精时间过早，由于卵子尚未排出，精子在母畜生殖道内生存时间过长而衰老，便失去受精能力；相反，如果输精过迟，也因卵子排出后不能及时与精子相遇而衰老，丧失受精能力，也会影响母畜受胎效果。

此外，适当增加配种次数，采用混合精液输精，以及做好早期妊娠检查，防止失配，均有助于受胎率的提高。

二、提高输精效果的措施

1. 准确把握输精时机 在最适宜的时机给母畜输精是保证受胎率的关键。输精过早，当排卵时，精子已经失去受精能力；输精过晚，当精子获得受精能力时，卵子早已失去了受精能力。

配种 7 误区
（视频）

把握输精时机的能力是人工授精员最关键的技能之一。要判断最佳配种时机，不仅要考虑发现母畜发情的时间，同时还要考虑到母畜的年龄、胎次、断乳到发情的间隔时间、季节等因素，因为这些因素与母畜从发情到排卵的间隔时间有关。

2. 足够的有效精子数和精液体积 应按照行业或专业标准分装精液，这些标准所规定的精液体积和有效精子数都能达到稳定可靠的受胎率和窝产仔数。降低有效精子数并非一定导致不受胎，但可造成总体受胎率下降，对窝产仔数也会产生不良影响。

3. 使用混合精液输精 两头或更多头公畜的精液混合在一起，使输精后卵子有更多选择与不同遗传背景的精子受精的机会，有利于提高卵子受精率和胚胎活力；有利于提高受胎率、窝产仔数和出生仔畜整齐度。英国早在 20 世纪 60 年代就开始用混合精液输精来生产商品猪，其繁殖成绩明显优于用单一来源的精液输精。由于混合精液输精母畜所产仔畜不能确定其父本，因此，这种方法只适合在非育种场（站）进行。

4. 输精前、中、后应尽量避免母畜受到应激 不良的外界刺激，会使母畜释放肾上腺素，对抗催产素、雌激素的作用，从而对精子运行、受精产生不良影响。因此，创造良好的输精环境，输精前激发母畜的交配欲（如母猪输精时有公猪在场，刺激敏感部位等），禁止野蛮操作，输精后让母畜在原地休息片刻等，都有利于提高输精的效果。

5. 输精过程及输精后要防止精液倒流　有时输精的刺激（尤其是精液容量大而且温度低）会引起母畜努责，导致精液倒流，必须引起注意。操作过程要柔和，避免不良刺激，输入的速度应快慢适中，输精后 10min 内应尽量避免母畜卧下。当精液流动不畅时不可强行加压，应调整输精器前端的位置，防止前端堵塞。

6. 准确的输精部位　从某种程度上讲，输精部位越深，倒流的可能性越小，需要的有效精子数越少，受胎的概率越大。用牛的性控冻精作常规输精，其受胎率远低于普通冻精，但如果能小心地将输精枪插入卵巢上有卵泡发育的一侧子宫角的大弯处，受胎率就会明显提高。采用深部输精管给母猪输精，即使输入推荐精子数的1/3，与普通海绵头输精管输入推荐精子数的受胎率和产仔数也没有差异。但对初配母猪，深部输精管可能会损伤子宫颈管。

➔ 【自测训练】

1. 理论知识训练

（1）输精前需做哪些准备？

（2）家畜输精时间如何确定？

（3）如何提高人工授精的受胎率？

（4）如何根据母猪的年龄、胎次、发情时间、断乳后至发情的天数等因素来准确判断母猪的输精时机？

2. 操作技能训练　牛、羊、猪、鸡的输精。

（1）实地考察，了解学校奶牛场内发情奶牛的配种情况，并分组进行输精。

（2）结合生产实际对某羊场适配母羊进行输精。

（3）现场对适配母猪进行输精。

（4）现场对某蛋种鸡场进行输精操作。

（5）给母牛输精过程中试解决以下问题：①左手不能深入直肠；②输精器不能顺利插入阴道；③找不到子宫颈；④输精器对不上子宫颈口；⑤注不出精液。

项目 13　妊娠诊断技术

【能力目标】
◆ 能够应用外部观察法进行妊娠诊断。
◆ 能够应用阴道观察法进行妊娠诊断。
◆ 了解牛的直肠检查法进行妊娠诊断的操作要点。
◆ 能够应用超声波法进行猪的妊娠诊断。

【知识目标】
◆ 理解母畜妊娠生理。
◆ 了解受精生理和过程。

任务 13-1　外部观察法

【任务内容】
● 掌握视诊法进行猪、牛、羊的妊娠诊断。
● 掌握触诊法进行猪、牛、羊的妊娠诊断。
● 熟悉听诊法进行猪、牛、羊的妊娠诊断。

【学习条件】
● 妊娠母畜。
● 工作服、听诊器等。
● 多媒体教室、妊娠诊断教学课件、录像、教材、参考图书。

一、视　　诊

母畜妊娠后，周期性发情停止，食欲增进，膘情改善，毛色光泽，性情温顺，行动谨慎安稳。妊娠中期或后期，腹围增大，向一侧（牛、羊为右侧，猪为下腹部，马为左侧）突出。乳房胀大，可见胎动。

1. 牛　母牛左后腹腔为瘤胃所占据，因此，对妊娠母牛视诊时，检查者应站立于后侧，可见其右腹壁明显突出。

2. 马　由母马后侧观看时，已妊娠母马左侧腹壁较右侧腹壁膨大，左肷窝亦较充满，在妊娠末期，左下腹壁较右侧下垂。

3. **羊** 在妊娠后期右腹壁表现明显下垂并突出。

4. **猪** 妊娠后半期，腹部显著增大下垂，乳房皮肤发红，逐渐增大，乳头变粗，侧卧时，可见胎动。

二、触 诊

在妊娠后期，可以隔着母畜腹壁触诊胎儿及胎动。

1. **牛** 在早晨饲喂前，用手掌在后膝前方、肷部下方压触来诱发胎儿运动，或用拳头在肷部往返轻轻抵动来感觉胎儿。可触知的时间一般在妊娠后 180d。

2. **马** 在乳房稍前方的腹壁上，用手掌轻轻抵压并往返多次触摸，可触及胎儿及胎动。可触知的时间一般在妊娠后 210～240d。

3. **猪** 抓痒使母猪体左侧卧下后，在乳房的上方与最后两乳头平行处细心触摸，可触及胎儿。可触知的时间一般在妊娠后 90d。

4. **羊** 检查者两腿夹住羊的颈部，以左手从母羊的左侧围住腹部，而右手从右侧抱之，如此用两手在腰椎下轻压腹壁，并用力压迫左侧腹壁，即可将子宫转向右腹壁，而右手则施以微弱压力进行触摸，感觉到的胎儿好似硬物漂浮在腹腔内。

三、听 诊

听母体内胎儿心音。

1. **牛** 在安静的场地，用听诊器在右肷部下方或膝壁内侧听取胎儿心音。上述情况一般要在妊娠后 180d 才能出现。

2. **马** 用听诊器听乳房与脐之间或后腹下方胎儿的心音。上述情况一般要在妊娠后 240d 才能出现。

在对牛、马进行听诊时，胎儿的心音数一般为母畜心音数的 2 倍以上。

➡【相关知识】

一、妊娠的概念

妊娠是由卵细胞受精开始，经过受精卵卵裂、胚胎发育、胎儿阶段直至分娩为止的生理过程，它是母畜所特有的一种生理现象。

二、胚胎的早期发育

受精卵即合子形成后按一定规律进行多次重复分裂，称为卵裂。卵裂所形成的细胞称为卵裂球。卵裂过程是在透明带内进行的，卵裂球数量不断增加，其体积愈来愈小，但胚胎的大小不发生变化。

根据形态特征可将早期胚胎的发育分为以下几个阶段。

1. **桑葚胚** 合子在透明带内进行有丝分裂，卵裂球呈几何级数增加。但是，通常卵裂球并非均等分裂，往往较大的一个先分裂，较小的后分裂，造成某瞬间会出现卵裂球为奇数的情况。当胚胎的卵裂球达到 16～32 个细胞，细胞间紧密连接，形成致密的细胞团，形似桑葚，称为桑葚胚。

兔子的 2～8 细胞胚胎的每个卵裂球具有发育成一个完整胚胎的全能性；绵羊的

胚胎早期发育
（动画）

胚胎发育
（动画）

这一全能性也可保持到 8 细胞甚至更多细胞的阶段。一些实验表明，4 细胞胚胎具有全能性的卵裂球不超过 3/4；8 细胞胚胎则不超过 1/8。

2. 囊胚 桑葚胚继续发育，细胞开始分化，出现细胞定位现象，胚胎的一端，细胞个体较大，密集成团称为内细胞团（ICM），将发育为胚体；另一端，细胞个体较小，只延透明带的内壁排列扩展，这一层细胞称为滋养层，将发育为胎膜和胎盘。在滋养层和内细胞团之间出现囊胚腔。这一发育阶段的胚胎称为囊胚。

囊胚初期，细胞束缚于透明带内，随后囊胚进一步扩大，逐渐从透明带中伸展出来，体积增大，成为泡状透明的孵化囊胚或称胚泡（blastodermic vesicle）。这一过程称为"孵化"。

3. 原肠胚 胚泡进一步发育，内细胞团外的滋养层细胞退化，内细胞团裸露出来成为胚盘。在胚盘的下方衍生出内胚层，它沿着滋养层的内壁延伸、扩展，衬附在滋养层的内壁上，这时的胚胎称为原肠胚（gastrula）。在内胚层的发生中，除绵羊是由内细胞团分离出来外，其他家畜均由滋养层发育而来。

原肠胚进一步发育，原来的滋养层变成外胚层，在外胚层和内胚层之间出现中胚层；中胚层进一步分化为体壁中胚层和脏壁中胚层，两个中胚层之间的腔隙构成以后的体腔。三个胚层的建立和形成，为胎膜和胎体各类器官的分化奠定了基础。

三、妊娠的识别和胚泡的附植

1. 妊娠的识别 哺乳动物卵子受精以后，妊娠初期，胚胎产生的某种化学因子（激素）作为妊娠信号传递给母体，母体对此产生相应的生理反应，识别和确认胚胎的存在，为在胚胎和母体之间建立生理和组织联系做准备，这一过程称为妊娠识别。

妊娠识别的实质是胚胎产生某种抗溶黄体物质，作用于母体的子宫或（和）黄体，阻止或抵消 $PGF_{2\alpha}$ 的溶黄体作用，使黄体变为妊娠黄体，维持母体妊娠。

不同动物妊娠信号的物质具有明显的差异。如灵长类的人和猕猴的妊娠信号的物质是囊胚合胞体滋养层中产生的 hCG；牛、羊为胚胎产生的滋养糖蛋白；猪为囊胚滋养外胚层合成的雌酮和雌二醇，以及在子宫内合成的硫酸雌酮。这些物质都具有抗溶黄体的作用，促进妊娠的建立和维持。

妊娠识别后，母体即进入妊娠的生理状态。母体妊娠识别的时间，在不同的畜种间有差别。如猪为配种后 10~12d、牛为 16~17d，绵羊为 12~13d，马为 14~16d。

2. 胚泡的附植 胚泡在子宫内发育的初期阶段是处在一种游离的状态，并不和子宫内膜发生联系，以后胚泡增大，由于胚泡内液体的不断增加及体积的增大，在子宫内的活动逐步受到限制，与子宫壁相贴附，随后和子宫内膜发生组织及生理的联系，位置固定下来，这一过程称为附植，也称附着、植入或着床。

胚泡在游离阶段，单胎动物的胚泡可能因子宫壁的收缩由一侧子宫角到另一侧子宫角；对于多胎动物的胚泡也可向对侧子宫角迁移，称为胚泡的内迁。牛的胚泡一般无内迁现象。

四、妊娠母畜生殖器官的变化

妊娠后，母畜生理机能发生变化，其生殖器官随之改变。

1. 卵巢 受精后，母体卵巢上的黄体转化为妊娠黄体继续存在，分泌黄体酮，维持妊娠。妊娠早期，卵巢偶有卵泡发育，致使孕后发情，但多数不排卵而退化、闭锁。

2. 子宫　妊娠期间，随着胎儿的发育，子宫体积增大。子宫黏膜增生，子宫肌组织也在生长。子宫通过增生、生长和扩展的方式以适应胎儿生长的需要。同时子宫肌层保持着相对静止和平衡的状态，以防胎儿的过早排出。妊娠前半期，子宫体积的增长，主要是由于子宫肌纤维增生肥大所致，妊娠后半期则主要是胎儿生长和胎水增多，使子宫壁扩张变薄。由于子宫重量增大，并向前向下垂，因此至妊娠中 1/3 期及其以后，一部分子宫颈被拉入腹腔，但至妊娠末期，由于胎儿增大，又会被推回到骨盆腔前缘。

3. 子宫颈　子宫颈是妊娠期保证胎儿正常发育的门户。子宫颈上皮的单细胞腺分泌黏稠的黏液封闭子宫颈管，称为子宫栓。牛的子宫颈分泌物较多，妊娠期间有子宫栓更新现象，马驴的子宫栓较少。子宫栓在分娩前液化排出。

4. 子宫动脉　由于胎儿发育的需要，随着胎儿不断地增大，血液的供给量也必须增加。妊娠时子宫血管变粗，分支增多，特别是子宫动脉（子宫中动脉）和阴道动脉子宫支（子宫后动脉）更为明显。随子宫动脉管的变粗，动脉内膜的皱襞增加并变厚，而且和肌层联系疏松，所以血液流过时所造成的脉搏就从原来清楚的搏动，变为间隔不明显的流水样颤动，称为妊娠脉搏（孕脉）。这是妊娠的特征之一，在妊娠后一定时间出现，孕脉强弱及出现时间，随妊娠时间而不同。至怀孕末期，牛、马的子宫动脉可以粗如食指。孕角子宫中动脉的变化比空角的显著高。

5. 阴道和阴门　妊娠初期，阴门收缩紧闭，阴道干涩。妊娠后期，阴道黏膜苍白，阴唇收缩。妊娠末期，阴唇、阴道水肿，柔软有利于胎儿产出。

五、妊娠期

各种动物的妊娠期因品种、年龄、胎儿数、胎儿性别以及环境因素有变化。一般早熟品种、母体小的动物种类、单胎动物怀双胎、怀雌性胎儿以及胎儿个体较大等情况，会使妊娠期相对缩短。多胎动物怀胎数更多时会缩短妊娠期；家猪的妊娠期比野猪短；马怀骡时妊娠期延长，小型犬的妊娠期比大型犬短。妊娠期的计算是由最后一次配种时间算起。各种动物妊娠期见表 13-1-1。

表 13-1-1　哺乳动物妊娠期（d）

动物种类	平均	范围	动物种类	平均	范围
牛	282	276～290	貉	61	54～65
水牛	307	295～315	狗獾	220	210～240
牦牛	255	226～289	鼬獾	65	57～80
猪	114	102～140	狐	52	50～61
羊	150	146～161	狼	62	55～70
马	340	320～350	花面狸	60	55～68
驴	360	350～370	猞猁	71	67～74
骆驼	389	370～390	河狸	106	105～107
犬	62	59～65	艾虎	42	40～46
猫	68	55～60	水獭	56	51～71
家兔	30	28～33	獭兔	31	30～33
野兔	51	50～52	麝鼠	28	25～30

（续）

动物种类	平均	范围	动物种类	平均	范围
大鼠	22	20～25	毛丝鼠	111	105～118
小鼠	22	20～25	海狸鼠	133	120～140
豚鼠	60	59～62	麝	185	178～192
梅花鹿	235	229～241	象	660	
马鹿	250	241～265	虎	154	
长颈鹿	420	402～431	狮	110	
水貂	47	37～91	鲸	456	

注：改自渊锡藩、张一玲主编《动物繁殖学》，1993。

➡【拓展知识】

受精（fertilization）是雌、雄动物交配或人工授精以后，雄性配子（精子）与雌性配子（卵子）两个细胞相融合形成一个新的细胞，即合子的过程。它是动物有性生殖过程的中心环节，标志着胚胎发育的开始，是一个具有双亲遗传特征的新生命的起点。在这一过程中，精子和卵子经历了一系列复杂的生理生化和形态学变化。

配子的运行指精子由射精部位（或输精部位）和卵子由卵巢排出后到达受精部位（输卵管壶腹）的过程。

射精部位因公母畜生殖器官的解剖构造不同而有所差别。可分为阴道射精型和子宫射精型两类。

阴道射精型的家畜有牛和羊。公畜只能将精液射入发情母畜的阴道内。这是因为母畜子宫颈较粗硬，子宫颈内壁上有许多的皱襞（螺旋状的半月型的皱褶），发情时子宫颈开张小，交配时公畜的阴茎无法插入子宫颈内，只能将精液射至子宫颈外口附近。子宫射精型的家畜有马属动物和猪。此类公畜可直接将精液射入发情母畜的子宫颈和子宫体内。马的子宫颈比较柔软松弛，猪没有子宫颈阴道部，发情时，子宫颈变得十分松软且开张很大。交配时公马的龟头膨大，尿道突可直接插入子宫颈，并将精液射入子宫内；公猪螺旋状的阴茎可直接深入子宫颈或子宫内，将精液射入子宫。

一、精子在雌性生殖道内的运行

以牛、羊为例，射精后精子在雌性生殖道的运行主要通过子宫颈、子宫、输卵管三个部分，最后到达受精部位。

1. 精子在子宫颈内的运行 牛、羊子宫颈黏膜具有许多纵行皱襞构成的横行沟槽（皱褶）。处于发情阶段的子宫颈黏膜上皮细胞具有旺盛的分泌作用，并由子宫颈黏膜形成腺窝。子宫颈具有的功能是在非发情时期可防止外物侵入，发情期输入精液后，可贮存精子，保护精子不受阴道的不利环境影响，为精子提供能量及滤出畸形及不活动的精子。

射精后，一部分精子借自身运动和黏液向前流动进入子宫，另一部分则随黏液的流动进入腺窝形成的精子库，暂时贮存起来。库内的活精子会相继随着子宫颈的收缩活动被拥入子宫或进入下一个腺窝，而死精子可能因纤毛上皮的逆蠕动被推向阴道排

精子在母畜
生殖道的运行
（动画）

出，或被白细胞吞噬而清除。

精子通过子宫颈第一次筛选，既保证了运动和受精能力强的精子进入子宫，同时也防止过多的精子进入子宫。因此，子宫颈称为精子运行中的第一道栅栏。绵羊一次射精将近 30 亿精子，但能通过子宫颈进入子宫者不足 100 万。

2. 精子在子宫内运行 穿过子宫颈的精子进入子宫（体、角），这主要是靠子宫肌的收缩，在这里有大量精子进入子宫内膜腺，形成精子在子宫内的贮存库。精子从这个贮存库中不断释放，并在子宫肌和子宫液的流动以及精子自身运动等作用下通过子宫和宫管连接部，进入输卵管。在这一过程中，一些死精子和活动能力差的精子被白细胞所吞噬，精子又一次得到筛选。精子自子宫角尖端进入输卵管时，宫管连接部成为精子向受精部位运行的第二道栅栏。

3. 精子在输卵管中运行 精子进入输卵管后，精子靠输卵管的收缩、黏膜皱襞及输卵管系膜的复合收缩以及管壁上皮纤毛摆动引起的液流运动，使精子继续前行。在输卵管壶峡连接部，峡部括约肌的有力收缩阻挡了过多的精子进入输卵管壶腹。所以，输卵管壶峡连接部是精子运行的第三道栅栏，在一定程度上防止卵子发生多精受精。各种动物能够到达输卵管壶腹部的精子一般不超过 1 000 个。最后，在受精部位完成正常受精的只有一个精子（或几个）。

4. 精子在雌性生殖道运行的速度 有关精子运行到输卵管壶腹部的速度报道不一，但精子自射精（输精）部位到达受精部位的时间，比精子自身运动的时间要短。一般来说几分钟或十几分钟，最多不超过 30min 就可到达受精部位。如牛、羊在交配后 15min 左右即可在输卵管壶腹发现精子，猪为 15~30min，马为 24min 左右。精子运行的速度与母畜的生理状态、黏液的性状以及母畜的胎次都有密切关系。

5. 精子在雌性生殖道内存活时间和维持受精能力的时间 精子在雌性生殖道内的存活时间一般比其保持受精能力时间稍长。如家畜一般可存活 1~2d，马的较长，可达 6d，而精子受精寿命则更短于存活时间（表 13-1-2）。所以在生产实践中，应严格确定配种时间和配种间隔时间，以确保受精效果。

表 13-1-2 精子在雌性生殖道内的存活时间和维持受精能力的时间

动物种类	存活时间（h）	维持受精能力的时间（h）
牛	96	24~48
绵羊	48	30~48
猪	43	25~30
马	144	72~120
人	90 以上	72 以内
犬	264	108~120
兔	96	24~30
大鼠	17	14
小鼠	13	6~12
豚鼠	41	21~22
雪貂	—	30~120

6. 精子在雌性生殖道内运行的动力 精子由射精部位向受精部位的运行受多种因素的影响。

（1）射精的力量。公畜射精时，尿生殖道肌肉有序地收缩，将精液自尿生殖道排出，并射入母畜生殖道内，这是精子运行的最初动力。

（2）子宫颈的吸入作用。如母马在交配时，由于公马阴茎的抽动，使子宫产生负压，吸引精液进入子宫。

（3）雌性生殖道肌肉的收缩。这种肌肉的收缩是受激素和神经的调控。阴道、子宫颈、子宫和输卵管的收缩是精子运行的主要动力。子宫肌的收缩是由于子宫颈向子宫、输卵管方向的一种逆蠕动。交配时，催产素的分泌可使这种蠕动加强，促进子宫内的精子向输卵管运行。

（4）雌性生殖道管腔液体的流动。精子伴随液体流动而在雌性生殖道内运行。液体的流动依赖于子宫、输卵管的肌肉收缩和上皮纤毛的摆动作用。

（5）精子本身的运动力。精子尾部的活动有利于精子在雌性生殖道内向前游动。试验证明，活精子在交配后 2.5min 内即到达受精部位，而死精子在 4.3min 才能到达。

二、卵子在输卵管中的运行

1. 卵子运行的方式 卵子排出后，首先附着在卵巢表面，而后迅速进入输卵管伞部。输卵管伞部在接近排卵时充分开放、充血，并靠输卵管系膜肌肉的活动使输卵管伞紧贴于卵巢的表面。同时，卵巢固有韧带收缩而引起的围绕卵巢自身纵轴的旋转运动，使伞的表面更接近卵巢囊的开口部。

卵子的接纳
（动画）

卵子自身无运动能力，排出的卵子常被黏稠的放射冠细胞包围，附着于排卵点上。卵子借伞黏膜上的纤毛颤动，沿伞部纵行皱褶，通过输卵管伞的喇叭口进入输卵管及壶腹部。猪、马和犬等动物的伞部发达，卵子易被接受，但牛、羊因伞部不能完全包围卵巢，有时造成排出的卵子落入腹腔，再靠纤毛摆动形成的液流将卵子吸入输卵管的情况。

卵子通过壶腹部时间很快，但在壶峡连接部可停留 2d 左右，可能是因为壶峡连接部为一生理括约肌，对卵子的运行有一定控制作用，可以防止卵子过早地进入子宫。这可能是该处的纤毛停止颤动，也可能是该处的环形肌的收缩，或局部水肿使峡部闭合，也可能还有输卵管向卵巢端的逆蠕动等所致。在经过短暂停留后，当该部的括约肌放松时，在输卵管的蠕动收缩影响下，卵子在短时间内通过整个峡部而进入子宫。

2. 卵子运行的机理 卵子（或受精卵）在输卵管的运行是在管壁平滑肌和纤毛的协同作用下实现的。输卵管壁的平滑肌受交感神经的肾上腺素能神经支配。壶腹部的神经纤维分布较少，峡部较多。输卵管上有 α 和 β 两种受体，可分别引起环形肌的收缩和松弛。雌激素可提高受体的活性，促进神经末梢释放去甲肾上腺素，使壶峡连接部环形肌强烈收缩而发生闭锁。黄体酮则可通过提高 β 受体的活性抑制去甲肾上腺素的释放，导致壶峡连接部的环形肌松弛，利于卵子向子宫的运行。在卵子运行中，雌激素水平高时，可延长卵子在壶峡连接部的时间，而黄体酮作用则相反。

在卵子运行时，纤毛的颤动起主要作用，而输卵管管壁的收缩只起一部分作用。

在发情期当壶峡连接部封闭时，由于输卵管的逆蠕动、纤毛摆动和液体的流向朝向腹腔，使卵子难于下行，而在发情后期，纤毛颤动的方向和液体流动的方向相反，纤毛向子宫方向的颤动可以克服液体流动的力量，使卵子朝子宫方向，在纤毛和液体间旋转移动。

3. 卵子维持受精能力的时间 卵子维持受精能力的时间比精子要短，家畜卵子在输卵管保持受精能力的时间大多为24h以内，其受精能力消失有一个过程。种间和个体差异很大，与卵子本身的质量及输卵管的生理状态等因素有关（表13-1-3）。

表 13 - 1 - 3　卵子在输卵管内维持受精能力的时间

动物种类	维持受精能力的时间（h）	动物种类	维持受精能力的时间（h）
牛	20～24	犬	＜144
猪	20	豚鼠	＜20
绵羊	16～24	大鼠	12～14
马	4～20	小鼠	6～15
兔	6～8	雪貂	36
人	6～24	恒河猴	＜24

卵子在壶腹部才有正常的受精能力，未遇到精子或未受精的卵子，会沿输卵管继续下行，随之老化，被输卵管的分泌物包裹，丧失受精能力，最后破裂崩解，被白细胞吞噬。因某些特殊情况落入腹腔的卵子多数退化，极少数可能造成子宫外孕的现象。

精子前进运动
能力的获得
（动画）

卵子的受精能力是逐渐降低的，有的卵子尚未完全丧失受精能力而延迟受精，这样的受精卵，往往导致胚胎异常发育而死亡或胚胎发育出现畸形。因此，适时配种十分重要。

三、配子在受精前的准备

受精前，哺乳动物的精子和卵子都要经历一个进一步生理成熟的过程，才能顺利完成受精过程，并为受精卵的发育奠定基础。

（一）精子在受精前的准备

1. 精子的获能 哺乳动物的精子在受精前，必须在雌性生殖道内经历一段时间以后，在形态和生理生化上发生某些变化，才具有受精能力的现象称为精子获能（capacitation）。

精子获能这一现象是1951年最初由美籍华人学者张明觉和Austin分别发现的。张明觉曾将附睾或射出的精子进行过多次体外受精的研究，但均未能成功。后来他注意到精子在雌性生殖道运行至受精部位的时间，总比排卵的时间要提前，精子总要在受精部位等候卵子。通过试验证实，精子只有在子宫和输卵管发生某些变化才具有受精能力。1952年Austin将这种现象命名为"精子获能"。

精子获能后耗氧量增加，运动速度和方式发生了改变，尾部摆动的幅度和频率明显增加，呈现一种非线性、非前进式的超活化运动状态。精子获能的主要意义在于使精子做顶体反应的准备和超活化，促进精子穿越透明带。

现已发现大多数动物，如兔、大鼠、小鼠、猪、雪貂、马、牛、羊、猴、人等的精子在受精前都要经过获能。

2. 精子获能的部位 精子获能需要一定的过程，主要是在子宫和输卵管内进行。而不同动物的精子在雌性生殖道内开始和完成获能过程的部位不同。

子宫射精型的动物，精子获能开始于子宫，但在输卵管最后完成。阴道射精型的动物，精子获能始于阴道，当子宫颈开放时，流入阴道的子宫液可使精子获能，但获能最有效的部位是子宫和输卵管。现已发现，精子获能不仅可在同种动物的雌性生殖道内完成，还可在异种雌性生殖道内及在体外人工合成的培养液中完成。

3. 精子获能的时间 在活体内，精子获能所需时间因动物种类有明显差别，见表 13-1-4。

表 13-1-4 各种动物精子获能所需时间

动物种类	获能时间（h）	动物种类	获能时间（h）
猪	3～6	大鼠	2～3
绵羊	1.5	小鼠	<1
牛	3～4（20）	仓鼠	2～4
犬	7	恒河猴	5～6
兔	5	松鼠猴	2
人	7	雪貂	3.5～11.5
豚鼠	4～6		

4. 精子获能的机理 动物精液中存在一种抗受精的物质，称为去能因子（decapacitation factor）。它来源于精清，相对分子质量为 3×10^5，能溶于水，具有强的稳定性，可抑制精子获能。若将获能的精子重新放入动物的精清与去能因子相结合，又会失去受精能力，这一过程称为"去能"；而经去能处理的精子，在子宫和输卵管孵育后，又可获能，称为再获能。

去能因子的化学特性是糖蛋白，没有明显的种属特异性，去能因子在附睾以及整个雄性生殖道均可产生，它覆盖于精子表面，当精子在雌性生殖道内运行时可以除去去能因子，使精子获能。目前认为，精子获能的实质就是使精子去掉去能因子或使去能因子失活。即解除去能因子对精子的束缚，使精子表面的结合素能和卵子透明带表面的精子受体相识别，进而发生顶体反应而开始受精。

另外，雌性生殖道中的 α 和 β 淀粉酶被认为是获能因子。尤其是 β 淀粉酶可水解由糖蛋白构成的去能因子，使顶体酶类游离并恢复其活性，溶解卵子外围保护层，使精子得以穿越透明带完成受精过程。精子的获能还受性腺类固醇激素的影响，一般情况下，雌激素对精子获能有促进作用，孕激素则为抑制作用，但不同种类的动物，同一种激素对精子获能的影响也不完全一致。现已发现，溶菌体酶、β-葡萄糖苷酸酶、肝素和 Ca^{2+} 载体等对精子获能也有促进作用。

（二）卵子在受精前的准备

现已发现，卵子在受精前也有类似精子的成熟过程。大鼠、小鼠和仓鼠的精子穿入卵子时，是在卵子排出后 2～3h 开始的。虽然在这段时间内所进行的确切的生理生化变化还不十分清楚，但有些动物，如猪、山羊和绵羊排出的卵子为刚刚完成第一次成熟分裂的次级卵母细胞，而马、狐和犬排出的卵子仅为初级卵母细胞，尚未完成第一次成熟分裂，说明它们都需要在输卵管内进一步成熟，达到第二次成熟分裂的中期，才具备被精子穿透的能力。小鼠的卵子也有类似的情况。此外，已发现大鼠、小鼠和兔的卵子排出后其皮质颗粒不断增加，并向卵的周围移动，当皮质颗粒数达到最多时，卵子的受精能力也越强，卵子在输卵管期间，透明带和卵黄膜表面也可能发生某些变化，如透明带精子受体的出现、卵黄膜亚显微结构的变化等。

四、受精过程

1. **精卵识别** 获能的精子与充分成熟的卵子在输卵管壶腹相遇，并导致两者在卵透明带上黏附结合。精卵结合有种属特性，存在精子和卵子的相互识别，一般只有同种的精子和卵子才能受精。目前已知在卵子透明带（zona pellucida，ZP）上有精子受体（receptor），用于识别精子，而在精子表面也有卵子结合蛋白。

顶体反应
（动画）

2. **精子的顶体反应** 顶体反应（acrosome reaction，AR）是获能后精子头部顶体帽部分的质膜和顶体外膜在多处触合，产生小泡，形成许多小孔，使原来封存于顶体中的酶从小孔中释放，以溶解卵丘、放射冠和透明带。顶体结构的小孔形成以及顶体内酶的激活和释放的过程称为顶体反应。

这种释放作用是精子穿过透明带，完成受精所必须，同时，也是精子与卵子融合所不可缺少的条件。未发现顶体反应的精子几乎不能与裸卵的质膜融合；在与透明带接触之前就发生顶体反应的精子，因不能与透明带结合，而失去受精能力。

顶体反应的作用：一是释放顶体内酶，使精子通过卵外的各种膜；二是诱发赤道段或顶体后区的质膜发生生理生化变化，以便随后与卵质膜发生融合。顶体内酶包括透明质酸酶、顶体粒蛋白、脂酶、唾液酸苷酶、β-N-乙酰氨基葡萄苷酶和胶原酶等，这些酶大多分布于顶体膜内和顶体膜上。

3. **精子穿过放射冠** 卵子排出后，其最外围有放射冠，卵丘细胞之间以胶样基质相粘连，其基质主要由黏蛋白的透明质酸多聚体组成。经顶体反应的精子释放的透明质酸酶可以溶解这些基质，精子穿越放射冠，到达透明带。

但不是所有动物排出的卵子都有放射冠，如马排出的卵子没有放射冠，精子直接与透明带接触。绵羊排卵后的卵子有 4～6 层卵丘细胞，当卵子进入输卵管壶腹部，放射冠即脱落。

4. **精子穿过透明带** 穿过放射冠的精子立即与透明带接触并附着其上，随后与透明带上的精子受体相结合。精子附着于透明带，其一般有种属特性，各种动物有差异。人的精子极易附着于人卵而不能附着于其他动物的卵；豚鼠只有顶体反应的精子能附着于同种卵的透明带，但不能附着于其他动物的透明带；仓鼠则相反，无论顶体反应产生与否，还是同种或异种的卵均可附着。

精子到达透明带表面后，附着在透明带上，一般哺乳动物透明带外面呈蜂窝状，这是由于在卵子发生过程中卵泡细胞的细胞质突起缩回而造成的；透明带的内表面光滑，内、外表面化学组成有差别，精子受体在外表面上。

当精子到达透明带时，一般已发生顶体反应的精子头端质膜与顶体外层膜均已脱落，精子头部仅覆盖一层顶体内膜，这层膜中含有顶体酶，这些酶将透明带溶解，精子借助于自身运动穿过透明带而触及卵黄，从而使卵子激活，同时卵黄膜发生收缩，由卵黄释放某种物质传播到卵的表面以及卵黄周隙。在这期间，会发生透明带反应（zona pellucid reaction），防止其余精子再穿入透明带，正在穿入的精子亦被封闭于透明带中。

但有的动物允许许多精子进入透明带，如兔的卵子不发生透明带反应，曾发现在兔受精卵的卵黄间隙有多于 200 个补充精子（额外进入的精子称为补充精子）；猪的透明带反应只局限于透明带内层，补充精子能进入透明带，但不能进入卵黄膜内。

精子穿入透明带的方式不同动物有一定差别。大鼠、金黄仓鼠、地鼠、袋鼠、猪、绵羊、山羊等精子是斜向穿过透明带的；猪以 45°角斜向穿入；貂的精子以 80°角，近于垂直穿入。通常精子附着于透明带后 5～15min 就穿过透明带，留下一条狭长的孔道。

另外，精子穿入透明带还与 pH、温度、孵育时间和顶体反应的程度有直接关系。

精卵结合
（动画）

5. 精卵质膜融合　穿过透明带的精子，其头部在卵子间隙与卵黄膜表面接触，附着在卵黄膜表面的微绒毛上。精卵融合的部位．通常是精子质膜的赤道段，在融合过程中，整个精子的质膜（包括尾部质膜）都融合到受精卵细胞膜中，而顶体内膜则随精子一起进入卵质中。精卵结合很少发生在即将排出第二极体的无绒毛区域。

一旦精卵质膜融合后，精子的活动终止，精子被拖入卵子内，这主要是由于卵皮质中的大量微丝参与了这一活动，微丝的收缩将精子和相连的微绒毛一起拖入卵内。精子进入卵子，卵子被激活并完成第二次成熟分裂，排出第二极体。

受精过程
（动画）

6. 皮层反应和多精受精的阻止　皮层颗粒小而圆，是有质膜包围的细胞器。在成熟的未受精卵中，其位于卵皮层，但在受精后消失。皮层颗粒中含有大量水解酶类、硫酸黏多糖、糖蛋白，颗粒直径在 60～80μm，未受精的小鼠卵中大约有 4 000 个颗粒。当精子与卵质膜接触时皮层颗粒首先在该处与质膜融合，发生胞吐，然后以波的形式向卵的四周扩散，波及整个卵表面，即发生皮层反应（cortical reaction）。皮层反应后，皮层颗粒的成分进入卵周隙，这些酶及黏多糖作用于透明带，改变透明带的性质，从而在阻止多精受精上发挥作用。皮层反应后其他精子不能穿过透明带，即发生了透明带反应。另外，在与卵质膜融合、精子进入卵黄后，卵子质膜立即阻止新的精子进入卵黄，这种现象称多精子入卵阻滞作用。如兔卵子质膜明显地阻止多精入卵。

7. 雌、雄原核的形成与融合　精子入卵后，核膜崩解，染色质去致密，同时卵母细胞减数分裂恢复，释放第二极体，去致密的精子染色质和卵子染色质周围重新形成核膜，形成雄原核和雌原核，原核刚形成时较小，随之体积增大。原核形成后，DNA 开始复制，一般来讲，雌原核和雄原核形成的速度差异不大。两原核逐渐向卵中央移动、相遇，核膜消失，雌、雄原核融合，染色体混杂在一起，成为双倍体的合子。受精到此结束，准备第一次卵裂，开始新生命的发育。

五、受精过程所需要的时间

关于精子与卵子结合形成合子所需要的时间，实验动物比较清楚，家畜则多是由交配时间开始算起，所以有很大误差。据估算，从精子进入卵子到第一次卵裂的中期所经历的时间，牛为 20～24h，猪 12～24h，羊 16～21h，兔 12h，马的受精卵第一次卵裂约在排卵后 24h。

六、异常受精

异常受精是在受精过程中有时出现非正常的受精现象。如多个精子进入卵黄膜内；出现两个以上的原核，而使原核不能发育；缺乏两性原核之一；在受精卵或卵裂开始时继续进入精子等现象。哺乳动物的异常受精的比例为 2%～3%，其中以多精受精、单核发育和双雌核发育较为多见。

1. 多精受精 两个或两个以上的精子几乎同时与卵子接近并穿入卵内而发生的受精，称为多精受精。这与卵子阻止多精子入卵机能不完善有关。在畜牧生产实践中，母畜配种和输精延迟都可能引起多精受精。多精受精发生时，多余精子形成的原核一般都比较小，若有两个精子同时参加受精，会出现三个原核，形成三倍体。在哺乳动物中，三倍体最长可发育到妊娠的中期，随后就会萎缩死亡。

2. 单核发育

(1) 雄核发育。雄核发育指精子入卵激活卵子后，雌核消失，只有雄原核发育。哺乳动物只有初始阶段的雄核发育，但不能继续维持。

(2) 雌核发育。在鱼类的受精中，有时会出现精子入卵只激活卵子而不形成雄原核，由卵子和未排出的第二极体发育为二倍体的生殖方式，称为雌核发育。哺乳动物很少有第二极体不排出的现象，因此雌核发育的可能性极少，且不能正常发育。

3. 双雌核受精 双雌核受精是卵子在成熟分裂中，未能排出极体，造成卵内有两个卵核，且都发育为雌原核。这种情况在猪和金田鼠的受精过程中比较多见。延迟交配、输精或受精前卵子的衰老等都可能引起双雌核受精。母猪在发情超过 36h 以上再配种或输精，双雌核率可达 20% 以上。

➔【自测训练】

1. 理论知识训练

(1) 简述胚胎的早期发育过程。

(2) 简述妊娠母畜生殖器官的变化。

(3) 简述受精的过程与异常受精的类型。

2. 操作技能训练 外部观察法进行妊娠诊断。

(1) 用触诊法进行牛、羊和猪的妊娠诊断。

(2) 用视诊法进行牛、羊和猪的妊娠诊断。

(3) 用听诊法进行牛的妊娠诊断。

任务 13-2 阴道检查法

【任务内容】

● 掌握阴道检查法进行猪、牛、羊的妊娠诊断。

【学习条件】

● 妊娠母畜。

● 工作服、脸盆、镊子、开膣器、手电筒、保定架等。

● 多媒体教室、妊娠诊断教学课件、录像、教材、参考图书。

牛的阴道检查法

（1）将脸盆、镊子、开腟器等用具，先用清水洗净后，再用火焰消毒，或用消毒液浸泡消毒，再用温开水或蒸馏水将消毒液冲净。检查人员手臂和母畜阴唇及肛门附近用温水洗净、消毒。

（2）置被检母畜于保定架中保定，用绳索缠扎其尾于一侧。

（3）在已经消毒的开腟器前端涂以灭菌石蜡等润滑剂，并用灭菌纱布覆盖备用。

（4）检查者站立于母畜左后侧，右手持开腟器，左手的拇指和食指将阴唇分开，将开腟器合拢，并使其呈侧向，前端斜向上方缓缓送入阴道，待开腟器完全插入阴道后，轻轻转动开腟器，使手柄向下，压拢两手柄，完全张开开腟器，借助光源照明，观察阴道黏膜、黏液及子宫颈变化。

（5）检查完毕，将开腟器放松但不完全合拢，转为进入状，缓缓抽出。

（6）判断妊娠的依据。

①母畜阴道黏膜苍白、干燥、无光泽（妊娠末期除外）。

②子宫颈的位置前移（随时间而异），且往往偏向一侧，子宫颈口紧闭，外有浓稠黏液堵塞（牛的黏液在妊娠末期变得滑润）。

③附着于开张器上黏液为糊状，呈灰白色。

（7）注意事项：对于妊娠母畜，开张阴道是一种不良刺激。因此，阴道检查动作要轻缓，以免造成妊娠中断。

➔ 【拓展知识】

一、牛子宫颈阴道黏液煮沸法

当母畜在发情、妊娠、生殖器官疾病时，子宫和阴道均分泌有黏液，经煮沸后，其物理化学性质发生一定变化，据此来判断是否妊娠。

1. 蒸馏水煮沸法　从子宫颈口取少量黏液（玉米粒大小）放置于试管中，以1:3的比例加蒸馏水煮沸1min。若妊娠，则煮沸后溶液呈灰白或白色，黏性比较大，呈一定形状，似一块云雾状液体，漂浮在水中；若未妊娠，则黏液全部溶解，且液体呈透明清亮，没有任何沉淀及漂浮物存在；如子宫内有疾病（子宫积脓、子宫内膜炎），溶液呈灰白色，且混浊、细小的絮状物黏附于试管壁上。

2. 氢氧化钠煮沸法　用10%的NaOH与黏液以3:1的比例混合，煮沸1min。若妊娠，则黏液完全溶解，溶液颜色由黄色、橙色变为暗褐色；若未妊娠，则黏液完全溶解，溶液由清亮透明变为淡黄色；若有子宫疾病，则黏液不溶解，且呈混浊不透明的淡黄色液体。

二、尿液雌激素检查法

因为妊娠母畜胎盘产生的雌激素不在体内贮存，经过失活过程后通过尿液排出体外，所以通过检查尿液中雌激素含量可以诊断其是否妊娠。

对于马，可最好取早晨的尿液 10mL，加入 7‰碘酒 4～6 滴，在酒精灯上缓慢加热，孕马尿由上向下变为红色，未孕马尿则呈淡黄或褐绿色。

猪取其滤过的尿液 10mL，为除尿中色素，先加入 10%硫酸锌及 20%的氢氧化钠各 1.25mL，混合均匀后过滤于一试管中，再加入浓盐酸 2mL，置于水浴锅中煮沸 10min，冷却到 15℃后进行过滤，加苯 2mL，振荡 5min，以浸出雌激素，然后在上层透明苯层取出 5mL，加浓硫酸 1mL 于一小试管中，放于水浴锅中加热至 60～70℃ 维持 5min，冷却 30min 后进行观察。如下层硫酸层呈荧绿色为妊娠阳性，呈棕褐色为阴性。

➲【自测训练】

1. 理论知识训练

(1) 简述阴道的结构和功能。

(2) 简述阴道检查法的基本操作。

2. 操作技能训练　阴道检查法进行牛、羊、猪的妊娠诊断。

任务 13-3　直肠检查法

【任务内容】

● 初步掌握直肠检查的操作过程。

【学习条件】

● 未孕和已孕母牛。

● 保定架、绳子、肥皂、毛巾、桶、温水、润滑剂、5%碘酊及长臂手套等。

● 多媒体教室、妊娠诊断教学课件、录像、教材、参考图书。

一、牛

1. 准备和触摸卵巢、子宫的操作方法　同发情鉴定。

2. 妊娠诊断的内容

(1) 子宫角的大小、性状、对称程度、质地、位置，角间沟是否消失。

(2) 在子宫体、子宫角内可否摸到胎盘及胎盘的大小。

(3) 有无漂浮的胎儿及胎儿活动情况。

(4) 子宫内液体的性状。

(5) 子宫动脉的粗细及妊娠脉搏的有无。

牛的妊娠诊断
（视频）

3. 直肠检查的妊娠日龄诊断要点

(1) 妊娠 20～25d。一侧卵巢体积明显大于另一侧，质地变硬，黄体突出于卵巢表面，这是早期妊娠诊断的主要根据。此时，母牛的子宫角无明显差异，子宫角柔软或稍肥厚而有弹性，但无病态表现，触摸时无收缩反应，角尖沟明显。

(2) 妊娠 30d。两侧子宫角不对称，孕角变粗，松软，有波动感，其膨大处子宫壁变薄，弯曲度小，而空角仍无明显变化，角间沟仍明显。用拇指和食指轻轻捏起孕侧子宫角，再突然放松，可感到子宫壁内先有一层薄膜滑开，这就是尚未附植的胎囊壁。

（3）妊娠 60d。两个子宫角大小不对称，孕角明显增粗，相当于空角的 2 倍，角间沟已不明显，但角间沟的分岔仍然明显。孕角壁软而薄，有液体波动感，孕角波动明显，角间沟变平，子宫角开始垂入腹腔，但仍可摸到整个子宫。

（4）妊娠 90d。孕角继续增大，孕角大如婴儿头，波动明显，子宫已开始沉入腹腔。空角比平时增长 1 倍，很难摸到角间沟。有时可以摸到胎儿。孕角子宫动脉根部已有轻微的妊娠脉搏。

（5）妊娠 120d。子宫沉入腹腔，子宫颈已越过耻骨前缘，一般只能摸到子宫的局部及该处的子叶，如黄豆至蚕豆大小，可触到胎儿。子宫动脉的妊娠脉搏明显。此后子宫进一步增大，沉入腹腔，手已无法触到子宫的全部，子叶逐渐增大如鸡蛋大小，子宫动脉粗如拇指，两侧妊娠脉搏均明显。在妊娠后期可触到胎儿头、四肢及身体其他部位。

（6）妊娠 150d。子宫已全部沉入腹腔，子宫动脉的震颤脉搏十分明显，胎儿发育增大，检查时能清楚地摸到胎儿。

（7）妊娠 180d。子宫沉入腹腔深部，子宫、子宫颈垂至腹腔。能触及胎儿的各部分及胎动，两侧子宫动脉均有明显的妊娠脉搏。

（8）妊娠 240～270d。子宫颈退至骨盆内或入口处，能摸到胎儿。子叶如鸡蛋大小，两侧子宫中动脉震颤明显。

二、马

1. 准备和触摸卵巢、子宫的操作方法 同发情鉴定。

2. 妊娠诊断的内容 与牛基本相同，不同的是早在 20d 可确定是否妊娠。

3. 直肠检查的妊娠日龄诊断要点

（1）妊娠 16～18d。子宫角收缩呈圆柱状，子宫角壁肥厚变硬，中间有弹性，在子宫角基部可摸到大如鸽蛋的胎泡。孕角平直或弯曲，空角弯曲、较长。

（2）妊娠 20～25d。子宫角进一步收缩，质地坚硬，触时有香肠般感觉，空角弯曲增大，孕角的弯曲多由胎泡上方开始。多数母马的子宫底的凹沟明显，胎泡大如乒乓球，波动明显。

（3）妊娠 25～30d。子宫角的变化不大，胎泡增大如鸡蛋或鸭蛋，孕角缩短下沉，卵巢位置随之稍有下降，空角卵巢仍可自由活动。

（4）妊娠 30～40d。胎泡增大迅速，体积如拳大小，直径 6～8cm。

（5）妊娠 40～50d。胎泡直径达到 10～12cm，孕角下沉，卵巢韧带开始紧张，空角多在胎泡上面，其卵巢仍可活动。胎泡部的子宫壁变薄。

（6）妊娠 60～70d。胎泡大如婴儿头，直径 12～16cm，呈椭圆形。可摸到孕角尖端和空角全部，两侧卵巢下沉靠近。

（7）妊娠 80～90d。胎泡稍小于篮球，直径约 25cm，两侧子宫角均被胎泡充满，胎泡下沉并向下突出，很难摸到子宫的全部。卵巢系膜更紧张，两个卵巢向腹腔前方伸展，彼此更靠近。

（8）妊娠 90d 后。胎泡逐渐沉入腹腔，手只能触到胎泡一部分，卵巢彼此进一步靠近，可同时触到两个卵巢。150d 后，孕侧子宫动脉开始出现明显的妊娠脉搏，并明显摸到胎儿活动的情况。

➡ 【相关知识】

一、胎　　膜

胎膜为胎儿的附属膜，是胎儿本体以外包被着胎儿的几层膜的总称。其作用是与母体子宫肌膜交换养分、气体及代谢产物，对胎儿的发育极为重要。在胎儿出生后，即被摒弃，所以是一个暂时性器官。胎膜源于 3 个基础胚层，即外胚层、中胚层和内胚层。通常按其结构部位及功能分为羊膜、尿膜、绒毛膜和卵黄囊。

1. 卵黄囊　在多数哺乳动物，卵黄囊由胚胎发育早期的囊胚腔形成。在啮齿类和鸟类，卵黄囊内含有大量卵黄，经过囊壁的血管消化、吸收，供给胚胎的发育和生长。而哺乳动物的卵只有卵黄体或很小的卵黄块。因此，卵黄囊只在胚胎发育的早期阶段起营养交换作用。一旦尿膜出现其功能即为后者替代。随着胚胎的发育，卵黄囊逐渐萎缩，最后埋藏在脐带内，成为无机能的残留组织，称为脐囊，这在马较为明显。

2. 羊膜　是包裹在胎儿外的最内一层膜，由胚胎外胚层和无血管的中胚层形成。在胚胎和羊膜之间有一充满液体的腔——羊膜腔。羊膜上无血管，虽在某些动物的羊膜上偶尔看到血管，这是卵黄囊覆盖的缘故。

3. 尿膜　由胚胎的后肠向外生长形成，其功能相当于胚胎外临时膀胱，并对胎儿的发育起缓冲保护作用。当卵黄囊失去功能，尿膜上的血管分布于绒毛膜，成为胎盘的内层组织。随着尿液的增加，尿囊亦增大，在奇蹄类有部分尿膜和羊膜黏合形成尿膜羊膜，而与绒毛膜黏合则成为尿膜绒毛膜。

4. 绒毛膜　是胚胎最外层膜，其发生与羊膜相似。绒毛膜表面有绒毛，富含血管网。除马的绒毛膜不和羊膜接触外，其他家畜的绒毛膜均有部分与羊膜接触。

绒毛膜表面的绒毛分布及其形状在动物种间有差异。马的绒毛膜填充整个子宫腔，因而发育成两角一体。反刍动物形成双角的盲囊，孕角子宫较为发达。猪的绒毛膜呈圆筒状，两端萎缩成为憩室。

5. 脐带　是联系胎儿和胎盘的束状组织，被覆羊膜和尿膜，其中有两支脐动脉，一支脐静脉（反刍动物有两支），有卵黄囊的残迹和脐尿管。其血管系统和肺循环相似，脐动脉含胎儿静脉血，而脐静脉来自胎盘，富含氧和其他成分，具动脉血特征。脐带随胚胎的发育逐渐变长，使胚体可在羊膜腔中自由移动。

二、胎　　液

胎液是指羊膜囊和尿囊内的羊水和尿水。

1. 羊水　最初可能由羊膜细胞分泌，之后则大部分来源于母体血液，发育的胎儿也排泄一部分产物至羊水中。羊水的量随妊娠的进展而变化，通常妊娠初期缓慢升高，中期迅速增加，之后保持稳定。猪在妊娠的前 3 个月，每个羊膜内羊水含量可达 200mL，以后则趋于减少。反刍类在妊娠前半期增加较快，以后亦见减少。母羊在妊娠最初 45d 内，羊水不过 20mL，透明无色；到第 75 天，由于脐尿管封闭，尿道开放进入羊膜的尿液增加，羊水可达 250mL 左右，呈黄色透明；4 个月后变浓而混浊，到临产时有时多达 1～4L。

羊水内悬浮着一些脱落的上皮细胞、无机盐和蛋白质，还有糖、脂肪、酶、激素及色素。随着胎儿的成熟，唾液和肺分泌物不断进入羊膜，羊水的黏性和润滑性增加。有时在羊水中可见到不规则的块状物，即胎饼。

羊水对胎儿起保护作用，可防止胎儿受周围组织的压迫，避免胎儿的皮肤与羊膜发生粘连，并可使绒毛膜与子宫内膜发生密切接触，因而有助于附植。分娩时还有助于子宫颈的扩张及产道的润滑。

2. 尿水　来源于胎儿的尿液和尿囊上皮分泌物，其量变化相当迅速，可能与中肾有关。大约到妊娠第 40 天，尿液浓度上升。在妊娠后半期：牛尿水量增加；绵羊则不稳定；猪尿水的变化与羊水相似，妊娠前 1/3 时期增加很快，妊娠末期减少，每 1～2h 尿水即交换一次；马则相反；人临产时有时多达 8～15L，其色泽由稀薄澄清变成浓稠。尿水中的成分大致和羊水相同，呈弱碱性，密度较大。

尿水也有扩张尿囊、使绒毛膜与子宫内膜紧密接触的功能，并可在分娩前贮存发育胎儿的排泄物，有帮助维持胎儿血浆渗透压的作用。

三、胎　盘

胎盘是胎儿胎膜中的尿膜绒毛膜（猪还包括羊膜绒毛膜）同母体子宫内膜共同构成，属胎儿部分的称为胎儿胎盘，属母体部分的称为母体胎盘。胎盘通过脐带血管使母体和胎儿间进行物质交换。胎儿通过胎盘从母体获得养分，同时将代谢产物排入母体。

1. 胎盘类型　有上皮绒毛膜胎盘、结缔组织绒毛膜胎盘、内皮绒毛膜胎盘和血绒毛膜胎盘四种类型（图 13-3-1）。

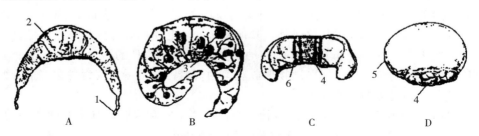

图 13-3-1　哺乳动物主要四种类型胎盘
A. 上皮绒毛膜胎盘　B. 结缔组织绒毛膜胎盘　C. 内皮绒毛膜胎盘　D. 血绒毛膜胎盘
1. 坏死端　2. 绒毛　3. 子叶　4. 胎盘　5. 羊膜＋绒毛膜　6. 噬血器

（1）上皮绒毛膜胎盘。绒毛均匀分布于整个绒毛膜上，故又称弥散型胎盘。胎儿胎盘的上皮和子宫内膜上皮完整存在，接触关系简单，易分离而互不损伤。分娩时胎盘脱落较快，母体胎盘完全和胎膜分离，不随胎膜排出，因此又称非蜕膜型胎盘。马属动物、猪和骆驼的胎盘属于此类。

（2）结缔组织绒毛膜胎盘。绒毛呈丛状分布于绒毛膜上，又称为子叶型胎盘。子叶同母体子宫黏膜层上由子宫阜构成的母体子叶相对应。羊膜-绒毛膜上无子叶。牛、羊的胎盘属此类型。牛的胎儿子叶呈环状，中间凹陷。胎儿子叶包围母体子叶，胎儿子叶上的绒毛，嵌入母体子叶的腺窝中。羊的胎盘结构同牛的大致相同，但母体子叶呈杯状，包围于胎儿子叶上。

反刍动物胎盘发育过程中，母体子叶上皮大部分发生变性、萎缩，直至消失，所以绒毛直接同结缔组织接触。胎儿胎盘同母体胎盘结合紧密，相互联系牢固。分娩时胎膜不易脱离，而在分离时经常会有少量子宫黏膜的结缔组织随同脱落，故又称半蜕膜型胎盘。这种胎膜排出较慢，但并不会发生胎儿窒息。

（3）内皮绒毛膜胎盘。绒毛呈带状环绕于胎膜中段，又称带状胎盘。胎儿胎盘和母体胎盘相附处的子宫黏膜上皮遭破坏，绒毛直接和子宫血管内皮相接触。分娩时，母体胎盘组织脱落，子宫血管破裂出血，故属于半蜕膜型胎盘。猫、犬的胎盘属于此类型。

（4）血绒毛膜胎盘。绒毛分布于绒毛膜的圆形区域，呈圆形或椭圆形，故又称盘状胎盘。胎盘发育过程中，子宫黏膜的血管内皮细胞消失，绒毛侵入子宫黏膜深层的血管内，仅以绒毛组织上皮分隔胎儿和母体的血液。分娩时子宫黏膜大量脱落、出血，故称真蜕膜型胎盘。灵长类动物、兔、大鼠的胎盘属于此型。

2. 胎盘功能　胎儿胎盘和母体胎盘都密布血管，双方的微血管相互靠近但不相沟通。通过胎盘屏障，可有选择性地以扩散和特殊的渗透方式进行物质交换。

（1）气体交换。胎儿依靠胎盘血液循环的扩散作用而同母体交换氧气。从母体氧合血红蛋白析出的氧透过组织与胎儿的血红蛋白结合，从而进入胎儿体内。二氧化碳以相反过程从胎儿转向母体。胎儿的血红蛋白对氧的亲和力高于母体，而对二氧化碳的亲和力则低于母体。

（2）供应养分。水、氨基酸、糖、无机盐类、水溶性维生素等均由母体通过胎盘进行主动输送。一般大分子物质不能通过胎盘，如激素和脂溶性的维生素 A、维生素 D、维生素 E 等，但脂肪酸和甘油则可通过胎盘。

（3）排泄废物。胎儿的代谢产物如尿酸、尿素、肌酐等由胎盘经母体血流而排出。

（4）胎盘屏障。胎盘是胎儿的防御屏障，除病毒外，一般细菌和病原体都不能通过胎盘。母体的抗体能否通过胎盘主要取决于胎盘的结构。通常免疫球蛋白不能通过上皮绒毛膜型和结缔组织绒毛膜型的胎盘，而可以通过内皮绒毛膜型和血绒毛膜型胎盘。

（5）分泌激素。胎盘能产生许多激素如雌激素、黄体酮、促肾上腺皮质激素、促性腺激素等。这对调节和维持妊娠，克服免疫排斥，发动分娩以及促使乳房的泌乳等起重要作用。

⊙ **【拓展知识】**

直肠检查注意的问题

1. 手臂伸入直肠时，动作必须缓慢，绝不可粗暴　手臂伸入直肠后，如遇母牛强烈努责，应耐心等待，至直肠弛缓时再检查，否则容易损伤肠壁。

2. 触摸胚泡时不能用力　妊娠早期胚泡附着不牢固，触摸时不能用力，以免引起流产。

3. 注意妊娠子宫和子宫疾病的区别　因胎儿发育所引起的子宫增大和子宫积脓、积水有时形态上相似，也会造成子宫的下沉，但积脓、积水的子宫提拉时有液体流动的感觉，脓液脱水后是一种面团样的感觉，而且也找不到子叶的存在，更没有妊娠子宫动脉的特异搏动。

4. 对妊娠和假孕的正确判断 假孕现象马、驴出现得比较多。具体表现为配种40d以上时，子宫角仍无妊娠表现，子宫角基部无胎泡，卵巢上无卵泡发育和排卵现象。阴道的表现与妊娠一致。这种情况可认为是假孕，应及时处理，促其再发情配种。

5. 对胎泡和膀胱的正确区分 牛、马等大家畜膀胱充满尿液时，其大小和妊娠70~90d的胎泡相似，容易将其混淆造成误诊。区别的要领是膀胱呈梨状，正常情况下位于子宫下方，两侧无牵连物，表面不光滑，有网状感；胎泡则偏于一侧子宫角基部，表面光滑，质地均匀。

6. 注意孕后发情 母马妊娠早期，排卵对侧卵巢常有卵泡发育，并有轻微发情表现。对这种现象，要根据子宫是否具有典型的妊娠表现判断，如果有则视其为假发情。母牛配后妊娠20d及3~5个月偶尔也有某些外部发情表现。但是，只要是无卵泡发育都可认为是假发情。

7. 注意特殊变化 如母牛因双胎出现的两侧子宫角对称，马、驴胎泡位于子宫角上部或尖端，以及子宫角收缩不典型的母畜等，要做认真触摸。

8. 注意综合判断 对妊娠征状要全面考虑，综合判断。既要抓住每个阶段的典型症状，也要参考其他表现。对牛4个月以上的妊娠诊断，既要根据胎泡的有无和大小，又要注意子叶的有无和直径，以及子宫动脉的反应。对马、驴的妊娠诊断，既要注意卵巢和子宫角的收缩和质地情况，更要重点考虑胎泡的存在和大小。

另外，直肠检查时，还应注意先将直肠内粪便掏出再进行检查，尤其是马的直肠壁较牛薄，而且直肠往往积有大量粪球，如有可能可事先用肥皂水灌肠，促使直肠排空。检查时动作应轻缓柔和，当直肠扩大或缩小很紧时，要等恢复后再操作，切忌损伤肠道黏膜。一旦引起马的肠道损伤，特别是出血，后果极为严重。

➔【自测训练】

1. 理论知识训练

（1）简述直肠检查法的应用范畴。

（2）简述胎盘的类型及结构。

2. 操作技能训练 直肠检查法进行妊娠诊断。

（1）针对不同妊娠期的母牛进行直肠检查法进行妊娠诊断。

（2）总结各时期妊娠诊断的基本特征。

任务 13-4 超声波诊断法

【任务内容】

● 了解超声波诊断仪在动物妊娠诊断上的应用。

● 初步掌握利用超声波诊断仪进行妊娠诊断的操作过程。

【学习条件】

● 妊娠母畜。

● 超声波发情记录与配种登记簿，B型超声波诊断仪，耦合剂等。
● 多媒体教室、妊娠诊断教学课件、录像、教材、参考图书。

一、牛的 D 型（多普勒）超声波诊断

1. 母畜保定　将受检母牛保定于保定架内。

2. 探查部位和方法　用开腟器打开阴道，以多普勒妊娠诊断仪长柄探头蘸取耦合剂（如石蜡油）插入阴道内，在距子宫颈阴道部约 2cm 处的阴道穹隆部位，按顺序探查一圈，同时听取或录制多普勒信号音，即妊娠母牛的子宫脉管血流音（简称宫血音）、胎儿发育和脐带动脉的血流音（简称胎儿音）、胎心音和胎动音。

3. 判定标准　未孕母牛子宫脉管血流音为"呼……呼……"声；妊娠后即变成"啊呼……啊呼……"声和蝉鸣声，其频率和母体脉搏相同。

母牛妊娠 30～40d 后在阴道穹隆右上方向部位可探到"啊呼"声，部分孕牛在 40～50d 时出现"啊呼"声外，还可探到蝉鸣声。50～70d 时有一半孕牛可出现蝉鸣声；80～90d 时有 2/3 的孕牛可探测到蝉鸣声。

二、羊的 B 型超声波诊断

1. 仪器设备　加拿大阿米公司的 AMI-900 型便携式超声波扫描仪，探头分为 5.0MHz 直肠探头和 3.5MHz 扇扫头。

妊娠诊断 B 超
（视频）

2. 探查方法与部位　一般采用直肠探查和体外探查配合进行。

（1）直肠探查。由两个人对母羊进行站立保定，用手指排除直肠的宿粪，把直肠探头蘸温水后送入直肠至骨盆入口前，后向下呈 45°～90°角进行扫查。

（2）体外探查。将母羊侧卧保定，一个人抓住母羊的两前肢，在山羊乳房两旁和后肢之间无毛区域，将探头与皮肤垂直压紧，以均匀的速度或适当改变角度，紧贴皮肤移动，选择典型图像记录，保存和打印，并运用 B 超的测量系统测定所需数据。

3. 判定依据　检查时以探查到胎囊、胎体、胎心搏动或胎盘子叶，判定为妊娠。

三、猪的 D 型（多普勒）超声波诊断

1. 待查姿势　不需保定待查母猪，令其安静侧卧、趴卧或站立均可。

2. 探查方法和部位　先清洗刷净腹侧探测部位，涂抹石蜡油，由母猪下腹部左右肋部前的乳房两侧向前探查。从最后一对乳房后上方开始，随着妊娠日龄的增长逐渐前移，直抵胸骨后端进行探查，亦可沿两侧乳房中间腹白线探查。使多普勒妊娠诊断仪的探头紧贴腹壁，对妊娠初期母猪应将探头朝向耻骨前缘方向或呈 45°角斜向对侧上方，要上下前后移动探头，并不断变换探测方向，以便探测胎动和胎心搏动等。

3. 判定标准　母体动脉的血流音是呈现有节律的"啪嗒"声或蝉鸣声，其频率与母体心音一致。胎儿心音为有节律的"咚、咚"声或"扑咚"声，其频率约 200 次/min，胎儿心音一般比母体心音快 1 倍多，胎儿的动脉血流音和脐带脉管血流音似高调蝉鸣声，其频率与胎儿心音相同。胎动音好似无规律的犬吠声，妊娠中期母猪的胎动音最为明显。

➡️ 【相关知识】

一、超声波诊断技术应用概述

超声波诊断技术在家畜妊娠诊断领域的应用始于 20 世纪 60 年代中期，开始应用的是 A 型和 D 型超声波诊断仪，随着电子技术的发展，B 型超声波诊断仪开始在生产中推广应用，以光亮度、反应信号的强弱能立即显示被查部位的二维图像以及反应部位的活动状态，所以 B 型超声波诊断仪又称为实时超声断层显像诊断仪。超声波检查是向机体器官内部发射超声波并接受其回声，根据其讯号来诊断疾病的方法。

二、超声波诊断法的原理

超声波诊断法原理是利用超声波的物理特性，根据母畜子宫不同组织结构出现不同的反射，来探知胚胎的存在、胎动、胎儿心音和胎儿脉搏等情况来进行妊娠诊断的方法。

三、超声波妊娠诊断仪种类

目前用于妊娠诊断的超声波妊娠诊断仪有 3 种类型。

1. 多普勒超声波诊断仪 简称 D 型诊断仪，是通过听胎儿心音及脐带上的动脉、静脉血流音来诊断。但是，由于操作技术和个体差异等原因，常造成诊断时间偏长、准确率不高等问题。

2. A 型超声波诊断仪 A 型超声波诊断仪利用超声波来检查充满积液的子宫。声波从妊娠的子宫反射回来，并被转换成声音信号或示波器屏幕上的图像，或通过二极管形成亮线。可对妊娠 20d 以后的母猪进行探测，30d 以后的准确率达 93%～100%；绵羊最早在妊娠 40d 能测出，60d 以上的准确率可达 100%；牛、马妊娠 60d 以上可做出准确判断。不同型号的 A 型超声仪的灵敏度和特异性间存在差异。

3. 超声断层扫描 简称 B 超，是将超声回声信号以光点明暗显示出来，回声的强弱与光点的亮度一致，这样由点到线到面构成一幅被扫描部位组织或脏器的二维断层图像，称为声像图。超声波在家畜体内传播时，由于脏器或组织的声阻抗不同，界面形态不同，以及脏器间密度较低的间隙，造成各脏器不同的反射规律，形成各脏器各具特点的声像图。

用 B 超可通过探查胎水、胎体或胎心搏动以及胎盘来判断母畜妊娠阶段、胎儿数、胎儿性别及胎儿的状态等。但早期诊断的准确率仍然偏低。对绵羊所做的妊娠检查结果表明：10～25d 的准确率只有 12.8%，25d 以后准确率增加到 80%，50d 以上可达 100%。

➡️ 【拓展知识】

除上述诊断方法外，还有一些辅助诊断妊娠的方法如下。

（一）返情检查

妊娠诊断最普通的方法是根据配种后 17～24d 是否恢复发情。观察母畜在公畜在场时的表现，尤其是当公、母畜直接发生身体接触时的行为表现，将有利于发情检查。

一般母畜繁殖状况越好，通过返情检查进行妊娠诊断的准确性越高，但当管理混乱、饲料中含有霉菌等毒素、炎热、营养不良时，则母畜持续乏情或假妊娠率会增高，这种情况下，配种后检查返情进行妊娠诊断，就会有部分母猪出现假阳性诊断结果。因此，通过返情检查进行妊娠诊断的准确性高时可达 92%，但低时会低于 40%。在配种后 38~45d 进行第二次返情检查，如仍不返情，其诊断的准确性会进一步提高。

（二）激素反应法

1. 母猪 PMSG 诊断法　应用 PMSG 对母猪进行早期妊娠诊断的原理是早期妊娠母猪的卵巢上有许多功能性黄体，能抑制卵巢对外源性 PMSG 的生理反应，故母猪不表现发情。据此可进行早期妊娠诊断。配种 14d 以后的母猪，肌内注射 PMSG 700~800IU，在 5d 内未出现正常发情且不接受公猪交配的，即可确定为妊娠；如果母猪出现正常发情并接受公猪爬跨，则确定为未妊娠。本方法具有妊娠诊断和诱发发情的双重效果，且方法简便、安全、诊断时间早。

2. 性激素检查法　动物妊娠后，在体内起主导作用的是黄体酮，它可以对抗适量的外源性雌激素，使之不发生反应。此法即是根据母畜对雌激素是否出现反应作为判定标准。母畜妊娠时，注射雌激素后，不表现发情征状，未妊娠时则可促使母畜发情。牛于配种后 18~20d，肌内注射合成雌激素（苯甲酸雌二醇、己烯雌酚）2~3mg，注射后 5d，不出现发情时为妊娠。猪于配种后 18~22d，注射雌二醇-缬草酸盐 2mg 和睾酮-丙酸盐 5mg 混合油剂（或己烯雌酚 2mg）后，妊娠母猪不表现发情征状，未妊娠者则在注射后 3~5d 出现发情。据测定，准确率为 98%。母猪于配种后 18~22d，用 1% 丙酸睾酮 0.5mL、0.5% 丙酸己烯雌酚 0.2mL 混合肌内注射，2~3d后不出现发情者为妊娠。

（三）免疫学诊断法

免疫学妊娠诊断的基本原理是，动物妊娠后，胚胎、胎盘及母体组织分别能直接或间接产生一些化学物质（激素或酶类），其水平在妊娠过程中呈现规律性变化，其中有些物质具有很强的抗原性，能刺激机体产生免疫反应。用这类物质免疫动物制备抗体（抗血清），这种抗体仅能和对其诱导的抗原发生特异性结合，即发生抗原抗体反应。对所发生的特异性抗原抗体反应可通过两种途径测定，一种是利用荧光染料或同位素对抗体进行标记，待其和抗原发生反应后在显微镜下定位观察或用仪器测定，二是根据抗原抗体反应后产生的某些物理性状，如凝集反应、沉淀反应等进行判定。

1. 红细胞凝集试验　妊娠早期母绵羊体内存在特异性抗原，这种抗原在受精后第 2 天即可从一些妊娠母羊的血液中检测出来，并且能在受精后第 8 天从所有妊娠母羊的胚胎、子宫及黄体中检测出来。这种抗原是和红细胞结合在一起的，用其制备抗血清，与妊娠 10~15d 的母羊红细胞混合时会发生红细胞凝集现象。若未妊娠，则不发生红细胞凝集现象。此法对母羊妊娠 28~60d 的准确率为 90%。此法同样适用于牛、猪、马的早期妊娠诊断。

2. 红细胞凝集抑制试验　抗原和抗体的结合，直接观察比较困难，故一般采用大的颗粒作为载体,将抗原或抗体载于其上,发生抗原抗体反应时会使载体颗粒凝集,便于观察。红细胞凝集抑制试验就是以红细胞作为载体来观察是否发生了抗原抗体反应。用本法检查母马 PMSG 来进行妊娠诊断,最可靠时间为妊娠后 45～80d。PMSG 含量的个体差异与早期胚胎死亡会直接影响诊断的准确率。利用母牛妊娠后血液中透明质酸酶增多,用透明质酸酶作为抗原,制备抗体,并使绵羊红细胞致敏,做红细胞凝集抑制试验进行妊娠诊断,红细胞不凝集者为妊娠,凝集者为未妊娠。本法对受精后 20d 内的准确率为 67%,20d 以后的准确率可达 95%。

3. 沉淀反应 用母马妊娠早期(11d)的血浆免疫家兔所制备的抗血清,能与妊娠和未妊娠的母马血浆在琼脂凝胶上形成沉淀带。但当抗血清与空怀母马发情后 16d 的血浆中和后,则中和的抗血清只与妊娠早期的孕马血浆间出现沉淀带。出现沉淀带的为阳性,反之为阴性。

(四)血或乳中黄体酮测定法

雌性动物配种后,经过一个黄体期的时间长度,如果未妊娠,则其血中黄体酮 P_4 含量会在黄体退化时而下降,如果妊娠,则由于妊娠黄体的存在,P_4 水平保持不变或上升。这种 P_4 含量的差异是动物早期妊娠诊断的基础。乳汁和外周血中 P_4 含量虽然不同,但两者之间有着密切的关系,乳汁和外周血中 P_4 的含量变化规律是一致的。由于乳样采集方便,故多用乳样 P_4 测定来进行早期妊娠诊断。血或乳中 P_4 测定法用于早期妊娠诊断。一般其判断妊娠的准确率在 80%～95%,而判定未妊娠的准确率常可达 100%。这主要是由于诸如持久黄体、黄体囊肿、胚胎死亡及其他卵巢、子宫疾患所致。P_4 含量的测定早期多采用放射免疫分析(RIA)法,目前酶免疫分析(EIA)法亦得到广泛应用。

1. RIA 法 早期系用 RIA 法对血中 P_4 浓度测定来进行早期妊娠诊断。Laing 等(1971)首次将 RIA 法用于乳中 P_4 的测定,此后又证明乳中与血中 P_4 浓度平行。因此在奶牛使用 RIA 法测定乳中 P_4 的浓度,在猪等动物仍用血浆。但 RIA 法的设备条件要求高,设备价格昂贵,费时和有放射性危害,制约了实际应用。

2. EIA 法 EIA 具有易掌握、快速、低成本、无须昂贵设备、无放射性污染和所用试剂无毒等优点,所以在 P_4 测定上广泛应用。近年来,滤纸片奶样定量检测技术研究成功,其妊娠诊断准确率达到 90%,未妊娠诊断准确率为 100%。由于滤纸片邮寄方便,且纸样可长期保存,为该方法的应用提供了便利条件。ELISA 是以酶作为标记物,将酶促反应的放大作用与抗原抗体反应的特异性结合起来的一种酶免疫化学测定法,可用于 P_4 的定性与定量分析。在早期妊娠诊断中以定性分析为主。已报道的标记酶有碱性磷酸酶、β-乳糖酶和辣根过氧化物酶(HRP)等。这些标记酶在与 P_4 抗体结合后,其催化活性不受影响。

(五)早孕因子测定法

妊娠鼠及绵羊在受精后 6h、牛在 24～48h、猪在 4h 均可在血液中检测出早孕因子(early pregnancy factor,EPF)。其测定方法普遍采用玫瑰花环抑制试验,含量以玫瑰花环抑制滴度值来衡量。该方法已用于动物早期胚胎死亡检测、受精检查和超早妊娠诊断的试验研究。其机理是在补体参与下,T 淋巴细胞可与异源动物的红细胞形成玫瑰花样凝集环,而抗淋巴细胞血清则能抑制花环形成,其抑制程度以 RIT 高低表示。早孕因子与抗淋巴细胞血清具有相似的抑制花环形成的能力,当淋巴细胞、补体和异源红细胞的量一定时,随着早孕因子量的升高,抗淋巴细胞血清的稀释度的增加,玫瑰花环抑制滴度值也升高。目前该方法还未能在生产中实际应用,如能开发出准确、灵敏、快速的早孕因子检测方法,则可作为超早期妊娠诊断和监视胎儿发育的一个指标。

➔ 【自测训练】

1. 理论知识训练

(1) 简述妊娠诊断的主要方法。

(2) 简述超声诊断的类型和准确性。

2. 操作技能训练 用超声波法进行妊娠诊断。

(1) 用超声波法进行羊的妊娠诊断。

(2) 用超声波法进行猪的妊娠诊断。

项目 14 分娩助产技术

【能力目标】
◆ 能够独立进行产前准备工作。
◆ 了解猪、牛和羊的助产工作流程。
◆ 能够做好母畜产后护理工作。
◆ 能够做好仔畜产后护理工作。

【知识目标】
◆ 理解母畜产前、产后机体的生理变化。
◆ 掌握分娩的机理和过程。
◆ 掌握难产的类型和救助原则。

任务 14-1 助产技术

【任务内容】
● 了解猪、牛、羊的接产准备过程。
● 掌握猪、牛、羊的接产过程。

【学习条件】
● 待产母畜、产房等。
● 工作服、酒精、碘酒、1%的煤酚皂或 0.1%~0.2%高锰酸钾、剪刀、镊子、药棉、纱布、助产绳、产科器械等。
● 多媒体教室、助产技术教学课件、录像、教材、参考图书。

通过接产、助产的学习，掌握其操作要领。同时，掌握初生仔畜处理、产后母畜的护理等技术。

一、母猪助产技术

仔猪出生后全身及口鼻中全是黏液，脐带过长，如不及时清除黏液、剪短脐带容易造成仔猪受冻、窒息、感染死亡。另在分娩过程中部分母猪由于分娩无力或紧张、产道狭窄、胎儿过大或畸形、胎位不正等原因也易造成难产。因此，科学接产是提高仔猪成活，保证母猪安全分娩的重要措施之一。

（一）接产前准备

1. 人员准备　接产员应首先将指甲剪短磨平，用肥皂洗净并用2%～3%的来苏儿消毒双手。应用高锰酸钾溶液给产前母猪的外阴和乳房擦洗消毒。应保持整个产仔过程安静。母猪产仔过程接产人员应在场。

2. 产房准备　要求产栏干燥、安静舒适、空气新鲜，最好阳光充足，环境温度保持在22～25℃。母猪产前一周应将产房冲洗干净，再用2%的氢氧化钠溶液消毒后冲洗干净。

3. 母猪准备　对于膘情和乳房发育良好的母猪，产前3～5d应减料，逐渐减到妊娠后期的1/3～1/2，并停喂青绿多汁饲料。对于那些膘情和乳房发育不好的母猪，产前不但不应减料，而且还要适当增料。产前3～7d应停止驱赶运动，可让其在圈内自由运动。对产前母猪用温水进行抹洗腹部、乳房、阴门，洗净后用来苏儿或高锰酸钾液洗刷。

4. 用具、药品准备　准备接产箱、抹布、扎线、5%的碘酒、2%～3%的来苏儿、高锰酸钾、保温箱、红外线保温灯（或普通白炽灯泡）等。

（二）接产过程

1. 撕破胎衣　如果胎儿包在胎衣内一起产出，应马上撕破胎衣，再抢救仔猪。

2. 擦净黏液　仔猪产出后一手托住其背部，一手将脐带缓缓拉出，立即用干净柔软的毛巾先清除口鼻腔的黏液，使呼吸畅通，再擦干身上的羊水，防止受冻。

3. 断脐　将脐带内的血液向仔猪腹部挤压，在离腹部4～5cm处用手将脐带捏断，断处用酒精消毒，若断脐时流血较多，可用棉线将脐带根部扎紧。

4. 助产

（1）对初产母猪过肥、仔猪过大造成的难产，应及时助产。助产时应待仔猪前肢和头露出产道后，随母猪的努责将其拉出产道。

（2）对生殖道畸形造成初产母猪难产的，一般不采用剖宫产，应探明畸形的具体情况，再引导仔猪产出。

（3）胎势不正的难产，先将仔猪送回子宫摆正其胎势（正生时两前肢向前伸直，头紧靠前肢上）就能产出。

（4）母猪频频努责仍产不出仔猪时应实施助产。饲养员要修剪手指甲并磨平，洗净后用酒精或高锰酸钾溶液消毒手掌、手臂并涂上石蜡油或中性皂液，五指并拢，随着母猪的努责渐渐深入产道，进到30～40cm处可触到胎儿，确认胎儿的大小、体位，夹住头或腿随母猪的努责轻轻拉出，拉出一头仔猪后如转为正常分娩，就不需要再继续助产，人工助产后母猪要注射抗生素以防感染。

（5）当母猪产程过长或年老体弱，努责无力，可注射合成催产素，也可辅以人工助产。另外，通过腹部按摩、放仔哺乳也有一定催产效果。

接产掏猪
小技巧
（视频）

接产（视频）

二、母牛的助产技术

（一）接产前准备

1. 产房准备　母牛在临产一周，出现分娩征状后，要及时把牛转入产房。产房地面经消毒后，铺上清洁、干燥的垫草，并保持安静。冬天要保持产房温暖；夏天要注意通风降温。

2. 接产物品的准备 工作服、酒精、碘酒、1%的煤酚皂或 0.1%～0.2%高锰酸钾、剪刀、镊子、药棉、纱布、助产绳、产科器械。

3. 临产母牛的准备 对临产母牛的后躯用 1%的煤酚皂或 0.1%～0.2%高锰酸钾溶液清洗消毒。

（二）接产过程

母牛分娩前要派专人值班。

1. 正常分娩 母牛正常分娩时，不要过早去助产。发现分娩时生产时，胎儿两前肢夹着头先出；倒生时，两后肢先出。这时应及时拉出胎儿，防止胎儿腹部进入产道后，脐带被压在骨盆底下造成胎儿窒息死亡。

当母牛开始努责、胎膜露出、胎儿前置部分开始进入产道时，可用手伸入产道，隔着胎膜触摸胎儿方向、位置及姿势是否正常。如胎儿正常就不需要帮助，让其自然产出；如果胎儿方向、位置及姿势不正常，就应将胎儿推入子宫矫正，这时矫正比较容易。

胎膜露出，胎儿的蹄子将胎膜顶破；如果胎膜未破，可以把它弄破，并用桶将羊水接住，待牛分娩后饲喂母牛，可增强母牛体质和防止胎衣不下。

2. 助产 若母牛阵缩、努责微弱或胎儿过大，应进行助产（图 14-1-1）。可以用消毒过的助产绳缚住胎儿的两腿系部，并用手指擒住胎儿下颌，随着母牛的阵缩、努责一起用力拉。如破水过早，产道干燥或狭窄产道胎儿大时，可向阴道内灌入肥皂水或植物润滑油。当胎儿经过阴门时，一人用双手捂住阴唇及会阴部，避免撑破。牵拉胎儿时，动作要慢，以免发生子宫翻转脱出。当胎儿腹部通过阴门时，将手伸到胎儿腹下，握住脐带根部和胎儿一起向外拉。

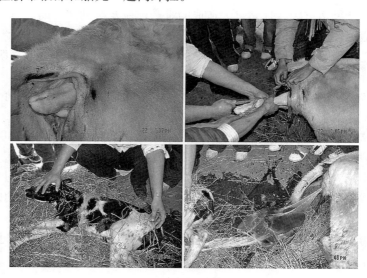

图 14-1-1 奶牛的助产过程

助产一定要注意牵拉的方向应沿母牛的背轴线方向，切忌用力过猛，强拉胎儿，避免发生子宫外翻脱出或胎儿损伤，并注意避免脐带断在脐孔内。如果发生难产，应及时采取其他措施。

三、羊的助产技术

（一）接产前准备

1. 产房准备 妊娠母羊进入分娩期前 3～5d 进入产房，必须把产房的墙壁和地面、运动场、饲料架、饲槽、分娩栏等打扫干净，并用 3%～5% 的烧碱溶液或 10%～20% 的石灰乳水溶液或者商品消毒液进行彻底消毒。消毒后的产房，应当做到干燥、空气新鲜、光线充足，还应做好产房的防寒保温工作。

2. 接产人员的准备 接产人员应有较丰富的接羔经验，熟悉母羊的分娩规律，严格遵守操作规程。接羔是一项繁重而细致的工作，为确保接产工作的顺利进行，除专门接羔人员以外，还必须一定数量的辅助人员。接产前，接产人员的手臂应洗净消毒。

3. 用具及器械的准备 接产前要准备肥皂、毛巾、药棉、纱布、棉布、注射器、体温计、听诊器、细绳、塑料布、照明灯、70%～75% 酒精、2%～5% 碘酒、催产药、常用的产科器械。

（二）接产过程

母羊正常分娩时，胎儿会自然产出，此时，接产人员的工作主要是观察母羊的分娩情况和护理初产羔羊。母羊正常分娩时，在胎膜破裂、羊水流出后几分钟至 30min 左右，羔羊即可产出。正常胎位的羔羊两前肢夹头，生时一般两前肢及头部先出，并且头部紧靠在两前肢的上面。若是产双羔，前后一般间隔 5～30min，但也偶有长达数小时以上的。因此，当母羊产出第一羔后，必须检查是否还有第二个羔羊，方法是以手掌在母羊腹部前侧适力颠举，如是双胎，可触感到光滑的羔体。在母羊产羔过程中，一般不予干扰，最好让其自行分娩。但有的母羊因骨盆和产道较为狭窄，或双羔母羊在分娩第二只羔羊时已感疲乏的情况下，需要助产。其方法是：人在母羊体躯后侧，用膝盖轻压其肷部，等羔羊最前端露出后，用一手推动母羊会阴部，待羔羊头部露出后，再用一手拖住头部，一手握住前肢，随母羊的努责向后下方拉出胎儿。

➡ 【相关知识】

一、分娩机理

分娩是母体经过一定时期的妊娠，胎儿发育成熟，在激素、神经和机械等多种因素的协同和配合作用下，将胎儿、胎盘和胎水排出体外的自发性生理活动。

1. 机械因素 随着胎儿的迅速生长，子宫也不断地扩张，特别是妊娠后期，胎儿的迅速发育、成熟，对子宫的压力超出其承受的能力就会引起子宫反射性的收缩，引起分娩。

2. 免疫学因素 胎儿发育成熟时，会引起胎盘的脂肪变性。由于胎盘的变性分离，使孕体遭到免疫排斥而与子宫分离。

3. 母体激素变化 对分娩启动有作用的激素很多，包括黄体酮、雌激素、催产素、前列腺素、肾上腺皮质激素和松弛素等。

（1）黄体酮。血浆黄体酮和雌激素浓度的变化是引起分娩发动的主要动因之一。因为妊娠期内黄体酮一直处在一个高而稳定的水平上，以维持子宫相对安静而稳定的状态。除马外，牛、羊等家畜分娩前黄体酮含量明显下降，雌激素水平明显上升。在分娩前黄体酮和雌激素含量的比值迅速降低，导致子宫失去稳定性，诱发分娩。

（2）雌激素。随着妊娠时间的增长，胎盘产生的雌激素逐渐增加。羊的雌激素水平在妊娠期间是逐渐增加的，在分娩前达到高峰；而牛是在分娩前迅速达到峰值，一般发生在分娩前 16~24h。分娩前，高水平的雌激素既可克服孕激素对子宫肌的抑制作用，提高子宫肌对催产素的敏感性，又有助于 $PGF_{2\alpha}$ 的释放，从而触发分娩活动。

（3）催产素。分娩时，孕激素和雌激素比值的降低，胎儿及胎囊对产道的压迫和刺激等因素引发催产素的释放，催产素刺激子宫平滑肌收缩，促进分娩完成。

（4）前列腺素。对分娩发动起主要作用的是 $PGF_{2\alpha}$，分娩前 $PGF_{2\alpha}$ 的增加，直接刺激子宫平滑肌的收缩，同时，溶解黄体，减少黄体酮的分泌，进而刺激垂体后叶释放催产素，这些激素的协同作用均有利于胎儿的产出。

（5）松弛素。在分娩前，松弛素分泌增加，使产道和子宫颈扩张与变柔软，有利于分娩。

4. 中枢神经　对分娩的启动并不起决定性的作用，但对分娩具有很好的调节作用，可以接受并传导分娩期间的各种信号。

5. 胎儿因素　胎儿的丘脑下部-垂体-肾上腺轴对分娩的启动有决定性作用，它的异常会阻止母畜分娩，延长怀孕期。

二、分娩的预兆

随着胎儿发育成熟和分娩期的临近，母畜的生理机能、行为特征和体温都会发生变化，这些变化就是分娩预兆。以此可估测和判断分娩的时间。

1. 行为变化　临产前母畜通常表现出精神抑郁，徘徊不安，呼吸加快，发出低沉的呻吟，食欲下降，甚至拒食，粪便变稀，排尿次数增加，排泄量减少。

2. 生理变化　分娩前母畜的生理变化主要表现为乳房迅速膨胀增大，乳腺充实，乳头增大变粗；外阴部和阴唇肿胀明显，呈松弛状态；阴道黏膜潮红，阴道内黏液变为稀薄，子宫颈松弛；臀部坐骨结节处下陷，后躯柔软，臀部明显塌陷等。

（1）猪。临产前腹部饱满、下垂，卧地时可见胎动。分娩前 3~5d 阴唇出现肿胀、松弛，尾根两侧下陷。产前 3d，母猪中部乳头可挤出清亮液体；产前 1d，可挤出初乳或出现漏奶现象。

（2）牛。初产牛妊娠 4 个月后乳房开始增大，后期发育加快；经产牛到分娩前乳房的变化才明显。分娩前数天乳头可挤出清亮胶样液体；产前 2d 可挤出初乳。产前 1 个月到产前 7~8d 体温逐渐上升，可达 39℃；分娩前 12h，体温下降 0.4~0.8℃。

（3）羊。分娩前子宫颈和骨盆韧带松弛，胎羔活动和子宫的敏感性增强。分娩前 12h 子宫内压增高，子宫颈逐步扩张。分娩前数小时，精神不安，出现刨地、转动和起卧不定等现象。

（4）马。产前 1~2 个月乳房迅速发育、胀大，有时乳房基部出现水肿。产前数天，乳头变粗；临产前有漏奶现象；产前数小时，表现不安，常有起卧、回顾腹部、刨地、食欲减退等表现。

（5）兔。产前数天，乳房肿胀，可挤出乳汁；外阴部肿胀、充血、黏膜湿润潮红；食欲减退或绝食。产前 2~3d 或数小时开始衔草做窝。母兔常衔下胸前和乳房周围的毛铺入产仔箱。

（6）犬。分娩前两周乳房开始膨大；分娩前几天乳房分泌乳汁，阴道流出黏液。临产前，母犬不安、喘息并寻找僻静处筑窝分娩。

三、分娩过程

分娩过程大体可分为开口期、胎儿排出期和胎衣排出期三个阶段。

1. 开口期 开口期是分娩过程的第一产程，指从子宫开始阵缩起，到子宫颈口完全开张，与阴道的界限消失为止。这一阶段母畜只有子宫间歇性的收缩，即阵缩。开始阵缩的频率低，间隔时间长，持续收缩的时间和强度低；随后阵缩频率加快，收缩的强度和持续的时间增加，到最后每隔几分钟即收缩一次。母畜通常表现为神态不安、起卧频繁、食欲减退、回视腹部、徘徊运动、频频举尾、常作排尿姿势等。

2. 胎儿排出期 胎儿排出期是分娩过程的第二产程，指从子宫颈口完全开张到胎儿排出体外为止。这一阶段母畜子宫的阵缩和努责共同发生作用，其中努责是指膈肌和腹肌的反射性和随意性收缩，一般在胎膜进入产道后才出现，是排出胎儿的主要动力，它比阵缩出现晚、停止早。此期间母畜表现为烦躁不安、拱腰举尾、回视腹部、前肢刨地、呼吸和脉搏加快等。

3. 胎衣排出期 胎衣排出期是分娩过程的第三产程，指从胎儿排出后到胎衣完全排出为止。胎儿排出后，母畜稍加安静后，子宫恢复阵缩，伴有轻微的努责，将胎衣排出。胎衣排出主要是由于分娩过程中子宫强有力的收缩，使胎膜中大量血液被排出，导致子宫黏膜腺窝（母体胎盘）张力减小，胎儿绒毛膜（胎儿胎盘）体积缩小、间隙加大。绒毛膜容易从腺窝中脱出。

由于各种动物胎盘组织结构的不同，所以胎衣排出的时间差异较大。牛在胎儿产出后 2～8h，马 20～60min，羊 1～4h，猪在全部胎儿产出后 10～60min，猫、犬等动物的胎衣常随胎儿同时排出。

四、正常分娩助产

1. 母畜产前的准备工作 根据配种记录和产前预兆，一般在预产期前 1～2 周将母畜转入产房。产房要预先消毒并准备必需的药品和用具。对临产母畜要做好外阴部消毒，缠尾，换上清洁柔软的垫草。组织好夜间值班。在助产时要注意自身消毒和防御，防止人身伤害和人畜共患病的感染。

2. 正常分娩的助产 原则上，对正常分娩的母畜无须助产。助产人员的主要职责是监视母畜的分娩情况，发现问题时给母畜必要的辅助和对仔畜及时护理。

常规助产
（视频）

五、难产及其助产

1. 难产的分类 由于引起难产的原因不同，常见的难产可分为产力性难产、产道性难产和胎儿性难产三大类。前两类是由于母体异常引起的，后一类是由于胎儿的异常所造成。

（1）产力性难产。包括阵缩和努责微弱、阵缩和破水过早和子宫疝气等。阵缩和努责微弱主要发生在牛、羊和猪，尤以奶牛最常见。引起的原因多半是孕畜营养不

紧急助产
（视频）

良、使役过度、体质瘦弱、老龄、肥胖、全身性疾病（如心包炎、瘤胃弛缓）、子宫炎、布鲁氏菌病、产前内分泌失调、胎儿过大、胎水过多等。

（2）产道性难产。包括子宫捻转、子宫颈狭窄、阴道及阴门狭窄和子宫肿瘤等。产道性难产多见于猪、牛和羊。

（3）胎儿性难产。主要由于胎儿的姿势、位置和方向异常所引起，也有因胎儿和骨盆的大小不相适应而发生。胎儿过大、畸形或两胎同时楔入产道，都可引起难产。牛、羊和马的难产多半是由于胎儿异常所造成的。

2. 难产时助产的原则 难产种类繁多、复杂，为了判明难产情况，必须重点对胎儿及产道进行临床检查。

（1）通过检查确定胎儿胎位、胎势和胎向，了解胎儿进入产道的程度，并要正确判断胎儿的死活。

（2）在检查胎儿的同时，要检查产道的干燥程度，判明产道是否有损伤、水肿、狭窄、畸形及肿瘤等，子宫颈开张程度，并要观察流出的黏液颜色和气味是否正常。

（3）在进行难产助产时要遵循的原则是：除尽力保全母仔安全外，要避免产道受损伤和感染，以保持产畜的再繁殖能力。

➡ 【拓展知识】

难产虽在实践中不是经常发生，但是，一旦发生，极易引起幼仔死亡，有时手术助产不当也会危及产畜性命，或使产道和子宫受到损伤，或感染疾病，影响产畜的繁殖能力。因此，积极预防难产对提高动物繁殖率具有重要意义。

1. 加强配种管理 避免母畜过早配种受孕，否则，容易发生骨盆狭窄而导致难产。

2. 合理饲养 在妊娠期间，胎儿生长发育所需的营养物质要依靠母体提供，即母体除维持本身营养需要外，还要供给胎儿发育需要的营养。所以，对妊娠母畜要进行合理饲养，增加营养物质的供给，不仅保证胎儿正常发育的需要，而且能维持本身的健康，减少发生难产的可能性。在肉猪和肉牛生产中，在母畜妊娠后期应适当减少蛋白质饲料，以免使胎儿过大造成难产。

3. 适当运动 妊娠母畜要有适当的运动，可提高母畜全身和子宫的紧张性，使分娩时胎儿活力和子宫收缩力增强，并有利于胎儿转变为正常分娩胎位、胎势，以减少难产、胎衣不下、产后子宫复位不全等情况的发生。

除此以外，产前1周左右将待产母畜转入产房，适应环境，避免环境应激效应，临产前的早期诊断，保持分娩环境的安静和专人护理等均有助于减少难产的发生。

➡ 【自测训练】

1. 理论知识训练

（1）助产前需做哪些准备？

（2）简述分娩的机理和过程。

2. 操作技能训练 根据具体情况，分组进行猪或牛等动物的助产。

任务 14 - 2　产后护理技术

【任务内容】
● 掌握产后母畜的护理工作。
● 熟悉新生仔畜的护理方法。
● 能够进行假死仔畜的诊断与救助。

【学习条件】
● 产后母畜、新生仔畜、产房等。
● 工作服、毛巾、盆、肥皂、洗衣粉、75％酒精棉球、记录本等。
● 多媒体教室、产后护理教学课件、录像、教材、参考图书。

一、产后母畜的护理

由于胎儿的产出，母畜的产道和黏膜受到一定程度的损伤，加之分娩行为使母畜体力的消耗巨大，抵抗力的降低，以及产后子宫内恶露的存在，都为病原微生物的侵入和感染创造了条件。为使产后母畜尽快恢复正常，应对其进行妥善的饲养管理。

（1）对产后母畜的乳房、外阴部和臀部要用来苏儿或高锰酸钾水清洗和消毒，勤换洁净的垫草。

（2）供给质量好、营养丰富和易消化的饲料（如温麸皮盐水）。

（3）根据家畜品种的不同，一般在1～2周内转为常规饲料。

（4）为防其感染，最好注射抗生素一次，如青霉素、链霉素、长效土霉素等。

（5）对役用母畜在产后15～20d内停止使役。

（6）注意观察产后母畜的行为和状态，发现异常情况应立即采取措施。

产后消炎
（视频）

二、新生仔畜的护理

新生仔畜的特点是生理机能不完善，气体交换、营养物质的代谢和利用、环境温度的稳定性等方面与在母体内相比，都发生了急骤的变化。为使仔畜尽快适应新的环境，减少新生仔畜的病患和死亡，应注意以下几个方面的工作。

（1）为防止新生仔畜窒息，当仔畜出生后应立即清除其口腔和鼻腔的黏液。一旦出现窒息，应立即查找原因并施行人工呼吸。

（2）分娩后应尽量擦干或让母畜舔干仔畜身上的黏液，可减少仔畜热量的散失，并有利于母仔感情的建立。

（3）脐带未断时可用消毒过的剪刀距离腹部6～8cm处剪断，并用5％的碘酒充分消毒，一般不需要包扎。

（4）将蹄端的软蹄除去，称初生重。

（5）使新生仔畜尽早吃到初乳。

（6）对于因某些原因而失乳的仔畜应进行人工哺乳或寄养，要做到定时、定量、定温。

三、假死仔畜救助

仔畜出生后，呼吸发生障碍或无呼吸仅有心脏活动，称为假死或窒息。如不及时采取措施进行救助，往往会引起死亡。具体步骤如下。

（1）将幼畜后驱提高，擦净口鼻和呼吸道中的黏液和羊水。

（2）将连有皮球的胶管插入鼻孔及气管中，吸尽黏液。

（3）将假死仔畜仰卧，头部放低，由一人抓仔畜前肢交替扩张，另一人将仔畜舌拉出口外，用手掌在最后肋骨部两侧，交替轻压，使胸腔收缩和开张。对猪和羊可将仔畜后腿提起抖动，并有节奏地轻拍胸腹部，促使呼吸道黏液排出，诱发呼吸。

➡【相关知识】

一、母畜产后生殖机能的恢复

产后期是指从胎衣排出后，母畜生殖器官恢复到正常不孕阶段的时间。这个阶段最重要的变化是子宫内膜的再生、子宫复原和发情周期的恢复。由于动物种类不同、产后期的变化和长短也存差别。

1. 子宫膜的再生　分娩后，原属母体胎盘部分的子宫黏膜表层发生变性、脱落，并被再生的黏膜取代。在黏膜再生的过程中，变性脱落的子宫黏膜、白细胞、部分血液、残留在子宫内的胎水以及子宫腺分泌物等被排出，这种混合液体称为恶露。最初呈红褐色，继而变为黄褐色，最后变为无色透明。一般恶露排尽的时间：牛 10～12d，绵羊 5～6d，山羊 11～14d，猪 2～3d，马 2～3d。恶露持续的时间过长或者颜色异常，有可能是子宫某些病理变化的反应。

2. 子宫复原　产后子宫壁变厚，体积缩小，随后子宫肌纤维变性，部分被吸收，使子宫壁变薄并逐渐恢复到接近原来的状态，此过程就是子宫复原。子宫复原时个体间有较大差异，复原速度与年龄、产犊季节、分娩过程都有一定的关系，而复原速度对下一次妊娠有直接影响。一般子宫复原的时间：猪 25d～30d，牛 30～45d，羊17～20d，马 13～25d。

3. 卵巢的恢复　分娩后卵巢恢复的时间在畜种间差异较大。虽然母牛卵巢上的黄体虽在妊娠末期有变化，但在分娩后才被吸收，产后第一次发情出现较晚，且往往只排卵而无发情表现。母牛产后哺乳或增加挤奶次数均能影响卵泡发育而延长性周期的恢复。母马卵巢上的黄体在妊娠后半期已开始萎缩，分娩前黄体已消失，因此，分娩后不久就有卵泡发育，并在产后 8～12d 出现产后第一次发情排卵。母猪分娩后黄体退化很快，但绝大多数母猪在哺乳期间不出现发情现象。母猪一般是在仔猪断乳后才出现排卵性发情。

二、新生仔畜的喂养

新生仔畜由于胃肠系统的分泌机能和消化机能不够健全，且新陈代谢旺盛，需及时辅助其找到乳头、吮食初乳。初乳是指母畜分娩后最初几天的乳汁，以后分泌的为常乳。初乳的外观、组成和性质与常乳有很大的差异，浓稠，呈黄色，稍带咸味和臭味，煮沸凝固，除乳糖较常乳低外，其他成分均较常乳高。丰富的维生素、矿物质、蛋白质、溶菌酶和镁盐等成分能抑制和杀灭仔畜胃肠中有害微生物，增强仔畜的抵抗力，刺激仔畜肠道蠕动，便于胎粪排出等。

三、新生仔畜的人工哺乳

如果母畜死亡或无乳，可实行寄养或人工哺乳。在进行人上哺乳时应注意以下几点。

（1）幼畜必须吮食足量的初乳。

（2）人工哺乳时要做到量少而次数多，随着仔畜生长逐渐变为量多而次数少。遵循定时、定量和定温三个原则：①定时。一般每天喂 6 次，每 3h 一次。②定量。根据畜种、日龄及体重大小定量喂给。③定温。温度要适当，不能忽高忽低。喂前要加热到 38～40℃。

（3）所用乳品应新鲜、消毒，喂乳用具使用后必须清洗干净。

（4）哺乳时要采用自饮方式，需用奶瓶哺乳时，不要让嘴高于头顶，以防乳汁灌入气管，造成仔畜死亡。如遇仔畜腹泻，要及时减少喂奶次数和喂奶量，并要及时进行治疗。

四、新生仔畜的疾病防治

仔畜出生后，由于生活条件突然改变，会发生一些疾病，因此必须加强护理，及时诊断与治疗。

1. 脐带出血　仔畜出生后，通常脐动脉依靠其收缩力而自动封闭。但有些仔畜由于心脏机能发生障碍或断脐切口血液凝固不全，而引起脐带出血。如治疗不及时往往因流血过多而导致仔畜死亡。发现这种情况要重新结扎脐带，并要将脐带断端在碘溶液中浸泡数分钟。如脐带断端过短，血管缩至脐带以内，可先用消毒纱布填塞，再将脐孔缝合。

2. 脐带炎　一般仔畜断脐后经 2～6d 后即会干缩脱落，但有时由于断脐后消毒不严，脐带被尿液浸润，或仔猪相互吮吸脐带均可引起感染，而发生脐血管及其周围组织的炎症，这种情况在犊牛和幼驹中比较常见。发生初期，在脐孔周围注射青霉素，若发生脓肿则应切开脓肿部，撒以磺胺粉，并用绷带保护。对脐带坏疽性脐炎病例，要切除坏死组织，用消毒液清洗后，再用碘溶液涂抹。

3. 便秘　仔畜胎粪通常在生后数小时即能排出体外，如生后 1d 不排出胎粪，便是便秘。此病主要发生在体弱的仔畜，也常见于绵羊羔。

新生仔畜便秘时表现不安、弓背、努责、前蹄扒地、后蹄踢腹、不吃奶、出汗、呼吸和心跳加快、肠音消失、全身无力、经常卧地不起。直检时可掏出黑色、浓稠的粪块。便秘的治疗可采用温肥皂水或油剂灌肠，或用手指捅入肛门掏出粪块。为预防仔畜便秘发生，仔畜出生后应尽快让其吮食初乳。

五、胎衣不下及处理

母畜分娩后，如果胎衣在正常时间内未能排出，滞留在子宫内，称为胎衣不下。各种家畜胎衣排出的正常时间是：牛在分娩后 12h，马、驴为 1～1.5h，猪为 1h，羊为 4h。如果超过正常时间仍未能排出胎衣，就要采取相应措施妥善处理。

引起胎衣不下的直接原因多数是属于产后子宫肌收缩无力。妊娠期胎盘发生炎症、单胎家畜怀双胎、胎水过多、胎儿过大等均可继发产后阵缩微弱而造成子宫肌收缩无力。流产和早产也容易引起胎衣不下，这与胎盘上皮未及时发生变性及雌激素不足、黄体酮含量过高等有关。此外，妊娠后期母畜营养水平较低，也易导致分娩时发生胎衣不下。奶牛胎衣不下的比例约占 8.2%，猪的胎衣不下可达 5%～8%。

胎衣不下常表现精神不振、体温升高、食欲减退、拱背、努责、食欲减退、阴门流出红褐色液体，内含胎衣碎片。

胎衣不下的治疗方法主要采用药物和手术治疗。牛、马胎衣不下时，首先可实行手术剥离，如有困难可配合药物治疗。由于手术剥离易损伤子宫，所以有人主张不进行剥离，而是在胎儿胎盘和母体胎盘之间塞入抗生素胶囊，然后任其自然脱落。此外，也可以进行肌内或皮下注射 OXT，参考剂量为：牛 40～80IU，猪和羊 5～10IU，每隔 2h 注射一次。最好是在母畜产后 8～12h 注射一次。

为预防母畜产后胎衣不下，妊娠期间母畜应喂些含钙和维生素丰富的饲料，适当增加运动，产前 1 周减少饲料。分娩后让母畜及时舔干仔畜身上的黏液，或饮益母草及当归水等。

➡️ 【自测训练】

1. 理论知识训练

（1）母畜的产后护理需要哪些方面的工作？

（2）仔畜的产后护理需要哪些方面的工作？

2. 操作技能训练 牛、羊、猪的产后护理。

实地考察，了解学校各实习场内母畜的分娩情况，并分组进行产后护理训练。

项目 15 繁殖管理技术

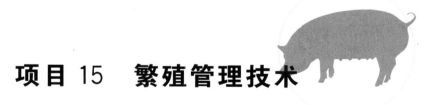

任务 15 - 1 繁殖能力及评价

【任务内容】
● 实地参观调查养殖场，查阅收集相关资料，对该场的繁殖力进行评价。
● 组织学生展开讨论并总结提出家畜繁殖力的措施。

【学习条件】
● 具有一定规模的养殖场。
● 养殖场母畜繁殖记录、畜群生产记录、计算机、畜群管理软件等。

评定动物繁殖力的指标很多，不同动物种类或同种动物不同性别和不同经济用途之间，评定指标也有差异。对于雄性动物繁殖力的评价主要是精液品质的评定，如射精量、精子活力、精液密度等和性发育指标，如初情期、性成熟等。在研究中，还有一些评定生殖行为的指标，如单位时间内爬跨次数、射精次数、交配频率等。对于评定雌性动物繁殖力的指标，有些已在相应章节阐述，如初情期、性成熟、发情持续时间、发情周期、妊娠期等，这些指标主要针对动物个体而言。衡量不同畜种家畜繁殖力的方法有相同的，也有不同的；下面主要介绍就畜群而言的繁殖力评定指标。

一、牛繁殖力的评价

一般可根据生产、科研或其他需要选择某些指标进行统计，常用的有以下几种。

1. 情期受胎率 是指在一定期限内受胎母畜数占配种情期数的百分率，通常可按月份、季度或年度进行统计；生产中，情期受胎率可以按年度进行统计，科研中也可以按特定的阶段进行统计。它在一定程度上更能反映出受胎效果和配种水平，能较快发现畜群的繁殖问题，同时也可反映出人工授精员的技术水平。一般来说，当母畜健康、排卵正常、输精较适时、精液品质良好的状态下，情期受胎率就高，但通常总要低于总受胎率。此指标对猪、马和羊等家畜也适用。

$$情期受胎率＝受胎母畜数/配种母畜数×100\%$$

2. 第一情期受胎率 是指第一情期配种受胎的母畜数占第一情期配种母畜数的百分率。

$$第一情期受胎率＝第一情期配种的受胎母畜数/第一情期配种母畜数×100\%$$

这个指标可以反映出公牛精液的受精力及对母牛的繁殖管理水平。公牛精液质量好、产后母牛子宫复旧好、生殖道产后处理干净的母牛人工授精后，第一情期受胎率就高；而产后不注意生殖道处理、有慢性或隐性子宫内膜炎的牛，受胎率就低。在一般情况下，第二次人工授精的情期受胎率要比第一次人工授精的情期受胎率高。

3. 总受胎率 指在本年末受胎母畜数占本年度内参加配种母畜数的百分率，主要反映畜群配种质量和母畜的繁殖机能。

$$总受胎率＝最终受胎母畜数/配种母畜数×100\%$$

此项指标反映了牛群的受胎情况，可以衡量年度内的配种计划完成情况。在统计时的具体方法如下。

（1）统计日期由上年 10 月 1 日至本年 9 月 30 日。

（2）年内受胎两次或两次以上的母牛（包括早产和流产后又受胎的），受胎头数应同时计算，如受胎两次应计作两头。

（3）配种后 2 个月以内出群的母牛，因不能确定是否妊娠，可不参加统计，配种 2 个月后出群的母牛一律参加统计。

（4）已配后 2~3 个月的妊娠检查确诊妊娠的按受胎头数计算。

4. 配种指数 又称为受胎指数，是指参加配种母畜每次妊娠的平均配种情期数。也是衡量母畜受胎力的一种指标，可反映配种技术和畜群繁殖状态。

$$配种指数＝配种情期数/妊娠母畜数$$

无论是本交配种还是人工授精，受胎指数超过 2.0 的都意味着配种工作没有搞好。

5. 繁殖率 是指本年度内出生仔畜数（包括出生后死亡的幼仔）占上年度末存栏适繁母畜数的百分率。主要反映畜群的增值效率，与畜群发情、配种、妊娠、分娩等生殖活动的机能以及管理水平有关。

$$繁殖率＝本年度出生仔畜数/上年度末存栏适繁母畜数×100\%$$

此项指标可以衡量牛场生产技术管理水平，是生产力的指标之一。在统计时具体方法如下。

（1）适繁母牛头数是指自然年度（1~12 月）内分娩的母牛头数，年内分娩两次的以两头计，产双胎的以一头计，妊娠 7 个月以上的早产计入繁殖头数，妊娠 7 个月以内的流产不计入繁殖头数。

（2）应繁母牛头数是指年初在 18 月龄以上的母牛数，加上年初未满 18 月龄而在年内繁殖的母牛数。

（3）年内出群的母牛，凡产犊后出群的一律计算，未产犊而出群的不计算。

（4）年内调入的母牛，在年内产犊，分子、分母各算一头，未产犊的不统计。

其他家畜繁殖率的含义未尽一致，通常是指本年度内出生仔畜数与上年度终（或本年度初）适繁母畜数的比率，即：

繁殖率＝本年度内出生仔畜数/上年度终（或本年度初）适繁母畜数

6. 平均胎间距　亦称产犊间隔，为两次产犊之间相隔时间，是牛群繁殖力的综合指标。

$$平均胎间距 = \sum 胎间距 /n$$

式中：n 为头数；胎间距为当胎产犊日距上胎产犊日的间隔天数；$\sum$ 胎间距为 n 个胎间距的合计天数。

统计方法：①按自然年度统计；②凡在年内繁殖的母牛，除一胎牛外，均应进行统计。

7. 流产率　是指流产的母畜头数占受胎的母畜头数的百分率。

流产率＝流产的母畜头数/受胎母畜数×100%

此指标也适合于猪、马和羊等家畜。牛在统计流产率时应包括妊娠未满 7 个月龄的死胎，凡满 7 月龄而未足月分娩的应称为早产。

8. 犊牛成活率　指出生后 3 个月时犊牛成活数占产活犊牛数百分率。

犊牛成活率＝生后 3 个月犊牛成活数/总产活犊牛数×100%

除此之外，还有空怀率、产犊到配妊天数等，在一定情况下都能反映出繁殖力和生产管理技术水平。

9. 牛繁殖效率指数（REI）　是指断乳时活犊牛数占参加配种的母牛从配种至犊牛断乳期间死亡的母牛数之和的百分比，是近些年国内外开始采用的一项指标。在母牛死亡数为零的情况下，该指标实际为产活犊率。在其他条件相似的前提下，可比较不同牛群的管理水平。

REI＝断乳时活犊牛数/（参加配种母牛数＋从配种到犊牛断乳前死亡的母牛数）×100%

二、猪繁殖力的评价

有关猪繁殖力方面的指标，有的与牛相似，如情期受胎率、总受胎率、流产率等。但由于猪产仔数多、妊娠期短，因此还有些特殊指标。

1. 平均窝产仔数　指某一品种或某一场内产仔总数与产仔总窝数之比。

平均窝产仔数（头）＝产仔总数/产仔窝数

产仔数包括分娩时产出的已死仔猪。本指标可反映各品种、个体的产仔能力。由于产仔数的品种间差异很大，一般外来品种平均窝产仔数少，而我国地方品种平均窝产仔数较多。

猪繁育技术
档案建立规范
（标准）

2. 产仔窝数　指一群母猪在一年内平均产仔窝数。

产仔窝数（窝）＝年内分娩总窝数/年内繁殖母猪数

此项指标既可以衡量母猪的繁殖力，同时也可以衡量一个单位对猪繁殖管理的水平。

3. 仔猪成活率　指断乳时活仔猪数占出生时活仔猪数的百分率。

$$仔猪成活率＝断乳时成活仔猪数/出生时活仔猪数×100\%$$

此项指标可反映出母猪哺育仔猪的能力及饲养员工作的责任心等。可以作为考核饲养员工作好坏的标准之一。

三、羊繁殖力的评价

羊繁殖力的评价指标基本上与牛、猪相同。如情期受胎率、繁殖率和流产率等。但羊一般产单羔，也有部分产双羔、三羔，所以，在养羊业上产羔率是常见的指标。

1. 产羔率　指产活羔羊数与参加配种母羊数的比率。

$$产羔率＝产活羔羊数/参加配种母羊数×100\%$$

2. 双羔率　产双羔的母羊数占产羔母羊数的百分率。

$$双羔率＝产双羔母羊数/产羔母羊总数×100\%$$

3. 成活率　分断乳成活率和繁殖成活率两种，用以反映羔羊成活的成绩及反映适繁母羊产羔成活的成绩，其计算方法如下：

$$断乳成活率＝断乳成活羔羊数/产活羔头数×100\%$$

四、马繁殖力的评价

常用的有受胎率、产驹率及幼胎成活率等。

1. 受胎率　指受胎母马数占配种母马数的百分率。

$$受胎率＝受胎母马数/配种母马数×100\%$$

2. 产驹率　指产驹母马数占妊娠母马数的百分率。

$$产驹率＝产驹母马数/妊娠母马数×100\%$$

3. 幼驹成活率　指成活幼驹数占出生幼驹数的百分率。

$$幼驹成活率＝成活幼驹数/出生幼驹数×100\%$$

五、家兔繁殖力的评价

家兔妊娠期短，产仔数多，一年可以生产数胎。其主要繁殖力指标如下。

1. 受胎率　指一个发情期配种受胎数占参加配种母兔数的百分率。

$$受胎率＝一个发情期配种受胎数/参加配种母兔数×100\%$$

2. 产仔数　指母兔产仔兔数，包括死胎、畸形胎。

3. 产活仔兔数　指出生时活的仔兔数，种母兔生产成绩以连续 3 胎的平均数计算。

4. 断乳成活率　指断乳时成活仔兔数占产活仔兔数的百分率。

$$断乳成活率＝断乳仔兔数/产活仔兔数×100\%$$

5. 幼兔成活率　指 13 周龄幼兔成活数占断乳仔兔数的百分率。

$$幼兔成活率＝13周龄幼兔成活数/断乳仔兔数×100\%$$

6. 育成兔成活率　指育成期成活数占 13 周龄幼兔成活数的百分率。

$$育成兔成活率＝育成期成活数/13周龄幼兔成活数×100\%$$

六、家禽繁殖力的评价

家禽为卵生动物，繁殖力的计算方法与家畜不同。能反映家禽繁殖力的指标主要有：产蛋量、受精率、孵化率、育雏率等。

1. 产蛋量 产蛋量是指家禽在一年内平均产蛋的枚数。

$$全年平均产蛋量（枚）＝全年总产蛋数/（总饲养日/365）$$

2. 受精率 受精率是指第一次照蛋确定的受精蛋数占总入孵蛋数的百分率。

$$受精率＝总受精蛋数/总入孵蛋数×100\%$$

3. 孵化率 孵化率包括受精蛋孵化率和入孵蛋孵化率。

（1）受精蛋孵化率是指出雏数占受精蛋数的百分率。

$$受精蛋孵化率＝出雏数/受精蛋数×100\%$$

（2）入孵蛋孵化率是指出雏数占入孵蛋数的百分率。

$$入孵蛋孵化率＝出雏数/入孵蛋数×100\%$$

4. 育雏率 育雏率是指育雏期末成活雏禽数占育雏期初入舍雏禽数的百分率。

$$育雏率＝育雏期末成活雏禽数/入舍雏禽数×100\%$$

➡ 【相关知识】

一、繁 殖 力

所谓繁殖力（fertility）可概括为家畜维持正常繁殖机能、生育后代的能力。对于种畜来说，繁殖力就是它的生产力，是评定种用动物生产力的主要指标。

繁殖力是个综合性状，涉及动物生殖活动各个环节的机能。

1. 繁殖力的表现形式

（1）对于母畜来说，繁殖力是一个包括多方面的综合性概念，它表现在性成熟的早晚，繁殖周期的长短，每次发情排卵数目的多少，卵子受精能力的高低，妊娠、分娩及哺乳能力高低等。概括起来，集中表现在一生或一段时间内繁殖后代数量多少的能力，其生理基础是生殖系统（主要是卵巢）机能的高低。

（2）对于公畜来说，主要表现为能否产生品质优良的精液和具有健全、旺盛的性行为。因此，公畜的生理状态、生殖器官特别是睾丸的生理功能、性欲、交配能力、配种负荷、与配母畜的情期受胎率、使用年限以及生殖疾病等都是公畜繁殖力所涵盖的内容。

（3）就整个畜群来说，繁殖力高低是综合个体的上述指标，以平均数或百分数表示。如总受胎率、繁殖率、成活率和平均产仔间隔等。

2. 测定繁殖力的意义 通过繁殖力的测定，可以随时掌握畜群的繁殖水平，反映某项技术措施对提高繁殖力的效果，并能及时发现畜群的繁殖障碍，以便采取相应的手段，不断提高畜群的数量和品质。

3. 测定繁殖力的方法 测定繁殖力的最好方法，一般是根据过去的繁殖成绩进行统计和比较。如：测定人工授精用的种公牛的繁殖力，需对公牛的精液进行大群的受胎试验，了解与配母牛的受胎情况；测定个别母牛的繁殖力，可根据每次受胎的配种情期数、配种期的长短和产犊间隔来比较。

其他家畜繁殖力的测定大致与牛相同。为了使畜群保持较高的繁殖力，必须经常整理、统计、分析有关生产技术资料（如配种、妊娠、产仔记录等），以便发现存在的问题并及时做出改进方案。

二、常见家畜的繁殖力

（一）自然繁殖力

动物的自然繁殖力主要取决于动物每次妊娠的胎儿数、妊娠期长短和产后第一次发情配种的间隔时间等。通常，妊娠期长的动物繁殖率较妊娠期短的动物低，单胎动物的繁殖力较多胎动物低。因此，各种动物的自然繁殖率的计算可用下面的公式表示：

自然繁殖率＝365/（妊娠期＋产后配种受胎间隔天数）×每胎产仔数×100％

或：

自然繁殖率＝365/产仔间隔天数×每胎产仔数×100％

（二）各种动物繁殖力现状

正常繁殖力是指在正常的饲养管理条件下，所获得的最佳经济效益的繁殖力。在生产实践中，即是满足家畜的正常繁殖机能的生理要求。

1. 牛　与其他动物相比，公牛的精液耐冻性强，冷冻保存后受精率较高，所以公牛冷冻精液人工授精的推广应用较其他畜种普及，因此种公牛的利用率较其他畜种高，平均每头种公牛每年可配种 1 万～2 万头母牛。由于环境气候和饲养管理水平及条件在我国各地有差异，所以牛群的繁殖力水平也有差异。评定国内外奶牛繁殖力常用指标及其繁殖力现状见表 15 - 1 - 1。

表 15 - 1 - 1　国内外奶牛繁殖力常用指标及其繁殖力现状

（中国农业大学，2000. 家畜繁殖学）

繁殖力评定指标	国内水平		美国威斯康星州水平	
	一般	良好	一般	良好
初情期（月龄）	12	8	14	12
配种适龄（月龄）	18	16	17	14～16
头胎产犊年龄（月龄）	28	26	27	23～25
第一情期受胎率（%）	40～60	60	50	62
配种指数	1.5～1.7	1.7	2	1.65
总受胎率（%）	75～85	90～95	85	94
发情周期为 18～24d 的母牛比率（%）	80	90	70	90
产后 50d 出现第一次发情的母牛比率（%）	75	85	70	80
分娩至产后第一次配种间隔天数（d）	80～90	50～70	85	45～70
牛群平均产犊间隔（月）	14～15	13	13	12
年繁殖率（%）	80～85	90	85～90	95

母牛的繁殖力常用一次受精后受胎效果来表示。此数值随着妊娠天数的增加，至分娩前达到最低数值。

其他牛的繁殖率均较低。黄牛的受配率一般在60%左右，受胎率为70%左右，母牛分娩及犊牛成活率均在90%左右，因此年繁殖率在35%～45%。牦牛对温度、海拔高度的变化非常敏感，海拔低于4 000m便丧失繁殖能力。母牦牛的受配率为40%～50%，受胎率为60%～80%，产犊率及犊牛成活率为90%左右。因此，牦牛的繁殖率仅为30%左右。水牛的繁殖率大致接近于黄牛的繁殖率。

2. 羊　种公羊自然交配的年配种能力一般为30～50只母羊，用人工授精方法可以提高配种能力千倍。目前，用鲜精授精的情期受胎率高的可达90%，一般为70%～89%，但用冷冻精液进行人工授精，情期受胎率一般只有50%，最高的也只有63.5%。母羊的繁殖力因品种、饲养管理和生态条件等不同而有差异（表15-1-2）。

表 15-1-2　我国饲养的绵羊和山羊繁殖力

（杨利国，2003. 动物繁殖学）

品　种	性成熟（月龄）	初配月龄（月龄）	年产羔次数	窝产羔率（%）
蒙古羊	5～8	18	1	103.9
乌珠穆沁羊	5～7	18	1	100.4
藏羊（草地型）	6～8	18	1	103
哈萨克羊	6	18	1	101.6
阿勒泰羊	6	18	1	110.0
滩羊	7～8	17～18	1	102.1
大尾寒羊	4～6	8～12	1年2胎或2年3胎	177.3
小尾寒羊	4～6	8～12	1年2胎或2年3胎	270
湖羊	4～5	6～10	2	207.5
同羊	6～7	12～18	2年3胎	100
内蒙古山羊	7～8	18	1	103
新疆山羊	7～8	18	1	114～115
西藏山羊	4～6	18～20	1	110～135
中卫山羊	5～6	18	1	104～106
辽宁山羊	5～6	18	1	110～120
济宁青山羊	3～4	5～8	2	293.7
陕南白山羊	3～4	12～18	2	182
海门山羊	3～5	6～10	2年3胎	228.6
贵州白山羊	4～6	8～10	2	184.4
云南龙陵黄山羊	6	8～10	1	122
青山羊	3	5	1年2胎或2年3胎	178
雷州山羊	3～5	6～10	2	203
南江黄羊	3～5	6～8	2年3胎	182
安哥拉山羊	6～8	18	2年3胎	139
萨能山羊	4	8	1年2胎或2年3胎	180～230
吐根堡山羊	7～8	18～20	1年2胎或2年3胎	149～180
波尔山羊	6～8	8～10	2年3胎	180～210

在气候和饲养管理条件不良的高纬度和高原地区繁殖力较低，母羊一般产单羔；但在低纬度或饲养管理条件较好的地区，绵羊多产双羔、多羔或更多，我国绵羊繁殖率最多的是湖羊，其次为小尾寒羊，除初产母羊产单羔较多外，平均每胎多在 2 只以上，最多可达 7～8 只，而且有的还可达到两年产 3 胎或年产 2 胎的程度。

山羊的繁殖率比绵羊高，多为双羔或 3 羔，羊的受胎率均在 90％以上，情期受胎率为 70％，繁殖年限为 8～10 岁。

3. 猪

（1）公猪。①要求公猪有旺盛的性欲，保证其顺利完成交配和采精。②要求公猪精液质量应达到表 15-1-3 的标准。

表 15-1-3　正常公猪精液的有关参数

（张忠诚，2004. 家畜繁殖学）

项　　目	青年公猪（8～12 个月）	成年公猪（12 个月以上）
射精量（mL）	100～300	100～500
总精子数（个）	$\geqslant 10\times 10^9$	$10\times 10^9 \sim 40\times 10^9$
活精子比例	>85％	>85％
直线前进运动精子比例	>70％	>70％

（2）母猪。我国有些地方品种猪繁殖力很强。一般猪每窝产仔 10～12 头，太湖猪平均达 14～17 头，个别可达 25 头以上，年平均产仔窝数 1.8～2.2 窝；母猪正常情期受胎率为 75％～80％，总受胎率 85％～95％，繁殖年限为 8～10 年。而国外引入的品种在完全相同的环境条件下，情期受胎率常在 70％以下，窝产仔数也较少，平均在 8 头左右。以下为我国各主要猪种的产仔数如表 15-1-4、表 15-1-5 所示。

表 15-1-4　我国主要猪种产仔数

（张忠诚，2004. 家畜繁殖学）

品　种	每窝产仔数（头）平均	每窝产仔数（头）最多	品　种	每窝产仔数（头）平均	每窝产仔数（头）最多
项城猪	10～12	25	中山猪	11.67	20
金华猪	13.87	28	陆川猪	12	20
太湖猪	14～17	30			

表 15-1-5　主要外国品种猪窝产仔数

（郑烘培，2005. 动物繁殖学）

品　种	初产（头）	经产（头）	平均（头）
长白猪	8～9.3	9～12	10
大约克夏猪	11	13	11
汉普夏猪	7～8	8～9	8
杜洛克猪	8～9	10～11	9.6
皮特兰猪	6～8	9～10	9.7
斯格猪	8.7	9～11	10.09

4. 马 马为单胎季节性发情动物，其繁殖力较牛和羊低。繁殖力高的公马，年采精可达 148 次，平均射精量为 94～116mL，精子密度为 1.05 亿～1.41 亿个/mL，受精率可达 68%～86%。

根据我国东北马匹集中地区多年来的母马繁殖情况，一般情期受胎率为 50%～60%，高的可达 65%～70%，全年受胎率为 80%左右。由于流产现象较多，实际繁殖率为 50%左右。

有资料表明，国外饲养管理较好的马场其母马的受胎率可达 80%～85%；而一般马场只有 60%～75%，产驹率大约 50%。

5. 家兔 家兔性成熟早，妊娠期短、窝产仔数多，所以繁殖力高。一年可繁殖 3～5 胎，每胎产仔 6～8 只，高的可达 14～16 只。家兔的受胎率与季节有关，春季受胎率较高，可达 85%以上；夏季受胎率较低，只有 30%～40%，一般断乳后成活率为 60%～80%。家兔一年四季均可发情，繁殖年限可达 3～4 年。

6. 家禽 家禽的繁殖力一般以产蛋量和孵化成活率来表示。通常，家禽因种和品种不同，其产蛋量差异很大。

蛋用鸡的产蛋量高，一般为 250～300 枚，最高可达 335 枚；肉用鸡的产蛋量较低，多为 150～180 枚，而蛋肉兼用鸡的产蛋量居中（表 15-1-6）。蛋用鸭的产蛋量为 200～250 枚，肉用鸭的产蛋量为 100～150 枚。鹅的产蛋量为 30～90 枚。

表 15-1-6 几种家禽的繁殖力

（郑烘培，2005. 动物繁殖学）

种	品种	开产月龄	年产蛋量（枚）	蛋重（g）
鸡	白来航鸡	5	200～250	50～60
	洛岛红鸡	7	150～180	55～60
	白洛克鸡	6	130～150	54～55
	仙居鸡	6	180～200	44
	三黄鸡	5～6	140～180	58
	浦东鸡	7～9	100	55～65
	乌骨鸡	7	88～110	40～47
	星杂 288	5	260～295	61.5
	罗曼褐	4～5	292	62.8
	伊莎褐	5	292	63～65
	罗斯褐	4～5	292	63.6
	海兰褐	4.5	335	62.3
鸭	北京鸭	6～7	100～120	85～90
	娄门鸭	4～5	100～150	170
	高邮鸭	4.5	160	70～80
	绍鸭	3～4	200～250	56
	康贝尔鸭	4	200～250	177
鹅	太湖鹅	7～8	50～90	150～160
	狮头鹅	7～8	25～80	200 左右

蛋的受精率在正常情况下应该达到 90% 以上，受精蛋的孵化率应在 80% 以上，入孵蛋的孵化率应在 65% 以上，育雏率一般达 80%～90%。

➡【拓展知识】

一、影响动物繁殖力的因素

动物的繁殖力受遗传、环境和管理等因素影响，其中环境和管理因素包括季节、光照、温度、营养、配种技术等。做好种畜的选育工作和创造良好的饲养管理条件是保证正常繁殖力的重要前提。

1. 遗传的影响　遗传因素对动物繁殖力的影响在多胎动物中表现比较明显，如有些中国地方猪种的繁殖性能明显高于外国猪种，特别是太湖猪，性成熟早、排卵多、产仔多，引起了许多国家对太湖猪浓厚的兴趣，并引种以提高其本国猪的繁殖力。

遗传因素对单胎动物繁殖力的影响也较明显，如牛虽是单胎动物，产双胎的比例约为 2%，双胎个体的后代产双胎的可能性明显大于单胎个体的后代，但需要说明的是，乳牛业中不提倡选留双胞胎个体。

2. 季节的影响　环境是动物赖以生存的物质基础，是保证动物繁殖力充分发挥的首要条件。野生动物为了使其后代在出生后有良好的生长发育条件，其繁殖活动常呈现出季节性。经过人类长期的驯养，有些家畜的繁殖季节性已不明显，如牛、猪等；而另外一些动物如羊、马等仍保留着季节性繁殖。季节性繁殖动物只在繁殖季节发情配种，而非季节性繁殖动物全年都可以发情配种。

高温和严寒对动物的繁殖有不良的影响。一般认为，动物在热应激下母畜的排卵和公畜性欲都会受到影响。另外，动物在高温高湿环境下散热困难，体温上升，使睾丸生精能力下降，精子获能和受精卵的卵裂也受影响；胚胎在高温影响下不能正确调控前列腺素的合成，使黄体功能难以维持。在生产实践中，严寒的影响相对较小，不过严寒对初生仔畜的威胁较大，应予以重视。

3. 营养的影响　营养水平对维持内分泌系统的正常机能是必要的。能量水平不足时，母牛安静发情和不发情的比例增加，排卵率和受胎率降低，即使妊娠也可能造成胚胎早期死亡、死胎或出生时重量小、死亡率高。当能量水平过高时，可使母畜体内脂肪沉积过多，造成卵巢周围脂肪浸润，阻碍卵泡的正常发育，影响受精和着床。营养水平过高，可使种公畜过肥、性欲减退、交配困难。

蛋白质是动物繁殖必需的营养物质，蛋白质不足将影响青年公畜生殖器官的发育及精液品质，可使精子活力降低、密度下降，配种能力降低。蛋白质不足可造成青年母畜卵巢和子宫幼稚型，初情期推迟，不发情或发情不明显。

脂肪与动物的繁殖也有密切的关系。如果日粮中严重缺乏脂肪，也会影响精子的形成。脂肪是脂溶性维生素的溶剂，如果日粮中含量不足就会影响脂溶性维生素的吸收和利用，从而对繁殖产生不良的影响。

维生素对动物的健康、生长、繁殖都有重要作用。胡萝卜素对家畜繁殖机能有特殊的作用。日粮中胡萝卜素缺乏，可导致公畜繁殖力降低、性欲缺乏、精子密度下降、异常精子增多、精子存活力弱。胡萝卜素与卵巢黄体的正常机能有密切的关系。

维生素 A、维生素 E 与家畜繁殖密切相关，当日粮中维生素 E 和硒缺乏，能量和蛋白质又不足时，则母畜受胎率将明显下降，公畜的精液品质也将下降。

矿物质缺乏或过量时可影响动物的繁殖。当日粮中缺乏钙、磷，或两者比例不当时，可导致母畜卵巢萎缩、性周期紊乱、不发情或屡配不孕，还可能造成胚胎发育停滞、畸形和流产，或产出的幼雏生活力弱。钙、磷比例大于 4∶1 时，母畜繁殖性能下降，发生阴道和子宫脱垂、子宫内膜炎、乳房炎等疾病的概率增大。实践证明钙、磷比例以（1.5～2）∶1 为适宜。

某些微量元素在动物繁殖中也不可忽视，其中特别要注意铁、铜、钴、锰、锌和硒等。

4. 年龄的影响 公畜精液的质量、数量和与配母畜的受胎率均受年龄的影响，青年公畜随着年龄增长其精液的质量逐渐提高，到了一定年龄后精液品质又逐渐下降。种公牛 5～6 岁后繁殖机能开始下降，一般公牛可使用到 7～10 岁，随着年龄的进一步增大，公牛出现性欲减退、睾丸变性，精液质量明显下降，有些公牛出现脊椎和四肢疾病，使爬跨交配困难而无法采精。

母畜的繁殖力也随年龄而变化。多胎的家兔和猪一般第一胎产仔数少，以后随胎次而增多。太湖猪初产母猪平均产仔（12.11±0.13）头，经产母猪平均（15.30±0.15）头，在一生中以第 3～7 胎产仔数最多，第 8 胎后产仔数减少，同时产死胎数有所增加。

5. 管理的影响 随着畜牧业的发展，家畜的繁殖力几乎已全部在人类的控制之下进行。良好的管理是保证动物繁殖力充分发挥的重要前提。放牧、饲喂、运动、调教、使役及畜舍卫生设施等，对动物繁殖力均有影响。管理不善，不但会使动物繁殖力下降，严重时还会造成动物不育。

二、提高动物繁殖力的措施

繁殖力是畜牧生产上一项重要的经济指标，动物繁殖是动物生产的重要环节之一，与动物饲养、管理、遗传育种、疾病防治关系十分密切。动物繁殖的最终目标是最大限度减少种公畜和种母畜的饲养量，增加生产畜群的饲养量，降低成本，以提高畜产品产量和质量以及生产经济效益。因此，提高畜群繁殖力的措施必须综合考虑上述因素，还须从提高公畜和母畜繁殖力两方面着手，充分利用现代化繁殖新技术，挖掘优良公、母畜的繁殖潜力。

（一）加强种畜选择

1. 繁殖力应作为育种指标 繁殖性状的遗传力虽然较低，但培育具有高繁殖力特性的家畜新品种或新品系，一直受到发达国家的重视，尤其在蛋禽、肉畜和毛用家畜育种中，现已培育了许多繁殖力高的新品种或新品系。例如，美国、英国、法国、意大利等国从我国引进太湖猪的主要目的，是用于改良当地猪种的繁殖性能。我国地方畜禽品种如湖羊、太湖猪、四季鹅、小尾寒羊等的繁殖力高，与当地长期以来在选种选育过程中十分重视繁殖性能有关。

2. 及时淘汰不合格种畜 每年要做好畜群的整顿，对老、弱、病、残和经过检查确认失去繁殖能力的母畜以及具有先天遗传性疾病的种畜，应及时清理淘汰，或转为肉用、役用。常见的先天性遗传疾病如下。

（1）雄性不育症。如公畜的隐睾症、睾丸发育不良、阴囊疝等。

（2）雌性不育或不孕症。如母畜的生殖器官先天性畸形、雌性动物染色体嵌合、异性孪生中无生殖能力的母犊，某些屡配不孕、习惯流产或胚胎死亡及初生仔畜生活力降低等生殖疾病。

（二）加强饲养管理

1. 确保营养全面　当前，配合饲料或全价日粮已在猪和鸡的生产中得到普遍推广应用，可以确保猪、鸡生长和生产的营养需要。在牛、羊等草食家畜和马、驴等大家畜的饲养中，配合饲料的推广应用目前尚未普及，很难保证这些畜种维持生长和繁殖的营养平衡。因此，有必要引起畜主重视。

2. 防止饲草饲料中有害物质引起中毒　棉籽饼中含有棉酚和菜籽饼中含有的硫代葡萄糖苷毒素，不仅影响公畜精液品质，还可影响母畜受胎、胚胎发育和胎儿的成活等；豆科牧草中存在的雌激素，既可影响公畜的性欲和精液品质，又可干扰母畜的发情周期，还可引起母畜流产等。因此，在种畜的饲养中应尽量避免使用或少用这类饲草和饲料。

此外，饲料生产、加工和贮存过程中也有可能污染或产生某些有毒有害物质。如饲草饲料生产过程中有可能残留或污染农药、化学除草剂、兽药以及寄生虫卵等，加工和贮存过程中有可能发生霉变，产生诸如黄曲霉毒素类的生物毒性物质。这些物质对精子生成、卵子和胚胎发育均有影响。因此，在种畜饲养过程中应尽量避免。

3. 维生素和微量元素充足　长期饲喂品质不良的饲料也能引起母畜不育。如长期大量饲喂青贮饲料，可引起慢性中毒；饲料中维生素 A 不足或缺乏，可使子宫内膜上皮角质化，影响胚胎附植；维生素 B 缺乏时，发情周期失调，生殖腺变性；维生素 E 缺乏时，母畜受胎率下降，胚胎易被吸收，胎盘坏死及死胎等；维生素 D 缺乏，影响钙、磷代谢，间接引起不育；饲料中缺钙、磷时，可使卵巢机能受到影响，卵泡生长和成熟受阻，青年母畜性成熟延迟，成年母畜出现安静发情或不排卵，还能导致胎儿畸形、死胎、幼雏以及成活率降低等。

4. 加强环境控制　除种畜场场址的选择和畜舍建筑应充分考虑有利于环境控制外，在南方的夏季还应注意防暑降温，在北方的冬季还应注意防寒保暖。无论南方或北方，在种畜场（包括运动场）多栽种一些落叶乔木，除了美化环境外，还具有遮阳降温和减轻风沙的作用。在高温夏季进行喷水降温，在寒冷季节用塑料薄膜覆盖畜舍（即温室养畜）等，是控制环境的有效措施之一。

（三）加强繁殖管理

1. 提高种公畜的配种机能

（1）维持交配能力。将公畜与母畜分群饲养，采用正确的调教方法和异性刺激等手段，均可增强种公畜的性欲，提高种公畜的交配能力。对于性机能障碍的公畜可用雄激素进行调整，对于长时间调整得不到恢复和提高的公畜予以淘汰。

（2）提高精液品质。加强饲养和合理使用种公畜，是提高公畜精液品质的重要措施。在自然交配条件下，公畜的比例如果失调，或者母畜发情过分集中，易引起种公畜因使用过频而降低精液品质。这种现象在经济不发达地区经常发生，常常使一头种公畜在同一天或同一时期内配种多头母畜，导致母畜受胎率降低。此外，因饲喂含有毒物质或被污染、发霉的饲草饲料，或长期缺乏维生素或微量元素而引起公畜精液品质降低的现象在生产中也常有发生。

2. 提高母畜受配率

（1）维持正常发情周期。维持母畜在初情期后正常发情排卵，是诱导发情、提高母畜受配率的主要措施之一。一些家畜生长速度虽然很快，但在体重达到或超过初情期体重后仍无发情表现，即初情期延迟。从国外引进的猪种易发生初情期延迟，防治的办法是定期用公猪诱导发情，必要时可用促性腺激素（FSH、PMSG）、雌激素或三合激素进行诱导发情。

（2）缩短产后第一次发情间隔。诱导母畜在哺乳期或断乳后正常发情排卵，对于提高受配率、缩短产仔间隔或繁殖周期具有重要意义。在正常情况下，马、驴、牛、羊等家畜在哺乳期均可发情排卵，猪一般在断乳后一周左右发情排卵（部分太湖猪在哺乳期也可发情排卵），如果发情时子宫已基本复原（马例外）便可配种。但在某些情况下，一些母畜在产后2～3个月仍无发情表现，因而延长产仔间隔，降低繁殖力。

影响产后第一次发情的因素很多，如哺乳（或挤乳）期长短与次数多少、营养不良、生殖内分泌机能紊乱、生殖道炎症等。因此，采用早期断乳、加强饲养管理、及时治疗产科疾病等措施，可以预防产后乏情。必要时，可根据病因用促性腺激素、前列腺素、雌激素或三合激素等诱导发情。

3. 提高情期受胎率

（1）适时配种。正确的发情鉴定结果是确保适时配种或输精的依据，适时配种是提高受胎率的关键。在马、牛、驴等大家畜的发情鉴定中，目前准确性最高的方法是通过直肠触摸卵巢上的卵泡发育情况，在小家畜则用公畜结扎输精管的方法进行试情效果最佳。

（2）治疗屡配不孕。屡配不孕是引起母畜情期受胎率降低的主要原因。造成屡配不孕的因素很多，其中最主要的因素是子宫内膜炎和异常排卵。而胎衣不下是引起子宫内膜炎的主要原因。因此，从母畜分娩时起，就应十分重视产科疾病和生殖道疾病的预防，同时要加强产后护理，对于提高情期受胎率具有重要意义。

4. 降低早期胚胎丢失和死亡率　胚胎丢失或死亡的发生率与家畜的品种、母畜的年龄、饲养管理和环境条件以及胚胎移植的技术水平等因素有关。

（四）推广应用繁殖新技术

1. 提高公畜利用率的新技术　人工授精技术是当前提高种公畜利用率有效的手段。随着超低温生物技术的发展，该技术在提高种公畜利用率方面所起的作用更大。

2. 提高母畜繁殖利用率的新技术　提高母畜繁殖利用率的技术主要：有发情控制技术，超数排卵和胚胎移植技术（即 MOET 技术），胚胎分割技术，卵母细胞体外培养、体外成熟技术，体外受精技术以及母牛孪生技术等。

（五）控制繁殖疾病

1. 控制公畜繁殖疾病　控制公畜繁殖疾病的主要目的是通过预防和治疗公畜繁殖疾病，提高种公畜的交配能力和精液品质，最终提高母畜的配种受胎率和繁殖率。

2. 控制母畜繁殖疾病　控制母畜卵巢疾病、生殖道疾病、产科疾病的发生。

3. 控制与繁殖相关的常见传染病与寄生虫病　布鲁氏菌病、钩端螺旋体病、牛病毒性腹泻、毛滴虫病等均可引起妊娠母畜流产，因此控制传染病与寄生虫病对于提高繁殖力具有十分重要的意义。

【自测训练】

1. 理论知识训练

（1）什么是繁殖力？评价牛繁殖力的指标有哪些？

（2）影响繁殖力的因素有哪些？

（3）如何提高家畜的繁殖力？

2. 操作技能训练　奶牛场繁殖指标统计。

（1）实地考察，了解某奶牛场母牛繁殖记录和畜群生产记录（表 15 - 1 - 7）。

（2）分组统计并计算某牛场（或猪场）上一年度的情期受胎率、第一情期受胎率、不返情率、分娩率、繁殖率、成活率、产犊率、牛繁殖效率指数等指标，并与正常奶牛繁殖力比较，提出合理化建议。

表 15 - 1 - 7　配种记录单

母猪					计划与配公猪				配种日期																			预产期
					主配		后补		第一情期					第二情期					第三情期						
耳号	品种	胎次	断乳日期	发情日期	耳号	品种	耳号	品种	月	日	时	与配公猪	配种方式	配种员	月	日	时	与配公猪	配种方式	配种员	月	日	时	与配公猪	配种方式	配种员	

任务 15 - 2　繁殖障碍及防治

【任务内容】

● 深入养殖场调查繁殖障碍发生情况。

● 明确母畜不孕症的检查方法。

● 初步掌握常见不孕症的防治方法。

【学习条件】

● 具有繁殖障碍的母畜。

● 各种激素、青霉素、链霉素、生理盐水、5%葡萄糖溶液、0.1%高锰酸钾溶液、75%酒精棉球、碘甘油。

● 注射器、针头、阴道开膣器、子宫清洗器、激光治疗仪、电炉、长臂手套等。

一、雌性动物的繁殖障碍

母畜繁殖障碍包括发情、排卵、受精、妊娠、分娩和哺乳等生殖活动的异常，以及在这些生殖活动过程中由于管理失误所造成的繁殖机能丧失，是使母畜繁殖率下降的主要原因之一。常见的母畜繁殖障碍如下。

（一）卵巢机能障碍

1. 卵巢静止和卵巢萎缩

（1）症状。卵巢静止是卵巢的机能受到扰乱，直肠检查无卵泡发育，也无黄体存在，卵巢处于静止状态，雌性动物不表现发情，如果长期得不到治疗则可发展成卵巢萎缩。

卵巢萎缩通常是卵巢体积缩小而质地硬化，无活性，性机能减退。有时是一侧，也有时是两侧卵巢都发生萎缩及硬化。发情周期停止，长期不孕。

（2）病因。①体质衰弱，年龄大，又加上饲养管理不当，易使卵巢发生萎缩，变小且硬。②卵巢疾病的后遗症，如卵巢炎、囊肿继发的后遗症。高泌乳牛更容易发生卵巢萎缩。

（3）治疗。

①改善饲养管理条件，供给全价日粮，以促进雌性动物体况的恢复。为了加速恢复卵巢性机能，对卵巢和子宫通过直肠按摩。每隔 3～5d 按摩一次，每次 10～15min，促进局部血液循环、使局部条件得到改善。

②应用氦氖激光治疗仪照射阴蒂或地户穴，功率 7～8mW，照射距 40～50cm，每次照射 10～15min，每天一次，连续照射 12d 为一个疗程。据资料介绍，14 头奶牛经过一个疗程治疗，有 13 头发情良好，配种后有 11 头怀孕。

③可进行激素治疗：促排卵 2 号 100～400μg，连续 3 次；促卵泡激素 100～200IU，溶解稀释后进行肌内注射。

2. 卵泡萎缩及交替发育

（1）症状。指卵泡不能正常发育成熟到排卵，多发生在泌乳量高、体质衰弱及长期饲养在寒冷地区的奶牛及黄牛。在早春发情的马、驴也常见此病。

（2）病因。①气候：季节性发情动物由非繁殖季节到繁殖季节性腺一时未能适应变化的环境。②温度：长期在寒冷地区饲养的奶牛及黄牛，牛舍温度低，保温条件差，气温变化大，饲料单一，营养成分不足，运动不够等都会引起卵泡发育障碍。

（3）治疗。

①对卵泡萎缩及交替发育的动物，随着气温的变化，改善饲养管理，增加运动对役用家畜减少使役，补饲鲜青草、麦芽可以促进发情周期的恢复。

②可以利用促卵泡激素、绒毛膜促性腺激素和孕马血清促性腺激素进行治疗。

③使用激光进行治疗，利用激光照射阴蒂及地户穴来调节生殖激素的平衡，促进卵泡发育及排卵。

④利用电针疗法。此外还可以使用中草药治疗，利用活血化瘀的方剂为佳。

3. 排卵延迟

（1）症状。排卵延迟是指排卵的时间向后拖延。此病在配种季节初期多见于马、驴、绵羊，在牛也有发生。

（2）病因。①主要是由于垂体前叶分泌促黄体素不足而致。②气温过低、营养不良、奶牛挤奶过度、役畜过度使役均可引起排卵延迟。

（3）治疗。

①改善饲养管理。改善饲料质量，增加日粮中的蛋白质、维生素和矿物质的数量，增加放牧和日照时间，达到足够的运动，减少使役和泌乳量。

②利用公畜催情。与公畜不经常接触、分开饲养的母畜，利用公畜催情可以增强母畜的发情表现，加速排卵。

③激素疗法。

a. GnRH：马、驴和牛肌内注射 $100\sim200\mu g$，猪、羊肌内注射 $25\sim50\mu g$，隔日一次，连用两次。

b. FSH：肌内注射总剂量牛、马为 $300\sim400IU$，猪为 $100\sim200IU$，羊为 $50\sim100IU$。每日或隔日一次，分 $2\sim3$ 次应用；最后肌内注射 LH（剂量为 FSH 的 $1/3\sim1/2$）。

c. LH：用法同 FSH，但剂量为 FSH 的 $1/2$。

d. 使用电针疗法，选择命门穴、百会穴、双雁翅穴等。

4. 持久黄体 家畜在发情或分娩后，卵巢上长期不消退的黄体，称为持久黄体。由于持久黄体分泌黄体酮，抑制了垂体促性腺激素的分泌，所以卵巢不会有新的卵泡生长发育，致使母畜长期不发情。

（1）症状。持久黄体的主要特征是发情周期停止，母畜长期不发情。直肠检查时，发现黄体侧卵巢较大（$2\sim4cm$），黄体突出于卵巢表面，呈蘑菇状，质地较卵巢实质硬，但富有韧性。子宫松软下垂，稍粗大，触诊时无收缩反应，而且往往两子宫角不对称，子宫内常有炎性变化。

（2）病因。①饲养管理不当，饲料单纯，缺乏矿物质、维生素饲料；此外运动不足、泌乳过多也会使母畜体质下降，性机能退减，以致黄体不能按时消退成为持久黄体。②多为子宫疾病继发症，如子宫内膜炎、子宫积液、积脓、子宫内滞留部分胎衣，早期胚胎死亡，子宫复旧不全，都会影响前列腺素的合成和分泌，因此黄体持久存在。

（3）治疗。

①消除病因，属于饲养管理性的，要改善饲养管理条件，以促进体质的恢复。属于子宫疾病继发性的，要通过洗涤治疗子宫来解决，从而促使黄体自行消退。例如马属动物可用 $42℃$ $1\%\sim2\%$ 人工盐液 $1\,000\sim3\,000mL$，冲洗子宫后，再将青霉素、链霉素注入子宫内，一般在 1 周内可发情配种。牛可用 0.1% 碘溶液冲洗子宫，这样不但起到了消除黄体的作用，而且也治疗了子宫的炎症，有利于配种受胎。

②纯属持久黄体可用前列腺素治疗：牛肌内注射 $2\sim4mg$ 15-甲基前列腺素 PGF_{2a}，氯前列烯醇 $0.2\sim0.4mg$，一般在注射 48h 内黄体消退，有 90% 以上的母牛在注射激素后 $3\sim5d$ 内卵巢上有卵泡发育，这是处理持久黄体最有效的方法。

③用氦氖激光照射牛的阴蒂或地户穴，也可起到溶解黄体，使黄体酮下降，促使卵泡发育、成熟、排卵及配种受胎的作用。

5. 卵泡囊肿 由于未排卵的卵泡上皮变性，卵泡壁结缔组织增生。卵细胞死亡，卵泡液增多，卵泡体积比正常成熟卵泡增大而形成的囊泡，称为卵泡囊肿。

（1）症状。①直肠检查时，马的卵泡囊肿直径可达 $6\sim10cm$，壁厚且硬，表面粗糙，多卵泡囊肿时每个的囊肿直径为 $2.5\sim3cm$，似大枣，突出于卵巢表面。牛的卵泡囊肿直径可达 $3\sim4cm$，皮厚内液似不充实。②发情征状强烈，精神高度表现不安，哞叫，拒食，追逐，爬跨其他母畜，而形成"慕雄狂"。③发情持续期长。如持续时间过久，由于卵泡壁变性，不再产生雌激素，母畜即不表现发情征状。

（2）病因。①饲料中精料过多或缺乏维生素 A；②使役过度，运动不足，泌乳量过大；③垂体或其他内分泌腺机能失调以及使用激素制剂不当，特别是使用雌激素剂量过大和时间过长；④生殖道炎症继发卵巢疾病，如卵巢发炎时，使排卵受到扰乱，因而发生囊肿。

奶牛多发生在产后及 4～6 胎的泌乳高峰期，马发生在初春季节，猪也有发生。

（3）治疗。

①加强饲养管理，减轻使役强度，改善母畜的生活条件，减少各种不利条件，减少各种不利的应激作用，防治生殖道的炎症。

②激素治疗法。

a. 在早期应注射促排卵 2 号（LRH－A$_2$）或促排卵 3 号（LRH－A$_3$），以促使其成熟后排卵。后期应注射 LH，促使排卵或黄体化，剂量 200～400IU，肌内注射。对于壁厚的卵泡囊肿可一次注射氯前列烯醇 0.4mg 促使破裂排卵。

b. 对于多卵泡囊肿的个体，如母马在早春季节，在发情时，往往有一个卵泡发育占优势。这样可在卵泡发育到 3 期时，肌内注射 hCG 2 000～3 000IU。

6. 黄体囊肿 黄体囊肿的来源有两个方面：一是成熟的卵泡未能排卵，卵泡壁上皮黄体化形成的，称为黄体化囊肿；二是排卵后由于某些原因黄体化不足，黄体细胞不能完成填充空腔，在黄体内形成直径超过 0.8cm 的空腔，腔内聚积液体而形成黄体囊肿。两者皆能产生大量的孕激素。

（1）症状。患畜主要表现为缺乏性欲，长期不发情。

（2）病因。①母牛处于胎衣不下或子宫内膜炎期间及病愈后。②过度肥胖，营养不良；饲料养分不全，特别是缺乏维生素。③运动不足，泌乳量过大，泌乳期过长。④内分泌机能紊乱，LH 分泌不足以及子宫不能产生足够的 PGF$_{2\alpha}$。

（3）治疗。①肌内注射黄体酮，剂量 50～100mg，隔 3～5d 一次，连用 2～4 次效果良好。②肌内注射促黄体素：马 300～400IU，驴、牛 100～200IU，如果用后 1 周未见好转，可再用第二次。③电针治疗：取同侧肾俞、肾棚或取同侧肾棚及雁翅，电针治疗一般 6～9d 可使囊肿消退。④中药治疗：用大七气汤以破血去瘀，三棱 50g、莪术 50g、香附 50g、藿香 50g、青皮 40g、陈皮 40g、桔梗 40g、益智 40g、肉桂 25g、甘草 15g 制成细末，开水冲服。

（二）子宫疾病

在动物繁殖障碍中，以生殖道疾病所占比例最大，常见的主要有子宫内膜炎和子宫积水、积脓等。

1. 子宫内膜炎 子宫内膜炎是动物产后子宫黏膜发生的炎症，多发生于马和牛，特别是奶牛，其次是猪和羊。子宫内膜炎在生殖器官的疾病中占的比例最大，它可直接危害精子的生存，影响受精以及胚胎的生长发育和着床，甚至引起胎儿死亡而发生流产。

（1）症状。

①慢性卡他性子宫内膜炎。病牛发情周期、发情、排卵正常，但屡配不孕，或配种受孕后发生流产。阴道内有少量混浊黏液，或发情时从子宫内流出脓性黏液，子宫角增粗，子宫壁变厚、变硬，弹性变弱。

②慢性化脓性子宫内膜炎。病牛发情周期不规律，甚至不发情。食欲明显减退，

精神沉郁，弓背举尾，阴道内有淡黄色或黄褐色脓液，直肠检查子宫体积明显增大、波动，压迫可流出大量恶臭脓液。

（2）病因。

①由急性子宫内膜炎转变而来，大部分为链球菌、葡萄球菌及大肠杆菌所引起。

②配种不当。如公畜生殖器官炎症通过自然交配传给母畜；人工授精时，消毒不严格，操作不规范。

③分娩、助产时不注意消毒，产道受损；胎衣不下或胎衣排出不完全，子宫脱出。

④本交时，公畜生殖器官的炎症和污染，也能使母畜引起子宫内膜炎。

⑤某些传染性疾病，如牛布鲁氏菌病、结核病和马沙门氏菌病等疾病继发感染。

（3）治疗。

①加强饲养管理；营养平衡，重视矿物质和维生素的供给；接产、助产、配种时做好消毒。

②慢性卡他性子宫内膜炎的治疗。

a. 发情期治疗。青霉素 1 600 万～2 000 万 IU，鱼腥草注射液 50～100mL，肌内注射，同时灌服中药促孕一剂灵 250g 或子宫灌注促排卵 2 号 20～50μg；用 0.1% 高锰酸钾溶液冲洗子宫和阴道，并用碳酸氢钠溶液清洗。

b. 产后治疗。青霉素 1 600 万～2 000 万 IU、安乃近 6～9g、B 族维生素注射液 10～20mL、鱼腥草注射液 50～100mL，肌内注射，每天 2 次。加注 10 万 IU 的缩宫素疗效更好。

③慢性化脓性子宫内膜炎的治疗。

a. 清洗子宫。选用 0.1% 高锰酸钾溶液，0.1% 的复方碘生理盐水，0.1% 的普鲁卡因溶液，2%～5% 碳酸氢钠溶液，先用一种或几种灌入子宫内，然后用虹吸法排出子宫内的冲洗液，每天 1 次，直至排出的液体透明为止。

b. 子宫注入药物。青霉素 400 万 IU、链霉素 150 万 U，溶于 40～50mL 注射用水中，以直肠把握法注入子宫，每天 1 次，连用 3～5 次；0.1～0.3g 环丙沙星或恩诺沙星溶于 50mL 注射用水，配合催产素 100 万 IU 注入子宫，每天 1 次，连用 3 次；土霉素原粉或四环素原粉 3～5g 加注射用水 50mL，注入子宫，每天 1 次，连用 3～5 次。

c. 口服中药。当归活血止痛排脓散，组方为：当归 60g、川芎 45g、桃仁 30g、红花 20g、延胡索 30g、香附 45g、丹参 60g、益母 90g、三棱 30g、甘草 20g，黄酒 250mL 为引，灌服，隔天 1 剂，连服 3 剂。

治疗子宫内膜炎一般有局部疗法和子宫内直接用药两种方法，治疗时应根据具体情况采用不同的方法治疗。应以恢复子宫的张力、增加子宫的血液供给、促进子宫内积聚的渗出物排出、杀灭和抑制子宫内致病菌、消除子宫的再感染机会为原则。

2. 子宫积水、积脓

（1）症状。①患畜长期不发情，定期排出分泌物。②阴道检查可见子宫颈外口脓肿、开张、有分泌物附着或流出。③牛直肠检查会发现子宫显著增大，与妊娠 2～3 个月的状态相似，收缩反应消失，但摸不到子叶，隔数日复查，症状如初则可确诊。

（2）病因。①子宫积水发生于卡他性子宫内膜炎之后，由于治疗不及时，炎性分泌物蓄积而致。②子宫积脓常发生于脓性子宫内膜炎之后，牛较多见。

（3）治疗。首先应尽力排出子宫内的蓄积物，注射前列腺素类、催产素、雌激素等药物促进子宫颈开张、子宫收缩，然后按脓性子宫内膜炎的治疗方法处置。

3. 子宫颈炎

（1）症状。直检时可发现子宫颈阴道部松软、水肿、肥大呈菜花状。子宫颈变的粗大、坚实。

（2）病因。子宫颈炎是黏膜及深层的炎症，多数是子宫炎和阴道炎的并发病，在分娩、手术助产、自然交配和人工授精的过程中感染所致。炎性分泌物直接危害精子的通过和生命，所以往往造成不孕。

（3）治疗。子宫颈炎如果继发子宫炎、阴道炎，应参考治疗子宫炎、阴道炎的方案和方法。如果是单纯子宫颈炎，可用盐酸洗必泰栓或宫得康栓剂放入子宫颈口。

子宫疾患的防治首先应从改善饲养管理入手，以提高母畜机体的抵抗力。治疗时，应恢复子宫的张力，增加子宫的血液供给，促进子宫内容物的外流和抑制或消除子宫的再感染。

二、雄性动物的繁殖障碍

引起雄畜繁殖障碍的因素很多，主要介绍由于后天因素引起的繁殖障碍病，如睾丸、前列腺、阴茎等部位的疾病。

（一）造精机能障碍

睾丸是重要的性腺，有产生精子、分泌激素的机能。引起造精机能障碍的主要疾病有隐睾、睾丸变性、睾丸发育不良、睾丸炎等。

1. 隐睾 睾丸在腹腔或腹股沟内而没有下降到阴囊内称为隐睾。有一侧性或两侧性之分。一侧性的正常睾丸有精子形成，两侧性的隐睾没有精子形成。隐睾的睾丸和附睾重量都比正常的轻，无有效的治疗方法，因此不能作种用，只能淘汰。

隐睾在各种动物中均有发生，以猪最高，可达 $1\%\sim2\%$，牛为 0.7%，犬为 $0.05\%\sim0.1\%$，羊、鹿较少见。各种动物的睾丸，应在出生前后的一定时间降入阴囊内。正常情况下，牛在妊娠期的 $100\sim105d$，猪在妊娠期的 $100\sim110d$，羊在妊娠期的 $100d$ 左右，马在出生后 1 周，犬在出生后 $8\sim10d$，睾丸就会下降到阴囊内。

2. 睾丸变性 睾丸变性是指睾丸发育完成后因受多种因素影响而发生的退化性变化。睾丸变性可能是由营养不良、高温环境、热性病、年老等因素引起的。多见于公牛、公猪，特别是老龄的动物。另外，夏季天气炎热引起的睾丸变性，在短时间内出现异常现象。但炎热过后，变性即可逐渐消失，精子活力也相应恢复正常。但老龄、有害辐射、睾丸严重外伤等因素引起的变性，一般很难恢复。

3. 睾丸发育不全 睾丸发育不全可能发生于一侧或两侧，一般是由于性成熟前缺乏营养，使睾丸的重量和体积只有正常情况 $1/3\sim1/2$，附睾也小，这种雄性动物的精液像水样，精子数量少，精子活力差，畸形率高，没有受精力。

睾丸发育不全是一种潜在的生殖器官发育缺陷，睾丸停止在胎儿阶段，而且认为可以是先天性的，也可能是后天性的。

睾丸发育不全可以发生在任何品种的动物，发病率较隐睾高，尤其多见于某些品种的公牛和公猪。引起睾丸发育不全的因素包括遗传、生殖内分泌失调和饲养管理不当等，其中隐睾和染色体畸变（核型为XXY）是引起该症的遗传因素。患畜应予以及早淘汰。

4. 睾丸炎　睾丸炎由布鲁氏菌、放线菌等传染及侵袭引起，还可能因外伤、出血等机械因素引起，或由外围的炎症继发。

患畜急性炎症时，睾丸肿大，发热，病畜站立时拱背、步态拘谨，拒绝爬跨；触诊睾丸有痛感，鞘膜腔积液；病情严重时体温升高，有全身症状。慢性睾丸炎不表现明显的热、痛症状，睾丸组织纤维变性、弹性消失、硬化、变小，产生精子的能力逐渐降低。由传染病引发的睾丸炎往往有传染病的特殊症状。

发现雄性动物患睾丸炎时，应及时查明发病原因，采用冷敷、封闭疗法、注射抗生素或磺胺药及减少患病动物活动等综合措施进行治疗。

（二）附睾及输精管机能障碍

附睾及输精管因受布鲁氏菌、沙门氏菌、放线菌等感染而发生异常，也可能因机械的损伤引起附近器官发生炎症而受影响。常见的附睾及输精管机能障碍有附睾炎、附睾萎缩、输精管壶腹炎等。

1. 附睾炎　睾丸炎或阴囊疾病以及精囊腺炎等可以引起附睾炎。由细菌引起的附睾炎常发生附睾尾部肿大。急性附睾炎，临床检查表现为发热、肿胀。慢性附睾炎，附睾尾增大而变硬，睾丸在鞘膜腔内活动性减少；表现不愿交配，叉腿行走。雄性动物患附睾炎时，精液中常出现较多的没有成熟的精子，畸形精子数增加，影响精液的活力和受精率。细菌继发感染后还可见到在精液中有油灰状的团块。

公羊、公牛多发。患畜使用金霉素配合硫酸双氢链霉素治疗三周，可消除感染并改善精液质量。

2. 附睾萎缩　睾丸正常但附睾一侧欠缺或纤维化，使附睾的体积变小，因而精子的贮存量减少，精子的成熟受到影响，造成精液的受精力下降。

3. 输精管壶腹炎　常伴随睾丸炎、附睾炎和精囊腺炎发生。壶腹不扩大的动物不易发生感染。

（三）副性腺机能障碍

副性腺分泌副性腺液，副性腺液是组成精液的主要成分，副性腺液中含有糖类、蛋白质、柠檬酸、酶等丰富的营养物质，精子浮游在副性腺液中。因此，射出后精子的活力高低、存活时间长短，受副性腺的影响很大。常见的副性腺疾病有如下几种。

1. 精囊腺疾病　常见的是精囊腺炎。此外，还有精囊腺发育不全、囊肿、缺损等。

牛的精囊腺炎是一种传染病，在患有该病的公牛生殖道、精液中分离出多种微生物，包括细菌和支原体及病毒。在布鲁氏菌病流行地区的公牛常继发精囊腺炎。精囊腺炎除了继发感染外，应激反应也可导致发生。患有轻度精囊腺炎的公牛往往缺乏明显的临床症状，较为严重时，可能会出现发热、站立时弓背、不愿走动。在排粪或射精时表现出疼痛感。通过直肠检查可发现单侧或双侧精囊腺炎，但单侧炎症最为常见。检查时公牛有疼痛反应。

患精囊腺炎的公牛精液不正常，能观察到其中含絮状物，射出的精液有血色或呈褐色，显微镜观察可见精液中混入有白细胞。精囊腺炎可影响精液的质量，使精子活力降低，精液的pH升高，受精率下降。

精囊腺炎可用药物或手术方法治疗，药物治疗时应选用病原体感受性强的抗生素。布鲁氏菌病继发精囊腺炎的动物无须治疗，应立即淘汰。

2. 前列腺疾病 前列腺疾病主要是前列腺炎、另外还可能发生前列腺过度发育、前列腺癌等。前列腺炎在牛、猪临床上很少见，但犬发生较多。

犬患急性前列腺炎时表现出全身症状，阴茎内不断流出血色分泌物，触诊前列腺肿大，有痛感；慢性经过者仅在排尿和检查精液时发现血液和浓汁，触诊前列腺体积增大。可出现弓背、体温升高、脉搏加快、食欲减退等症状，治疗可用大剂量的广谱抗生素。

(四) 射精机能障碍

雄性动物即使睾丸生精机能正常，副性腺的分泌机能也正常，若射精机能减退或消失，也就失去了繁殖能力。主要的射精机能障碍有性欲缺乏和交配困难两种。

1. 性欲缺乏 性欲缺乏是指雄性动物配种或采精时性欲差，在与雌性动物接触时性欲反应慢，有的根本就没有反应，阴茎不能勃起，不引起性反射。从临床观察来分析，有原发性性欲缺乏和疾病性性欲缺乏。

许多继发性的性欲缺乏是可以预防的。对于性冲动衰竭的条件反射，可以进行再训练以打破已建立的反射，在配种以前，将雄性动物和雌性动物放在一起，提供刺激它们交配的新环境，以促使其交配。消除引起性欲缺乏的各种病原，可使其恢复交配能力。另外，对性欲缺乏的公牛可肌内注射 PMSG 5 000IU，每日 1 次，一般 1～3 次；一般能明显改善性欲。对原因不明的性欲缺乏，可试用皮下或肌内注射苯甲酸睾酮或苯乙酸睾酮。

2. 交配困难 交配行为即爬跨、插入和射精发生失常，可造成雄性动物的配种失败。

(1) 爬跨困难。老龄、关节脱位、骨折、四肢无力、脊椎疾病和关节炎等引起的行动困难，均能阻碍正常爬跨，造成不能交配。

(2) 插入困难。阴茎先天性畸形、先天性短茎、阴茎系带短缩等可造成阴茎外伸困难；也可能因四肢及荐区损伤、S 状弯曲粘连、包皮和阴茎粘连引起阴茎不能伸出，不能进入阴道。遇上述疾病一般只能淘汰。

(3) 射精困难。神经功能失调、变更环境、管理不良、使役过度、采精技术不当、假阴道的温度、压力或润滑度不适合等原因可造成射精困难。以公马较多见。

交配困难的公畜，要建立稳定的条件反射，经常更换台畜，以增强新的刺激。对于过度兴奋的公畜，在配种前或兴奋时应牵到安静的场所缓慢牵遛，待兴奋减退时再进行采精。而对确定因疾病引起交配困难的公畜，应立即停止配种，并采取相应的措施，待痊愈后再进行利用。

➡ 【相关知识】

繁殖障碍是指家畜生殖机能紊乱和生殖器官畸形以及由此引起的生殖活动的异常现象，如公畜性无能、精液品质降低或无精，母畜乏情、不排卵、胚胎死亡、流产和难产等。一些繁殖障碍是可逆的，通过改善饲养管理条件后可以恢复繁殖机能；一些繁殖障碍是不可逆的，即一旦失去就无法治愈或恢复，也即永远失去了繁殖能力。

轻度繁殖障碍可使家畜繁殖力降低，严重的繁殖障碍可引起不育或不孕。不育或不孕都是指家畜不能自然繁殖的现象，前者是指公、母畜，而后者一般用于描述母畜的不可繁殖状态。

其他雌性动物繁殖障碍

（一）先天性的繁殖障碍

在雌性动物先天性繁殖障碍主要是由于遗传因素或者雌性动物个体在胚胎发育过程中生殖器官异常造成的，出生后没有正常的繁殖能力，这种繁殖障碍一般无法治疗或疗效欠佳，患先天性繁殖障碍的动物不可作为种用应予以淘汰。

1. 种间杂交后代不育 种间杂交后代往往无繁殖能力，这种杂种雌性个体虽然有时有性机能和排卵，但由于生物学上的某些缺陷，卵子不易受精，即使卵子受精，合子也不能发育。

马、驴杂交所产生的后代无繁殖能力，但也不排除有极个别母骡有繁殖能力。也有些种间杂种后代具有繁殖力，如牦牛和黄牛杂交后代（母犏牛）及单峰驼和双峰驼杂交后代都是具有繁殖力的。

2. 牛的异性孪生不育 母牛怀双胎，胎儿是一雄一雌时，在所生的雌犊中有91%～94%的个体生殖器官发育不良，不能生殖，而雄犊多能正常发育，不能繁殖者为数很少。山羊及猪也可发生。

没有生育能力的异性孪生母犊不发情，外部检查发现阴门狭小，且位置较低，子宫角细小，卵巢小如西瓜子。阴道短小看不到子宫颈阴道部，摸不到子宫颈，乳房极不发达。

对于异性孪生的母犊，要注意及时检查生殖器官，以便及时决定是否留作繁殖之用。

3. 雌雄间性 雌雄间性又称两性畸形，即从解剖上来看，该个体同时具有雌雄两性的生殖器官，但都不完全。其中又分为真两性畸形和假两性畸形。

真两性畸形是生殖腺可能一侧为卵巢，另一侧为睾丸，或者两个生殖腺都是卵巢，但偶尔也有两个卵巢和两个睾丸的。两个睾丸分别位于两卵巢的前端 4～6cm 处，这种两性畸形多见于猪和山羊，但也可见于牛和马。

假两性畸形是指具有一种性别的性腺，但外生殖器官属于另一个性别。属于雄性的比雌性的多。雄性假两性畸形有睾丸，无阴茎却有阴门。雌性假两性畸形，卵巢、输卵管正常；无阴门却有肥大的阴茎。

因此，两性畸形的动物不能繁殖，仅可以作为肉用和役用。

4. 生殖器官幼稚型 生殖器官发育不全的幼稚型，没有繁殖能力。如卵巢特别小，子宫角特别细，有时阴门也非常狭小。正常时母猪卵巢重量为 5g 左右，发育不全时却在 3g 以下，即或有卵泡发育其直径也不超过 3mm。幼稚型的雌性个体到配种年龄时不发情。有时虽发情，却屡配不孕。

此外解剖上也有生殖道缺陷。猪常见，约占不育例数的一半；其次是牛。

多数病例即使采用各种方法治疗，也不能使其生殖器官发育完全，应予以淘汰。

5. 生殖器官畸形 生殖器官畸形有以下几种情况。

（1）缺乏一侧子宫角，或者仅为一条稍厚组织，没有管腔；只有一侧子宫角正常，具有左右两个卵巢，或有两个子宫角但只有一个卵巢而对侧无卵巢。此类型发育正常，具有一定繁殖能力。

（2）子宫颈畸形。常见是缺乏子宫颈或子宫颈不通，这样的母牛无生育能力；也有的具有双子宫颈或两个子宫颈外口，这是因为两侧缪勒氏管分化为子宫颈的部分未能融合所致，这种牛具有生育能力，但有时发生难产。

（3）阴道畸形。母牛有时阴瓣发育过度，阴茎不能伸入阴道。

（4）输卵管不通或输卵管与子宫角连接不通，这种牛发情正常，但屡配不孕，应予淘汰。

生殖器官畸形在猪比较多见，一般认为近亲繁殖出现这些现象。对于生殖管道不同情况，可用外科刀划开，并进行机械性扩张来治疗。

（二）营养和管理性繁殖障碍

由于营养和管理不当使雌性动物的繁殖机能衰退或者受到破坏，在生产实践中较为常见。尽管此种繁殖性障碍多为暂时性的，经改善营养和管理条件可以恢复，但对繁殖力的影响也是相当严重，应予以重视。

1. 营养不足 饲料中营养缺乏，热能和蛋白质不足，造成雌性动物过度瘦弱，其生殖机能就会受到抑制和破坏，从而引起母畜不发情、卵巢静止、卵泡闭锁和排卵延迟等症状。有的母畜即使受胎，也会引起胎儿早期死亡、流产和围生期死亡。这在各种动物中均有发生，尤其多见于牛、羊。

绵羊在配种前，增加精料量，提高营养水平，能够提高发情率、排卵率及双羔率，对原来营养差的母羊效果尤为明显。

我国山区黄牛由于营养水平低，致使牛群发情率和受胎率低，初情期延迟。

对这类营养不足的雌性动物应给予足够的精料，使其膘情好转，再配合促性腺激素治疗效果会更好。

2. 营养过度 类固醇激素是脂溶性的，过度肥胖会使动物吸收大量类固醇于脂肪中，引起外周血液类固醇激素水平下降，从而降低了性功能；再者雌性动物过度肥胖，还会造成卵巢和输卵管等生殖器官的脂肪沉积，卵泡上皮细胞变性。这些不但影响卵子的发生、发育、排出以及配子、合子在输卵管的运行，而且会导致雌性动物出现卵巢静止，卵泡闭锁、排卵延迟，因而动物长期不发情或发情异常，严重影响受胎率和繁殖率。

对患有营养过度性繁殖障碍的雌性动物应适当减少精料，降低营养水平，增加青绿饲料，并增加运动量。

营养过度性繁殖障碍多见于牛和猪、此外马、驴也常见。

3. 营养不平衡 在营养不平衡的雌性动物的体况往往无明显异常，但生殖机能受到破坏。

（1）饲料品质不良。长期饲喂腐败的饲料、过多的糟渣类饲料或大量青贮饲料，会引起动物的慢性中毒，对生殖机能会产生不良影响。

（2）维生素不足或缺乏。维生素 A 缺乏和不足可引起子宫内膜上皮细胞变性（角质化），使囊胚附植受到影响；同时亦可引起卵细胞及卵泡上皮变性、卵泡闭锁或形成囊肿，不出现发情和排卵。维生素 D 对家畜生殖力虽无直接影响，但与矿物质，特别是钙盐和磷盐的代谢有密切关系，因此缺乏维生素 D 可间接引起不育。而维生素 E 的缺乏则可引起隐性流产。

（3）矿物质不足。严重缺磷时，卵泡生长和成熟受阻。因此，不但母牛的性成熟延迟，而且会出现安静发情，甚至不排卵。猪缺钙、磷时不发情，严重者完全丧失生育力。

4. 管理不当

（1）使役过度。使役过度造成母畜的过度疲劳，会引起其体内内分泌水平降低，导致生殖机能减退或停止。而且往往是饲料不足和营养成分不全共同引起。

（2）运动不足。马、驴和牛，如终日栓系站立，其代谢水平降低，而影响体质健康、生殖机能和肌肉的紧张性，会导致母畜不发情或发情症状微弱，分娩时容易发生阵缩无力、胎膜不下、子宫复旧不全和难产等病症。

（3）泌乳因素。母畜泌乳量过多或者哺乳时间过长，会影响母畜的发情、卵泡发育和排卵。但母马的哺乳不影响发情。

（4）技术因素。繁殖技术不良会引起母畜不孕，如发情鉴定不准确，造成母畜的漏配或配种不适时，而引起不孕；在人工授精时，不按操作规程进行，特别是精液处理不当，输精技术不熟练和母畜外阴部消毒不严。

（5）环境因素。动物的生殖机能与日照、气温、湿度、饲料成分以及其他外界因素都有密切的关系，季节性发情母畜尤其明显。

（三）妊娠期的繁殖障碍

妊娠期死亡又称生前死亡，约占所有不孕的1/3。妊娠期死亡根据不同阶段可分为胚胎死亡和胎儿死亡两种。

1. 胚胎死亡　胚胎死亡绝大多数发生在附植前后。牛和猪在受精后16～25d，羊在受精后14～21d，马在受精后90～60d。牛、绵羊和猪的胚胎有25%～40%发生在精子入卵到附植结束的一段时间。

胚胎死亡的原因是多方面的，如内分泌原因、营养与遗传、子宫内环境、热应激等。死亡的胚胎被吸收，而后母畜再发情。

2. 流产　流产是由于胎儿或母体的生理过程被扰乱，或它们之间的正常关系受到破坏，而使怀孕中断。它可以发生在怀孕的各个阶段，但以怀孕早期多见。在各种动物中以马属动物多见。流产不仅使胎儿夭折或发育受到影响，而且还危害母体的健康，并引起生殖器官疾病而致不育。

流产的表现形式有两种，即早产和死胎。早产是产出不到妊娠期满的胎儿，距分娩时间尚早，胎儿无生活力，一般不能成活。死胎是妊娠动物产出死亡的胎儿，多发生在妊娠中、后期，也是流产中常见的形式。

流产的原因可以大概分为三类：普通流产（非传染性流产）、传染性流产和寄生虫性流产。

3. 胎儿死亡　胎儿死亡是指怀孕母体内形成的胎儿，在生长发育过程中或正常产期前短期内及分娩时产出死亡胎儿的现象。

（1）胎儿木乃伊化。牛干尸化胎儿多发生在妊娠后5～7个月，羊的干尸化胎儿有时在妊娠晚期流产，有时和另一个羔羊保持到妊娠期结束，一同排出。猪一般随正常仔猪一同分娩，其数量是怀仔猪越多，产生干尸化的比率越高，而且老年母猪比青年母猪更多见。

（2）初生胎儿死亡。是指胎儿在正常产期内或分娩过程中死亡。牛出生时死亡的发生率占全部出生幼畜的 5%～15%。仔猪死亡率，则随胎次、窝产仔数增加及早产（110d 前）而升高。

➡️ 【拓展知识】

一、引起繁殖障碍的原因

（一）先天性因素

繁殖障碍的发生，主要与动物遗传缺陷或近亲交配有关，或者是在胚胎发育过程中，受有毒物质、辐射等有害理化因子的影响，染色体发生异常。

先天性因素可引起动物生殖器官发育异常，造成永久性不育，如雄性动物的睾丸发育不全、隐睾、副性腺发育不全、阴茎畸形及精子先天性异常；雌性动物的卵巢发育不全，雌雄间性，子宫发育不全，生殖器官畸形。

（二）后天性因素

1. 营养因素 营养与生殖具有密切的关系。营养水平过低引起性成熟延迟或性欲减退。例如，成年雄性动物长期低营养水平饲养后，精液性状不良，精囊腺分泌机能减弱，精液中果糖和柠檬酸含量减少，引起生殖机能下降。但营养过高，特别是能量水平过高，会使成年动物过肥，也会使性欲减退。

饲粮品质不良，日粮中缺乏蛋白质、矿物质、维生素等都可能造成繁殖障碍。热量摄取不足，可造成幼龄动物的生殖器官发育不全和初情期延迟；对已性成熟的动物可造成不发情、发情周期不规则、排卵率降低、受胎率降低、乳腺发育延迟、胚胎死亡和初生动物死亡增加等。

2. 管理因素 对于种畜，除需要合适的营养以外，还需进行良好的管理。当动物饲养在寒冷、潮湿、光线不足、通风不良、高温舍厩内或无适当的运动时，可使动物经常处在紧张状态下，抵抗力下降，使生殖系统机能发生改变，造成生殖机能异常。此外，不合理的利用，如过度挤乳或哺乳过长等都可降低繁殖机能。

3. 年龄因素 各种动物随着年龄的增长，繁殖障碍的发病率有所增加。雄性动物年龄过大，主要出现睾丸变性、性欲减退、脊椎和四肢疾病，以致交配困难。老龄种用动物的睾丸变性，表现为精细管变性、钙质沉淀和睾丸间质纤维化等，结果引起性欲减退、精液量和精子减少、精子活力差。雌性动物随着年龄增长，发情异常、发情不明显、排卵延迟、屡配不孕、奶牛发生难产、胎衣不下和子宫疾病等发病率增高。

4. 环境因素 高温和高湿环境不利于精子发生和胚胎发育，对雄性和雌性动物的繁殖力均有影响。季节性繁殖动物对气候、光照的感受比较敏感，绵羊和马在非繁殖季节公畜无性欲，即使用电刺激采精方法采取精液，精液中精子数也很少。母畜在非繁殖季节乏情，卵巢静止。猪对气候环境的敏感性虽不及绵羊和马明显，但也受影响。

5. 疾病因素 动物生殖器官疾病，如配种、接生、手术助产时消毒不严，产后护理不当，流产、胎衣不下和子宫脱出等引起的子宫、阴道感染或卵巢、输卵管疾病，以及传染病和寄生虫病等，都是造成不孕的重要原因。

6. 繁殖技术性因素 对于雄性动物，不合适的假阴道、台畜、采精方法、采精场地等都会引起种用动物的不良反应；另外，采精强度过大，会缩短种畜使用年限。对于雌性动物，发情鉴定技术不良，配种不适时，人工授精时精液处理不当或输精操作不当，都可使动物发生暂时性繁殖。

7. 免疫性因素 雄性动物的生殖器官，如睾丸、精囊和前列腺等以及精子、精液和生殖道分泌物均具有抗原性，在一定条件下，机体可对这些抗原产生免疫反应，其中抗精子抗体能抑制精子穿透宫颈黏液、获能、发生顶体反应及受精，引起免疫性不孕。

二、繁殖障碍的检查方法

（一）雄性动物繁殖障碍的检查

雄性动物的繁殖机能就是产生精子，进行交配。在生产实践中，由于遗传、环境、饲养管理、疾病等原因，有些雄性动物产生精液的质量差、数量少；有些种用雄性动物缺乏性欲或不能配种，严重影响了正常的繁殖。因此，必须通过认真检查来弄清造成繁殖障碍的原因。

1. 登记 登记的内容有种用动物的名字、号目、毛色、品种、出生日期、体重等项目。

2. 病史调查 此项调查应着重了解和记录饲养管理条件、有无其他疾病，已经出现障碍的性质和持续时间，交配或采精时的性行为表现等。

3. 一般检查 一般检查主要包括外貌、对周围环境的反应、体质、第二性征、体温、脉搏、呼吸、眼睛、可视黏膜、四肢、步态、感觉器官、神经系统等。

4. 生殖器官检查 雄性动物的繁殖障碍主要由生殖器官疾病引起，因此，对生殖器官的各部位必须认真检查。

（1）阴囊检查。检查其对称性、下垂状态、大小、被毛、外伤、挫伤、疤痕及阴囊皮温等。

（2）睾丸及附睾检查。通过视检或触诊检查其大小、对称性、弹性、硬度、皮肤温度、肿胀情况等，判定睾丸、附睾发生哪一类疾病。

（3）副性腺检查。大动物可通过直肠检查骨盆部、前列腺、精囊腺以及输精管壶腹的大小、对称性、硬度、分叶情况，触压这些器官时有无疼痛反应等。

（4）阴茎及包皮检查。检查包皮有无损伤，勃起能否伸出阴筒，阴茎系带是否过短，阴茎上有无肉瘤、溃疡等。

（5）配种行为检查。检查性欲、性反射是否正常，勃起阴茎伸出阴筒的长度。牛、羊交配时间短，应注意其射精时是否身体前冲有力、猪、马等交配时间长，注意射精时是否臀部收缩而紧贴母畜。

5. 精液检查 这是最常用而重要的检查，一般需收集 3 次以上的精液做检查。主要检查的项目是：精液量、色泽、pH、活力、密度、畸形率、顶体完整率等。看其是否符合各种动物正常的标准范围。

6. 内分泌检查 睾丸间质细胞分泌雄激素，主要是睾酮，常见的睾丸功能减退，往往与体内其他激素分泌不足有关。许多内分泌疾病可引起雄性不育，如垂体分泌的促性腺激系不足可使性腺功能低下。

为了测定睾丸的内分泌功能，可通过放射免疫的方法测定血浆中促性腺激素及睾丸的含量，从而对垂体和睾丸的功能作出估计，并为分析睾丸功能衰竭的原因提供可靠的依据。

（二）雌性动物繁殖障碍的检查

1. 临床检查

（1）发病情况和病史调查。主要病畜的数量、畜群结构、病畜年龄、饲养管理情况、既往繁殖史等，据此调查，初步了解致病原因。

（2）病畜的个体检查。

①外部检查。观察病畜的个体发育情况、营养状况，特别是外生殖器官的发育及阴道分泌物有无异常等。

②阴道检查。可用视诊和触诊两种方法进行。用拇指和食指张开阴门即可观察前庭，但视诊阴道及子宫颈阴道部，则必须用开膣器。

③直肠检查。用手通过直肠触诊子宫的形态结构、体积、质地、收缩反应，以及卵巢大小、形态结构、卵泡或黄体的发育情况和输卵管等。

2. 实验室检查

（1）测定生殖激素。动物体内黄体酮水平是卵巢机能、状态的指示剂，因此用放射免疫分析法（RIA）或酶联免疫法（ELISA）测定黄体酮水平，可以诊断安静发情、卵巢静止、卵巢囊肿和持久黄体等疾病。

（2）检测抗卵黄抗体。抗卵黄抗体是一种靶抗原在卵巢颗粒细胞、卵母细胞、黄体细胞和间质细胞内的自身抗体，常见于卵巢早衰等不孕症。

（3）牛子宫内膜炎诊断。用长柄镊子从子宫颈口采集少许分泌物，放入试管内，再加蒸馏水 4～5mL，混合煮沸 0.5～1min，然后观察试管内混合液体的变化。液体清洁、透明、同质，则为发情牛；若分泌物浓而黏，微白色，保持一定的形状，云雾状漂浮在无色、清洁、同质的液体中，则为妊娠牛；若液体混浊，有小泡沫状或呈大小不等的絮状物浮游于液体表面或黏附于管壁，则为患化脓性子宫内膜炎牛。

➔【自测训练】

1. 理论知识训练

（1）常见的母畜繁殖障碍有哪些？

（2）常见的公畜繁殖障碍有哪些？

（3）母畜不孕症常见的有哪些类型？

2. 操作技能训练　母畜不孕症的诊治。

（1）实地考察，了解畜场母畜的繁殖状况，并提出解决方案。

（2）叙述卵泡囊肿的临床症状、诊断方法和防治方法。

项目 16　繁育新技术

【能力目标】
◆ 了解育种新技术在家畜生产上的应用。
◆ 熟悉家畜的胚胎移植技术。
◆ 理解动物体外受精技术、性别控制技术、克隆技术、转基因技术、胚胎干细胞和嵌合体等其他繁殖新技术。

【知识目标】
◆ 了解育种新技术的基础理论知识。
◆ 掌握胚胎移植技术的相关理论知识。
◆ 了解其他胚胎繁殖新技术的相关理论知识。

　　繁殖与育种是现代畜禽生产的重要手段，对于培育新品种和合理利用优秀品种、提高畜禽生产效率和经济效益、改善畜禽产品品质具有重要意义。繁育新技术涉及分子标记、辅助选择、体外受精、胚胎移植、排卵控制、性别控制、克隆技术、转基因技术、胚胎干细胞、嵌合体等。

任务 16 - 1　育种新技术

【任务内容】
● 了解育种新技术在牛生产上的应用。
● 了解育种新技术在猪生产上的应用。
● 了解育种新技术在家禽生产上的应用。

【学习条件】
● 相关资料、PPT 课件、相关视频。
● 教材、多媒体。

数量性状基因座检测

　　动物育种学的理论基础是数量遗传学，传统的数量遗传学是建立在微效多基因假说基础之上的。根据这个假说，数量性状的变异是由很多基因的共同作用所引起的，由于基因的数目很多，而每个基因的作用一般都较小，再加上环境因素的干扰，我们不能对每个基因单独地进行分析，而只能将所有的基因作为一个整体来考虑。这种假说在长期的育种实践中为动植物的遗传改良做出了重要贡献。

但不可否认的是，这种假说并没有完全揭示数量性状的遗传本质。

分子遗传标记的出现，使我们可以真正从 DNA 水平上对影响数量性状的单个基因或染色体片段进行分析，人们将这些单个的基因或染色体片段称为数量性状基因座（quantitative trait loci，QTL）。从广义上说，数量性状基因座是所有影响数量性状的基因座（不论效应大小），但通常人们只将那些可被检测出的、有较大效应的基因或染色体片段称为 QTL，而将那些不能检测出的基因仍当作微效多基因来对待。当一个 QTL 就是一个单个基因时，它就是主效基因。显然，如果我们能对影响数量性状的各单个基因都有清楚的了解，我们对数量性状的选择就会更加有效，同时我们还可利用基因克隆和转基因等分子生物技术来对群体进行遗传改良。

目前借助分子生物学技术进行 QTL 检测的方法主要有两类，一类是标记-QTL连锁分析（marker-QTL linkage analysis），也称为基因组扫描（genome scanning）；另一类是候选基因分析（candidate gene approach）。

（一）标记-QTL 连锁分析

1. 标记-QTL 连锁分析的概念 这类方法是基于遗传标记座位等位基因与 QTL 等位基因之间的连锁不平衡关系，通过对遗传标记从亲代到子代遗传过程的追踪以及它们在群体中的分离与数量性状表现之间的关系的分析，来判断是否有 QTL 存在、它们在染色体上的相对位置以及它们的效应大小。因而这类方法的前提是：第一，要有理想的遗传标记；第二，要有合适的群体用于进行分析；第三，在该群体中有仍在分离的 QTL。

2. 标记-QTL 连锁分析的基本步骤

（1）进行试验设计。用来进行标记-QTL 连锁分析的群体常被称作资源群体，由于在一般的动物群体中标记与 QTL 可能处于连锁平衡状态，所以需要设计特定的资源群体，以产生足够的连锁不平衡。

（2）选择遗传标记。根据所选择的资源群体、试验经费、技术水平、工作条件等选择适当类型和数目的标记。

（3）收集数据。主要有两方面的数据来源：一个是对分子遗传标记基因型的测定，另一个是对需要检测的数量性状的表型值的测定。

（4）构建标记连锁图谱。判断所测定的标记属于哪一个连锁群（染色体），估计标记间的相对距离（以重组率或图距表示）及标记的排列顺序。

（5）QTL 的检测与参数估计。根据已经确定的遗传图谱，利用测得的标记基因型信息和表型值，通过统计分析对 QTL 进行检测及其有关参数（在染色体上的位置、基因频率、效应大小等）的估计。

3. 标记-QTL 连锁分析的优缺点

（1）优点。①成功率较高。②可以检测出基因组中的所有（效应较大的）QTL。由于 DNA 标记可覆盖整个基因组，我们就可以在整个基因组中搜索 QTL，即所谓的基因组扫描。

（2）缺点。①成本高，耗时长。②统计分析难度较大。③很难精确定位。④不便应用。

（二）候选基因分析

1. 候选基因分析的概念　候选基因分析是从一些可能是 QTL 的基因（即候选基因）中筛选 QTL。候选基因是已知在性状的发展或生理过程中具有某种生物学功能并经过测序的基因，可以是结构基因或者是在调控或生化路径中影响性状表达的基因。

2. 候选基因分析的基本方法

（1）选择候选基因。

（2）获得用于扩增基因的引物序列。

（3）揭示候选基因内的多态性。

（4）建立对所揭示的多态位点进行大规模的测定基因型的实用方法。

（5）选择用于进行候选基因分析的群体。

（6）研究候选基因与性状的关系。

（7）证实所发现的候选基因与性状的关系。

3. 候选基因分析的优缺点　相对于标记- QTL 连锁分析，候选基因分析有以下优缺点。

（1）优点。①统计检验效率较高。②应用范围广。③成本低，容易实施。④便于应用，一旦确定了某个候选基因就是 QTL，就可直接应用在个体遗传评定中，而且对经过候选基因分析所发现的 QTL 可直接利用克隆和转基因等技术进行畜群改良。

（2）缺点。①不能找出所有的 QTL。②难于确定候选基因就是 QTL。

➡【相关内容】

一、分子标记及连锁图谱

（一）分子标记

分子标记（以下简称标记）是指那些可准确鉴别的能反映个体特异性的遗传特征。

传统的标记主要有形态学标记、细胞学标记和生化（蛋白）标记。当我们比较同一物种的两个个体的染色体上的碱基序列时，可发现它们大多数的碱基对是相同的。据统计，在人类大约平均每 1 000 个碱基对才有 1 个会出现差异，但没有两个个体的碱基序列是完全相同的，在某些位点上，不同个体之间的 DNA 序列会出现差异，这些位点就可用作遗传标记，称为分子标记或 DNA 标记。但这些 DNA 差异出现在一个基因之内，并且会影响该基因的功能，进而影响形状的表型时，称这类标记为 I 型标记，但大部分分子标记都与基因功能无关，称为 II 型标记。目前已应用的主要的分子标记类型如下。

1. RFLP　限制性片段长度多态性（restriction fragment length polymorphism，RFLP）是指用限制性内切酶切不同个体的基因组 DNA 后，所得的含有同源序列的酶切片段在长度上所存在的差异。这是最早开发的 DNA 标记，但它只有两个等位基因（即酶切位点的有或无），多态性不是很高，而且测定的方法比较复杂，成本较高，近年来已较少使用。

2. AFLP　扩增片段长度多态性（amplified fragment length polymorphism，

AFLP），是指通过特定引物和 DNA 多聚酶链式反应（polymerase chain reaction，PCR）复制并扩增不同个体基因组 DNA 模板后，所得扩增片段在长度上的差异。测定 AFLP 标记的方法较 RFLP 简单，但需要设计和合成特定的引物。AFLP 标记可能是共显性的，也可能是显性的（即不能区纯合子和杂合子）。

3. RAPD 随机扩增多态性 DNA（randomly amplified polymorphic DNA，RAPD），这也是基于 PCR 技术的分子标记，与 AFLP 不同之处在于用于扩增多态性 DNA 的引物不是特定的而是随机的，它是用随机序列组成的寡核苷酸作为引物，通过专门的 PCR 反应扩增所得到的长度不同的多态性 DNA 片段。由于不需特定引物，测定 RAPD 标记比 AFLP 更简单，其缺陷是受测定条件的影响特大，重复性差，而且绝大部分 RAPD 标记都是显性标记。

4. VNTR 即可变数目串状重复（variable number tandem repeat，VNTR）。在真核生物的基因组中，存在许多串状重复序列，例如 CACACA…或 GTGTGT…。由于重复单位的重复次数在个体间有很大差异，因而可作为一种遗传标记，而不同的重复次数就构成了不同的等位基因。在这种重复序列中所包含的重复单位可大可小，按重复单位的大小，可分为小卫星 DNA（minisatelite DNA）和微卫星 DNA（microsatelite DNA，MS）。

（1）小卫星 DNA。近缘物种和个体间的小卫星核心序列有着一定的同源性，在一定的条件下可以相互杂交。利用这一特性，可以制成 DNA 指纹图谱（DNA fingerprinting，DFP）。DFP 分析具有多态检测率高，1 个 DNA 指纹探针一次可以检测出十几个甚至几十个位点的多态信息，位点呈共显性遗传，个体具有高度特异性的优点。然而，它也继承了 RFLP 分析的不足之处——技术复杂，实验成本高，有时谱带过于复杂。

（2）微卫星 DNA。又称简单序列重复（simple sequence repeat，SSR）、短串联重复序列（short tandem repeat，STR）或简单序列长度多态性（simple sequence length polymorphism，SSLP），是高度重复序列，广泛存在于真核生物基因组中，分布广泛均匀，多态信息含量丰富，呈共显性遗传，稳定性好，可比性强，且分析技术易于自动化，是一种理想的分子标记。微卫星 DNA 标记的主要缺陷在于，必须事先了解微卫星的两翼序列才能设计引物，因此标记开发成本高。不过，目前在动物中已克隆、分离和定位大量的微卫星 DNA 标记，为这类标记的广泛应用奠定了基础。

5. SNP 单核苷酸多态性（single nucleotide polymorphism，SNP）是指在单个核苷酸上的突变所引起的多态，它也只有两个等位基因，虽然在单个 SNP 上的多态性不高，但在基因组中 SNP 的数量很大。例如，在人类每个核苷酸发生突变的概率为 10^{-6} 左右，人类基因组大约有 30 亿个碱基，因而平均每 1 000 个碱基就会有一个以上的 SNP 标记。测定 SNP 的方法有多种，但最近发展起来的 DNA 芯片技术可用于快速大规模的 SNP 测定。

6. mtDNA 线粒体 DNA 标记（mitochondrial DNA，mtDNA），每个细胞有数百个线粒体，每个线粒体内含有 2～10 个拷贝的 mtDNA 分子，且每个线粒体 DNA 分子中任何碱基都有可能发生突变，故线粒体 DNA 突变率很高，为核 DNA 的 10 倍以上，它有可能发生在所有组织细胞中，包括体细胞和生殖细胞。mtDNA 呈母系遗传，即母亲将她的 mtDNA 遗传给她的所有子女，她的女儿们又将其 mtDNA 传给下一代。mtDNA 的进化率极高，比核 DNA 高 10～20 倍。严格的母系遗传和极高的进化率等特征，使得 mtDNA 标记非常适合动物单亲（母亲）亲缘鉴定、种质资源的起源、分子进化和分类的研究。

（二）连锁图谱

两个位于同一染色体上的基因座位称为彼此连锁，将彼此连锁的基因按其排列顺序以及相互间的遗传距离线性排列，即为基因的连锁图谱（linkage map）或遗传图谱（genetic map）。基因之间的遗传距离是以它们在配子形成过程中发生重组的概率，即重组率来度量的。重组率的取值在 0～0.5，0 表示基因之间完全连锁，它们在形成配子过程中不发生重组；0.5 表示基因之间不连锁，它们在配子形成过程中完全自由组合。除了重组率外，基因间的遗传距离还可用图距（map distance）度量，图距的单位是摩根（Morgan 或 M）或厘摩（centi‐Morgan 或 cM），当两个座位之间的距离达到了可期望在一次减数分裂中它们之间发生一次染色单体互换时，称它们之间的距离是 1M，1M 的 1/100 为 1cM（即在 100 次减数分裂中可期望发生 1 次染色单体互换）。

基因之间的距离除了有遗传距离外还有物理距离，它是指基因之间的实际距离，可用它们之间的碱基对（base pair，bp）数或千碱基对（kino‐base pairs，kb）数来度量，遗传距离与物理距离之间并无严格的关系，在人类基因组中，1cM 的遗传距离相当于 1 000～2 000kb 的物理距离。

一个亲本传递给后代的不同基因座位上的等位基因的组合（即配子中含有的等位基因）称为单倍型。对于一个群体，如果从上代传递给下代的两个不同基因座位上的各种单倍型的种类服从自由组合的比例时，则称该群体在这两个基因座位上处于连锁平衡（linkage equilibrium）或配子平衡（gamete equilibrium）状态，否则称为连锁不平衡（linkage disequilibrium）或配子不平衡（gamete disequilibrium）。要注意的是在一个没有选择、突变、迁移的随机交配的大群体中，两个紧密连锁的基因座位也可能会处于连锁平衡状态。对于遗传标记来说，由于它们一般没有已知的功能，不存在对它们的选择和选配，因而在实行远交的动物群体中，它们大多处于连锁平衡状态。反过来，两个不连锁的基因座位也可能会在选择、突变和迁移的作用下处于连锁不平衡状态。

二、标记辅助选择技术

在动物育种中，到目前为止，个体遗传评定是基于表型信息和系谱信息进行的，虽然 BLUP（尤其是动物模型 BLUP）方法为我们提供利用这种信息进行育种值估计的最佳手段，但在有的情况下这种基于 BLUP 的选择仍不能取得理想的效果。如果我们知道所要评定的性状有某些 QTL（主效基因）存在，并且能直接测定它们的基因型（例如通过候选基因分析发现的 QTL），或者虽不能测定它们的基因型，但知道它们与某些标记的连锁关系（例如通过标记‐QTL 连锁分析发现的 QTL），而我们可以测定这些标记的基因型，将这些信息用到个体的遗传评定中，这无疑会提高评定的精确性。这就是所谓的标记辅助选择（marker‐assisted selection）。

➡【拓展知识】

一、育种新技术对猪主要经济性状的研究

1. 中国主要地方猪种线粒体 DNA 遗传多样性及其起源分化研究　利用 24 种限制性内切酶对来自我国 13 个省的 21 个地方猪品种的线粒体 DNA 限制性酶切片段长度多态性（mtDNA RFLP）进行了分析研究。研究获得如下结果。

（1）中国地方猪种有四种 mtDNA RFLP 类型；长白猪有三种 mtDNA RFLP 类型，其中一种与中国地方猪种相同。

（2）根据 mtDNA RFLP 多态性聚类，中国地方猪种与四川野猪的亲缘关系较近，与越南野猪和长白猪的亲缘关系较远。

（3）中国地方猪种 mtDNA 的变异程度较低，说明其遗传多样性比较贫乏，提示中国家猪可能起源于一个共同的祖先。

2. 猪产仔数分子标记及其效应的研究　采用候选基因法，对 *ESR*、*PRLR*、*FSHR* 和 *RYR1* 四个基因与猪产仔数间的关系进行了研究；同时选择 8 号染色体上的 9 个微卫星进行研究，寻找猪高产仔数的分子遗传标记。

（1）通过分析研究，初步确立了三个新的猪产仔数分子标记：①雌激素受体基因（*ESR*）第八外显子内的 ESRB 酶切位点；②促卵泡生长激素受体基因（*FSHR*）第七外显子的 FSHRB 酶切位点；③猪第八号染色体上的 SWR1101 微卫星。

（2）对提高母猪产仔数有利而不影响仔猪生长的分子标记有 5 个：①*ESR* 基因的 BB 基因型；②ESRB 酶切位点的 AA 型；③FSHRB 酶切位点的 BB 型；④*PRLR* 基因的 AA 基因型；⑤*RYR1* 基因的 BB 基因型等。

用这 5 个分子遗传标记选择母猪群体窝平均产仔数可提高 2.2 头。

（3）对提高母猪产仔不利的分子标记也有 5 个：①*ESR* 基因的 AA 基因型；②ESRB 酶切位点的 BB 型；③FSHRB 酶切位点的 AA 型；④*PRLR* 基因的 BB 基因型；⑤微卫星 SWR1101 的 BD 基因型。

（4）8 号染色体上的 9 个微卫星在不同猪群中表现出较丰富的多态性。

二、育种新技术对家禽遗传多样性的研究

1. 中国主要家鹅品种的遗传多样性及起源分化研究

（1）采用 mtDNA RFLP 和 RAPD 技术分析了 16 个中国家鹅品种和 2 个欧洲家鹅品种及 2 个杂交种共 220 只个体的核内基因组和核外基因组的多态性。

（2）利用微卫星 DNA 和 RAPD 标记分析家鸡的群体遗传变异。选用 10 对微卫星引物及 20 个 RAPD 引物分析了 8 个家鸡品种及 2 个杂交群体的遗传变异，两种标记具有丰富的多态性，微卫星 DNA 更适合于遗传多样性、遗传图谱构建、基因定位和 QTL 连锁分析。

（3）利用微卫星 DNA 标记分析四川乌骨鸡种群的遗传多样性。利用家禽基因组中的 10 个微卫星标记，对四川 6 个乌骨鸡种群的等位基因频率、各群体的遗传杂合度、群体间的遗传距离等进行了分析。表明各乌骨鸡群体的遗传多样性较为丰富，并具有较高的选择潜力，各乌骨鸡种群间有一定的遗传距离。此研究结果对开发利用我

国优良地方鸡种的遗传资源具有重要的参考价值。

2. 鸡产肉性状基因位点的分子标记及效应分析　通过组建 F2 分离群体，构建了鸡 RAPD 连锁图谱，用区间作图分析法，对鸡 19 种产肉性状基因位点（QTL）进行定位和效应分析。连锁图谱包含 32 个 RAPD 标记，分布于 5 个连锁群；检测到控制 17 种产肉性状的 QTL 35 个；检测到 2 个控制鸡胫长的主效基因。

三、中国半细毛羊新品种重要生产性能 QTL 作图研究

（1）将已初步定位的 QTL 进行精确定位（fine maping），用所发现的与之连锁的微卫星标记进行重要经济性状（如产毛量、日增重、繁殖、角等）QTL 的选择育种，加快育种对象的遗传进展。

（2）研究发展微卫星标记基因型快速检测技术程序。

➔ 【自测训练】

1. 理论知识训练

（1）在当今动物育种领域都应用了哪些新技术？

（2）试比较各种育种新技术的优越性。

2. 操作技能训练　育种新技术的应用。

（1）分组讨论并总结育种新技术在奶牛生产上的应用。

（2）分组讨论并总结育种新技术在猪生产上的应用。

（3）分组讨论并总结育种新技术在鸡生产上的应用。

任务 16 - 2　繁殖新技术

【任务内容】

● 熟悉牛、羊胚胎移植的技术方法。

● 了解体外受精技术、性别控制技术、克隆技术、转基因技术、胚胎干细胞和嵌合体等繁殖新技术。

【学习条件】

● 供体母牛（或母羊）、受体母牛（或母羊）、试情公羊、牛（或羊）冷冻精液。

● FSH、LH、PMSG、hCG、$PGF_{2\alpha}$、鹿眠宝、生理盐水、75% 酒精、2% 碘酒、青霉素、链霉素。

● 注射器、手术刀、剪子、镊子、止血钳、创巾、缝合线、缝合针、手术台、冲胚管、移胚管、腹腔镜、剪毛剪子等。

● PPT 课件、多媒体教室等。

一、胚胎移植技术

（一）胚胎移植概述

胚胎移植（embryo transfer，ET）又称受精卵移植，俗称"借腹怀胎"，是指将体内、外生产的哺乳动物的早期胚胎移植到同种生理状态的雌性动物生殖道内，使之

继续发育成正常个体的生物技术。提供胚胎的雌性动物称为供体（donor），接受胚胎的动物称为受体（recipient）。在畜牧生产中，家畜的超数排卵（multiple ovulation）和胚胎移植通常同时应用，合称为超数排卵胚胎移植技术（multiple ovulation and embryo transfer），简称为 MOET 技术。

（二）胚胎移植的生理学基础与基本原则

1. 胚胎移植的生理学基础

（1）母畜发情后生殖器官的孕向发育。母畜发情后，无论是否配种或者配种后卵子是否受精，生殖器官都会发生朝向孕向发育。如卵巢上出现黄体，孕激素大量分泌并维持在较高的水平；在孕激素的作用下，子宫内膜增厚，子宫腺体发育且分泌活性增强，子宫蠕动减弱，子宫颈形成子宫栓等，这些变化都为早期胚胎发育创造了良好的环境。

绵羊胚胎移植
技术流程
（视频）

（2）早期胚胎的游离状态。胚胎在发育早期有相当一段时间（附植之前）是游离于输卵管或子宫腔内，它发育的营养主要来源于自身贮存的物质以及输卵管、子宫内膜的分泌物。所以，当胚胎离开活体在一定的条件下，容易存活；如果把胚胎放回到与供体相同的环境中，胚胎还可继续发育。这一特性是胚胎采集、保存、培养和体外操作等的重要理论基础。

（3）子宫对早期胚胎的免疫耐受性。在妊娠期，由于母体局部免疫发生变化以及胚胎表面特殊免疫保护物质的存在，受体母畜对同种胚胎、胎膜组织一般不发生免疫排斥反应。

绵羊腹腔镜
子宫角深部
输精技术流程
（视频）

（4）胚胎遗传物质的稳定性。胚胎遗传信息在供体母畜体内受精时就已确定，以后的发育环境只影响其遗传潜力的发挥，而不能改变它的遗传特性。因此，胚胎移植后代的遗传性状由供体母畜及与其配种的公畜决定，代孕母体仅影响其体质的发育。

2. 胚胎移植应遵循的基本原则

（1）胚胎移植前后环境的同一性。同一性原则要求胚胎的发育阶段与移植后的生活环境相适应，其中要求：

①胚胎供体与受体在分类学上属于同一物种。

②胚胎发育阶段与受体发情时间上的一致性。在胚胎移植实践中，胚胎发育阶段与受体发情时间的同步差不能超过±1d，而且同步差越大，受胎率越低。

③胚胎发育阶段与受体生殖道解剖位置的一致性。

（2）胚胎收集的期限。胚胎移植的理想时间应在妊娠识别发生之前，通常是在供体发情配种后 3～8d 内采集胚胎，受体也在相同的时间接受胚胎移植。

（3）胚胎质量。胚胎质量与妊娠信号分泌的强弱以及后期发育潜力直接相关。只有形态、色泽正常的胚胎移入受体后才被受体子宫顺利妊娠识别并附植，并最终完成胚胎体内发育。因此，胚胎在移植之前需要进行严格的等级评定。

（4）经济效益或科学价值。胚胎移植技术应用时，必须考虑成本和最终收益。通常，供体胚胎应有独特的经济价值，如生产性能优异或科研价值重大，而受体生产性能一般，但繁殖性能良好，环境适应能力强。

3. 胚胎移植应具备的条件

（1）实验室条件。在胚胎操作过程中，除了技术人员的基本素质以外，建立温度恒定、空气洁净、设备齐全和布局合理的实验室是提高胚胎移植效率的关键因素。

（2）技术条件。开展家畜胚胎移植生产至少需要临床兽医和胚胎工程技术两类人员。

（3）胚胎来源。充足的胚胎供应是实施胚胎移植产业化的前提，目前胚胎的来源主要是通过超数排卵处理后由供体子宫内采集获得，少部分由体外受精获得。进口胚胎时除了考虑胚胎的价格以外，还必须注意当地的疫情、胚胎质量、遗传品质和系谱等。

（三）胚胎移植的技术程序

胚胎移植主要包括供、受体母畜的选择，供、受体的同期发情，供体的超数排卵，供体的配种，胚胎采集，胚胎质量的鉴定和保存，胚胎的移植技术，供、受体胚胎移植后的饲养管理等环节（图 16-2-1 至图 16-2-3）。

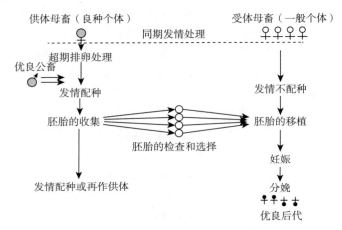

图 16-2-1　胚胎移植程序示意

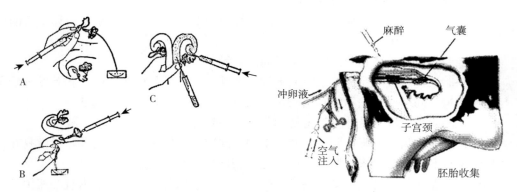

图 16-2-2　牛非手术法采集胚胎示意　　　图 16-2-3　手术法冲洗胚胎示意

A. 由输卵管冲向伞部　B. 由输卵管冲向子宫-输卵管连接部

C. 由子宫冲向子宫角基部

二、体外受精技术

体外受精（in vitro fertilization）（图 16-2-4）是指哺乳动物的精子和卵子在体外人工控制的环境中完成受精过程的一项技术，英文简称为 IVF。由于它和胚胎移植技术（embryo transfer，ET）密不可分，又简称为 IVF-ET。在生物学中，把体外受精胚胎移植到母体后获得的动物称为试管动物（test-tube animal）；在医学上，由 IVF-ET 获得的婴儿，称为试管婴儿（test-tube baby）。IVF 是继人工授精（IA）、胚胎移植技术（ET）之后，家畜繁殖领域的第三次革命。体外受精技术可用于研究哺乳动物配子发生、受精和胚胎早期发育机理，它还是哺乳动物胚胎移植、克隆、转基因和性别控制等现代生物技术不可缺少的组成部分。

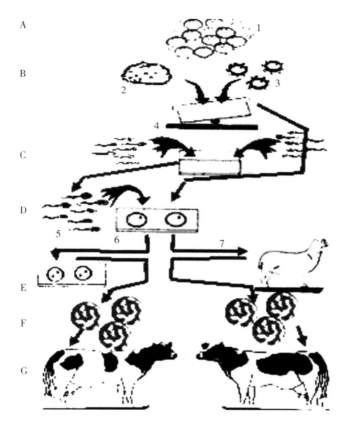

图 16-2-4　牛体外受精系统模式

(绘自 Lu，1990)

A. 切开整个卵泡　B. 体外成熟　C. 精子获能　D. 体外受精　E. 受精卵培养

F. 检测、冷冻等　G. 移入受体

1. 卵巢解离　2. 颗粒细胞　3. 卵丘卵母细胞复合体　4. 流体培养系统　5. 授精

6. 体外培养　7. 中间受体培养

哺乳动物体外受精技术的研究已有 100 余年的历史，早在 1878 年就用家兔和豚鼠进行实验，探索哺乳动物的体外受精技术。直到 1951 年，美籍华人张明觉和澳大利亚人 Austin 发现了哺乳动物的精子获能现象以后，体外受精技术的研究才取得突破性进展。1959 年，张明觉以家兔为实验材料，生产出了健康的体外受精仔兔，这是世界上首批试管动物，它们的正常发育标志着体外受精技术的建立。以后先后有 30 多种哺乳动物体外受精获得成功：试管小鼠（Whit-tingham，1968）、大鼠（Toyoda 和 Chang，1974）、婴儿（Steptoe 和 Edwards，1978）、牛（Brackett 等，

1982)、山羊（Hamda，1985）、绵羊（Hanada，1955）和猪（Chang 等，1986）等相继出生。

哺乳动物体外受精技术的基本操作环节，主要包括以下几个环节。

（1）卵母细胞的获取。①超数排卵直接获得成熟卵母细胞；②从屠宰后母畜卵巢上采集卵母细胞。

（2）卵母细胞的成熟培养。先将采集的卵母细胞在实体显微镜下洗涤后，选择形态规则、细胞质均匀、外围有多层卵丘细胞紧密包围的卵母细胞复合体（COC），放入成熟培养液中培养。

（3）精子的获能处理。获能的本质是暴露精子膜表面的卵识别因子和结合因子，解除对精子顶体反应的抑制，并使精子得以识别卵子并穿入卵内，完成受精。精子获能的处理一般包括培养法和化学诱导法两种。

（4）受精。即获能精子与成熟卵子的共培养。除钙离子载体诱导获能外，精子和卵子一般在获能液中完成受精过程。

（5）受精胚胎的体外培养。精子和卵子受精后，将受精卵需移入培养液中继续培养以检查受精状况和受精卵的发育潜力。受精卵的培养广泛采用微滴法，受精卵通常培养到致密桑葚胚或囊胚时进行移植或冷冻保存。

体外受精技术对动物生殖机理研究、畜牧生产、医学和濒危动物保护等具有重要意义。如用小鼠、大鼠或家兔等作实验材料，体外受精技术可用于研究哺乳动物配子发生、受精和胚胎早期发育机理；在家畜品种改良中，体外受精技术为胚胎生产提供了廉价而高效的手段，对充分利用优良品种资源，缩短家畜繁殖周期，加快品种改良速度等有重要价值。在人类，IVF-ET 技术是治疗某些不孕症和克服性连锁病的重要措施之一；同时体外受精技术还是哺乳动物胚胎移植、克隆、转基因和性别控制等现代生物技术不可缺少的组成部分。

三、性别控制技术

动物的性别控制技术（sex control）是通过对动物的正常生殖过程进行人为干预，使成年雌性动物产出人们期望性别后代的一门生物技术。性别控制技术在畜牧生产中意义重大。首先，通过控制后代的性别比例，可充分发挥受性别限制的生产性状（如泌乳）和受性别影响的生产性状（如生长速度、肉质等）的最大经济效益。其次，控制后代的性别比例可增加选种强度，加快育种进程。通过性别控制还可克服胚胎移植中出现的异性孪生不育的现象，排除伴性有害基因的危害。

（一）Y 染色体上的性别决定区

性别控制是一项历史悠久而又朝气蓬勃的生物技术。早在 2 000 多年前，古希腊的德谟克利特就提出通过抑制一侧睾丸控制后代性别比例的设想，尽管这种设想非常荒谬，但反映了人类对这一技术的渴望。性别控制技术与性别决定理论的发展密不可分。在 20 世纪，随着孟德尔遗传理论的重新确立，人们提出性别由染色体决定的理论。1959 年，Welshons 和 Jacobs 等提出 Y 染色体决定雄性的理论；后来，Jacobs 等在 1966 年发现雄性决定因子位于 Y 染色体短臂上。1989 年，Palmer 等找到了 Y 染色体上的性别决定区（sex determining region of the Y chromosome，SRY），直到 1990 年，Sinclair 等克隆到 Y 染色体上的性别决定区基因（在人类称为 SRY，在其

他动物称为 *Sry*），它为 Y 染色体所特有，该基因在所有已检测的哺乳动物中具有高度保守性和同源性。1991 年，Koopman 等将含有 *Sry* 基因的 14kb DNA 片段导入雌鼠体内，并成功地诱导生产出雄性转基因小鼠，证明小鼠 *Sry* 基因就是睾丸决定因子 Tdy（testis - determining Y）。迄今为止已发现包括 *SRY* 在内的 6 种基因（*SRY*，*DAX1*，*SOX9*，*MIS*，*WT1*，*SF1*）参与了胚胎性别决定中从未分化原始生殖嵴开始到两性内生殖器官形成的过程。

SRY 序列的发现是哺乳动物性别决定理论的重大突破。尽管 SRY 序列诱导性别分化的机理有待深入探讨，但是它对性别控制技术的发展有重要意义。目前哺乳动物性别控制的方法多种多样，但最有效的方法是通过分离 X、Y 精子和鉴定早期胚胎的性别来控制后代的性比。

（二）X 与 Y 精子的分离

一般来说，性别控制通过两种途径来实现，一是 X 与 Y 精子的分离，二是早期胚胎的性别鉴定。X 和 Y 精子分离的方法是受精前性别控制最理想的途径，X 精子与卵子结合形成雌性胚胎而 Y 精子与卵子结合形成雄性胚胎，通过分离 X 和 Y 精子从而达到有目的地进行受精。X 和 Y 精子分离主要依据 X 和 Y 精子的理化特性进行分离。主要方法有电泳法、H－Y 抗原免疫法、流式细胞法等。

1989 年 Johnson 首次报道利用流式细胞仪成功地分离了动物活精子。随着仪器的改进、分离的速度及精确度逐年提高，2000 年 Johson 报道，用流式细胞仪每小时可同时分离每种精子 6×10^6 个，纯度超过 90%。至 2002 年，精子分离的效率为 X 和 Y 精子各 3 000 个/s，其准确率超过 90%，并且精子分离后的受精效果以及产生后代性别的准确性均比较理想，流式细胞仪分析成了更为准确的方法。

目前已有多种动物用流式细胞分选法分离的精子受精，在牛体外受精后产生的后代证实每种性别的准确率为 90% 或更高，用这种方法兔子产生了 90% 的雌性，猪每种性别后代平均值为 85%，所有后代均表现出正常的形态学外观和正常的生殖功能。

（三）早期胚胎的性别鉴定

虽然精子分离是当前最理想的性别控制手段，但是由于受到分离成本和分离速度的限制，此项技术还不能在生产实践中得到推广应用。因此，早期胚胎性别鉴定仍然是生产实践中一项重要的性别鉴定和控制的方法。

早期胚胎的性别鉴定也称受精后性别控制，是通过附植前早期胚胎的性别鉴定从而达到控制性别的目的。早期胚胎的性别鉴定同胚胎移植技术相结合同样可以获得预订性别的后代。其方法有很多，涵盖了细胞学方法、免疫学方法、X 染色体相关酶法、分子生物学方法等多种方法。但是，将性别鉴定应用于生产实践中，必须符合生产实践的快速简单、成本低，又必须有准确率高且重复性好等特殊要求。因此，目前应用较多且重复性比较好的性别鉴定方法主要有细胞遗传学方法、免疫学方法、生物化学方法以及分子生物学方法等。

目前普遍采用的分子生物学方法是 20 世纪 80 年代后期建立起来的，具有准确、高效、快速且可重复性好等优点，使性别鉴定和性别控制具有可操作。目前，此法已被国内外研究人员广泛应用于家畜生产，尤其是养牛业生产胚胎的性别鉴定。目前，实际应用的分子生物学方法主要有 Y 染色体特异性 DNA 探针检测法、荧光原位杂交法（FISH）、聚合酶链式反应法（PCR）等（段光华等，2005）。

四、克隆技术

克隆是英文 clone 的音译，这一词来源于希腊文 klon，原意是树木的枝条繁育（插枝）。在生物学中，它是指由一个细胞或个体以无性繁殖方式产生遗传物质完全相同的一群细胞或一群个体。在动物繁殖学中，它是指不通过精子和卵子的受精过程而产生遗传物质完全相同新个体的一门胚胎生物技术。哺乳动物的克隆技术在广义上包括胚胎分割和细胞核移植技术，在狭义上它仅指细胞核移植技术（图 16-2-5），其中包括胚胎细胞核移植和体细胞核移植技术。

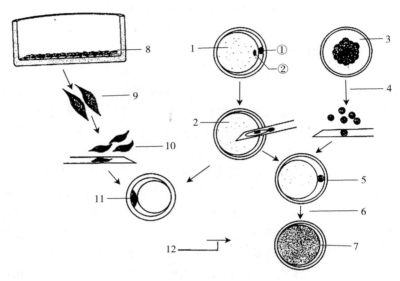

图 16-2-5　哺乳动物细胞核移植示意

1. 受体卵母细胞　①第一极体　②MⅡ期纺锤体　2. 去核（去除第一极体和纺锤体）　3. 供体胚胎
4. 供体胚胎卵裂球的分离　5. 向去核卵母细胞移入单个卵裂球　6. 融合与激活　7. 新合子
8. 细胞的传代培养　9. G0 或 G1 期体细胞　10. 用于核移植的体细胞　11. 移核　12. 融合与激活

（张忠诚，2004. 家畜繁殖学）

胚胎细胞核移植（embryonic cell nuclear transplantation）又称胚胎克隆，它是通过显微操作将早期胚胎细胞核移植到去核卵母细胞中构建新合子的生物技术。通常把提供细胞核的胚胎称为核供体，接受细胞核的卵子称为核受体。由于哺乳动物的遗传性状主要由细胞核的遗传物质决定，因此由同一枚胚胎作核供体通过核移植获得的后代，基因型几乎一致，称之为克隆动物。通过核移植得到的胚胎可作供体，再进行细胞核移植，称再克隆。在理论上，一枚胚胎通过克隆和再克隆，可获得无限多的克隆动物。胚胎克隆与胚胎分割、卵裂球培养相比，大大提高了生产遗传同质动物的效率。尽管随着体细胞核移植技术的发展，其商业应用远景非常有限，但是在研究动物个体的发生发育过程中，胚胎细胞核移植为探索细胞质与细胞核的相互作用和胚胎细胞的分化规律方面提供了很好的研究手段。同时，胚胎克隆技术的完善为体细胞核克隆技术发展将提供有益的借鉴，在体细胞克隆没有成功的动物中，胚胎克隆技术仍然是理想的无性繁殖技术。

体细胞核移植（somatic cell nuclear transplantation）技术又称体细胞克隆，它

是把分化程度较高的体细胞移入去核卵子中，构建新合子的生物技术。它与胚胎克隆技术相比，有两大优点：第一，同一遗传性状供体核的数量可无限获得；第二，可通过对供体细胞的改造，加速家畜品种改良或生产转基因动物。自克隆绵羊"多利"出生以后，体细胞核移植技术引起生物学界的广泛关注，许多国家投入资金加强这一技术的研究。克隆技术的成功将会大大提高畜牧业的生产效率，加强濒危动物的保护力度。同时，克隆和转基因技术结合将大幅度提高转基因效率，克服外源基因随机整合带来的消极影响。克隆人的胚胎与胚胎干细胞技术结合可能会解决目前人类器官修复和移植过程遇到的免疫排斥和供体不足的难题。当然，克隆技术的滥用也会导致严重的社会问题。因此，加强克隆技术管理，引导它朝着人类进步的方向发展是非常必要的。

五、转基因技术

哺乳动物转基因技术（transgenic technique）（图 16-2-6）是基因工程与胚胎工程结合的一门新兴生物技术。它是通过一定方法把人工重组的外源 DNA 导入受体

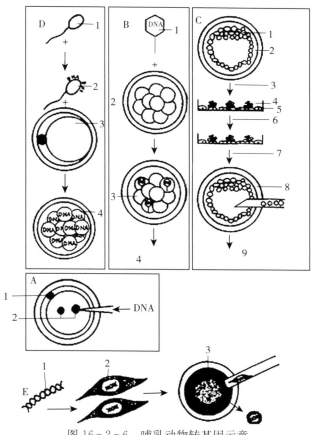

图 16-2-6　哺乳动物转基因示意

A. 显微注射法　1. 极体　2. 受精卵原核

B. 反转录病毒法　1. 反转录病毒载体　2. 早期胚胎　3. 嵌合体胚胎　4. 嵌合体

C. 胚胎干细胞法　1. 内细胞团　2. 滋养层　3. 分离内细胞团　4. 内细胞团细胞　5. 滋养层细胞

6. DNA 转化　7. 阳性细胞选择　8. 阳性细胞注入囊胚腔　9. 嵌合体

D. 精子载体法　1. 获能精子　2. 携带外源 DNA 精子　3. M Ⅱ 期卵母细胞　4. 阳性胚胎

E. 细胞核移植法　1. 目的基因　2. 阳性细胞　3. 细胞核移植

动物的基因组中或把受体基因组中的一段 DNA 切除，从而使受体动物的遗传信息发生人为改变，并且这种改变能遗传给后代的一门生物技术。通常把通过这种方式诱导遗传改变的动物称作转基因动物（transgenic animals）。哺乳动物转基因技术自 20 世纪 70 年代诞生以来，由于它在农业、医学和生物学中的重要价值，已引起世界各国的广泛关注，并取得长足进展。

1980 年，Gordon 等通过显微注射的方法得到了世界首批转疱疹病毒胸苷激酶的转基因小鼠，1982 年，Palmiter 等人将生长激素（GH）整合到小鼠基因组中，制备出超级小鼠，该转基因小鼠的生长速度比同窝仔鼠生长速度快一倍以上，引起巨大的轰动，随后越来越多的实验室投入转基因动物的研究当中。随着几十年转基因技术的发展，从脂质体转染、显微注射、慢病毒载体、精子载体、胚胎干细胞介导法、转座子、RNA 干扰技术、锌指核酸酶（zinc - finger nuclease，ZFN）、转录激活因子样效应物核酸酶 TALEN［transcription activator - like（TAL）effector nuclease］，到 CRISPRs - Cas9 技术的广泛应用，转基因技术得到突飞猛进的发展，转基因效率越来越高，基因修饰的手段越来越高效，越来越精细。转基因动物所涉及的物种也越来越多元化，转基因畜禽在包括猪、牛、羊、鸡、鱼等多种动物取得成功。

在基础生物学中，哺乳动物转基因技术已用于研究真核细胞的基因转录、表达和调控规律以及个体发育的分子调控规律。借助转基因动物模型人们有可能将分子、细胞、组织、器官及个体的发生发育和衰老统一起来，从时间和空间角度综合研究基因的表达调控规律。

在基础医学研究中，遗传疾病的 DNA 被克隆后，通过转基因技术制备动物疾病模型，可用来研究遗传病的发生、发展规律和治疗方案的选择。目前，在世界范围内通过转基因技术至少已建立 15 种人类遗传疾病的动物模型，包括糖尿病、高脂血症、β-地中海或镰刀型贫血症、动脉粥样硬化症等常见的疾病。随着人类基因组计划的完成和基因定点整合技术的成熟，转基因技术有可能治愈人类的遗传疾病。

在畜牧业中，转基因技术可把生长激素或促生长因子基因导入家畜基因组中，加快生长速度，提高饲料报酬；或者把药用或营养蛋白基因与组织特异性表达调控元件耦联，运用家畜的造血系统或泌乳系统生产药用或营养蛋白质，提高畜牧业经济效益；此外，人们还正在探索用转基因猪的器官作为人类器官移植的供体，以解决器官移植过程中供体相对不足的问题。

六、胚胎干细胞技术和诱导多能干细胞技术

哺乳动物胚胎干细胞（mammalian embryonic stern cell）又称 ES 或 EK 细胞，它是从早期胚胎中分离出来的具有发育全能性的细胞系。它一方面具有胚胎细胞的特性，在形态上表现为体积小，细胞核大，核质比高，核仁突出，培养时呈克隆状生长；在功能上，它具有发育多能性，可以发育成为外胚层、中胚层及内胚层三种胚层的细胞组织。另一方面，它又具有细胞系的特性，可在体外培养繁殖而不发生分化，可进行冷冻保存以便遗传改造。

胚胎干细胞系的分离和建立是胚胎生物技术领域的重大成就，胚胎干细胞在基础生物学、畜牧业和医学上具有重要价值。近 30 年来，哺乳动物胚胎干细胞技术的发

展已取得巨大的成就，小鼠的 ES 细胞（图 16-2-7）已成为研究哺乳动物发育规律和探索基因功能的重要工具。最近，人类 ES 细胞系的建立更显示了这一技术在医学上广阔的应用前景。

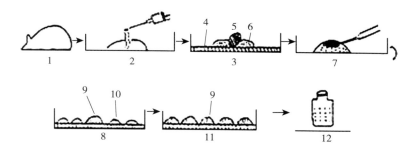

图 16-2-7　小鼠 ES 细胞的建系过程

1. 妊娠 3.5d 的母鼠　2. 子宫冲取囊胚　3. 培养胚胎　4. 饲养层　5. 内细胞团（ICM）　6. 滋胚层
7. 离散的 ICM　8. 分离 ES 克隆　9. ES 克隆　10. 非 ES 克隆　11. 扩散 ES 细胞　12. 液氮罐中冷保存

（绘自赖良学，1995）

诱导多能干细胞（induced pluripotent stem cell，iPS cell）最初是日本科学家山中伸弥（Shinya Yamanaka）于 2006 年利用病毒载体将四个转录因子（Oct4，Sox2，Klf4 和 c-Myc）的组合转入分化的小鼠成纤维细胞中，使其重编程而得到的类似胚胎干细胞和胚胎多能细胞的一种细胞类型。通过采用导入外源基因的方法使体细胞去分化为多能干细胞，对于这类干细胞称之为诱导多能干细胞。后来多个实验室证实了此技术的可行性，山中伸弥因此而获得 2012 年诺贝尔生理或医学奖。

诱导多能干细胞技术是干细胞研究领域的一项重大突破，iPS 技术不使用胚胎细胞或卵细胞，因此回避了历来已久的伦理争议；利用诱导多能干细胞技术可以用病人自己的体细胞制备专有的干细胞，解决了干细胞移植医学上的免疫排斥问题，使干细胞向临床应用又迈进了一大步。随着 iPS 技术的不断发展以及技术水平的不断更新，它在生命科学基础研究和医学领域的优势已日趋明显。

七、嵌合体技术

嵌合体（chimera）在希腊神话中是指具有狮头、羊身和蛇尾的一种怪物。在现代生物学中，嵌合体是指基因型不同细胞构成的复合个体，它包括种内和种间嵌合体。

胚胎聚合法是采用发育到 8 细胞至桑葚期的胚胎，去掉透明带后，将两枚裸胚聚合在二氧化碳培养箱中培养，使之发育到囊胚，再移植给代孕受体，获得后代即为嵌合体个体。囊胚注射方法是用机械法取出同期日龄的其他品系小鼠的内细胞团，将其显微注射到另一胚胎的囊胚腔内，经过短时间培养后移植给代孕受体，即可获得嵌合体后代。

嵌合体生产技术（图 16-2-8）对研究哺乳动物早期胚胎的发育潜能，探索细胞分化规律，掌握基因的表达调控规律具有重要意义。在畜牧中，嵌合体技术为培育种间杂种动物，探索哺乳动物的遗传和繁殖特点提供了很好的方法。同时，嵌合体技术也是生产转基因动物的一种方法。

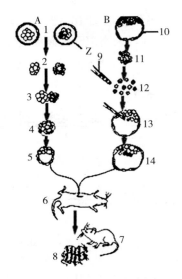

图 16-2-8　小鼠胚胎嵌合体制作的两种方法

A. 聚合方法　B. 注射方法

1. 不同毛色的小鼠桑葚胚　2. 去透明带（Z）　3. 聚合　4. 培养混合　5. 发育成囊胚　6. 手术移植　7. 产仔

8. 黑白花仔鼠　9. 注射吸管吸内胞群细胞　10. 黑色小鼠的囊胚　11. 溶去透明带取内细胞群

12. 分离内细胞群细胞　13、14. 将黑色小鼠的内细胞群细胞注入另一只白色小鼠的囊胚

（改绘自 Gilbert，1994）

➔【相关知识】

一、胚胎移植的发展简史

胚胎移植技术是人类基于对哺乳动物个体发生、发育规律认识的基础上，通过大量实验研究和生产应用，逐渐发展起来的一项胚胎技术，被称为家畜繁殖领域的第二次革命。根据技术发展水平和在实践中的应用，它的发展可分为实验研究、实际应用和产业化开发三个阶段。

1. 实验研究阶段　1890 年英国剑桥大学的 Walter Heape 教授首次将安哥拉兔的受精卵移植到比利时兔的输卵管内并得到 2 只仔兔，1912 年 Biedl 重复了这一试验结果。1934 年美国的 Warwick 等成功地进行了羊的胚胎移植，从此开始了小家畜的胚胎移植研究。美国的 Casida（1944）、Warwick（1949）分别在绵羊和山羊上完成了胚胎移植，随后 Lopyrin（1950）、Kvansnickii（1951）、Willett（1951，1953）在羊、猪、牛上都取得了成功。从此以后，胚胎移植技术引起生物学界和畜牧学界的广泛关注，加速了胚胎移植技术的推广应用；而且以胚胎移植技术为基础的体外受精、胚胎冷冻、胚胎分割和胚胎体外培养技术等发展迅速。

2. 实际应用阶段　20 世纪 60 年代，以牛为主的胚胎移植技术发展迅速，在供体的超数排卵、胚胎采集和移植方法等关键技术环节都取得了令人鼓舞的成果，如牛胚胎移植成功率大幅度增加，非手术采集胚胎技术的推广应用。20 世纪 70 年代，由于胚胎低温冷冻技术的成功，胚胎生产和移植打破了时间和空间的限制，胚胎移植技术的商业前景更为广阔，胚胎移植公司纷纷成立，商业应用速度加快。1974 年，国际胚胎移植协会（International Embryo Transfer Society，IETS）成立，其宗旨是规范全世界动物胚胎移植技术程序与标准，为国际同行创造交流相关研究成果的场合，以促进胚胎生物技术的发展。

3. 产业化开发阶段 三十多年来，胚胎移植技术尤其是牛羊的胚胎移植技术已日臻完善，所用设备、药物、溶液等都实现了专业化生产和商品化销售，培养了大批专业的操作人员。在畜牧业发达国家，MOET 技术从 20 世纪 80 年代开始已用于奶牛和肉牛核心群的培育。美、法等国家近年参加后裔测定的青年公牛 80% 是胚胎移植后代。在发展中国家，牛、羊胚胎移植技术成为引进良种和改良当地品种的廉价、快速手段。

我国家畜胚胎移植技术的研究和应用起步较晚，从 20 世纪 70 开始，通过胚胎移植先后在家兔（1972）、绵羊（1974）、奶牛（1978）、山羊（1980）和马（1982）等动物上获得了成功。但由于一些原因难于在生产上推广应用。直到 20 世纪 90 年代以后，在国家政府和企业的多方面支持下，胚胎移植技术得到了迅速的发展；目前，我国奶牛和绵、山羊的胚胎移植技术水平已接近或到达发达国家的水平，进入产业化应用阶段。

人胚胎移植技术已成为临床治疗不孕症的主要手段之一。据统计自 1978 年以来，全世界通过胚胎移植诞生的婴儿约 100 万例。在 1999 年，美国每出生 150 名婴儿中就有 1 名是通过胚胎移植出生的后代。

二、胚胎移植在畜牧生产上的意义

1. 提高良种母畜的繁殖力 在胚胎移植中，供体母畜的职能是生产遗传性能优良的胚胎，而胚胎的后期发育完全可以由遗传性能一般的代孕受体来完成。通过胚胎移植技术可使其繁殖力提高几十甚至几百倍。以奶牛为例，按照目前的技术水平，供体母牛每隔 60d 即可进行超排处理一次，每次能获得可用胚胎 4～5 枚，一头良种母牛每年能生产可用胚胎 25～30 枚，移植到受体内能获得 12～15 头犊牛，而在自然状态下，一头母牛平均每年只能获得一头犊牛。

2. 简化良种引进方法 活畜引进不仅价格高、运输不便、检疫和隔离程序复杂，而且还存在风土驯化的问题。目前，通过胚胎移植与胚胎冷冻技术相结合，已在牛羊等动物上实现了国际、地区间良种遗传资源的交流。

3. 降低种质资源保存费用 活畜保种不仅成本很高、规模有限，而且还容易发生基因漂变。胚胎的冷冻保种不仅成本低廉、方法简单，而且还能避免活畜保种因疾病、自然灾害或基因漂变造成种质消亡的风险。因此，胚胎移植和胚胎冷冻技术已成为大多数国家保存国家或地区内特有家畜品种资源、建立种质资源库的一项新的技术手段。

4. 加速育种进程 MOET 技术能大幅度提高母畜繁殖力，扩大优秀母畜在群体中的影响，增加后代的选择强度。如在奶牛育种中，应用 MOET 核心群育种方案，公牛的遗传评定时间可缩短 40%，生产性状的年遗传进展比常规的人工授精提高 20% 左右；如果在青年母牛或母羊中应用活体采卵和胚胎移植技术，年遗传进展可提高 30%～70%。

5. 有利于防疫 在养猪业中，为了培育无特异病原体（SPF）猪群，向封闭猪群引进新的个体时作为控制疾病的一种措施，采用胚胎移植技术代替剖宫取仔的方法。

6. 促进生殖生理理论和胚胎生物技术的发展 胚胎移植技术是研究哺乳动物受

精和早期胚胎发育机理不可缺少的手段，而且还是家畜体外受精、卵子和胚胎冷冻、胚胎分割、胚胎嵌合、细胞核移植、转基因、性别控制和胚胎干细胞研究所必不可少的支持技术。

三、胚胎移植目前存在的问题和发展前景

1. 胚胎移植目前存在的主要问题

理论上讲胚胎移植技术的应用可使母畜的繁殖力比在自然状况下提高很多倍，但从目前的技术水平和所取得的成绩看，胚胎移植的效果比理论上的预期值低很多。例如牛的胚胎移植，每头供体经一次超排处理后移植，最后产犊一般是 $2\sim4$ 头。胚胎移植目前存在的主要问题有以下几个方面。

（1）超排效果不够稳定。利用外援性促性腺激素刺激多排卵并不能每次都得到预期效果，不同的个体对超排处理的反应差异极大，排卵率很不稳定，有的个体甚至对超排处理毫无反应或排卵数很少，也有的个体经超排处理后卵巢上虽有大量卵泡发育，但无排卵发生。

（2）胚胎回收率低。位于输卵管或子宫角内的胚胎并不能够全部回收，而且排卵数过多往往会降低胚胎的回收率，其原因可能是卵巢体积太大（超排处理的结果），排出的卵子未能进入输卵管伞而丢失。胚胎的回收率通常在 50.80%，利用非手术法收集胚胎时，收集完全失败的情况也有时发生。

（3）移植成功率低。胚胎移植成功率受一系列因素的影响，如胚胎的质量，操作的正确性及熟练程度，以及受体与供体发情同期化的程度等，此外，母畜生殖系统的健康状态也影响胚胎的存活。目前，世界范围内胚胎移植的成功率大多在 $50\%\sim60\%$。

2. 发展前景 人工授精和胚胎移植是提高公畜和母畜繁殖力的两项技术措施，但由于收集胚胎不像采集精液那样容易，所以其发展速度和规模都受到了限制。尽管如此，由于胚胎移植技术本身具有极大的优越性，加上研究工作的进展，预计该项技术在未来的几年内在养牛生产等领域将会有突破性的进展，从而加速这项技术的推广应用。值得肯定的是，随着胚胎移植技术的不断改进和完善，先进设备的应用以及专门人才的大量培养，胚胎移植会像今天的人工授精技术那样被广大养殖户接受和采用。

胚胎移植技术在以下一些环节上有待提高和改进：①提高及稳定超排效果；②改进非手术法收集和移植胚胎的技术和器具，提高移植成功率；③胚胎移植技术应和胚胎切割、胚胎冷冻、早期胚胎的性别鉴定等技术相结合，这样将使该项技术的前景更为广阔。

➡ 【自测训练】

1. 理论知识训练

（1）当今动物繁殖领域都应用了哪些新技术？

（2）试比较各种繁殖新技术的优缺点。

2. 操作技能训练 繁殖新技术的应用。

（1）分组讨论并总结繁殖新技术在奶牛上的应用。

（2）分组讨论并总结繁殖新技术在猪生产上的应用。

参考文献 REFERENCES

范强，2018. 宠物繁育技术［M］. 北京：化学工业出版社.

付春泉，徐苏凌，2011. 动物繁殖［M］. 北京：科学出版社.

高建明，2003. 动物繁殖学［M］. 北京：中国广播电视大学出版社.

耿明杰，2006. 畜禽繁殖与改良［M］. 北京：中国农业出版社.

耿明杰，常明雪，2013. 动物繁殖技术［M］. 北京：中国农业出版社.

李宁，2003. 动物遗传学［M］. 北京：中国农业出版社.

李婉涛，张京和，2016. 动物遗传繁育［M］. 北京：中国农业大学出版社.

辽宁省锦州畜牧兽医学校，1990. 家畜遗传育种学［M］. 北京：农业出版社.

刘震乙，1985. 家畜遗传繁育基础知识［M］. 呼和浩特：内蒙古人民出版社.

内蒙古农牧学院，1987. 家畜育种学［M］. 北京：中国农业出版社.

欧阳叙向，2010. 家畜遗传育种［M］. 北京：中国农业出版社.

全国职业高中畜禽养殖类专业教材编写组，1994. 畜禽繁育［M］. 北京：高等教育出版社.

桑润滋，朱士恩，杨利国，等，2002. 动物繁殖生物技术［M］. 北京：中国农业出版社.

山东省畜牧兽医学校，1984. 家畜遗传育种与繁殖［M］. 北京：农业出版社.

王锋，2006. 动物繁殖学实验教程［M］. 北京：中国农业大学出版社.

王锋，王元兴，2003. 牛羊繁殖学［M］. 北京：中国农业出版社.

王建辰，章孝荣，1998. 动物生殖调控［M］. 合肥：安徽科学技术出版社.

谢成侠，刘铁铮，1993. 家畜繁殖原理及其应用［M］. 南京：江苏科学技术出版社.

邢军，2017. 养猪与猪病防治［M］. 北京：中国农业大学出版社.

杨利国，2003. 动物繁殖学［M］. 北京：中国农业出版社.

渊锡藩，张一玲，1993. 动物繁殖学［M］. 西安：天则出版社.

岳文斌，杨国义，任有蛇，等，2003. 动物繁殖新技术［M］. 北京：中国农业出版社.

张一玲，1991. 家畜繁殖学实验实习指导［M］. 北京：农业出版社.

张沅，2001. 家畜育种学［M］. 北京：中国农业出版社.

张沅，2003. 家畜育种学［M］. 北京：中国农业出版社.

张忠诚，2004. 家畜繁殖学［M］. 北京：中国农业出版社.

张周，2001. 家畜繁殖［M］. 北京：中国农业出版社.

图书在版编目（CIP）数据

动物遗传繁育／丁威主编．—2版．—北京：中
国农业出版社，2018.9（2025.1重印）
高等职业教育农业农村部"十三五"规划教材 "十
三五"江苏省高等学校重点教材
ISBN 978 - 7 - 109 - 24726 - 0

Ⅰ．①动… Ⅱ．①丁… Ⅲ．①动物—遗传育种—高等
职业教育—教材 Ⅳ．①Q953

中国版本图书馆 CIP 数据核字（2018）第 229742 号

中国农业出版社出版
地址：北京市朝阳区麦子店街 18 号楼
邮编：100125
责任编辑：徐 芳 文字编辑：陈睿赜
版式设计：王 晨 责任校对：沙凯霖
印刷：中农印务有限公司
版次：2010 年 9 月第 1 版 2018 年 9 月第 2 版
印次：2025 年 1 月第 2 版北京第 3 次印刷
发行：新华书店北京发行所
开本：787mm×1092mm 1/16
印张：21
字数：480 千字
定价：48.50 元